应用型本科高校系列教材

线性代数及其应用

主　编　马　倩　胡　骏

副主编　谭雪梅　李长伟　张　丽

西安电子科技大学出版社

内 容 简 介

本书按照理工类(非数学专业)以及经济管理类各专业“线性代数”课程的教学要求，结合编者多年的教学实践经验编写而成。编者针对线性代数抽象难学的特点，在内容编排、概念描述等诸多方面做了精心安排，以使本书内容深入浅出、通俗易懂，便于教与学。

本书共5章，内容包括矩阵与线性方程组、行列式、向量空间与线性方程组解的结构、相似矩阵与二次型、线性代数综合案例与软件实践。本书前四章每节配有习题，章末配有自测题，书末附有习题及自测题参考答案。除此以外，本书还设置了丰富的实际应用案例，以及相关的数学家和数学史的拓展阅读部分。与本书配套的还有《〈线性代数及其应用〉解析与提高》辅导书。

本书可作为高等院校理工类(非数学专业)以及经济管理类各专业“线性代数”课程的教材或参考书，尤其适合以创新型和应用型人才为培养目标的高等院校使用，也可供自学者和科技工作者阅读。

图书在版编目（CIP）数据

线性代数及其应用 / 马倩，胡骏主编. -- 西安 ：西安电子科技大学出版社，2024. 8(2025.1重印) -- ISBN 978-7-5606-7387-5

Ⅰ. ①O151. 2

中国国家版本馆 CIP 数据核字第 2024Y32G78 号

策　　划　杨丕勇

责任编辑　张　玮

出版发行　西安电子科技大学出版社（西安市太白南路 2 号）

电　　话　(029) 88202421　88201467　　邮　　编　710071

网　　址　www. xduph. com　　电子邮箱　xdupfxb001@163. com

经　　销　新华书店

印刷单位　广东虎彩云印刷有限公司

版　　次　2024 年 8 月第 1 版　2025 年 1 月第 2 次印刷

开　　本　787 毫米×1092 毫米　1/16　印张　14. 25

字　　数　335 千字

定　　价　42. 00 元

ISBN 978-7-5606-7387-5

XDUP 7688001-2

前　言

为开辟发展新领域、新优势提供基础学科支撑，夯实学生的知识基础，培养学生的探索性、创新性思维品质，更好地满足战略性创新型人才的自主培养需求，编者根据当前理工类(非数学专业)和经济管理类各专业对“线性代数”课程的教学要求，并结合自己多年的教学实践经验，在吸取同类优秀教材优点的基础上编写了本书。

本书以线性方程组为主线，以矩阵为工具，弱化理论证明，强调实际应用，将应用案例融入线性代数的课程内容之中，通过工程、经济、自然科学及生活日常中的案例开阔学生视野，激发学生的学习兴趣，培养学生将线性代数知识应用于实际问题的能力，提高学生的数学实践能力和创新能力。此外，考虑到大规模数据处理的需求日益剧增，本书还介绍了如何使用 MATLAB 软件快速解决矩阵、行列式、线性方程组、向量组等各种相关问题。书中“拓展阅读”部分侧重于数学文化教育，帮助学生从历史的角度去了解数学知识的产生与发展，在数学家探寻真理的过程中去领略数学的意义，增强学生的文化自信，进而激发学生学习数学的热情。为帮助学生理解和巩固基本知识，本书设置了习题和自测题，自测题的难度高于习题，部分自测题中含有考研真题，供学有余力的学生选做。全书旨在引导学生做到学思用贯通、知信行统一，成长为堪当民族复兴大任的时代新人。

本书第 1、2 章由马倩编写，第 3 章由谭雪梅、胡骏编写，第 4 章由李长伟编写，第 5 章由胡骏编写。全书由马倩统稿与定稿，张丽负责校对与校正。

本书的编写是武汉城市学院线性代数课程建设项目工作的一部分，校领导十分关心与支持课程的建设工作，教务部对本书的编写提供了有力帮助，余胜春教授对本书给予了指导，公共课部数理教学中心的教师们也对本书提出了许多宝贵的意见和建议，在此一并表示衷心的感谢!

由于编者水平有限，书中难免存在疏漏之处，敬请专家、读者批评指正。

编　者

2024 年 4 月

目　录

第 1 章　矩阵与线性方程组 …… 1

1.1　矩阵的概念与运算 …… 1

1.1.1　矩阵的定义 …… 1

1.1.2　几种特殊矩阵 …… 3

1.1.3　矩阵的运算 …… 4

1.1.4　矩阵的转置 …… 11

习题 1.1 …… 12

1.2　分块矩阵 …… 13

1.2.1　分块矩阵的概念 …… 13

1.2.2　分块矩阵的线性运算 …… 14

1.2.3　分块矩阵的乘法 …… 15

1.2.4　分块矩阵的转置 …… 17

1.2.5　分块对角矩阵 …… 18

习题 1.2 …… 19

1.3　矩阵的初等变换与线性方程组 …… 19

1.3.1　矩阵的初等变换 …… 19

1.3.2　初等矩阵 …… 23

1.3.3　求解线性方程组 …… 26

习题 1.3 …… 30

1.4　逆矩阵 …… 31

1.4.1　逆矩阵的定义与性质 …… 31

1.4.2　逆矩阵的求法 …… 33

1.4.3　矩阵方程 …… 35

习题 1.4 …… 38

1.5　应用案例 …… 39

拓展阅读 …… 43

自测题一 …… 44

第 2 章　行列式 …… 48

2.1　行列式的定义 …… 48

2.1.1　二阶与三阶行列式 …… 48

2.1.2　排列及其逆序数 …… 51

2.1.3 n 阶行列式 …… 52
2.1.4 方阵的行列式 …… 54
习题 2.1 …… 56
2.2 行列式的性质与计算 …… 57
2.2.1 行列式的性质 …… 57
2.2.2 行列式的计算举例 …… 62
2.2.3 行列式按行(列)展开 …… 67
习题 2.2 …… 75
2.3 行列式的应用 …… 76
2.3.1 逆矩阵的计算公式 …… 76
2.3.2 克拉默(Gramer)法则 …… 80
习题 2.3 …… 83
2.4 矩阵的秩 …… 84
2.4.1 矩阵的子式与秩 …… 84
2.4.2 矩阵秩的求法 …… 86
习题 2.4 …… 88
2.5 应用案例 …… 88
拓展阅读 …… 91
自测题二 …… 92

第 3 章 向量空间与线性方程组解的结构 …… 96
3.1 向量的概念及其运算 …… 96
3.1.1 n 维向量的概念 …… 96
3.1.2 向量的线性运算 …… 97
习题 3.1 …… 98
3.2 向量组的线性相关性 …… 99
3.2.1 向量组的概念 …… 99
3.2.2 向量组的线性表示 …… 100
3.2.3 向量组的等价 …… 102
3.2.4 向量组的线性相关性的定义 …… 104
3.2.5 向量组线性相关性的判断方法 …… 105
3.2.6 向量组线性相关性的重要性质 …… 106
习题 3.2 …… 108
3.3 向量组的秩 …… 109
3.3.1 向量组的极大无关组 …… 109
3.3.2 向量组的秩 …… 110
3.3.3 向量组的极大无关组的求法 …… 111
习题 3.3 …… 113
3.4 向量空间 …… 114

3.4.1 向量空间的概念 …… 114
3.4.2 向量空间的基、维数与坐标 …… 115
3.4.3 基变换与坐标变换 …… 118
习题 3.4 …… 120
3.5 线性方程组解的结构 …… 120
3.5.1 齐次线性方程组解的结构 …… 120
3.5.2 非齐次线性方程组解的结构 …… 126
习题 3.5 …… 129
3.6 应用案例 …… 130
拓展阅读 …… 137
自测题三 …… 138

第 4 章 相似矩阵与二次型 …… 143
4.1 特征值与特征向量 …… 143
4.1.1 特征值与特征向量的定义 …… 143
4.1.2 关于特征值和特征向量的重要结论 …… 146
习题 4.1 …… 149
4.2 相似矩阵与矩阵可对角化的条件 …… 150
4.2.1 相似矩阵及其性质 …… 150
4.2.2 矩阵可对角化的条件 …… 151
习题 4.2 …… 154
4.3 向量的内积与正交矩阵 …… 155
4.3.1 向量的内积 …… 155
4.3.2 向量组的正交化方法 …… 156
4.3.3 正交矩阵 …… 160
习题 4.3 …… 160
4.4 实对称矩阵的相似标准形 …… 161
习题 4.4 …… 169
4.5 二次型及其标准形 …… 169
4.5.1 二次型的基本概念 …… 170
4.5.2 可逆变换 …… 171
4.5.3 二次型的标准形 …… 172
习题 4.5 …… 174
4.6 用配方法及初等变换法化二次型为标准形 …… 175
4.6.1 用配方法化二次型为标准形 …… 175
4.6.2 用初等变换法化二次型为标准形 …… 177
4.6.3 标准二次型化为规范二次型 …… 178
习题 4.6 …… 179
4.7 正定二次型和正定矩阵 …… 179

4.7.1 二次型的分类 …… 179
4.7.2 二次型正定性的判别方法 …… 180
习题 4.7 …… 182
4.8 应用案例 …… 182
拓展阅读 …… 188
自测题四 …… 189

第 5 章 线性代数综合案例与软件实践 …… 193
5.1 线性数学模型 …… 193
5.1.1 投入产出模型 …… 193
5.1.2 人口迁徙模型 …… 194
5.1.3 搜索引擎的网页排名问题 …… 194
5.2 线性代数软件实践 …… 196
5.2.1 运用数学软件计算行列式 …… 196
5.2.2 运用数学软件判断向量组的线性相关性 …… 196
5.2.3 运用数学软件求解线性方程组 …… 197
5.2.4 运用数学软件求矩阵的特征值与特征向量 …… 200

习题及自测题参考答案 …… 202

参考文献 …… 220

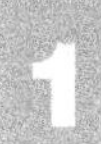

第 1 章 矩阵与线性方程组

线性方程组的求解是线性代数研究的重要问题之一，而矩阵是求解线性方程组的核心工具. 除此以外，矩阵在自然科学、工程技术、经济管理、社会科学等领域中都有广泛的应用. 本章首先通过一些实际问题提炼出矩阵的概念，然后讨论矩阵的各种运算及线性方程组的求解问题.

1.1 矩阵的概念与运算

1.1.1 矩阵的定义

图 1－1

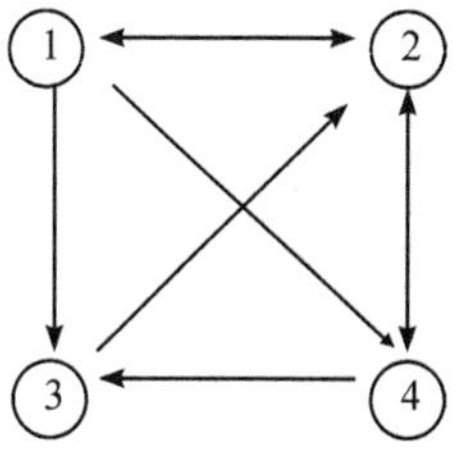

引例 1.1 四城市间的航线图如图 1－1 所示，若令

$$a_{ij}=\begin{cases}1, & \text{从 } i \text{ 市到 } j \text{ 市有一条单向航线} \\ 0, & \text{从 } i \text{ 市到 } j \text{ 市没有单向航线}\end{cases}$$

则此航线图可用数表表示为

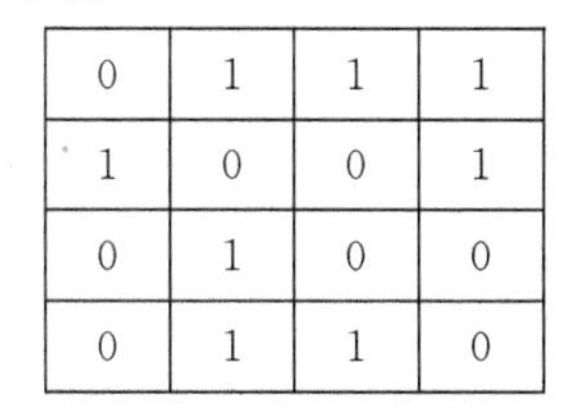

0	1	1	1
1	0	0	1
0	1	0	0
0	1	1	0

$$\rightarrow \quad \begin{array}{cccc} 0 & 1 & 1 & 1 \\ 1 & 0 & 0 & 1 \\ 0 & 1 & 0 & 0 \\ 0 & 1 & 1 & 0 \end{array}$$

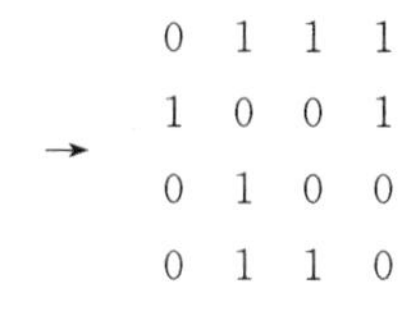

引例 1.2 某企业生产 4 种产品，这 4 种产品的季度产值如表 1.1 所示.

表 1.1　4 种产品的季度产值　　单位：万元

季　度	4 种产品的季度产值			
	A	B	C	D
1	54	36	48	65
2	62	44	39	72
3	65	50	45	60
4	52	47	52	68

数表 $\begin{matrix} 54 & 36 & 48 & 65 \\ 62 & 44 & 39 & 72 \\ 65 & 50 & 45 & 60 \\ 52 & 47 & 52 & 68 \end{matrix}$ 具体描述了这家企业4种产品的季度产值，同时也揭示了产值随季度变化的规律、季增长率和生产量等情况.

引例1.3 由 m 个方程 n 个未知量 $x_1, x_2, \cdots, x_n$ 构成的线性(即一次)方程组可以表示为

$$\begin{cases} a_{11}x_1 + a_{12}x_2 + \cdots + a_{1n}x_n = b_1 \\ a_{21}x_1 + a_{22}x_2 + \cdots + a_{2n}x_n = b_2 \\ \qquad\qquad \vdots \\ a_{m1}x_1 + a_{m2}x_2 + \cdots + a_{mn}x_n = b_m \end{cases} \tag{1.1}$$

在线性方程组中，未知量用什么字母表示无关紧要，重要的是方程组中未知量的个数以及未知量的系数和常数项. 也就是说，线性方程组(1.1)由系数 $a_{ij}(i=1, 2, \cdots, m; j=1, 2, \cdots, n)$ 和常数项 $b_i(i=1, 2, \cdots, m)$ 完全确定. 所以，可以用一个 m 行 $n+1$ 列的数表

$$\begin{matrix} a_{11} & a_{12} & \cdots & a_{1n} & b_1 \\ a_{21} & a_{22} & \cdots & a_{2n} & b_2 \\ \vdots & \vdots & & \vdots & \vdots \\ a_{m1} & a_{m2} & \cdots & a_{mn} & b_m \end{matrix}$$

来表示线性方程组(1.1). 这个数表反映了线性方程组(1.1)的全部信息，其第 $j(j=1, 2, \cdots, n)$ 列表示未知量 $x_j(j=1, 2, \cdots, n)$ 前的系数，第 $i(i=1, 2, \cdots, m)$ 行表示线性方程组(1.1)中的第 $i(i=1, 2, \cdots, m)$ 个方程. 反之，任意给定一个 m 行 $n+1$ 列的数表，可以通过这个数表写出一个线性方程组. 线性方程组与这样的数表之间有了一个对应关系.

上述例子中出现的数表，都是一些数按照一定的规律摆放在一起构成的一个数表阵列，在数学上被抽象成矩阵的概念.

定义1.1 由 $m \times n$ 个数 $a_{ij}(i=1, 2, \cdots, m; j=1, 2, \cdots, n)$ 排成的 m 行 n 列的数表

$$\begin{matrix} a_{11} & a_{12} & \cdots & a_{1n} \\ a_{21} & a_{22} & \cdots & a_{2n} \\ \vdots & \vdots & & \vdots \\ a_{m1} & a_{m2} & \cdots & a_{mn} \end{matrix}$$

称为 m 行 n 列矩阵，简称 $m \times n$ 矩阵，简记为 (a_{ij}). 为表示它是一个整体，总是加一个括弧，并用大写黑体字母表示它，记为

$$\boldsymbol{A} = \begin{pmatrix} a_{11} & a_{12} & \cdots & a_{1n} \\ a_{21} & a_{22} & \cdots & a_{2n} \\ \vdots & \vdots & & \vdots \\ a_{m1} & a_{m2} & \cdots & a_{mn} \end{pmatrix}$$

这 $m \times n$ 个数称为矩阵 $\boldsymbol{A}$ 的元素，位于矩阵 $\boldsymbol{A}$ 第 i 行第 j 列的数 a_{ij} 称为矩阵 $\boldsymbol{A}$ 的第 i 行第 j 列元素，其中 i 称为元素 a_{ij} 的**行标**，j 称为元素 a_{ij} 的**列标**.

矩阵通常用英文大写字母 $\boldsymbol{A}$，$\boldsymbol{B}$，$\boldsymbol{C}$ 等表示，有时为了标明矩阵的行数 m 和列数 n，也可记为

$$\boldsymbol{A}=(a_{ij})_{m\times n} \quad 或 \quad (a_{ij})_{m\times n} \quad 或 \quad \boldsymbol{A}_{m\times n}$$

元素为实数的矩阵称为**实矩阵**，元素为复数的矩阵称为**复矩阵**. 若无特别声明，本书中的矩阵都指实矩阵.

1.1.2　几种特殊矩阵

下面介绍几种常见的特殊矩阵. 设 $\boldsymbol{A}=(a_{ij})_{m\times n}$.

当 $m=1$，$n=1$ 时，矩阵 $\boldsymbol{A}=(a)$就记为 $\boldsymbol{A}=a$.

当 $m=1$ 时，矩阵只有一行，此时称 $1\times n$ 的矩阵 $\boldsymbol{A}=(a_1 \quad a_2 \quad \cdots \quad a_n)$为**行矩阵**，也称为 n 维**行向量**. 为避免元素间的混淆，行矩阵也记作

$$\boldsymbol{A}=(a_1,\ a_2,\ \cdots,\ a_n)$$

当 $n=1$ 时，矩阵只有一列，此时称 $m\times 1$ 的矩阵 $\boldsymbol{B}=\begin{pmatrix} b_1 \\ b_2 \\ \vdots \\ b_m \end{pmatrix}$为**列矩阵**，又称 m 维**列向量**.

在不引起混淆的时候，行向量和列向量都简称向量，通常用小写希腊字母 $\boldsymbol{\alpha}$，$\boldsymbol{\beta}$，$\boldsymbol{\gamma}$ 等表示.

当矩阵的所有元素都是零，即 $a_{ij}=0(i=1,\ 2,\ \cdots,\ m;\ j=1,\ 2,\ \cdots,\ n)$时，称这样的矩阵为**零矩阵**，记为$\boldsymbol{O}_{m\times n}$，简记为 $\boldsymbol{O}$.

当 $m=n$ 即矩阵的行数与列数相等时，称这样的矩阵

$$\boldsymbol{A}=\begin{pmatrix} a_{11} & a_{12} & \cdots & a_{1n} \\ a_{21} & a_{22} & \cdots & a_{2n} \\ \vdots & \vdots & & \vdots \\ a_{n1} & a_{n2} & \cdots & a_{nn} \end{pmatrix}$$

为 n **阶方阵**，记为 $\boldsymbol{A}_n$. 一个 n 阶方阵的左上角与右下角的连线称为它的**主对角线**. 一个 n 阶方阵的右上角与左下角的连线称为它的**副对角线**.

主对角线以下的元素全为零的方阵

$$\boldsymbol{A}_n=\begin{pmatrix} a_{11} & a_{12} & \cdots & a_{1n} \\ 0 & a_{22} & \cdots & a_{2n} \\ \vdots & \vdots & & \vdots \\ 0 & 0 & \cdots & a_{nn} \end{pmatrix}$$

称为**上三角矩阵**，即当 $i>j$ 时，$a_{ij}=0$.

主对角线以上的元素全为零的方阵

$$\boldsymbol{A}_n=\begin{pmatrix} a_{11} & 0 & \cdots & 0 \\ a_{21} & a_{22} & \cdots & 0 \\ \vdots & \vdots & & \vdots \\ a_{n1} & a_{n2} & \cdots & a_{nn} \end{pmatrix}$$

称为**下三角矩阵**，即当 $i<j$ 时，$a_{ij}=0$.

主对角线以外的元素全为零的方阵

$$A_n=\begin{pmatrix} a_{11} & 0 & \cdots & 0 \\ 0 & a_{22} & \cdots & 0 \\ \vdots & \vdots & & \vdots \\ 0 & 0 & \cdots & a_{nn} \end{pmatrix}$$

称为**对角矩阵**，简称**对角阵**，即当 $i\neq j$ 时，$a_{ij}=0$. 对角阵常记为 $\boldsymbol{A}$ 或 $\operatorname{diag}(a_{11}, a_{22}, \cdots, a_{nn})$.

当对角矩阵 $\operatorname{diag}(a_{11}, a_{22}, \cdots, a_{nn})$ 对角线上的元素全相等，即 $a_{11}=a_{22}=\cdots=a_{nn}$ 时，称这样的矩阵为**数量矩阵**. 当 $a_{11}=a_{22}=\cdots=a_{nn}=1$ 时，这个数量矩阵就称为 n **阶单位矩阵**，简称**单位阵**，记为 $\boldsymbol{E}_n$ 或 $\boldsymbol{E}$，即

$$\boldsymbol{E}_n=\begin{pmatrix} 1 & 0 & \cdots & 0 \\ 0 & 1 & \cdots & 0 \\ \vdots & \vdots & & \vdots \\ 0 & 0 & \cdots & 1 \end{pmatrix}$$

定义 1.2 行数与列数均相等的两个矩阵称为**同型矩阵**. 如果两个同型矩阵 $\boldsymbol{A}=(a_{ij})_{m\times n}$ 和 $\boldsymbol{B}=(b_{ij})_{m\times n}$ 中所有对应位置的元素都相等，即 $a_{ij}=b_{ij}\,(i=1, 2, \cdots, m; j=1, 2, \cdots, n)$，则称矩阵 $\boldsymbol{A}$ 和 $\boldsymbol{B}$ 相等，记为 $\boldsymbol{A}=\boldsymbol{B}$.

1.1.3 矩阵的运算

引例 1.4 一个厂家在甲和乙两个城市各有一个品牌店，厂家需要了解三种产品 A、B 和 C 的销售情况. 表 1.2 和表 1.3 分别列出了 2022 年和 2023 年这三种产品在两个城市的销售量，表 1.4 和表 1.5 分别列出了这三种产品在这两年内的出厂价与销售价.

表 1.2 2022 年三种产品在两个城市的销售量 单位：万件

城市	三种产品 2022 年的销售量		
	A	B	C
甲	15	20	18
乙	17	21	16

表 1.3 2023 年三种产品在两个城市的销售量 单位：万件

城市	三种产品 2023 年的销售量		
	A	B	C
甲	17	25	22
乙	20	30	25

表 1.4　2022 年三种产品的出厂价和销售价　　单位：元/件

2022 年的产品	出厂价	销售价
A	2	3
B	3	4
C	4	5

表 1.5　2023 年三种产品的出厂价和销售价　　单位：元/件

2023 年的产品	出厂价	销售价
A	3	4
B	4	5
C	5	6

从这四个表中可以提取出四个矩阵：

$$\boldsymbol{Q}_1=\begin{pmatrix}15 & 20 & 18\\17 & 21 & 16\end{pmatrix},\ \boldsymbol{Q}_2=\begin{pmatrix}17 & 25 & 22\\20 & 30 & 25\end{pmatrix}$$

$$\boldsymbol{P}_1=\begin{pmatrix}2 & 3\\3 & 4\\4 & 5\end{pmatrix},\ \boldsymbol{P}_2=\begin{pmatrix}3 & 4\\4 & 5\\5 & 6\end{pmatrix}$$

如果想要知道每个店每种产品在这两年的销售总量，那么可以将 $\boldsymbol{Q}_1$ 和 $\boldsymbol{Q}_2$ 两个矩阵中对应位置上的元素相加，得到

$$\begin{pmatrix}15+17 & 20+25 & 18+22\\17+20 & 21+30 & 16+25\end{pmatrix}=\begin{pmatrix}32 & 45 & 40\\37 & 51 & 41\end{pmatrix}$$

用表格的形式展示如表 1.6 所示.

表 1.6　每个店每种产品在 2022 年和 2023 年的销售总量　　单位：万件

城市	三种产品 2022 年及 2023 年的总销售量		
	A	B	C
甲	32	45	40
乙	37	51	41

如果继续将其每个位置上的元素都乘$\frac{1}{2}$，就可以得到这两年内两个城市三种产品的平均销售量：

$$\begin{pmatrix}\frac{32}{2} & \frac{45}{2} & \frac{40}{2}\\[4pt]\frac{37}{2} & \frac{51}{2} & \frac{41}{2}\end{pmatrix}=\begin{pmatrix}16 & 22.5 & 20\\18.5 & 25.5 & 20.5\end{pmatrix}$$

使用 $\boldsymbol{Q}_1$ 和 $\boldsymbol{P}_1$ 可以得到 2022 年两个城市品牌店的三种产品的总出厂价和总销售价，如表 1.7 所示.

表 1.7　2022 年两个城市品牌店的三种产品的总出厂价和总销售价

单位：元

城市	总出厂价	总销售价
甲	15×2+20×3+18×4	15×3+20×4+18×5
乙	17×2+21×3+16×4	17×3+21×4+16×5

从表 1.7 中可以提取出矩阵：

$$\begin{pmatrix} 15\times2+20\times3+18\times4 & 15\times3+20\times4+18\times5 \\ 17\times2+21\times3+16\times4 & 17\times3+21\times4+16\times5 \end{pmatrix}=\begin{pmatrix} 162 & 215 \\ 161 & 215 \end{pmatrix}$$

引例 1.4 中出现的几种矩阵运算在研究矩阵的时候非常重要，在实际应用中也经常出现，因此下面给出矩阵加法、数乘和乘法的定义.

定义 1.3　设有两个同型矩阵 $\boldsymbol{A}=(a_{ij})_{m\times n}$，$\boldsymbol{B}=(b_{ij})_{m\times n}$，称矩阵

$$\begin{pmatrix} a_{11}+b_{11} & a_{12}+b_{12} & \cdots & a_{1n}+b_{1n} \\ a_{21}+b_{21} & a_{22}+b_{22} & \cdots & a_{2n}+b_{2n} \\ \vdots & \vdots & & \vdots \\ a_{m1}+b_{m1} & a_{m2}+b_{m2} & \cdots & a_{mn}+b_{mn} \end{pmatrix}$$

为矩阵 $\boldsymbol{A}$ 与 $\boldsymbol{B}$ 的和，记为 $\boldsymbol{A}+\boldsymbol{B}$.

对于矩阵 $\boldsymbol{A}=(a_{ij})_{m\times n}$，称矩阵 $-\boldsymbol{A}=(-a_{ij})_{m\times n}$ 为矩阵 $\boldsymbol{A}$ 的负矩阵. 利用负矩阵的概念可定义矩阵 $\boldsymbol{A}=(a_{ij})_{m\times n}$ 和 $\boldsymbol{B}=(b_{ij})_{m\times n}$ 的减法运算为

$$\boldsymbol{A}-\boldsymbol{B}=\boldsymbol{A}+(-\boldsymbol{B})=(a_{ij}-b_{ij})_{m\times n}$$

例 1.1　设 $\boldsymbol{A}=\begin{pmatrix} 6 & 2 & -4 \\ -1 & 3 & 1 \end{pmatrix}$，$\boldsymbol{B}=\begin{pmatrix} -2 & 1 & 3 \\ 1 & -1 & 0 \end{pmatrix}$，求 $\boldsymbol{A}+\boldsymbol{B}$，$\boldsymbol{A}-\boldsymbol{B}$.

解　$$\boldsymbol{A}+\boldsymbol{B}=\begin{pmatrix} 6 & 2 & -4 \\ -1 & 3 & 1 \end{pmatrix}+\begin{pmatrix} -2 & 1 & 3 \\ 1 & -1 & 0 \end{pmatrix}=\begin{pmatrix} 6-2 & 2+1 & -4+3 \\ -1+1 & 3-1 & 1+0 \end{pmatrix}=\begin{pmatrix} 4 & 3 & -1 \\ 0 & 2 & 1 \end{pmatrix}$$

$$\boldsymbol{A}-\boldsymbol{B}=\begin{pmatrix} 6 & 2 & -4 \\ -1 & 3 & 1 \end{pmatrix}-\begin{pmatrix} -2 & 1 & 3 \\ 1 & -1 & 0 \end{pmatrix}=\begin{pmatrix} 6-(-2) & 2-1 & -4-3 \\ -1-1 & 3-(-1) & 1-0 \end{pmatrix}=\begin{pmatrix} 8 & 1 & -7 \\ -2 & 4 & 1 \end{pmatrix}$$

定义 1.4　设 $\boldsymbol{A}=(a_{ij})_{m\times n}$，$k$ 是一个数，称矩阵

$$\begin{pmatrix} ka_{11} & ka_{12} & \cdots & ka_{1n} \\ ka_{21} & ka_{22} & \cdots & ka_{2n} \\ \vdots & \vdots & & \vdots \\ ka_{m1} & ka_{m2} & \cdots & ka_{mn} \end{pmatrix}$$

为数 k 与矩阵 $\boldsymbol{A}$ 的数量乘积，简称数乘，记为 $k\boldsymbol{A}$ 或 $\boldsymbol{A}k$，即 $k\boldsymbol{A}=\boldsymbol{A}k=(ka_{ij})_{m\times n}$.

矩阵的加法与数乘统称为矩阵的线性运算. 如果 k，l 是任意两个数，$\boldsymbol{A}$，$\boldsymbol{B}$，$\boldsymbol{C}$ 是任意三个 $m\times n$ 矩阵，则矩阵的线性运算满足下列运算规律：

(1) 加法交换律：$\boldsymbol{A}+\boldsymbol{B}=\boldsymbol{B}+\boldsymbol{A}$.

(2) 加法结合律：$(\boldsymbol{A}+\boldsymbol{B})+\boldsymbol{C}=\boldsymbol{A}+(\boldsymbol{B}+\boldsymbol{C})$.

(3) $\boldsymbol{A}+(-\boldsymbol{A})=\boldsymbol{O}_{m\times n}$.

(4) $\boldsymbol{A}+\boldsymbol{O}_{m\times n}=\boldsymbol{O}_{m\times n}+\boldsymbol{A}=\boldsymbol{A}$.

(5) $1\boldsymbol{A}=\boldsymbol{A}$.

(6) $0\boldsymbol{A}=\boldsymbol{O}_{m\times n}$.

(7) $(kl)\boldsymbol{A}=l(k\boldsymbol{A})=k(l\boldsymbol{A})$.

(8) $k(\boldsymbol{A}+\boldsymbol{B})=k\boldsymbol{A}+k\boldsymbol{B}$.

(9) $(k+l)\boldsymbol{A}=k\boldsymbol{A}+l\boldsymbol{A}$.

例 1.2　设 $\boldsymbol{A}=\begin{pmatrix}5 & -1\\ 3 & 2\end{pmatrix}$，$\boldsymbol{B}=\begin{pmatrix}-2 & 1\\ 0 & 4\end{pmatrix}$，求 $2\boldsymbol{A}-3\boldsymbol{B}$.

解　$2\boldsymbol{A}-3\boldsymbol{B}=2\begin{pmatrix}5 & -1\\ 3 & 2\end{pmatrix}-3\begin{pmatrix}-2 & 1\\ 0 & 4\end{pmatrix}=\begin{pmatrix}10 & -2\\ 6 & 4\end{pmatrix}-\begin{pmatrix}-6 & 3\\ 0 & 12\end{pmatrix}=\begin{pmatrix}16 & -5\\ 6 & -8\end{pmatrix}$

例 1.3　设矩阵 $\boldsymbol{A}=\begin{pmatrix}1 & -2 & 0\\ 4 & 3 & 5\end{pmatrix}$ 和 $\boldsymbol{B}=\begin{pmatrix}8 & 2 & 6\\ 5 & 3 & 4\end{pmatrix}$ 满足 $2\boldsymbol{A}+\boldsymbol{X}=\boldsymbol{B}-2\boldsymbol{X}$，求矩阵 $\boldsymbol{X}$.

解　由 $2\boldsymbol{A}+\boldsymbol{X}=\boldsymbol{B}-2\boldsymbol{X}$ 得 $3\boldsymbol{X}=\boldsymbol{B}-2\boldsymbol{A}$，即

$$\begin{aligned}\boldsymbol{X}&=\frac{1}{3}(\boldsymbol{B}-2\boldsymbol{A})=\frac{1}{3}\left(\begin{pmatrix}8 & 2 & 6\\ 5 & 3 & 4\end{pmatrix}-2\begin{pmatrix}1 & -2 & 0\\ 4 & 3 & 5\end{pmatrix}\right)\\&=\frac{1}{3}\begin{pmatrix}6 & 6 & 6\\ -3 & -3 & -6\end{pmatrix}=\begin{pmatrix}2 & 2 & 2\\ -1 & -1 & -2\end{pmatrix}\end{aligned}$$

矩阵乘法是一种有关矩阵的极其特别的运算，在引例中可以看到矩阵乘法的一些特别意义，在很多应用中都是有趣且实用的.

定义 1.5　设矩阵 $\boldsymbol{A}=(a_{ij})$ 是一个 $m\times s$ 矩阵，$\boldsymbol{B}=(b_{ij})$ 是一个 $s\times n$ 矩阵，定义矩阵 $\boldsymbol{A}$ 与 $\boldsymbol{B}$ 的乘积 $\boldsymbol{AB}$ 是一个 $m\times n$ 矩阵 $\boldsymbol{C}=(c_{ij})$，且

$$c_{ij}=a_{i1}b_{1j}+a_{i2}b_{2j}+\cdots+a_{is}b_{sj}=\sum_{k=1}^{s}a_{ik}b_{kj}\quad(i=1,2,\cdots,m;\ j=1,2,\cdots,n)$$

即乘积 $\boldsymbol{AB}$ 的第 i 行第 j 列元素 c_{ij} 是矩阵 $\boldsymbol{A}$ 的第 i 行的 s 个元素与矩阵 $\boldsymbol{B}$ 的第 j 列相应的 s 个元素的乘积之和.

记号 $\boldsymbol{AB}$ 常读作 $\boldsymbol{A}$ 左乘 $\boldsymbol{B}$ 或 $\boldsymbol{B}$ 右乘 $\boldsymbol{A}$.

注意　只有当第一个矩阵(左边的矩阵)的列数与第二个矩阵(右边的矩阵)的行数相等时，两个矩阵才可以进行乘法运算，且乘积 $\boldsymbol{AB}$ 的行数等于 $\boldsymbol{A}$ 的行数，列数等于 $\boldsymbol{B}$ 的列数.

例 1.4　设 $\boldsymbol{\alpha}=\begin{pmatrix}1\\ 2\\ 3\end{pmatrix}$，$\boldsymbol{\beta}=(4,5,6)$，求 $\boldsymbol{\alpha\beta}$ 和 $\boldsymbol{\beta\alpha}$.

解　$\boldsymbol{\alpha\beta}=\begin{pmatrix}1\\ 2\\ 3\end{pmatrix}(4,5,6)=\begin{pmatrix}4 & 5 & 6\\ 8 & 10 & 12\\ 12 & 15 & 18\end{pmatrix}$

$$\boldsymbol{\beta\alpha}=(4,5,6)\begin{pmatrix}1\\ 2\\ 3\end{pmatrix}=(4+10+18)=(32)=32$$

当矩阵只有一行一列时，往往可以省去括号，即可以理解为一个数.

例 1.4 中，$\boldsymbol{\alpha\beta}$ 是三阶矩阵，而 $\boldsymbol{\beta\alpha}$ 是一阶矩阵，$\boldsymbol{\alpha\beta}\neq\boldsymbol{\beta\alpha}$.

例 1.5 设 $\boldsymbol{A}=\begin{pmatrix}1&0&3\\2&1&0\end{pmatrix}$，$\boldsymbol{B}=\begin{pmatrix}4&1\\-1&1\\2&0\end{pmatrix}$，$\boldsymbol{C}=\begin{pmatrix}3\\-6\\-1\end{pmatrix}$，求 $\boldsymbol{AB}$，$\boldsymbol{BA}$ 和 $\boldsymbol{AC}$.

解 $\boldsymbol{AB}=\begin{pmatrix}1\times4+0\times(-1)+3\times2 & 1\times1+0\times1+3\times0\\2\times4+1\times(-1)+0\times2 & 2\times1+1\times1+0\times0\end{pmatrix}=\begin{pmatrix}10&1\\7&3\end{pmatrix}$

$$\boldsymbol{BA}=\begin{pmatrix}4&1\\-1&1\\2&0\end{pmatrix}\begin{pmatrix}1&0&3\\2&1&0\end{pmatrix}=\begin{pmatrix}4\times1+1\times2 & 4\times0+1\times1 & 4\times3+1\times0\\-1\times1+1\times2 & -1\times0+1\times1 & -1\times3+1\times0\\2\times1+0\times2 & 2\times0+0\times1 & 2\times3+0\times0\end{pmatrix}$$

$$=\begin{pmatrix}6&1&12\\1&1&-3\\2&0&6\end{pmatrix}$$

$$\boldsymbol{AC}=\begin{pmatrix}1&0&3\\2&1&0\end{pmatrix}\begin{pmatrix}3\\-6\\-1\end{pmatrix}=\begin{pmatrix}1\times3+0\times(-6)+3\times(-1)\\2\times3+1\times(-6)+0\times(-1)\end{pmatrix}=\begin{pmatrix}0\\0\end{pmatrix}$$

例 1.5 中，矩阵 $\boldsymbol{A}$ 是 2×3 矩阵，矩阵 $\boldsymbol{B}$ 是 3×2 矩阵，矩阵 $\boldsymbol{C}$ 是 3×1 矩阵，所以乘积 $\boldsymbol{AB}$、$\boldsymbol{BA}$ 和 $\boldsymbol{AC}$ 都有意义，而矩阵 $\boldsymbol{C}$ 与 $\boldsymbol{A}$ 却不能相乘，且 $\boldsymbol{AB}\neq\boldsymbol{BA}$. 在此例中还看到，尽管 $\boldsymbol{A}\neq\boldsymbol{O}$，$\boldsymbol{C}\neq\boldsymbol{O}$，仍旧有 $\boldsymbol{AC}=\boldsymbol{O}$. 另外，若用单位矩阵 $\boldsymbol{E}$ 与矩阵 $\boldsymbol{A}$ 相乘，则有

$$\boldsymbol{E}_2\boldsymbol{A}=\begin{pmatrix}1&0\\0&1\end{pmatrix}\begin{pmatrix}1&0&3\\2&1&0\end{pmatrix}=\begin{pmatrix}1&0&3\\2&1&0\end{pmatrix}=\boldsymbol{A}$$

$$\boldsymbol{AE}_3=\begin{pmatrix}1&0&3\\2&1&0\end{pmatrix}\begin{pmatrix}1&0&0\\0&1&0\\0&0&1\end{pmatrix}=\begin{pmatrix}1&0&3\\2&1&0\end{pmatrix}=\boldsymbol{A}$$

即 $\boldsymbol{E}_2\boldsymbol{A}=\boldsymbol{AE}_3=\boldsymbol{A}$，说明单位矩阵 $\boldsymbol{E}$ 在矩阵乘法中的作用类似于数 1 在数的乘法中的作用.

例 1.6 设 $\boldsymbol{A}=\begin{pmatrix}2&4\\-3&-6\end{pmatrix}$，$\boldsymbol{B}=\begin{pmatrix}-1&4\\2&-1\end{pmatrix}$，$\boldsymbol{C}=\begin{pmatrix}1&0\\1&1\end{pmatrix}$，求 $\boldsymbol{AB}$ 和 $\boldsymbol{AC}$.

解 $\boldsymbol{AB}=\begin{pmatrix}2&4\\-3&-6\end{pmatrix}\begin{pmatrix}-1&4\\2&-1\end{pmatrix}=\begin{pmatrix}6&4\\-9&-6\end{pmatrix}$

$\boldsymbol{AC}=\begin{pmatrix}2&4\\-3&-6\end{pmatrix}\begin{pmatrix}1&0\\1&1\end{pmatrix}=\begin{pmatrix}6&4\\-9&-6\end{pmatrix}$

由此可见，矩阵乘法不满足消去律，即由 $\boldsymbol{AB}=\boldsymbol{AC}$ 且 $\boldsymbol{A}\neq\boldsymbol{O}$，无法得出 $\boldsymbol{B}=\boldsymbol{C}$ 的结论.

在作矩阵乘法时，需要注意以下几点：

(1) 矩阵乘法不满足交换律，即在一般情况下，$\boldsymbol{AB}\neq\boldsymbol{BA}$.

(2) 尽管矩阵 $\boldsymbol{A}$ 与 $\boldsymbol{B}$ 满足 $\boldsymbol{AB}=\boldsymbol{O}$，但是得不出 $\boldsymbol{A}=\boldsymbol{O}$ 或 $\boldsymbol{B}=\boldsymbol{O}$ 的结论.

(3) 矩阵乘法不满足消去律，即由 $\boldsymbol{AB}=\boldsymbol{AC}$ 且 $\boldsymbol{A}\neq\boldsymbol{O}$，无法得出 $\boldsymbol{B}=\boldsymbol{C}$ 的结论.

若对于两个 n 阶方阵 $\boldsymbol{A}$ 和 $\boldsymbol{B}$，有 $\boldsymbol{AB}=\boldsymbol{BA}$，则称方阵 $\boldsymbol{A}$ 与 $\boldsymbol{B}$ 是**可交换**的. 很明显，任何 n 阶矩阵与 n 阶单位矩阵总是可交换的.

矩阵乘法满足下列运算规律(设 $\boldsymbol{A}$，$\boldsymbol{B}$，$\boldsymbol{C}$ 为矩阵，k 为常数，运算有意义)：

(1) 结合律：$(\boldsymbol{AB})\boldsymbol{C}=\boldsymbol{A}(\boldsymbol{BC})$.

(2) 矩阵乘法对矩阵加法的分配律：$(\boldsymbol{A}+\boldsymbol{B})\boldsymbol{C}=\boldsymbol{AC}+\boldsymbol{BC}$，$\boldsymbol{C}(\boldsymbol{A}+\boldsymbol{B})=\boldsymbol{CA}+\boldsymbol{CB}$.

(3) $(k\boldsymbol{A})\boldsymbol{B}=\boldsymbol{A}(k\boldsymbol{B})=k(\boldsymbol{AB})$.

(4) $\boldsymbol{E}_m\boldsymbol{A}_{m\times n}=\boldsymbol{A}_{m\times n}\boldsymbol{E}_n=\boldsymbol{A}_{m\times n}$.

(5) $\boldsymbol{O}_{m\times s}\boldsymbol{A}_{s\times n}=\boldsymbol{O}_{m\times n}$，$\boldsymbol{A}_{m\times s}\boldsymbol{O}_{s\times n}=\boldsymbol{O}_{m\times n}$.

例 1.7　将线性方程组

$$\begin{cases}a_{11}x_1+a_{12}x_2+\cdots+a_{1n}x_n=b_1\\a_{21}x_1+a_{22}x_2+\cdots+a_{2n}x_n=b_2\\\qquad\qquad\vdots\\a_{m1}x_1+a_{m2}x_2+\cdots+a_{mn}x_n=b_m\end{cases}$$

用矩阵乘法表示.

解　记 $\boldsymbol{A}=\begin{pmatrix}a_{11}&a_{12}&\cdots&a_{1n}\\a_{21}&a_{22}&\cdots&a_{2n}\\\vdots&\vdots&&\vdots\\a_{m1}&a_{m2}&\cdots&a_{mn}\end{pmatrix}$，$\boldsymbol{x}=\begin{pmatrix}x_1\\x_2\\\vdots\\x_n\end{pmatrix}$，$\boldsymbol{\beta}=\begin{pmatrix}b_1\\b_2\\\vdots\\b_m\end{pmatrix}$，利用矩阵的乘法，有

$$\boldsymbol{Ax}=\begin{pmatrix}a_{11}&a_{12}&\cdots&a_{1n}\\a_{21}&a_{22}&\cdots&a_{2n}\\\vdots&\vdots&&\vdots\\a_{m1}&a_{m2}&\cdots&a_{mn}\end{pmatrix}\begin{pmatrix}x_1\\x_2\\\vdots\\x_n\end{pmatrix}=\begin{pmatrix}a_{11}x_1+a_{12}x_2+\cdots+a_{1n}x_n\\a_{21}x_1+a_{22}x_2+\cdots+a_{2n}x_n\\\vdots\\a_{m1}x_1+a_{m2}x_2+\cdots+a_{mn}x_n\end{pmatrix}$$

根据矩阵相等的定义，该线性方程组可以用矩阵形式来表示：$\boldsymbol{Ax}=\boldsymbol{\beta}$.

方程 $\boldsymbol{Ax}=\boldsymbol{\beta}$ 又称为**矩阵方程**，其中矩阵 $\boldsymbol{A}=\begin{pmatrix}a_{11}&a_{12}&\cdots&a_{1n}\\a_{21}&a_{22}&\cdots&a_{2n}\\\vdots&\vdots&&\vdots\\a_{m1}&a_{m2}&\cdots&a_{mn}\end{pmatrix}$ 称为该线性方程组的**系数矩阵**，$\boldsymbol{x}=\begin{pmatrix}x_1\\x_2\\\vdots\\x_n\end{pmatrix}$ 为**未知向量**，$\boldsymbol{\beta}=\begin{pmatrix}b_1\\b_2\\\vdots\\b_m\end{pmatrix}$ 为**常向量**，矩阵 $\widetilde{\boldsymbol{A}}=\begin{pmatrix}a_{11}&a_{12}&\cdots&a_{1n}&b_1\\a_{21}&a_{22}&\cdots&a_{2n}&b_2\\\vdots&\vdots&&\vdots&\vdots\\a_{m1}&a_{m2}&\cdots&a_{mn}&b_m\end{pmatrix}$ 称为该线性方程组的**增广矩阵**.

将线性方程组写成矩阵方程的形式，不仅书写方便，而且可以把线性方程组的理论与矩阵理论联系起来，这给线性方程组的讨论带来了很大方便.

由于矩阵乘法满足结合律，下面给出方阵的方幂的定义.

定义 1.6　设方阵 $\boldsymbol{A}=(a_{ij})_{n\times n}$，规定 $\boldsymbol{A}$ 的方幂为

$$\boldsymbol{A}^1=\boldsymbol{A},\ \boldsymbol{A}^2=\boldsymbol{AA},\ \boldsymbol{A}^k=\overbrace{\boldsymbol{AA}\cdots\boldsymbol{A}}^{k个}\quad(k\ 为自然数)$$

其中 $\boldsymbol{A}^k$ 称为 $\boldsymbol{A}$ 的 k 次幂，并且对于非零方阵 $\boldsymbol{A}$ 有 $\boldsymbol{A}^0=\boldsymbol{E}$.

方阵的方幂满足以下运算规律(k，l 为非负整数)：

(1) $\boldsymbol{A}^k\boldsymbol{A}^l=\boldsymbol{A}^{k+l}$.

(2) $(\boldsymbol{A}^k)^l=\boldsymbol{A}^{kl}$.

由于矩阵乘法不满足交换律，因此一般情况下$(\boldsymbol{AB})^k\neq\boldsymbol{A}^k\boldsymbol{B}^k$，$(\boldsymbol{A}\pm\boldsymbol{B})^2\neq\boldsymbol{A}^2\pm2\boldsymbol{AB}+\boldsymbol{B}^2$. 当且仅当$\boldsymbol{A}$与$\boldsymbol{B}$可交换(即$\boldsymbol{AB}=\boldsymbol{BA}$)时，下面三个等式才成立：

$$(\boldsymbol{AB})^k=\boldsymbol{A}^k\boldsymbol{B}^k$$

$$(\boldsymbol{A}\pm\boldsymbol{B})^2=\boldsymbol{A}^2\pm2\boldsymbol{AB}+\boldsymbol{B}^2$$

$$(\boldsymbol{A}+\boldsymbol{B})(\boldsymbol{A}-\boldsymbol{B})=\boldsymbol{A}^2-\boldsymbol{B}^2$$

例 1.8 设$\boldsymbol{A}=\begin{pmatrix}1&0&1\\0&2&0\\0&0&1\end{pmatrix}$，求$\boldsymbol{A}^2$与$\boldsymbol{A}^3$.

解 $\boldsymbol{A}^2=\begin{pmatrix}1&0&1\\0&2&0\\0&0&1\end{pmatrix}\begin{pmatrix}1&0&1\\0&2&0\\0&0&1\end{pmatrix}=\begin{pmatrix}1&0&2\\0&2^2&0\\0&0&1\end{pmatrix}$

$$\boldsymbol{A}^3=\boldsymbol{A}^2\boldsymbol{A}=\begin{pmatrix}1&0&2\\0&2^2&0\\0&0&1\end{pmatrix}\begin{pmatrix}1&0&1\\0&2&0\\0&0&1\end{pmatrix}=\begin{pmatrix}1&0&3\\0&2^3&0\\0&0&1\end{pmatrix}$$

例 1.9 设$\boldsymbol{\Lambda}=\begin{pmatrix}\lambda_1&&&\\&\lambda_2&&\\&&\ddots&\\&&&\lambda_n\end{pmatrix}=\mathrm{diag}(\lambda_1,\lambda_2,\cdots,\lambda_n)$，证明：

$$\boldsymbol{\Lambda}^k=\begin{pmatrix}\lambda_1^k&&&\\&\lambda_2^k&&\\&&\ddots&\\&&&\lambda_n^k\end{pmatrix}=\mathrm{diag}(\lambda_1^k,\lambda_2^k,\cdots,\lambda_n^k)$$

证明 用数学归纳法. 显然$k=1$时结论成立.

假设$\boldsymbol{\Lambda}^{k-1}=\begin{pmatrix}\lambda_1^{k-1}&&&\\&\lambda_2^{k-1}&&\\&&\ddots&\\&&&\lambda_n^{k-1}\end{pmatrix}=\mathrm{diag}(\lambda_1^{k-1},\lambda_2^{k-1},\cdots,\lambda_n^{k-1})$成立，则

$$\boldsymbol{\Lambda}^k=\boldsymbol{\Lambda}^{k-1}\boldsymbol{\Lambda}=\begin{pmatrix}\lambda_1^{k-1}&&&\\&\lambda_2^{k-1}&&\\&&\ddots&\\&&&\lambda_n^{k-1}\end{pmatrix}\begin{pmatrix}\lambda_1&&&\\&\lambda_2&&\\&&\ddots&\\&&&\lambda_n\end{pmatrix}$$

$$=\begin{pmatrix}\lambda_1^k&&&\\&\lambda_2^k&&\\&&\ddots&\\&&&\lambda_n^k\end{pmatrix}$$

$$=\mathrm{diag}(\lambda_1^k,\lambda_2^k,\cdots,\lambda_n^k)$$

所以对一切自然数 k，有

$$\boldsymbol{\Lambda}^k=\begin{pmatrix}\lambda_1^k & & & \\ & \lambda_2^k & & \\ & & \ddots & \\ & & & \lambda_n^k\end{pmatrix}=\mathrm{diag}(\lambda_1^k, \lambda_2^k, \cdots, \lambda_n^k)$$

一般矩阵的幂运算计算量比较大，但若是对角矩阵 $\boldsymbol{\Lambda}=\mathrm{diag}(\lambda_1, \lambda_2, \cdots, \lambda_n)$，$\boldsymbol{\Lambda}$ 的 k 次幂 $\boldsymbol{\Lambda}^k=\mathrm{diag}(\lambda_1^k, \lambda_2^k, \cdots, \lambda_n^k)$较容易计算.

1.1.4　矩阵的转置

定义 1.7　把矩阵 $\boldsymbol{A}$ 的行换成同序数的列得到的新矩阵，称为 $\boldsymbol{A}$ 的转置矩阵，记作 $\boldsymbol{A}^{\mathrm{T}}$. 即若

$$\boldsymbol{A}=\begin{pmatrix}a_{11} & a_{12} & \cdots & a_{1n}\\ a_{21} & a_{22} & \cdots & a_{2n}\\ \vdots & \vdots & & \vdots\\ a_{m1} & a_{m2} & \cdots & a_{mn}\end{pmatrix}$$

则

$$\boldsymbol{A}^{\mathrm{T}}=\begin{pmatrix}a_{11} & a_{21} & \cdots & a_{m1}\\ a_{12} & a_{22} & \cdots & a_{m2}\\ \vdots & \vdots & & \vdots\\ a_{1n} & a_{2n} & \cdots & a_{mn}\end{pmatrix}$$

矩阵的转置满足以下运算规律(这里 k 为常数，且假设运算都是可行的)：

(1) $(\boldsymbol{A}^{\mathrm{T}})^{\mathrm{T}}=\boldsymbol{A}$.

(2) $(\boldsymbol{A}+\boldsymbol{B})^{\mathrm{T}}=\boldsymbol{A}^{\mathrm{T}}+\boldsymbol{B}^{\mathrm{T}}$.

(3) $(k\boldsymbol{A})^{\mathrm{T}}=k\boldsymbol{A}^{\mathrm{T}}$.

(4) $(\boldsymbol{A}\boldsymbol{B})^{\mathrm{T}}=\boldsymbol{B}^{\mathrm{T}}\boldsymbol{A}^{\mathrm{T}}$.

例 1.10　设矩阵 $\boldsymbol{A}=\begin{pmatrix}1 & 0\\ 2 & -3\\ -2 & 4\end{pmatrix}$，$\boldsymbol{B}=\begin{pmatrix}2 & 1\\ 3 & 4\end{pmatrix}$，求$(\boldsymbol{A}\boldsymbol{B})^{\mathrm{T}}$.

解法一　$\boldsymbol{A}\boldsymbol{B}=\begin{pmatrix}1 & 0\\ 2 & -3\\ -2 & 4\end{pmatrix}\begin{pmatrix}2 & 1\\ 3 & 4\end{pmatrix}=\begin{pmatrix}2 & 1\\ -5 & -10\\ 8 & 14\end{pmatrix}$

所以$(\boldsymbol{A}\boldsymbol{B})^{\mathrm{T}}=\begin{pmatrix}2 & -5 & 8\\ 1 & -10 & 14\end{pmatrix}$.

解法二　$(\boldsymbol{A}\boldsymbol{B})^{\mathrm{T}}=\boldsymbol{B}^{\mathrm{T}}\boldsymbol{A}^{\mathrm{T}}=\begin{pmatrix}2 & 3\\ 1 & 4\end{pmatrix}\begin{pmatrix}1 & 2 & -2\\ 0 & -3 & 4\end{pmatrix}=\begin{pmatrix}2 & -5 & 8\\ 1 & -10 & 14\end{pmatrix}$

定义 1.8　设 $\boldsymbol{A}$ 是 n 阶方阵，如果满足 $\boldsymbol{A}^{\mathrm{T}}=\boldsymbol{A}$，即 $a_{ij}=a_{ji}(i, j=1, 2, \cdots, n)$，那么称 $\boldsymbol{A}$ 为**对称矩阵**，简称**对称阵**.

对称阵的特点：它的元素以对角线为对称轴对应相等. 例如：

$$A=\begin{pmatrix}1&2&0\\2&3&-1\\0&-1&5\end{pmatrix},\ B=\begin{pmatrix}2&0&0\\0&-3&0\\0&0&4\end{pmatrix},\ O=\begin{pmatrix}0&0&0\\0&0&0\\0&0&0\end{pmatrix}$$

都是三阶对称阵.

定义 1.9 设 $\boldsymbol{A}$ 是 n 阶方阵，如果满足 $\boldsymbol{A}^{\mathrm{T}}=-\boldsymbol{A}$，即 $a_{ij}=-a_{ji}(i,j=1,2,\cdots,n)$，那么称 $\boldsymbol{A}$ 为**反对称矩阵**，简称**反对称阵**.

反对称阵的特点：它的元素以对角线为对称轴对应相反，且主对角线上的元素全为零.

例如：$C=\begin{pmatrix}0&1&7\\-1&0&3\\-7&-3&0\end{pmatrix}$是一个三阶反对称阵.

对称矩阵满足以下性质：

(1) 若 $\boldsymbol{A}$，$\boldsymbol{B}$ 都是 n 阶对称矩阵，则 $\boldsymbol{A}\pm\boldsymbol{B}$ 及 $k\boldsymbol{A}$ 也是对称矩阵(k 为数)，但 $\boldsymbol{AB}$ 不一定是对称矩阵.

例如：$A=\begin{pmatrix}1&1\\1&2\end{pmatrix}$及 $B=\begin{pmatrix}2&1\\1&1\end{pmatrix}$都是对称矩阵，但 $AB=\begin{pmatrix}3&2\\4&3\end{pmatrix}$不是对称矩阵.

(2) 若 $\boldsymbol{A}$，$\boldsymbol{B}$ 都是 n 阶对称矩阵，则 $\boldsymbol{AB}$ 仍为对称矩阵的充分必要条件是 $\boldsymbol{A}$ 与 $\boldsymbol{B}$ 可交换(即 $\boldsymbol{AB}=\boldsymbol{BA}$).

例 1.11 设列矩阵 $\boldsymbol{X}=(x_1,x_2,\cdots,x_n)^{\mathrm{T}}$ 满足 $\boldsymbol{X}^{\mathrm{T}}\boldsymbol{X}=1$，$\boldsymbol{E}$ 为 n 阶单位矩阵，$\boldsymbol{H}=\boldsymbol{E}-2\boldsymbol{XX}^{\mathrm{T}}$，证明 $\boldsymbol{H}$ 是对称阵，且 $\boldsymbol{HH}^{\mathrm{T}}=\boldsymbol{E}$.

证明 因为

$$\boldsymbol{H}^{\mathrm{T}}=(\boldsymbol{E}-2\boldsymbol{XX}^{\mathrm{T}})^{\mathrm{T}}=\boldsymbol{E}^{\mathrm{T}}-2(\boldsymbol{XX}^{\mathrm{T}})^{\mathrm{T}}=\boldsymbol{E}-2(\boldsymbol{X}^{\mathrm{T}})^{\mathrm{T}}\boldsymbol{X}^{\mathrm{T}}=\boldsymbol{E}-2\boldsymbol{XX}^{\mathrm{T}}=\boldsymbol{H}$$

所以 $\boldsymbol{H}$ 为对称阵.

$$\begin{aligned}\boldsymbol{HH}^{\mathrm{T}}&=\boldsymbol{H}^2=(\boldsymbol{E}-2\boldsymbol{XX}^{\mathrm{T}})^2=\boldsymbol{E}^2-4\boldsymbol{EXX}^{\mathrm{T}}+4(\boldsymbol{XX}^{\mathrm{T}})(\boldsymbol{XX}^{\mathrm{T}})\\&=\boldsymbol{E}-4\boldsymbol{XX}^{\mathrm{T}}+4\boldsymbol{X}(\boldsymbol{X}^{\mathrm{T}}\boldsymbol{X})\boldsymbol{X}^{\mathrm{T}}\\&=\boldsymbol{E}-4\boldsymbol{XX}^{\mathrm{T}}+4\boldsymbol{XX}^{\mathrm{T}}=\boldsymbol{E}\end{aligned}$$

得证.

习题 1.1

1. 设 $A=\begin{pmatrix}2&-3&-1\\5&1&0\end{pmatrix}$，$B=\begin{pmatrix}1&-2&0\\3&-1&2\end{pmatrix}$，求 $\boldsymbol{A}+\boldsymbol{B}$，$\boldsymbol{A}-\boldsymbol{B}$，$2\boldsymbol{A}-3\boldsymbol{B}$.

2. 设 $A=\begin{pmatrix}5&-1\\0&2\end{pmatrix}$，$B=\begin{pmatrix}-2&1\\0&4\end{pmatrix}$，$C=\begin{pmatrix}a&c\\b&d\end{pmatrix}$，计算 $\boldsymbol{A}+\boldsymbol{B}$；若已知 $\boldsymbol{C}=\boldsymbol{A}-\boldsymbol{B}$，求出 a，b，c，d.

3. 设矩阵 $\boldsymbol{X}$ 满足 $\boldsymbol{X}-2\boldsymbol{A}=\boldsymbol{B}-\boldsymbol{X}$，其中 $A=\begin{pmatrix}2&-1\\-1&2\end{pmatrix}$，$B=\begin{pmatrix}0&-2\\-2&0\end{pmatrix}$，求 $\boldsymbol{X}$.

4. 计算下列矩阵的乘积.

(1) $\begin{pmatrix}1&2\\0&0\end{pmatrix}\begin{pmatrix}0&3\\0&4\end{pmatrix}$；　　(2) $\begin{pmatrix}0&3\\0&4\end{pmatrix}\begin{pmatrix}1&2\\0&0\end{pmatrix}$；

(3) $(a \quad b \quad c)\begin{pmatrix}1\\2\\3\end{pmatrix}$；　　(4) $\begin{pmatrix}1\\2\\3\end{pmatrix}(a \quad b \quad c)$；

(5) $\begin{pmatrix}4 & 3 & 1\\1 & -2 & 3\\5 & 7 & 0\end{pmatrix}\begin{pmatrix}7\\2\\1\end{pmatrix}$；　　(6) $\begin{pmatrix}2 & 1 & 4 & 0\\1 & -1 & 3 & 4\end{pmatrix}\begin{bmatrix}1 & 3 & 1\\0 & -1 & 2\\1 & -3 & 1\\4 & 0 & -2\end{bmatrix}$；

(7) $(x_1 \quad x_2)\begin{pmatrix}a_{11} & a_{12}\\a_{21} & a_{22}\end{pmatrix}\begin{pmatrix}x_1\\x_2\end{pmatrix}$.

5. 已知 $\boldsymbol{A}=\begin{pmatrix}2 & 0 & -1\\1 & 3 & 2\end{pmatrix}$，$\boldsymbol{B}=\begin{pmatrix}1 & 7 & -1\\4 & 2 & 3\\2 & 0 & 1\end{pmatrix}$，求 $(\boldsymbol{AB})^{\mathrm{T}}$.

6. 计算下列方阵的幂（n 为正整数）.

(1) $\begin{pmatrix}a & a\\-a & -a\end{pmatrix}^n$；　　(2) $\begin{pmatrix}1 & 3\\0 & 1\end{pmatrix}^n$；

(3) $\begin{pmatrix}a & 0 & 0\\0 & b & 0\\0 & 0 & c\end{pmatrix}^n$；　　(4) $\begin{pmatrix}\lambda & 1 & 0\\0 & \lambda & 1\\0 & 0 & \lambda\end{pmatrix}^3$.

1.2　分块矩阵

在理论研究和实际应用中，经常遇到行数或列数较大的矩阵以及一些特殊结构的矩阵，为了便于分析和计算，经常采用“化整为零”的方法将大矩阵化成小矩阵进行运算，这种处理方法就是矩阵的分块.

1.2.1　分块矩阵的概念

将矩阵 $\boldsymbol{A}$ 用若干条竖线和横线分成许多个小矩阵，每一个小矩阵称为 $\boldsymbol{A}$ 的**子块**，以子块为元素的形式上的矩阵称为**分块矩阵**. 例如：

$$\boldsymbol{A}=\left(\begin{array}{cc:cc}a_{11} & a_{12} & a_{13} & a_{14}\\a_{21} & a_{22} & a_{23} & a_{24}\\\hdashline a_{31} & a_{32} & a_{33} & a_{34}\end{array}\right)$$

这两条线把矩阵 $\boldsymbol{A}$ 分成 4 个子块，分别为

$$\boldsymbol{A}_{11}=\begin{pmatrix}a_{11} & a_{12}\\a_{21} & a_{22}\end{pmatrix},\ \boldsymbol{A}_{12}=\begin{pmatrix}a_{13} & a_{14}\\a_{23} & a_{24}\end{pmatrix},\ \boldsymbol{A}_{21}=(a_{31} \quad a_{32}),\ \boldsymbol{A}_{22}=(a_{33} \quad a_{34})$$

于是，矩阵 $\boldsymbol{A}$ 可以看成是由这 4 个子块构成的分块矩阵，即

$$\boldsymbol{A}=\begin{pmatrix}\boldsymbol{A}_{11} & \boldsymbol{A}_{12}\\\boldsymbol{A}_{21} & \boldsymbol{A}_{22}\end{pmatrix}$$

一个矩阵可根据实际需要任意分块，如上述矩阵也可以分块为

$$\boldsymbol{A}=\begin{pmatrix} a_{11} & a_{12} & a_{13} & a_{14} \\ a_{21} & a_{22} & a_{23} & a_{24} \\ a_{31} & a_{32} & a_{33} & a_{34} \end{pmatrix}=\begin{pmatrix} \boldsymbol{B}_{11} & \boldsymbol{B}_{12} & \boldsymbol{B}_{13} \\ \boldsymbol{B}_{21} & \boldsymbol{B}_{22} & \boldsymbol{B}_{23} \end{pmatrix}$$

此时

$$\boldsymbol{B}_{11}=(a_{11}),\ \boldsymbol{B}_{12}=(a_{12}),\ \boldsymbol{B}_{13}=(a_{13}\quad a_{14}),$$

$$\boldsymbol{B}_{21}=\begin{pmatrix} a_{21} \\ a_{31} \end{pmatrix},\ \boldsymbol{B}_{22}=\begin{pmatrix} a_{22} \\ a_{32} \end{pmatrix},\ \boldsymbol{B}_{23}=\begin{pmatrix} a_{23} & a_{24} \\ a_{33} & a_{34} \end{pmatrix}$$

以后会常用到将矩阵按行或按列分块的分块矩阵. 例如，将下列矩阵 $\boldsymbol{C}$ 按列分块，得

$$\boldsymbol{C}=\begin{pmatrix} a_1 & b_1 & c_1 \\ a_2 & b_2 & c_2 \\ a_3 & b_3 & c_3 \end{pmatrix}=(\boldsymbol{\alpha}_1,\ \boldsymbol{\alpha}_2,\ \boldsymbol{\alpha}_3)$$

其中 $\boldsymbol{\alpha}_1=\begin{pmatrix} a_1 \\ a_2 \\ a_3 \end{pmatrix}$，$\boldsymbol{\alpha}_2=\begin{pmatrix} b_1 \\ b_2 \\ b_3 \end{pmatrix}$，$\boldsymbol{\alpha}_3=\begin{pmatrix} c_1 \\ c_2 \\ c_3 \end{pmatrix}$为列矩阵. 矩阵 $\boldsymbol{C}$ 也可记为$(\boldsymbol{\alpha}_1,\ \boldsymbol{\alpha}_2,\ \boldsymbol{\alpha}_3)$.

将矩阵 $\boldsymbol{C}$ 按行分块成

$$\boldsymbol{C}=\begin{pmatrix} a_1 & b_1 & c_1 \\ a_2 & b_2 & c_2 \\ a_3 & b_3 & c_3 \end{pmatrix}=\begin{pmatrix} \boldsymbol{\beta}_1 \\ \boldsymbol{\beta}_2 \\ \boldsymbol{\beta}_3 \end{pmatrix}$$

其中 $\boldsymbol{\beta}_i=(a_i\quad b_i\quad c_i)(i=1,\ 2,\ 3)$为行矩阵.

1.2.2 分块矩阵的线性运算

分块矩阵在运算时，可以把每一个子块看成是矩阵的一个普通的元素，其运算规则与普通矩阵的运算规则相同或相类似，不同点在于分块的方法(或者说对子块的行数、列数)要做些限制.

设 $\boldsymbol{A}$，$\boldsymbol{B}$ 是两个 $m\times n$ 矩阵，采用相同的分块法，得到两个分块矩阵：

$$\boldsymbol{A}=\begin{pmatrix} \boldsymbol{A}_{11} & \cdots & \boldsymbol{A}_{1t} \\ \vdots & & \vdots \\ \boldsymbol{A}_{s1} & \cdots & \boldsymbol{A}_{st} \end{pmatrix},\ \boldsymbol{B}=\begin{pmatrix} \boldsymbol{B}_{11} & \cdots & \boldsymbol{B}_{1t} \\ \vdots & & \vdots \\ \boldsymbol{B}_{s1} & \cdots & \boldsymbol{B}_{st} \end{pmatrix}$$

其中 $\boldsymbol{A}_{ij}$ 与 $\boldsymbol{B}_{ij}$ 是相同类型的矩阵，则

$$\boldsymbol{A}+\boldsymbol{B}=\begin{pmatrix} \boldsymbol{A}_{11}+\boldsymbol{B}_{11} & \cdots & \boldsymbol{A}_{1t}+\boldsymbol{B}_{1t} \\ \vdots & & \vdots \\ \boldsymbol{A}_{s1}+\boldsymbol{B}_{s1} & \cdots & \boldsymbol{A}_{st}+\boldsymbol{B}_{st} \end{pmatrix},$$

$$k\boldsymbol{A}=\begin{pmatrix} k\boldsymbol{A}_{11} & \cdots & k\boldsymbol{A}_{1t} \\ \vdots & & \vdots \\ k\boldsymbol{A}_{s1} & \cdots & k\boldsymbol{A}_{st} \end{pmatrix}$$

分块矩阵相加时，必须使对应的子矩阵具有相同的行数和列数，即相加的矩阵的分块方式应完全相同. 用数 k 与分块矩阵相乘时，k 应与每一个分块矩阵相乘.

例 1.12　设矩阵 $\boldsymbol{A}=\begin{pmatrix}1&0&1&3\\0&1&2&4\\0&0&-1&0\\0&0&0&-1\end{pmatrix}$，$\boldsymbol{B}=\begin{pmatrix}1&2&0&0\\2&0&0&0\\6&3&1&0\\0&-2&0&1\end{pmatrix}$，用分块矩阵计算 $\boldsymbol{A}+\boldsymbol{B}$，$k\boldsymbol{A}$.

解　对矩阵 $\boldsymbol{A}$、$\boldsymbol{B}$ 作如下分块：

$$\boldsymbol{A}=\left(\begin{array}{cc:cc}1&0&1&3\\0&1&2&4\\ \hdashline 0&0&-1&0\\0&0&0&-1\end{array}\right)=\begin{pmatrix}\boldsymbol{E}&\boldsymbol{A}_{12}\\\boldsymbol{O}&-\boldsymbol{E}\end{pmatrix},\ \boldsymbol{B}=\left(\begin{array}{cc:cc}1&2&0&0\\2&0&0&0\\ \hdashline 6&3&1&0\\0&-2&0&1\end{array}\right)=\begin{pmatrix}\boldsymbol{B}_{11}&\boldsymbol{O}\\\boldsymbol{B}_{21}&\boldsymbol{E}\end{pmatrix}$$

则

$$\boldsymbol{A}+\boldsymbol{B}=\begin{pmatrix}\boldsymbol{E}&\boldsymbol{A}_{12}\\\boldsymbol{O}&-\boldsymbol{E}\end{pmatrix}+\begin{pmatrix}\boldsymbol{B}_{11}&\boldsymbol{O}\\\boldsymbol{B}_{21}&\boldsymbol{E}\end{pmatrix}=\begin{pmatrix}\boldsymbol{E}+\boldsymbol{B}_{11}&\boldsymbol{A}_{12}\\\boldsymbol{B}_{21}&\boldsymbol{O}\end{pmatrix}=\begin{pmatrix}2&2&1&3\\2&1&2&4\\6&3&0&0\\0&-2&0&0\end{pmatrix}$$

$$k\boldsymbol{A}=k\begin{pmatrix}\boldsymbol{E}&\boldsymbol{A}_{12}\\\boldsymbol{O}&-\boldsymbol{E}\end{pmatrix}=\begin{pmatrix}k\boldsymbol{E}&k\boldsymbol{A}_{12}\\\boldsymbol{O}&-k\boldsymbol{E}\end{pmatrix}=\begin{pmatrix}k&0&k&3k\\0&k&2k&4k\\0&0&-k&0\\0&0&0&-k\end{pmatrix}$$

1.2.3　分块矩阵的乘法

设 $\boldsymbol{A}$ 为 $m\times l$ 矩阵，$\boldsymbol{B}$ 为 $l\times n$ 矩阵. 将 $\boldsymbol{A}$，$\boldsymbol{B}$ 划分成分块矩阵时，对 $\boldsymbol{A}$ 的列的划分方法与对 $\boldsymbol{B}$ 的行的划分方法相同，得到

$$\boldsymbol{A}=\begin{pmatrix}\boldsymbol{A}_{11}&\cdots&\boldsymbol{A}_{1t}\\\vdots&&\vdots\\\boldsymbol{A}_{s1}&\cdots&\boldsymbol{A}_{st}\end{pmatrix},\ \boldsymbol{B}=\begin{pmatrix}\boldsymbol{B}_{11}&\cdots&\boldsymbol{B}_{1r}\\\vdots&&\vdots\\\boldsymbol{B}_{t1}&\cdots&\boldsymbol{B}_{tr}\end{pmatrix}$$

其中 $\boldsymbol{A}$ 的第 k 列各小块 $\boldsymbol{A}_{ik}$ 的列数与 $\boldsymbol{B}$ 的第 k 行各小块 $\boldsymbol{B}_{kj}$ 的行数相等，则

$$\boldsymbol{AB}=\boldsymbol{C}=\begin{pmatrix}\boldsymbol{C}_{11}&\cdots&\boldsymbol{C}_{1r}\\\vdots&&\vdots\\\boldsymbol{C}_{s1}&\cdots&\boldsymbol{C}_{sr}\end{pmatrix}$$

其中 $\boldsymbol{C}_{ij}=\boldsymbol{A}_{i1}\boldsymbol{B}_{1j}+\boldsymbol{A}_{i2}\boldsymbol{B}_{2j}+\cdots+\boldsymbol{A}_{it}\boldsymbol{B}_{tj}\,(i=1,\ \cdots,\ s;\ j=1,\ \cdots,\ r)$，并且 $\boldsymbol{AB}=\boldsymbol{C}$ 的行的分块方法与 $\boldsymbol{A}$ 的行的分块方法相同，列的分块方法与 $\boldsymbol{B}$ 的列的分块方法相同.

例如，对矩阵 $\boldsymbol{A}$，$\boldsymbol{B}$ 有以下两种分块方法：

(1) $\boldsymbol{A}=\left(\begin{array}{cc:cc}1&7&-5&-2\\2&0&1&8\\ \hdashline 0&3&2&4\end{array}\right)=\begin{pmatrix}\boldsymbol{A}_{11}&\boldsymbol{A}_{12}\\\boldsymbol{A}_{21}&\boldsymbol{A}_{22}\end{pmatrix}$，$\boldsymbol{B}=\left(\begin{array}{ccc:c}1&3&1&4\\0&1&0&7\\ \hdashline 0&3&2&4\\-1&5&2&0\end{array}\right)=\begin{pmatrix}\boldsymbol{B}_{11}&\boldsymbol{B}_{12}\\\boldsymbol{B}_{21}&\boldsymbol{B}_{22}\end{pmatrix}$

(2) $A=\left(\begin{array}{cc:cc}1 & 7 & -5 & -2\\ 2 & 0 & 1 & 8\\ \hdashline 0 & 3 & 2 & 4\end{array}\right)=\begin{pmatrix}A_{11} & A_{12}\\ A_{21} & A_{22}\end{pmatrix}$, $B=\left(\begin{array}{ccc:c}1 & 3 & 1 & 4\\ 0 & 1 & 0 & 7\\ 0 & 3 & 2 & 4\\ \hdashline -1 & 5 & 2 & 0\end{array}\right)=\begin{pmatrix}B_{11} & B_{12}\\ B_{21} & B_{22}\end{pmatrix}$

可以验证，用分块方法(1)，分块矩阵 $A=\begin{pmatrix}A_{11} & A_{12}\\ A_{21} & A_{22}\end{pmatrix}$，$B=\begin{pmatrix}B_{11} & B_{12}\\ B_{21} & B_{22}\end{pmatrix}$ 可进行乘法运算，而用分块方法(2)则无法进行乘法运算.

实际上，两个矩阵 A，B 在分块后可进行乘法运算除了要求矩阵 A 的列数等于矩阵 B 的行数(保证 AB 有意义)，还要保证对 A 的列的划分方法与对 B 的行的划分方法相同，即若将 A 的 4 列划分为 2 列加 2 列，则 B 的 4 行也应划分为 2 行加 2 行，而 A 的行及 B 的列怎么划分没有要求.

例 1.13 设 $A=\begin{pmatrix}1 & 0 & 0 & 0\\ 0 & 1 & 0 & 0\\ 2 & 1 & 1 & 0\\ -1 & 1 & 0 & 1\end{pmatrix}$，$B=\begin{pmatrix}1 & -1 & 1 & 0\\ 0 & 3 & 0 & 1\\ 1 & 0 & -1 & 1\\ -1 & -1 & 0 & 2\end{pmatrix}$，用分块矩阵计算 AB.

解 对 A，B 作如下分块：

$$A=\left(\begin{array}{cc:cc}1 & 0 & 0 & 0\\ 0 & 1 & 0 & 0\\ \hdashline 2 & 1 & 1 & 0\\ -1 & 1 & 0 & 1\end{array}\right)=\begin{pmatrix}E & O\\ A_1 & E\end{pmatrix},\ B=\left(\begin{array}{cc:cc}1 & -1 & 1 & 0\\ 0 & 3 & 0 & 1\\ \hdashline 1 & 0 & -1 & 1\\ -1 & -1 & 0 & 2\end{array}\right)=\begin{pmatrix}B_1 & E\\ B_2 & B_3\end{pmatrix}$$

则有

$$AB=\begin{pmatrix}E & O\\ A_1 & E\end{pmatrix}\begin{pmatrix}B_1 & E\\ B_2 & B_3\end{pmatrix}=\begin{pmatrix}B_1 & E\\ A_1B_1+B_2 & A_1+B_3\end{pmatrix}$$

而

$$A_1B_1+B_2=\begin{pmatrix}2 & 1\\ -1 & 1\end{pmatrix}\begin{pmatrix}1 & -1\\ 0 & 3\end{pmatrix}+\begin{pmatrix}1 & 0\\ -1 & -1\end{pmatrix}=\begin{pmatrix}2 & 1\\ -1 & 4\end{pmatrix}+\begin{pmatrix}1 & 0\\ -1 & -1\end{pmatrix}=\begin{pmatrix}3 & 1\\ -2 & 3\end{pmatrix}$$

$$A_1+B_3=\begin{pmatrix}2 & 1\\ -1 & 1\end{pmatrix}+\begin{pmatrix}-1 & 1\\ 0 & 2\end{pmatrix}=\begin{pmatrix}1 & 2\\ -1 & 3\end{pmatrix}$$

于是得到

$$AB=\begin{pmatrix}B_1 & E\\ A_1B_1+B_2 & A_1+B_3\end{pmatrix}=\begin{pmatrix}1 & -1 & 1 & 0\\ 0 & 3 & 0 & 1\\ 3 & 1 & 1 & 2\\ -2 & 3 & -1 & 3\end{pmatrix}$$

例 1.14 对于线性方程组

$$\begin{cases}a_{11}x_1+a_{12}x_2+\cdots+a_{1n}x_n=b_1\\ a_{21}x_1+a_{22}x_2+\cdots+a_{2n}x_n=b_2\\ \qquad\vdots\\ a_{m1}x_1+a_{m2}x_2+\cdots+a_{mn}x_n=b_m\end{cases}\tag{1.2}$$

记 $\boldsymbol{A}=\begin{pmatrix} a_{11} & a_{12} & \cdots & a_{1n} \\ a_{21} & a_{22} & \cdots & a_{2n} \\ \vdots & \vdots & & \vdots \\ a_{m1} & a_{m2} & \cdots & a_{mn} \end{pmatrix}$，$\boldsymbol{x}=\begin{pmatrix} x_1 \\ x_2 \\ \vdots \\ x_n \end{pmatrix}$，$\boldsymbol{\beta}=\begin{pmatrix} b_1 \\ b_2 \\ \vdots \\ b_m \end{pmatrix}$，如果把 $\boldsymbol{A}$ 按列分块成

$$\boldsymbol{A}=\left(\begin{array}{c:c:c:c} a_{11} & a_{12} & \cdots & a_{1n} \\ a_{21} & a_{22} & \cdots & a_{2n} \\ \vdots & \vdots & & \vdots \\ a_{m1} & a_{m2} & \cdots & a_{mn} \end{array}\right)=(\boldsymbol{\alpha}_1, \boldsymbol{\alpha}_2, \cdots, \boldsymbol{\alpha}_n)$$

则
$$\boldsymbol{A}\boldsymbol{x}=(\boldsymbol{\alpha}_1, \boldsymbol{\alpha}_2, \cdots, \boldsymbol{\alpha}_n)\begin{pmatrix} x_1 \\ x_2 \\ \vdots \\ x_n \end{pmatrix}=\boldsymbol{\alpha}_1 x_1+\boldsymbol{\alpha}_2 x_2+\cdots+\boldsymbol{\alpha}_n x_n$$

于是，方程组(1.2)又可以表示为

$$\boldsymbol{\alpha}_1 x_1+\boldsymbol{\alpha}_2 x_2+\cdots+\boldsymbol{\alpha}_n x_n=\boldsymbol{\beta}$$

该线性方程组的增广矩阵按分块矩阵的记法可记为

$$\widetilde{\boldsymbol{A}}=\begin{pmatrix} a_{11} & a_{12} & \cdots & a_{1n} & b_1 \\ a_{21} & a_{22} & \cdots & a_{2n} & b_2 \\ \vdots & \vdots & & \vdots & \vdots \\ a_{m1} & a_{m2} & \cdots & a_{mn} & b_m \end{pmatrix}=(\boldsymbol{A}, \boldsymbol{\beta})=(\boldsymbol{\alpha}_1, \boldsymbol{\alpha}_2, \cdots, \boldsymbol{\alpha}_n, \boldsymbol{\beta})$$

1.2.4　分块矩阵的转置

先看一个例子：

$$\boldsymbol{A}=\left(\begin{array}{cc:cc:c} 1 & 4 & 3 & -7 & 5 \\ 0 & 2 & 1 & -1 & 4 \\ \hdashline 4 & -1 & 2 & -3 & 1 \\ 2 & 0 & 1 & 6 & 0 \end{array}\right)=\begin{pmatrix} \boldsymbol{A}_{11} & \boldsymbol{A}_{12} & \boldsymbol{A}_{13} \\ \boldsymbol{A}_{21} & \boldsymbol{A}_{22} & \boldsymbol{A}_{23} \end{pmatrix}$$

$$\boldsymbol{A}^{\mathrm{T}}=\left(\begin{array}{cc:cc} 1 & 0 & 4 & 2 \\ 4 & 2 & -1 & 0 \\ \hdashline 3 & 1 & 2 & 1 \\ -7 & -1 & -3 & 6 \\ \hdashline 5 & 4 & 1 & 0 \end{array}\right)=\begin{pmatrix} \boldsymbol{A}_{11}^{\mathrm{T}} & \boldsymbol{A}_{21}^{\mathrm{T}} \\ \boldsymbol{A}_{12}^{\mathrm{T}} & \boldsymbol{A}_{22}^{\mathrm{T}} \\ \boldsymbol{A}_{13}^{\mathrm{T}} & \boldsymbol{A}_{23}^{\mathrm{T}} \end{pmatrix}$$

可以看出，分块矩阵在转置时，除了将行依次换成相同序号的列，每个小块还要进行转置，即“**内外一起转**”.

一般地，分块矩阵 $\boldsymbol{A}=\begin{pmatrix} \boldsymbol{A}_{11} & \cdots & \boldsymbol{A}_{1t} \\ \vdots & & \vdots \\ \boldsymbol{A}_{s1} & \cdots & \boldsymbol{A}_{st} \end{pmatrix}$ 的转置矩阵为 $\boldsymbol{A}^{\mathrm{T}}=\begin{pmatrix} \boldsymbol{A}_{11}^{\mathrm{T}} & \cdots & \boldsymbol{A}_{s1}^{\mathrm{T}} \\ \vdots & & \vdots \\ \boldsymbol{A}_{1t}^{\mathrm{T}} & \cdots & \boldsymbol{A}_{st}^{\mathrm{T}} \end{pmatrix}$.

1.2.5 分块对角矩阵

设

$$A=\begin{pmatrix} A_1 & O & \cdots & O \\ O & A_2 & \cdots & O \\ \vdots & \vdots & & \vdots \\ O & O & \cdots & A_n \end{pmatrix}$$

其中主对角线上的子块 A_1，A_2，…，A_n 都是方阵，主对角线之外的子块都是零矩阵，这种矩阵称为**分块对角矩阵**，简称**分块对角阵**.

分块对角矩阵有以下性质：

(1) A 的 k 次幂为

$$A^k=\begin{pmatrix} A_1^k & O & \cdots & O \\ O & A_2^k & \cdots & O \\ \vdots & \vdots & & \vdots \\ O & O & \cdots & A_n^k \end{pmatrix}$$

(2) 如果 A_i 的列数等于 B_i 的行数($i=1, 2, \cdots, n$)，则

$$\begin{pmatrix} A_1 & O & \cdots & O \\ O & A_2 & \cdots & O \\ \vdots & \vdots & & \vdots \\ O & O & \cdots & A_n \end{pmatrix}\begin{pmatrix} B_1 & O & \cdots & O \\ O & B_2 & \cdots & O \\ \vdots & \vdots & & \vdots \\ O & O & \cdots & B_n \end{pmatrix}=\begin{pmatrix} A_1B_1 & O & \cdots & O \\ O & A_2B_2 & \cdots & O \\ \vdots & \vdots & & \vdots \\ O & O & \cdots & A_nB_n \end{pmatrix}$$

例 1.15 若矩阵 A 满足 $A^TA=O$，证明 $A=O$.

证明 设 $A=(a_{ij})_{m\times n}$，把 A 用列向量表示为 $A=(\alpha_1, \alpha_2, \cdots, \alpha_n)$，则

$$A^TA=\begin{pmatrix} \alpha_1^T \\ \alpha_2^T \\ \vdots \\ \alpha_n^T \end{pmatrix}(\alpha_1, \alpha_2, \cdots, \alpha_n)$$

$$=\begin{pmatrix} \alpha_1^T\alpha_1 & \alpha_1^T\alpha_2 & \cdots & \alpha_1^T\alpha_n \\ \alpha_2^T\alpha_1 & \alpha_2^T\alpha_2 & \cdots & \alpha_2^T\alpha_n \\ \vdots & \vdots & & \vdots \\ \alpha_n^T\alpha_1 & \alpha_n^T\alpha_2 & \cdots & \alpha_n^T\alpha_n \end{pmatrix}$$

即 A^TA 的(i, j)元为 $\alpha_i^T\alpha_j$，因 $A^TA=O$，故 $\alpha_i^T\alpha_j=0(i, j=1, 2, \cdots, n)$.

特别地，有 $\alpha_j^T\alpha_j=0(j=1, 2, \cdots, n)$，而

$$\alpha_j^T\alpha_j=(a_{1j}, a_{2j}, \cdots, a_{mj})\begin{pmatrix} a_{1j} \\ a_{2j} \\ \vdots \\ a_{mj} \end{pmatrix}=a_{1j}^2+a_{2j}^2+\cdots+a_{mj}^2$$

由 $a_{1j}^2+a_{2j}^2+\cdots+a_{mj}^2=0$(因 a_{ij} 为实数)得 $a_{1j}=a_{2j}=\cdots=a_{mj}=0(j=1, 2, \cdots, n)$，即 $A=O$.

习题 1.2

1. 设 $A=\begin{pmatrix}1&0&0&0\\0&1&0&0\\-1&2&1&0\\1&1&0&1\end{pmatrix}$，$B=\begin{pmatrix}1&0&1&0\\-1&2&0&1\\1&0&4&1\\-1&-1&2&0\end{pmatrix}$，用分块矩阵计算 AB.

2. 设 $A=\begin{pmatrix}a&1&0&0\\0&a&0&0\\0&0&b&1\\0&0&1&b\end{pmatrix}$，$B=\begin{pmatrix}a&0&0&0\\1&a&0&0\\0&0&b&0\\0&0&1&b\end{pmatrix}$，求 ABA.

1.3　矩阵的初等变换与线性方程组

矩阵的初等变换是研究矩阵的性质以及解线性方程组不可缺少的重要方法，本节介绍矩阵初等变换的相关概念，并介绍用矩阵的初等变换求解线性方程组的方法.

1.3.1　矩阵的初等变换

用高斯消元法可求解二元或三元线性方程组，这一方法也适用于求解含更多未知量或方程的线性方程组. 下面用高斯消元法来求解一个线性方程组. 由于线性方程组与它的增广矩阵有对应关系，因此为了解求解过程中线性方程组的增广矩阵的变化，把消元过程中出现的线性方程组对应的增广矩阵列在该方程组的右边.

例 1.16　用高斯消元法求解线性方程组

$$\begin{cases}3x_1+x_2+4x_3=8\\-2x_1+3x_2-x_3=9\\x_1-x_2+x_3=-2\end{cases}\tag{1.3}$$

解　线性方程组

$$\begin{cases}3x_1+x_2+4x_3=8\\-2x_1+3x_2-x_3=9\\x_1-x_2+x_3=-2\end{cases}$$

对应的增广矩阵

$$\begin{pmatrix}3&1&4&8\\-2&3&-1&9\\1&-1&1&-2\end{pmatrix}$$

交换方程组的第一个和第三个方程，得

$$\begin{cases}x_1-x_2+x_3=-2\\-2x_1+3x_2-x_3=9\\3x_1+x_2+4x_3=8\end{cases}\tag{1.4}$$

对应的增广矩阵正好是交换第一行和第三行，即

$$\begin{pmatrix}1&-1&1&-2\\-2&3&-1&9\\3&1&4&8\end{pmatrix}$$

把第一个方程乘 2 后加到第二个方程上，把第一个方程乘 -3 后加到第三个方程上，消去这两个方程的未知量 x_1，得

$$\begin{cases} x_1 - x_2 + x_3 = -2 \\ x_2 + x_3 = 5 \\ 4x_2 + x_3 = 14 \end{cases} \qquad (1.5)$$

对应的增广矩阵正好是把第一行的每个元素乘 2 后加到第二行对应的元素上，把第一行的每个元素乘 -3 后加到第三行对应的元素上，即

$$\begin{pmatrix} 1 & -1 & 1 & -2 \\ 0 & 1 & 1 & 5 \\ 0 & 4 & 1 & 14 \end{pmatrix}$$

把第二个方程乘 -4 后加到第三个方程上，消去第三个方程的未知量 x_2，得

$$\begin{cases} x_1 - x_2 + x_3 = -2 \\ x_2 + x_3 = 5 \\ -3x_3 = -6 \end{cases} \qquad (1.6)$$

对应的增广矩阵正好是把第二行的每个元素乘 -4 后加到第三行对应的元素上，即

$$\begin{pmatrix} 1 & -1 & 1 & -2 \\ 0 & 1 & 1 & 5 \\ 0 & 0 & -3 & -6 \end{pmatrix}$$

第三个方程乘 $-\frac{1}{3}$，再把第三个方程乘 -1 后加到第一个和第二个方程上，得

$$\begin{cases} x_1 - x_2 = -4 \\ x_2 = 3 \\ x_3 = 2 \end{cases} \qquad (1.7)$$

对应的增广矩阵正好是把第三行乘 $-\frac{1}{3}$，再把第三行的每个元素乘 -1 后加到第一行和第二行对应的元素上，即

$$\begin{pmatrix} 1 & -1 & 0 & -4 \\ 0 & 1 & 0 & 3 \\ 0 & 0 & 1 & 2 \end{pmatrix}$$

把第二个方程加到第一个方程上，得

$$\begin{cases} x_1 = -1 \\ x_2 = 3 \\ x_3 = 2 \end{cases} \qquad (1.8)$$

对应的增广矩阵正好是把第二行的每个元素加到第一行对应的元素上，即

$$\begin{pmatrix} 1 & 0 & 0 & -1 \\ 0 & 1 & 0 & 3 \\ 0 & 0 & 1 & 2 \end{pmatrix}$$

方程组(1.8)与原方程组(1.3)同解，所以原方程组(1.3)有唯一解：$x_1 = -1$，$x_2 = 3$，$x_3 = 2$.

从上述求解过程可以看出，用消元法求解线性方程组的具体做法就是对方程组反复实施以下三种变换：

(1) 交换某两个方程的位置；

(2) 一个方程乘上一个非零数；

(3) 将一个方程乘上一个非零数加到另一个方程上.

以上这三种变换称为线性方程组的**初等变换**. 很明显，这三种初等变换都是可逆的，

从而最后求得的方程组(1.8)的解就是原方程组的解. 同时可以看到，对应的增广矩阵也有相类似的变换，因此引入如下定义.

定义 1.10　矩阵的下列三种变换称为矩阵的**初等行变换**：

(1) 交换矩阵的两行(交换 i，j 两行，记作 $r_i \leftrightarrow r_j$)；

(2) 矩阵的某一行乘一个非零数 k(第 i 行乘数 k，记作 $r_i \times k$ 或 kr_i)；

(3) 将矩阵的某一行的 k 倍加到另一行(第 j 行乘数 k 加到第 i 行，记作 $r_i + kr_j$).

把定义中的“行”换成“列”，即得矩阵的初等列变换的定义(相应记号中把 r 换成 c).

矩阵的初等行变换与初等列变换统称为矩阵的**初等变换**.

显然，三种初等变换都是可逆的，逆变换仍是初等变换，且变换类型相同.

例如，变换 $r_i \leftrightarrow r_j$ 的逆变换即为其本身；变换 $r_i \times k$ 的逆变换为 $\dfrac{1}{k}r_i$；变换 $r_i + kr_j$ 的逆变换为 $r_i + (-k)r_j$ 或 $r_i - kr_j$.

方程组(1.6)的特点是自上而下的各个方程所含未知量的个数依次减少，这种形式的线性方程组称为**行阶梯形方程组**. 将原方程组化为行阶梯形方程组的过程，称为消元. 由行阶梯形方程组逐步求得各未知量的过程，称为**回代**. 从上述求解过程可以看出，用消元法求解线性方程组的目的就是利用方程组的初等变换将原方程组化为行阶梯形方程组，显然这个行阶梯形方程组与原线性方程组同解，解这个行阶梯形方程组即可得原方程组的解.

再仔细观察一下上面的求解过程，可以看出，只是对各方程的系数和常数项进行运算，即对系数和常数所对应构成的增广矩阵进行运算. 如消去一个未知量，就是将这个未知量的系数化为零. 事实上，消元和回代的过程都是针对增广矩阵进行的，方程组(1.3)通过消元法化为行阶梯形方程组的过程，即对应于相应的增广矩阵进行初等行变换化为行阶梯形矩阵的过程. 方程组(1.6)、(1.7)、(1.8)对应的增广矩阵都称为行阶梯形矩阵. 一般地，称满足下列条件的矩阵为**行阶梯形矩阵**：

(1) 零行(元素全为零的行)位于矩阵的下方；

(2) 各非零行的非零首元(从左至右第一个不为零的元素)的列标随着行标的增大而严格增大.

行阶梯形矩阵的特征：可画一条阶梯线，线下方的元素均为 0，每层台阶的高度只有一行，台阶数即为非零行的行数，阶梯线的竖线后的第一个元素是非零首元.

例如，矩阵 $\begin{pmatrix} 1 & -1 & 1 & -2 \\ 0 & 1 & 1 & 5 \\ 0 & 0 & -3 & -6 \end{pmatrix}$，$\begin{pmatrix} 1 & -1 & 0 & -4 \\ 0 & 1 & 0 & 3 \\ 0 & 0 & 1 & 2 \end{pmatrix}$，$\begin{pmatrix} 1 & 0 & 0 & -1 \\ 0 & 1 & 0 & 3 \\ 0 & 0 & 1 & 2 \end{pmatrix}$ 均为行阶梯形矩阵，但下列矩阵

$$\begin{pmatrix} 1 & 2 & 4 & 0 \\ 0 & 0 & 2 & 1 \\ 0 & 3 & 0 & -2 \\ 0 & 0 & 0 & 0 \end{pmatrix},\quad \begin{pmatrix} 1 & 2 & -1 & 3 & 4 \\ 0 & 3 & 4 & 8 & 0 \\ 0 & 3 & 8 & 1 & -2 \\ 0 & 0 & 0 & 0 & 0 \end{pmatrix},\quad \begin{pmatrix} 4 & -1 & 2 & 3 \\ 0 & 0 & 0 & 0 \\ 0 & 1 & 4 & 5 \\ 0 & 0 & 0 & 0 \end{pmatrix}$$

均不是行阶梯形矩阵.

方程组(1.8)对应的增广矩阵还称为行最简形矩阵. 一般地，称满足下列条件的行阶梯

形矩阵为**行最简形矩阵**：

(1) 各非零行的非零首元都是 1；

(2) 每个非零首元所在列的其余元素都是 0.

方程组(1.6)回代的过程，就是通过矩阵的初等行变换将其增广矩阵化为行最简形矩阵的过程.

例 1.17 已知矩阵 $\boldsymbol{A}=\begin{pmatrix}3&2&9&6\\-1&-3&4&-17\\1&4&-7&3\\-1&-4&7&-3\end{pmatrix}$，试用矩阵的初等行变换先将其化为行阶梯形矩阵，再进一步化为行最简形矩阵.

解 $$\boldsymbol{A}=\begin{pmatrix}3&2&9&6\\-1&-3&4&-17\\1&4&-7&3\\-1&-4&7&-3\end{pmatrix}\xrightarrow{r_1\leftrightarrow r_3}\begin{pmatrix}1&4&-7&3\\-1&-3&4&-17\\3&2&9&6\\-1&-4&7&-3\end{pmatrix}$$

$$\xrightarrow[\substack{r_3-3r_1\\r_4+r_1}]{r_2+r_1}\begin{pmatrix}1&4&-7&3\\0&1&-3&-14\\0&-10&30&-3\\0&0&0&0\end{pmatrix}\xrightarrow{r_3+10r_2}\begin{pmatrix}1&4&-7&3\\0&1&-3&-14\\0&0&0&-143\\0&0&0&0\end{pmatrix}=\boldsymbol{B}$$

$\boldsymbol{B}$ 为行阶梯形矩阵，进一步对其作初等行变换：

$$\boldsymbol{B}=\begin{pmatrix}1&4&-7&3\\0&1&-3&-14\\0&0&0&-143\\0&0&0&0\end{pmatrix}\xrightarrow[\left(-\frac{1}{143}\right)r_3]{r_1-4r_2}\begin{pmatrix}1&0&5&59\\0&1&-3&-14\\0&0&0&1\\0&0&0&0\end{pmatrix}\xrightarrow[r_2+14r_3]{r_1-59r_3}\begin{pmatrix}1&0&5&0\\0&1&-3&0\\0&0&0&1\\0&0&0&0\end{pmatrix}=\boldsymbol{C}$$

$\boldsymbol{C}$ 为行最简形矩阵.

若对矩阵 $\boldsymbol{C}$ 再作初等列变换，则有

$$\boldsymbol{C}=\begin{pmatrix}1&0&5&0\\0&1&-3&0\\0&0&0&1\\0&0&0&0\end{pmatrix}\xrightarrow{c_3\leftrightarrow c_4}\begin{pmatrix}1&0&0&5\\0&1&0&-3\\0&0&1&0\\0&0&0&0\end{pmatrix}\xrightarrow{c_4-5c_1}\begin{pmatrix}1&0&0&0\\0&1&0&-3\\0&0&1&0\\0&0&0&0\end{pmatrix}$$

$$\xrightarrow{c_4+3c_2}\begin{pmatrix}1&0&0&0\\0&1&0&0\\0&0&1&0\\0&0&0&0\end{pmatrix}=\boldsymbol{D}=\begin{pmatrix}\boldsymbol{E}_3&\boldsymbol{O}\\\boldsymbol{O}&\boldsymbol{O}\end{pmatrix}$$

这里矩阵 $\boldsymbol{D}$ 称为矩阵 $\boldsymbol{A}$ 的**标准形**. 其特点是 $\boldsymbol{D}$ 的左上角为一个单位矩阵，其余元素全为零.

定理 1.1 任意一个 $m\times n$ 矩阵 $\boldsymbol{A}$，总可以通过初等行变换化为行阶梯形矩阵和行最简形矩阵，再通过初等列变换化为下面的标准形：

$$\boldsymbol{F}=\begin{pmatrix}\boldsymbol{E}_r&\boldsymbol{O}\\\boldsymbol{O}&\boldsymbol{O}\end{pmatrix}_{m\times n}$$

此标准形由 m，n，r 三个数完全确定，其中 r 就是行阶梯形矩阵中非零行的行数.

定理 1.1 用数学归纳法不难证明. 将矩阵 $\boldsymbol{A}$ 化成行阶梯形矩阵的初等变换可以是多种多样的，也就是说，行阶梯形矩阵不是唯一的，但是行最简形矩阵和标准形矩阵是唯一的，标准形中的 r 总是不变的，它由矩阵 $\boldsymbol{A}$ 确定，其意义在下一章矩阵的秩一节中给出.

例 1.18　用初等变换化矩阵 $\begin{pmatrix} 0 & 2 & -4 \\ -1 & -4 & 5 \\ 3 & 1 & 7 \\ 0 & 5 & -10 \\ 2 & 3 & 0 \end{pmatrix}$ 为标准形.

解

$$\begin{pmatrix} 0 & 2 & -4 \\ -1 & -4 & 5 \\ 3 & 1 & 7 \\ 0 & 5 & -10 \\ 2 & 3 & 0 \end{pmatrix} \xrightarrow{r_1 \leftrightarrow r_2} \begin{pmatrix} -1 & -4 & 5 \\ 0 & 2 & -4 \\ 3 & 1 & 7 \\ 0 & 5 & -10 \\ 2 & 3 & 0 \end{pmatrix} \xrightarrow[r_5+2r_1]{r_3+3r_1} \begin{pmatrix} -1 & -4 & 5 \\ 0 & 2 & -4 \\ 0 & -11 & 22 \\ 0 & 5 & -10 \\ 0 & -5 & 10 \end{pmatrix}$$

$$\xrightarrow{\substack{\frac{1}{2}r_2 \\ r_5+r_4 \\ r_3+11r_2 \\ r_4-5r_2}} \begin{pmatrix} -1 & -4 & 5 \\ 0 & 1 & -2 \\ 0 & 0 & 0 \\ 0 & 0 & 0 \\ 0 & 0 & 0 \end{pmatrix} \xrightarrow{r_1+4r_2} \begin{pmatrix} -1 & 0 & -3 \\ 0 & 1 & -2 \\ 0 & 0 & 0 \\ 0 & 0 & 0 \\ 0 & 0 & 0 \end{pmatrix}$$

$$\xrightarrow{-r_1} \begin{pmatrix} 1 & 0 & 3 \\ 0 & 1 & -2 \\ 0 & 0 & 0 \\ 0 & 0 & 0 \\ 0 & 0 & 0 \end{pmatrix} \xrightarrow{c_3-3c_1} \begin{pmatrix} 1 & 0 & 0 \\ 0 & 1 & -2 \\ 0 & 0 & 0 \\ 0 & 0 & 0 \\ 0 & 0 & 0 \end{pmatrix} \xrightarrow{c_3+2c_2} \begin{pmatrix} 1 & 0 & 0 \\ 0 & 1 & 0 \\ 0 & 0 & 0 \\ 0 & 0 & 0 \\ 0 & 0 & 0 \end{pmatrix} = \begin{pmatrix} \boldsymbol{E}_2 & \boldsymbol{O} \\ \boldsymbol{O} & \boldsymbol{O} \end{pmatrix}$$

定义 1.11　若矩阵 $\boldsymbol{A}$ 经过有限次初等行(列)变换化为矩阵 $\boldsymbol{B}$，则称矩阵 $\boldsymbol{A}$ 与 $\boldsymbol{B}$ **行(列)等价**，记为 $\boldsymbol{A}\overset{r}{\sim}\boldsymbol{B}$($\boldsymbol{A}\overset{c}{\sim}\boldsymbol{B}$)；若矩阵 $\boldsymbol{A}$ 经过有限次初等变换化为矩阵 $\boldsymbol{B}$，则称矩阵 $\boldsymbol{A}$ 与 $\boldsymbol{B}$ **等价**，记为 $\boldsymbol{A}\sim\boldsymbol{B}$.

在理论表述或证明中，常用记号“$\sim$”，在对矩阵作初等变换运算的过程中常用记号“$\rightarrow$”.

矩阵之间的等价关系具有下列基本性质：

(1) 反身性：$\boldsymbol{A}\sim\boldsymbol{A}$.

(2) 对称性：若 $\boldsymbol{A}\sim\boldsymbol{B}$，则 $\boldsymbol{B}\sim\boldsymbol{A}$.

(3) 传递性：若 $\boldsymbol{A}\sim\boldsymbol{B}$，$\boldsymbol{B}\sim\boldsymbol{C}$，则 $\boldsymbol{A}\sim\boldsymbol{C}$.

1.3.2　初等矩阵

矩阵的初等变换是可以用矩阵的乘法来实现的，为此引入初等矩阵的概念.

定义 1.12　对 n 阶单位矩阵 $\boldsymbol{E}$ 施以一次初等变换得到的矩阵称为 n 阶**初等矩阵**.

三种初等变换分别对应三种初等矩阵.

(1) $\boldsymbol{E}$ 的第 i，j 行(列)互换得到的初等矩阵记为 $\boldsymbol{E}(i, j)$，即

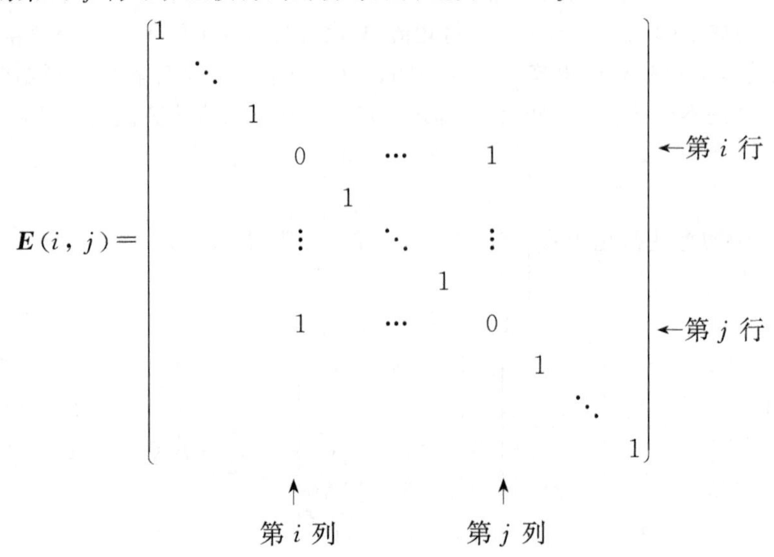

(2) $\boldsymbol{E}$ 的第 i 行(列)乘非零数 k 得到的初等矩阵记为 $\boldsymbol{E}(i(k))$，即

$$\boldsymbol{E}(i(k))=\begin{pmatrix}1 & & & & \\ & \ddots & & & \\ & & k & & \\ & & & \ddots & \\ & & & & 1\end{pmatrix}\begin{matrix} \\ \\ \leftarrow 第\ i\ 行 \\ \\ \\ \end{matrix}$$

$$\uparrow$$
第 i 列

(3) $\boldsymbol{E}$ 的第 j 行乘数 k 后加到第 i 行上或 $\boldsymbol{E}$ 的第 i 列乘数 k 后加到第 j 列上得到的初等矩阵记为 $\boldsymbol{E}(i, j(k))$，即

$$\boldsymbol{E}(i, j(k))=\begin{pmatrix}1 & & & & & \\ & \ddots & & & & \\ & & 1 & \cdots & k & \\ & & & \ddots & \vdots & \\ & & & & 1 & \\ & & & & & \ddots & \\ & & & & & & 1\end{pmatrix}\begin{matrix} \\ \\ \leftarrow 第\ i\ 行 \\ \\ \leftarrow 第\ j\ 行 \\ \\ \\ \end{matrix}$$

$$\uparrow \qquad \uparrow$$
第 i 列　第 j 列

下面的定理指出矩阵的初等变换可以通过矩阵的乘法来实现.

定理 1.2　设 $\boldsymbol{A}$ 是一个 $m\times n$ 矩阵，对 $\boldsymbol{A}$ 进行一次初等行变换，相当于在 $\boldsymbol{A}$ 的左边乘相应的 m 阶初等矩阵；对 $\boldsymbol{A}$ 进行一次初等列变换，相当于在 $\boldsymbol{A}$ 的右边乘相应的 n 阶初等矩阵. 即

$$\boldsymbol{A}\xrightarrow{r_i\leftrightarrow r_j}\boldsymbol{E}(i, j)\boldsymbol{A},\ \boldsymbol{A}\xrightarrow{kr_i}\boldsymbol{E}(i(k))\boldsymbol{A},\ \boldsymbol{A}\xrightarrow{r_i+kr_j}\boldsymbol{E}(i, j(k))\boldsymbol{A}$$

$$A \xrightarrow{c_i \leftrightarrow c_j} AE(i,\ j),\ A \xrightarrow{kc_i} AE(i(k)),\ A \xrightarrow{c_j + kc_i} AE(i,\ j(k))$$

例 1.19　设 $A=\begin{pmatrix} a_{11} & a_{12} \\ a_{21} & a_{22} \\ a_{31} & a_{32} \end{pmatrix}$，则

$$E(1,\ 2)A=\begin{pmatrix} 0 & 1 & 0 \\ 1 & 0 & 0 \\ 0 & 0 & 1 \end{pmatrix}\begin{pmatrix} a_{11} & a_{12} \\ a_{21} & a_{22} \\ a_{31} & a_{32} \end{pmatrix}=\begin{pmatrix} a_{21} & a_{22} \\ a_{11} & a_{12} \\ a_{31} & a_{32} \end{pmatrix}$$

$$AE(1,\ 2)=\begin{pmatrix} a_{11} & a_{12} \\ a_{21} & a_{22} \\ a_{31} & a_{32} \end{pmatrix}\begin{pmatrix} 0 & 1 \\ 1 & 0 \end{pmatrix}=\begin{pmatrix} a_{12} & a_{11} \\ a_{22} & a_{21} \\ a_{32} & a_{31} \end{pmatrix}$$

$$E(2(k))A=\begin{pmatrix} 1 & 0 & 0 \\ 0 & k & 0 \\ 0 & 0 & 1 \end{pmatrix}\begin{pmatrix} a_{11} & a_{12} \\ a_{21} & a_{22} \\ a_{31} & a_{32} \end{pmatrix}=\begin{pmatrix} a_{11} & a_{12} \\ ka_{21} & ka_{22} \\ a_{31} & a_{32} \end{pmatrix}$$

$$AE(2(k))=\begin{pmatrix} a_{11} & a_{12} \\ a_{21} & a_{22} \\ a_{31} & a_{32} \end{pmatrix}\begin{pmatrix} 1 & 0 \\ 0 & k \end{pmatrix}=\begin{pmatrix} a_{11} & ka_{12} \\ a_{21} & ka_{22} \\ a_{31} & ka_{32} \end{pmatrix}$$

$$E(1,\ 2(k))A=\begin{pmatrix} 1 & k & 0 \\ 0 & 1 & 0 \\ 0 & 0 & 1 \end{pmatrix}\begin{pmatrix} a_{11} & a_{12} \\ a_{21} & a_{22} \\ a_{31} & a_{32} \end{pmatrix}=\begin{pmatrix} a_{11}+ka_{21} & a_{12}+ka_{22} \\ a_{21} & a_{22} \\ a_{31} & a_{32} \end{pmatrix}$$

$$AE(1,\ 2(k))=\begin{pmatrix} a_{11} & a_{12} \\ a_{21} & a_{22} \\ a_{31} & a_{32} \end{pmatrix}\begin{pmatrix} 1 & k \\ 0 & 1 \end{pmatrix}=\begin{pmatrix} a_{11} & a_{12}+ka_{11} \\ a_{21} & a_{22}+ka_{21} \\ a_{31} & a_{32}+ka_{32} \end{pmatrix}$$

注意　$E(1,\ 2)$可以看成是交换 E 的第 1 行与第 2 行，也可以看成是交换 E 的第 1 列与第 2 列；$E(2(k))$可以看成是将 E 的第 2 行乘 k，也可以看成是将 E 的第 2 列乘 k；$E(1,\ 2(k))$可以看成是将 E 的第 2 行的 k 倍加到第 1 行上，但不能看成是将 E 的第 2 列的 k 倍加到第 1 列上，而应该看成是将 E 的第 1 列的 k 倍加到第 2 列上.

例 1.20　设 $A=\begin{pmatrix} a_{11} & a_{12} & a_{13} \\ a_{21} & a_{22} & a_{23} \\ a_{31} & a_{32} & a_{33} \end{pmatrix}$，试求一个矩阵 P，使得

$$PA=\begin{pmatrix} a_{11} & a_{12} & a_{13} \\ a_{31} & a_{32} & a_{33} \\ a_{21}+ka_{11} & a_{22}+ka_{12} & a_{23}+ka_{13} \end{pmatrix}$$

解　矩阵 PA 相当于是先交换矩阵 A 的第 2 行和第 3 行得到矩阵 B，再将矩阵 B 的第 1 行乘 k 后加到第 3 行上而得到的. 根据定理 1.2，这相当于先后用初等矩阵 $E(2,\ 3)=\begin{pmatrix} 1 & 0 & 0 \\ 0 & 0 & 1 \\ 0 & 1 & 0 \end{pmatrix}$，$E(1(k),\ 3)=\begin{pmatrix} 1 & 0 & 0 \\ 0 & 1 & 0 \\ k & 0 & 1 \end{pmatrix}$左乘矩阵 A，即

$$PA=E(1(k),3)E(2,3)A$$

所以

$$P=E(1(k),3)E(2,3)=\begin{pmatrix}1&0&0\\0&1&0\\k&0&1\end{pmatrix}\begin{pmatrix}1&0&0\\0&0&1\\0&1&0\end{pmatrix}=\begin{pmatrix}1&0&0\\0&0&1\\k&1&0\end{pmatrix}$$

1.3.3 求解线性方程组

含有 m 个方程 n 个未知数 $x_1, x_2, \cdots, x_n$ 的 n 元线性方程组

$$\begin{cases}a_{11}x_1+a_{12}x_2+\cdots+a_{1n}x_n=b_1\\a_{21}x_1+a_{22}x_2+\cdots+a_{2n}x_n=b_2\\\qquad\vdots\\a_{m1}x_1+a_{m2}x_2+\cdots+a_{mn}x_n=b_m\end{cases}\tag{1.9}$$

记

$$A=\begin{pmatrix}a_{11}&a_{12}&\cdots&a_{1n}\\a_{21}&a_{22}&\cdots&a_{2n}\\\vdots&\vdots&&\vdots\\a_{m1}&a_{m2}&\cdots&a_{mn}\end{pmatrix},\ x=\begin{pmatrix}x_1\\x_2\\\vdots\\x_n\end{pmatrix},\ \beta=\begin{pmatrix}b_1\\b_2\\\vdots\\b_m\end{pmatrix}$$

$$(A,\beta)=\begin{pmatrix}a_{11}&a_{12}&\cdots&a_{1n}&b_1\\a_{21}&a_{22}&\cdots&a_{2n}&b_2\\\vdots&\vdots&&\vdots&\vdots\\a_{m1}&a_{m2}&\cdots&a_{mn}&b_m\end{pmatrix}$$

利用矩阵的乘法，可将方程组(1.9)表示为

$$Ax=\beta\tag{1.10}$$

其中称 A 为线性方程组的**系数矩阵**，x 为**未知向量**，β 为**常向量**，$\widetilde{A}=(A, \beta)$为**增广矩阵**.

当常数项 $b_1, b_2, \cdots, b_n$ 不全为零时，线性方程组(1.9)称为**非齐次线性方程组**；当 $b_1, b_2, \cdots, b_n$ 全为零时，线性方程组(1.9)称为**齐次线性方程组**，即

$$\begin{cases}a_{11}x_1+a_{12}x_2+\cdots+a_{1n}x_n=0\\a_{21}x_1+a_{22}x_2+\cdots+a_{2n}x_n=0\\\qquad\vdots\\a_{m1}x_1+a_{m2}x_2+\cdots+a_{mn}x_n=0\end{cases}\tag{1.11}$$

如果存在 n 个数 $c_1, c_2, \cdots, c_n$，当 $x_1=c_1, x_2=c_2, \cdots, x_n=c_n$ 时，可使方程组(1.9)的 m 个等式都成立，则称 $x_1=c_1, x_2=c_2, \cdots, x_n=c_n$ 为方程组(1.9)的一个解，并称方程组的全体解为方程组的解集. 下面将利用矩阵的初等行变换来求解线性方程组.

例 1.21 求解线性方程组

$$\begin{cases}x_1+x_2-2x_3-x_4=4\\3x_1-2x_2-x_3+2x_4=2\\2x_1+3x_2-5x_3-3x_4=10\end{cases}$$

解 对增广矩阵作初等行变换，将其化为行阶梯形矩阵：

$$(\boldsymbol{A}, \boldsymbol{b})=\begin{pmatrix}1 & 1 & -2 & -1 & 4\\3 & -2 & -1 & 2 & 2\\2 & 3 & -5 & -3 & 10\end{pmatrix}\to\begin{pmatrix}1 & 1 & -2 & -1 & 4\\0 & 1 & -1 & -1 & 2\\0 & 0 & 0 & 0 & 0\end{pmatrix}$$

对应的行阶梯形方程组为

$$\begin{cases}x_1+x_2-2x_3-x_4=4\\x_2-x_3-x_4=2\end{cases}$$

其中第 3 行对应的方程为“$0=0$”，该式恒成立，说明这个方程是原方程组中“多余”的方程，不再写出. 将上述方程组改写为

$$\begin{cases}x_1+x_2=2x_3+x_4+4\\x_2=x_3+x_4+2\end{cases}\tag{1.12}$$

可以看出，只要任意给定 x_3，x_4 的值，即可确定 x_1 与 x_2 的值，从而得到原方程组的一个解.

例如，令 $x_3=1$，$x_4=2$，代入方程组(1.12)就得到一组解：

$$x_1=3,\ x_2=5,\ x_3=1,\ x_4=2$$

如果令 $x_3=1$，$x_4=3$，代入方程组(1.12)就得到另一组解：

$$x_1=3,\ x_2=6,\ x_3=1,\ x_4=3$$

可见原方程组有无穷多解，由表达式(1.12)就可以表示方程组的全部解.

通常把线性方程组的全部解的表达式称为线性方程组的**通解**或**一般解**.

在方程组(1.12)中，若给定 x_3，x_4 的值，则 x_2 的值由第 2 个方程即可得到，但 x_1 的值还需要将 x_2 回代到第 1 个方程，该回代过程可用将得到的行阶梯形矩阵进一步化为行最简形矩阵来替代.

$$(\boldsymbol{A}, \boldsymbol{b})\to\begin{pmatrix}1 & 0 & -1 & 0 & 2\\0 & 1 & -1 & -1 & 2\\0 & 0 & 0 & 0 & 0\end{pmatrix}\tag{1.13}$$

对应的同解方程组为

$$\begin{cases}x_1=x_3+2\\x_2=x_3+x_4+2\end{cases}\tag{1.14}$$

在方程组(1.14)中，若给定 x_3，x_4 的值，即可直接得到 x_1，x_2 的值，从而得到原方程组的通解. 令 $x_3=c_1$，$x_4=c_2$，则原方程组的通解为

$$\begin{cases}x_1=c_1+2\\x_2=c_1+c_2+2\\x_3=c_1\\x_4=c_2\end{cases}\quad(c_1,\ c_2\ \text{为任意实数})$$

由于 x_3，x_4 可以自由取值，因此称 x_3，x_4 为**自由未知量**，x_1，x_2 为**约束未知量**. 自由未知量写在方程等号右边，约束未知量写在等号左边. 约束未知量的选取方法一般是选取行最简形矩阵非零行非零首元所在的列所对应的未知量，例如矩阵(1.13)中非零行非零首元所在的列是第 1 列和第 2 列，故可以选择 x_1，x_2 作为约束未知量，其余的未知量就作为自由未知量.

消元法解线性方程组的过程就是对线性方程组的增广矩阵作初等行变换，即先用初等

行变换把增广矩阵化为行阶梯形矩阵，再进一步化为行最简形矩阵，而增广矩阵的行最简形矩阵所对应的线性方程组与原线性方程组是同解的. 因此，解 n 元非齐次线性方程组的具体步骤如下：

(1) 写出线性方程组(1.9)的增广矩阵 $\widetilde{\boldsymbol{A}}$；

(2) 对 $\widetilde{\boldsymbol{A}}$ 实施初等行变换，将其化为行最简形矩阵 $\boldsymbol{R}$；

(3) 写出以该行最简形矩阵 $\boldsymbol{R}$ 为增广矩阵的线性方程组；

(4) 将以非零行非零首元为系数的未知量作为约束未知量，留在等号的左边，其余未知量作为自由未知量，移到等号右边，并令自由未知量为任意常数，从而求得线性方程组的解.

例 1.22 求解线性方程组

$$\begin{cases}2x_1-x_2+2x_4=-1\\-4x_1+5x_2-8x_3+3x_4=5\\3x_1-2x_2+x_3+2x_4=-2\end{cases}$$

解 对增广矩阵作初等行变换，将其化为行最简形矩阵：

$$(\boldsymbol{A},\boldsymbol{b})=\begin{pmatrix}2&-1&0&2&-1\\-4&5&-8&3&5\\3&-2&1&2&-2\end{pmatrix}\to\begin{bmatrix}1&0&0&\frac{3}{2}&0\\0&1&0&1&1\\0&0&1&-\frac{1}{2}&0\end{bmatrix}$$

由于非零行非零首元所在的列是第 1、2、3 列，因此可以选择 x_1，x_2，x_3 作为约束未知量，x_4 作为自由未知量. 对应的方程组为

$$\begin{cases}x_1=-\frac{3}{2}x_4\\x_2=-x_4+1\\x_3=\frac{1}{2}x_4\end{cases}$$

令 $x_4=c$，则原方程组的通解为

$$\begin{cases}x_1=-\frac{3}{2}c\\x_2=-c+1\\x_3=\frac{1}{2}c\\x_4=c\end{cases}\quad(c\text{ 为任意实数})$$

例 1.23 求解线性方程组

$$\begin{cases}x_1-2x_2+3x_3=1\\3x_1-x_2+5x_3=2\\2x_1+x_2+2x_3=3\end{cases}$$

解 对增广矩阵作初等行变换，将其化为行阶梯形矩阵：

$$(\boldsymbol{A},\boldsymbol{b})=\begin{pmatrix}1&-2&3&1\\3&-1&5&2\\2&1&2&3\end{pmatrix}\to\begin{pmatrix}1&-2&3&1\\0&5&-4&-1\\0&5&-4&1\end{pmatrix}\to\begin{pmatrix}1&-2&3&1\\0&5&-4&-1\\0&0&0&2\end{pmatrix}$$

对应的行阶梯形方程组为

$$\begin{cases} x_1 - 2x_2 + 3x_3 = 1 \\ 5x_2 - 4x_3 = -1 \\ 0 = 2 \end{cases}$$

最后一个方程是矛盾方程，所以原方程组无解.

例 1.24　求解线性方程组

$$\begin{cases} x_1 + 3x_2 + 3x_3 = 16 \\ x_1 + 4x_2 + 3x_3 = 18 \\ x_1 + 3x_2 + 4x_3 = 19 \end{cases}$$

解　对增广矩阵作初等行变换，将其化为行最简形矩阵：

$$(\boldsymbol{A}, \boldsymbol{b}) = \begin{pmatrix} 1 & 3 & 3 & 16 \\ 1 & 4 & 3 & 18 \\ 1 & 3 & 4 & 19 \end{pmatrix} \xrightarrow[r_2 - r_1]{r_3 - r_1} \begin{pmatrix} 1 & 3 & 3 & 16 \\ 0 & 1 & 0 & 2 \\ 0 & 0 & 1 & 3 \end{pmatrix}$$

$$\xrightarrow{r_1 - 3r_3} \begin{pmatrix} 1 & 3 & 0 & 7 \\ 0 & 1 & 0 & 2 \\ 0 & 0 & 1 & 3 \end{pmatrix} \xrightarrow{r_1 - 3r_2} \begin{pmatrix} 1 & 0 & 0 & 1 \\ 0 & 1 & 0 & 2 \\ 0 & 0 & 1 & 3 \end{pmatrix}$$

对应的同解方程组为

$$\begin{cases} x_1 \qquad\quad = 1 \\ \qquad x_2 \quad = 2 \\ \qquad\quad x_3 = 3 \end{cases}$$

所以原方程组有唯一的解

$$\begin{cases} x_1 = 1 \\ x_2 = 2 \\ x_3 = 3 \end{cases}$$

由上述例题可以看出，关于线性方程组的解的情况有以下结论：

(1) 线性方程组(1.9)有解的充分必要条件是第一个非零元不出现在其增广矩阵的行最简形的最后一列.

(2) 线性方程组(1.9)有唯一解的充分必要条件是第一个非零元不出现在其增广矩阵的行最简形的最后一列，且非零行行数等于未知量的个数.

(3) 线性方程组(1.9)有无穷多解的充分必要条件是第一个非零元不出现在其增广矩阵的行最简形的最后一列，且非零行行数小于未知量的个数.

对于 n 元齐次线性方程组(1.11)，其增广矩阵最后一列元素全为零，所以齐次线性方程组一定有解. 显然，$x_1 = x_2 = \cdots = x_n = 0$ 是它的解，这个解称为齐次线性方程组的零解. 如果齐次线性方程组有唯一解，则这个唯一解必定是零解. 当齐次线性方程组有无穷多解时，称齐次线性方程组有非零解. 在求解齐次线性方程组的时候，只需对其系数矩阵实施初等行变换即可.

例 1.25 求解齐次线性方程组

$$\begin{cases}4x_1-3x_2+5x_3=0\\3x_1+x_2-2x_3=0\\x_1-4x_2-3x_3=0\end{cases}$$

解 对系数矩阵作初等行变换，将其化为行阶梯形矩阵：

$$\boldsymbol{A}=\begin{pmatrix}4&-3&5\\3&1&-2\\1&-4&-3\end{pmatrix}\xrightarrow{r_1-r_2}\begin{pmatrix}1&-4&7\\3&1&-2\\1&-4&-3\end{pmatrix}\xrightarrow[r_3-r_1]{r_2-3r_1}\begin{pmatrix}1&-4&7\\0&13&-23\\0&0&-10\end{pmatrix}$$

其非零行行数等于未知量个数3，所以该线性方程组只有唯一的零解.

例 1.26 求解齐次线性方程组

$$\begin{cases}x_1+x_2+5x_3-x_4=0\\x_1+2x_2-2x_3+3x_4=0\\3x_1+4x_2+8x_3+x_4=0\end{cases}$$

解 因为方程个数3小于未知量个数4，所以方程组一定有非零解. 对系数矩阵作初等行变换，将其化为行最简形矩阵：

$$\boldsymbol{A}=\begin{pmatrix}1&1&5&-1\\1&2&-2&3\\3&4&8&1\end{pmatrix}\xrightarrow[r_3-3r_1]{r_2-r_1}\begin{pmatrix}1&1&5&-1\\0&1&-7&4\\0&1&-7&4\end{pmatrix}$$

$$\xrightarrow{r_3-r_2}\begin{pmatrix}1&1&5&-1\\0&1&-7&4\\0&0&0&0\end{pmatrix}\xrightarrow{r_1-r_2}\begin{pmatrix}1&0&12&-5\\0&1&-7&4\\0&0&0&0\end{pmatrix}$$

取 x_3，x_4 为自由未知量，得到

$$\begin{cases}x_1=-12x_3+5x_4\\x_2=7x_3-4x_4\end{cases}$$

令 $x_3=c_1$，$x_4=c_2$，得到方程组的通解为

$$\begin{cases}x_1=-12c_1+5c_2\\x_2=7c_1-4c_2\\x_3=c_1\\x_4=c_2\end{cases}\quad（c_1，c_2\text{ 为任意实数}）$$

习题 1.3

1. 将下列矩阵化为行最简形矩阵.

(1) $\begin{pmatrix}2&1&2&3\\4&1&3&5\\2&0&1&2\end{pmatrix}$；　　(2) $\begin{pmatrix}1&2&3\\-1&0&1\\0&2&-3\\2&1&4\end{pmatrix}$；

(3) $\begin{bmatrix} 1 & 2 & 3 & 4 \\ 0 & -1 & 0 & -2 \\ 1 & 1 & 3 & 2 \\ 2 & 2 & 6 & 4 \end{bmatrix}$；　(4) $\begin{pmatrix} 1 & 0 & 2 & -1 \\ 2 & 0 & 3 & 1 \\ 3 & 0 & 4 & -3 \end{pmatrix}$；

(5) $\begin{bmatrix} 2 & 3 & 1 & -3 & -7 \\ 1 & 2 & 0 & -2 & -4 \\ 3 & -2 & 8 & 3 & 0 \\ 2 & -3 & 7 & 4 & 3 \end{bmatrix}$；　(6) $\begin{bmatrix} 1 & -1 & 3 & -4 & 3 \\ 3 & -3 & 5 & -4 & 1 \\ 2 & -2 & 3 & -2 & 0 \\ 3 & -3 & 4 & -2 & -1 \end{bmatrix}$.

2. 解下列齐次线性方程组.

(1) $\begin{cases} 2x_1-4x_2+5x_3+3x_4=0 \\ 3x_1-6x_2+4x_3+2x_4=0 \\ 4x_1-8x_2+17x_3+11x_4=0 \end{cases}$；　(2) $\begin{cases} x_1+x_2+2x_3-x_4=0 \\ 2x_1+x_2+x_3-x_4=0 \\ 2x_1+2x_2+x_3+2x_4=0 \end{cases}$；

(3) $\begin{cases} 2x_1+3x_2-x_3+5x_4=0 \\ 3x_1+x_2+2x_3-7x_4=0 \\ 4x_1+x_2-3x_3+6x_4=0 \\ x_1-2x_2+4x_3-7x_4=0 \end{cases}$；　(4) $\begin{cases} x_1+2x_2+x_3-x_4=0 \\ 3x_1+6x_2-x_3-3x_4=0 \\ 5x_1+10x_2+x_3-5x_4=0 \end{cases}$.

3. 解下列非齐次线性方程组.

(1) $\begin{cases} x_1-2x_2+3x_3=1 \\ 3x_1-x_2+5x_3=6 \\ 2x_1+x_2+2x_3=3 \end{cases}$；　(2) $\begin{cases} x_1-2x_2+x_3=-2 \\ 2x_1-2x_2-x_3=-4 \\ 3x_1+2x_2+2x_3=5 \\ -3x_1+8x_2+5x_3=17 \end{cases}$；

(3) $\begin{cases} x_1+3x_2+x_3+x_4=3 \\ 2x_1-2x_2+x_3+2x_4=8 \\ x_1-5x_2+x_4=5 \end{cases}$；　(4) $\begin{cases} x_1+2x_2-3x_3+x_4=1 \\ -x_1-x_2+4x_3-x_4=6 \\ 2x_1+4x_2-7x_3+x_4=-1 \end{cases}$.

1.4　逆　矩　阵

矩阵有加法、数乘和乘法三种运算，加法的逆运算——减法是自然出现的，而且实数的乘法运算也有逆运算——除法存在，那么矩阵的乘法运算存在逆运算吗？这是本节要讨论的内容.

1.4.1　逆矩阵的定义与性质

在实数的运算中，当一个数 $a\neq 0$ 时，一定存在唯一的数 $b=\dfrac{1}{a}=a^{-1}$，使得 $ab=ba=1$，b 称为 a 的逆，而在矩阵的运算中，单位矩阵 $\boldsymbol{E}$ 相当于数的乘法运算中的 1，因此给出下面逆矩阵的定义.

定义 1.13 设 $\boldsymbol{A}$ 为 n 阶方阵，若存在 n 阶方阵 $\boldsymbol{B}$，使得

$$\boldsymbol{AB}=\boldsymbol{BA}=\boldsymbol{E} \tag{1.15}$$

则称矩阵 $\boldsymbol{A}$ 是可逆的，$\boldsymbol{A}$ 的逆矩阵记为 $\boldsymbol{A}^{-1}$，并称矩阵 $\boldsymbol{B}$ 是矩阵 $\boldsymbol{A}$ 的逆矩阵，即 $\boldsymbol{A}^{-1}=\boldsymbol{B}$.

例如：$\boldsymbol{A}=\begin{pmatrix}2&0\\3&1\end{pmatrix}$，$\boldsymbol{B}=\begin{pmatrix}\frac{1}{2}&0\\-\frac{3}{2}&1\end{pmatrix}$，因为

$$\boldsymbol{AB}=\begin{pmatrix}2&0\\3&1\end{pmatrix}\begin{pmatrix}\frac{1}{2}&0\\-\frac{3}{2}&1\end{pmatrix}=\begin{pmatrix}1&0\\0&1\end{pmatrix}=\boldsymbol{E}，\boldsymbol{BA}=\begin{pmatrix}\frac{1}{2}&0\\-\frac{3}{2}&1\end{pmatrix}\begin{pmatrix}2&0\\3&1\end{pmatrix}=\begin{pmatrix}1&0\\0&1\end{pmatrix}=\boldsymbol{E}$$

所以 $\boldsymbol{A}$ 可逆，且 $\boldsymbol{A}^{-1}=\boldsymbol{B}$.

由式(1.15)可以看出：

(1) 矩阵 $\boldsymbol{A}$ 与 $\boldsymbol{B}$ 可交换，可逆矩阵 $\boldsymbol{B}$ 一定是与 $\boldsymbol{A}$ 同阶的方阵. 也就是说，如果一个矩阵不是方阵，则它一定不可逆.

(2) 由于在 $\boldsymbol{AB}=\boldsymbol{BA}=\boldsymbol{E}$ 中，矩阵 $\boldsymbol{A}$ 与矩阵 $\boldsymbol{B}$ 的地位相同，因此，若矩阵 $\boldsymbol{A}$ 可逆，矩阵 $\boldsymbol{B}$ 是矩阵 $\boldsymbol{A}$ 的逆矩阵，则矩阵 $\boldsymbol{B}$ 也可逆，且矩阵 $\boldsymbol{A}$ 是矩阵 $\boldsymbol{B}$ 的逆矩阵，即

$$\boldsymbol{B}^{-1}=\boldsymbol{A}，\boldsymbol{A}^{-1}=\boldsymbol{B}$$

(3) 一个 n 阶方阵 $\boldsymbol{A}$ 可能可逆也可能不可逆. 例如，矩阵 $\boldsymbol{A}=\begin{pmatrix}1&0\\0&0\end{pmatrix}$ 是不可逆的. 这是因为，若 $\boldsymbol{A}$ 可逆，可设 $\boldsymbol{A}^{-1}=\begin{pmatrix}a&b\\c&d\end{pmatrix}$，则有

$$\boldsymbol{A}\cdot\boldsymbol{A}^{-1}=\begin{pmatrix}1&0\\0&0\end{pmatrix}\begin{pmatrix}a&b\\c&d\end{pmatrix}=\begin{pmatrix}a&b\\0&0\end{pmatrix}\neq\boldsymbol{E}=\begin{pmatrix}1&0\\0&1\end{pmatrix}$$

故 $\boldsymbol{A}$ 不可逆.

方阵的逆矩阵满足以下性质：

(1) 若矩阵 $\boldsymbol{A}$ 可逆，则 $\boldsymbol{A}$ 的逆矩阵唯一；

(2) 若矩阵 $\boldsymbol{A}$ 可逆，则 $\boldsymbol{A}^{-1}$ 也可逆，且 $(\boldsymbol{A}^{-1})^{-1}=\boldsymbol{A}$；

(3) 若矩阵 $\boldsymbol{A}$ 可逆，数 $k\neq0$，则 $(k\boldsymbol{A})^{-1}=\frac{1}{k}\boldsymbol{A}^{-1}$；

(4) 两个同阶可逆矩阵 $\boldsymbol{A}$，$\boldsymbol{B}$ 的乘积是可逆矩阵，且 $(\boldsymbol{AB})^{-1}=\boldsymbol{B}^{-1}\boldsymbol{A}^{-1}$；

(5) 若矩阵 $\boldsymbol{A}$ 可逆，则 $\boldsymbol{A}^{\mathrm{T}}$ 也可逆，且 $(\boldsymbol{A}^{\mathrm{T}})^{-1}=(\boldsymbol{A}^{-1})^{\mathrm{T}}$；

(6) 若矩阵 $\boldsymbol{A}$ 可逆，则 $\boldsymbol{A}^k$ 也可逆，且 $(\boldsymbol{A}^k)^{-1}=(\boldsymbol{A}^{-1})^k$.

证明 对于性质(1)，假设矩阵 $\boldsymbol{B}_1$ 与 $\boldsymbol{B}_2$ 都是 $\boldsymbol{A}$ 的逆矩阵，则矩阵 $\boldsymbol{B}_1$ 与 $\boldsymbol{B}_2$ 都满足式(1.15)，即

$$\boldsymbol{AB}_1=\boldsymbol{B}_1\boldsymbol{A}=\boldsymbol{E}，\boldsymbol{AB}_2=\boldsymbol{B}_2\boldsymbol{A}=\boldsymbol{E}$$

从而有

$$\boldsymbol{B}_1=\boldsymbol{B}_1\boldsymbol{E}=\boldsymbol{B}_1(\boldsymbol{AB}_2)=(\boldsymbol{B}_1\boldsymbol{A})\boldsymbol{B}_2=\boldsymbol{EB}_2=\boldsymbol{B}_2$$

由此推出 $\boldsymbol{B}_1=\boldsymbol{B}_2$，从而说明逆矩阵若存在，则唯一.

对于性质(4)，因为

$$(\boldsymbol{AB})\cdot\boldsymbol{B}^{-1}\boldsymbol{A}^{-1}=\boldsymbol{A}(\boldsymbol{B}\cdot\boldsymbol{B}^{-1})\boldsymbol{A}^{-1}=\boldsymbol{AEA}^{-1}=\boldsymbol{AA}^{-1}=\boldsymbol{E}$$

所以$(\boldsymbol{AB})^{-1}=\boldsymbol{B}^{-1}\boldsymbol{A}^{-1}$.

其余性质可类似证明，留给读者自己验证.

注意　当矩阵$\boldsymbol{A}$，$\boldsymbol{B}$可逆时，$\boldsymbol{A}+\boldsymbol{B}$不一定可逆，且一般情况下，$(\boldsymbol{A}+\boldsymbol{B})^{-1}\neq\boldsymbol{A}^{-1}+\boldsymbol{B}^{-1}$.

例 1.27　判断矩阵$\boldsymbol{A}=\begin{pmatrix}1&1\\0&2\end{pmatrix}$是否可逆，如果可逆，求出其逆矩阵$\boldsymbol{A}^{-1}$.

解　用待定系数法. 若$\boldsymbol{A}$可逆，设$\boldsymbol{A}^{-1}=\begin{pmatrix}a&b\\c&d\end{pmatrix}$，则有

$$\boldsymbol{A}\cdot\boldsymbol{A}^{-1}=\begin{pmatrix}1&1\\0&2\end{pmatrix}\begin{pmatrix}a&b\\c&d\end{pmatrix}=\begin{pmatrix}a+c&b+d\\2c&2d\end{pmatrix}=\boldsymbol{E}=\begin{pmatrix}1&0\\0&1\end{pmatrix}$$

$$\boldsymbol{A}^{-1}\cdot\boldsymbol{A}=\begin{pmatrix}a&b\\c&d\end{pmatrix}\begin{pmatrix}1&1\\0&2\end{pmatrix}=\begin{pmatrix}a&a+2b\\c&c+2d\end{pmatrix}=\boldsymbol{E}=\begin{pmatrix}1&0\\0&1\end{pmatrix}$$

因此可得一个线性方程组

$$\begin{cases}a+c=1\\b+d=0\\2c=0\\2d=1\\a=1\\a+2b=0\\c=0\\c+2d=1\end{cases}$$

易解得方程组有唯一解：$a=1$，$b=-\dfrac{1}{2}$，$c=0$，$d=\dfrac{1}{2}$. 因此$\boldsymbol{A}$可逆，且

$$\boldsymbol{A}^{-1}=\begin{pmatrix}1&-\dfrac{1}{2}\\0&\dfrac{1}{2}\end{pmatrix}$$

1.4.2　逆矩阵的求法

由例 1.27 可以看出，用定义计算逆矩阵太烦琐，特别是当矩阵的阶数比较大时. 在 1.3 节中我们知道初等变换的过程都是可逆的，具体如下：

$$\boldsymbol{E}\xrightarrow{r_i\leftrightarrow r_j}\boldsymbol{E}(i,j)\xrightarrow{r_i\leftrightarrow r_j}\boldsymbol{E}$$

$$\boldsymbol{E}\xrightarrow{kr_i}\boldsymbol{E}(i(k))\xrightarrow{k^{-1}r_i}\boldsymbol{E},\ \boldsymbol{E}\xrightarrow{k^{-1}r_i}\boldsymbol{E}(i(k^{-1}))\xrightarrow{kr_i}\boldsymbol{E}$$

$$\boldsymbol{E}\xrightarrow{r_i+kr_j}\boldsymbol{E}(i,j(k))\xrightarrow{r_i-kr_j}\boldsymbol{E},\ \boldsymbol{E}\xrightarrow{r_i-kr_j}\boldsymbol{E}(i,j(-k))\xrightarrow{r_i+kr_j}\boldsymbol{E}$$

由初等变换与初等矩阵的对应关系可得

$$\boldsymbol{E}(i,j)^2=\boldsymbol{E}$$

$$\boldsymbol{E}(i(k))\boldsymbol{E}(i(k^{-1}))=\boldsymbol{E}(i(k^{-1}))\boldsymbol{E}(i(k))=\boldsymbol{E}$$

$$E(i,j(k))E(i,j(-k))=E(i,j(-k))E(i,j(k))=E$$

因此，可以得到这样的结论：初等矩阵都可逆，其逆矩阵也都是同一类型的初等矩阵，且 $E(i,j)^{-1}=E(i,j)$，$E(i(k))^{-1}=E(i(k^{-1}))$，$E(i,j(k))^{-1}=E(i,j(-k))$.

下面利用初等矩阵和初等变换给出一个方阵可逆的判别条件.

定理 1.3 设 A 是 n 阶方阵，则下列命题互相等价：

(1) A 是可逆矩阵；

(2) A 行等价于 n 阶单位矩阵 E；

(3) A 可以表示为一些初等矩阵的乘积.

证明 为了方便证明，采取(1)⇒(2)⇒(3)⇒(1)的方式来证明.

(1)⇒(2)：由定理 1.1 可知，方阵 A 经过若干次初等行变换可化为行最简形矩阵 R. 再由定理 1.2 可知，相当于存在若干个初等矩阵 P_1，P_2，…，P_l，使得 $P_lP_{l-1}\cdots P_1A=R$. 由于初等矩阵都可逆，因此若 A 可逆，则根据可逆矩阵的性质知 $P_lP_{l-1}\cdots P_1A$ 可逆，即 R 可逆，从而行最简形矩阵 R 没有全为零的行，而没有全零行的行最简形矩阵即为单位矩阵，故 $R=E$，即 $P_lP_{l-1}\cdots P_1A=E$，所以方阵 A 行等价于 n 阶单位矩阵 E.

(2)⇒(3)：若方阵 A 行等价于 n 阶单位矩阵 E，则存在若干个初等矩阵 P_1，P_2，…，P_l，使得 $P_lP_{l-1}\cdots P_1A=E$. 由于初等矩阵都可逆且其逆矩阵仍为初等矩阵，因此记 $P_i^{-1}(i=1,2,\cdots,l)$分别为 $P_i(i=1,2,\cdots,l)$的逆矩阵，于是

$$P_1^{-1}P_2^{-1}\cdots P_l^{-1}(P_lP_{l-1}\cdots P_1A)=P_1^{-1}P_2^{-1}\cdots P_l^{-1}E$$

即 $A=P_1^{-1}P_2^{-1}\cdots P_l^{-1}$，也就是说，$A$ 可表示为初等矩阵 P_1^{-1}，P_2^{-1}，…，P_l^{-1} 的乘积.

(3)⇒(1)：设方阵 $A=P_1P_2\cdots P_l$，其中 $P_i(i=1,2,\cdots,l)$均为初等矩阵，由于初等矩阵均可逆，因此它们的乘积 $A=P_1P_2\cdots P_l$ 也可逆.

由定理 1.3 的证明可知，若 n 阶方阵 A 可逆，则存在一个可逆矩阵 $P=P_lP_{l-1}\cdots P_1$，使得 $PA=E$，于是

$$A^{-1}=(P_1^{-1}P_2^{-1}\cdots P_l^{-1})^{-1}=P_lP_{l-1}\cdots P_1=P$$

构造一个分块矩阵(A,E)，对其作矩阵乘法：

$$P(A,E)=(PA,PE)=(E,P)=(E,A^{-1})$$

上式等价于对分块矩阵(A,E)实施了若干次初等行变换，当 A 变成 E 时，E 就变成了 A^{-1}. 所以，定理 1.3 给出了判别矩阵 A 是否可逆并在可逆时求 A^{-1} 的一种方法，即

(1) 构造分块矩阵(A,E)；

(2) 对矩阵(A,E)实施初等行变换，将(A,E)化为行最简形矩阵.

(3) 如果 A 不能行等价于 E，则矩阵 A 不可逆；若 A 能行等价于 E，则矩阵 A 可逆，且 E 就行等价于 A^{-1}.

例 1.28 判断下列矩阵是否可逆，若可逆，求其逆矩阵.

(1) $A=\begin{pmatrix}0 & 2 & -1\\ 1 & 1 & 2\\ -1 & -1 & -1\end{pmatrix}$；　(2) $B=\begin{pmatrix}1 & -1 & 1\\ 2 & 1 & 5\\ 1 & 1 & 3\end{pmatrix}$.

解　(1) $(\boldsymbol{A},\boldsymbol{E})=\begin{pmatrix}0&2&-1&1&0&0\\1&1&2&0&1&0\\-1&-1&-1&0&0&1\end{pmatrix}\xrightarrow{r_1\leftrightarrow r_2}\begin{pmatrix}1&1&2&0&1&0\\0&2&-1&1&0&0\\-1&-1&-1&0&0&1\end{pmatrix}$

$$\xrightarrow{r_3+r_1}\begin{pmatrix}1&1&2&0&1&0\\0&2&-1&1&0&0\\0&0&1&0&1&1\end{pmatrix}\xrightarrow{\frac{1}{2}r_2}\begin{pmatrix}1&1&2&0&1&0\\0&1&-\frac{1}{2}&\frac{1}{2}&0&0\\0&0&1&0&1&1\end{pmatrix}$$

$$\xrightarrow{r_1-r_2}\begin{pmatrix}1&0&\frac{5}{2}&-\frac{1}{2}&1&0\\0&1&-\frac{1}{2}&\frac{1}{2}&0&0\\0&0&1&0&1&1\end{pmatrix}\xrightarrow[r_2+\frac{1}{2}r_3]{r_1-\frac{5}{2}r_3}\begin{pmatrix}1&0&0&-\frac{1}{2}&-\frac{3}{2}&-\frac{5}{2}\\0&1&0&\frac{1}{2}&\frac{1}{2}&\frac{1}{2}\\0&0&1&0&1&1\end{pmatrix}$$

所以，$\boldsymbol{A}^{-1}=\begin{pmatrix}-\frac{1}{2}&-\frac{3}{2}&-\frac{5}{2}\\\frac{1}{2}&\frac{1}{2}&\frac{1}{2}\\0&1&1\end{pmatrix}$.

(2) $(\boldsymbol{B},\boldsymbol{E})=\begin{pmatrix}1&-1&1&1&0&0\\2&1&5&0&1&0\\1&1&3&0&0&1\end{pmatrix}\xrightarrow[r_3-r_1]{r_2-2r_1}\begin{pmatrix}1&-1&1&1&0&0\\0&3&3&-2&1&0\\0&2&2&-1&0&1\end{pmatrix}$

$$\xrightarrow[r_3-\frac{2}{3}r_2]{r_2\times\frac{1}{3}}\begin{pmatrix}1&-1&1&1&0&0\\0&1&1&-\frac{2}{3}&\frac{1}{3}&0\\0&0&0&\frac{1}{3}&-\frac{2}{3}&1\end{pmatrix}$$

由于行阶梯形矩阵$\begin{pmatrix}1&-1&1\\0&1&1\\0&0&0\end{pmatrix}$最后一行全为零，所以矩阵 $\boldsymbol{B}$ 不可逆.

1.4.3　矩阵方程

含有未知矩阵的方程称为矩阵方程. 形如 $\boldsymbol{AX}=\boldsymbol{B}$，$\boldsymbol{XA}=\boldsymbol{B}$ 和 $\boldsymbol{AXB}=\boldsymbol{C}$，可以利用逆矩阵来求出未知矩阵 $\boldsymbol{X}$.

若矩阵 $\boldsymbol{A}$ 可逆，则有

$$\boldsymbol{A}^{-1}(\boldsymbol{AX})=\boldsymbol{A}^{-1}\boldsymbol{B}\Rightarrow(\boldsymbol{A}^{-1}\boldsymbol{A})\boldsymbol{X}=\boldsymbol{A}^{-1}\boldsymbol{B}\Rightarrow\boldsymbol{X}=\boldsymbol{A}^{-1}\boldsymbol{B}$$

$$(\boldsymbol{XA})\boldsymbol{A}^{-1}=\boldsymbol{BA}^{-1}\Rightarrow\boldsymbol{X}(\boldsymbol{AA}^{-1})=\boldsymbol{BA}^{-1}\Rightarrow\boldsymbol{X}=\boldsymbol{BA}^{-1}$$

若矩阵 $\boldsymbol{A}$，$\boldsymbol{B}$ 均可逆，则有

$$\boldsymbol{A}^{-1}(\boldsymbol{AXB})\boldsymbol{B}^{-1}=\boldsymbol{A}^{-1}\boldsymbol{CB}^{-1}\Rightarrow(\boldsymbol{A}^{-1}\boldsymbol{A})\boldsymbol{X}(\boldsymbol{BB}^{-1})=\boldsymbol{A}^{-1}\boldsymbol{CB}^{-1}\Rightarrow\boldsymbol{X}=\boldsymbol{A}^{-1}\boldsymbol{CB}^{-1}$$

注意　矩阵乘法不满足交换律，在解矩阵方程时必须分清楚矩阵是“左乘”还是“右乘”.

我们也可以用初等行变换的方法求解矩阵方程. 对于上述三种类型的矩阵方程，下面分别给出求解方法.

对于矩阵方程 $\boldsymbol{AX}=\boldsymbol{B}$，构造分块矩阵$(\boldsymbol{A},\boldsymbol{B})$，然后对其实施初等行变换，化为行最简形矩阵. 如果 $\boldsymbol{A}$ 变成$\boldsymbol{E}$，则说明 $\boldsymbol{A}$ 可逆，同时，上述初等变换也将矩阵 $\boldsymbol{B}$ 化为 $\boldsymbol{A}^{-1}\boldsymbol{B}$，即 $\boldsymbol{AX}=\boldsymbol{B}$ 的解 $\boldsymbol{X}$，也就是

$$(\boldsymbol{A},\boldsymbol{B})\xrightarrow{\text{初等行变换}}(\boldsymbol{E},\boldsymbol{A}^{-1}\boldsymbol{B})$$

例 1.29 求解矩阵方程 $\boldsymbol{AX}=\boldsymbol{B}$，其中 $\boldsymbol{A}=\begin{pmatrix}1&2&3\\2&2&1\\3&4&3\end{pmatrix}$，$\boldsymbol{B}=\begin{pmatrix}2&5\\3&1\\4&3\end{pmatrix}$.

解

$$(\boldsymbol{A},\boldsymbol{B})=\begin{pmatrix}1&2&3&2&5\\2&2&1&3&1\\3&4&3&4&3\end{pmatrix}\xrightarrow[r_3-3r_1]{r_2-2r_1}\begin{pmatrix}1&2&3&2&5\\0&-2&-5&-1&-9\\0&-2&-6&-2&-12\end{pmatrix}$$

$$\xrightarrow[r_3-r_2]{r_1+r_2}\begin{pmatrix}1&0&-2&1&-4\\0&-2&-5&-1&-9\\0&0&-1&-1&-3\end{pmatrix}\xrightarrow[r_2-5r_3]{r_1-2r_3}\begin{pmatrix}1&0&0&3&2\\0&-2&0&4&6\\0&0&-1&-1&-3\end{pmatrix}$$

$$\xrightarrow[-r_3]{-\frac{1}{2}r_2}\begin{pmatrix}1&0&0&3&2\\0&1&0&-2&-3\\0&0&1&1&3\end{pmatrix}$$

所以 $\boldsymbol{X}=\begin{pmatrix}3&2\\-2&-3\\1&3\end{pmatrix}$.

对于矩阵方程 $\boldsymbol{XA}=\boldsymbol{B}$，可以先把方程化为 $\boldsymbol{A}^{\mathrm{T}}\boldsymbol{X}^{\mathrm{T}}=\boldsymbol{B}^{\mathrm{T}}$，用初等行变换求得 $\boldsymbol{X}^{\mathrm{T}}$，再转置求出 $\boldsymbol{X}$.

例 1.30 求解矩阵方程 $\boldsymbol{X}\begin{pmatrix}1&1&-1\\2&1&0\\1&-1&1\end{pmatrix}=\begin{pmatrix}1&1&3\\4&3&2\\1&2&5\end{pmatrix}$.

解 设 $\boldsymbol{A}=\begin{pmatrix}1&1&-1\\2&1&0\\1&-1&1\end{pmatrix}$，$\boldsymbol{C}=\begin{pmatrix}1&1&3\\4&3&2\\1&2&5\end{pmatrix}$，即求解 $\boldsymbol{XA}=\boldsymbol{C}$，先转置化为 $\boldsymbol{A}^{\mathrm{T}}\boldsymbol{X}^{\mathrm{T}}=\boldsymbol{C}^{\mathrm{T}}$.

$$(\boldsymbol{A}^{\mathrm{T}},\boldsymbol{C}^{\mathrm{T}})=\begin{pmatrix}1&2&1&1&4&1\\1&1&-1&1&3&2\\-1&0&1&3&2&5\end{pmatrix}\xrightarrow[r_3+r_1]{r_2-r_1}\begin{pmatrix}1&2&1&1&4&1\\0&-1&-2&0&-1&1\\0&2&2&4&6&6\end{pmatrix}$$

$$\xrightarrow{r_3+2r_2}\begin{pmatrix}1&2&1&1&4&1\\0&-1&-2&0&-1&1\\0&0&-2&4&4&8\end{pmatrix}\xrightarrow[-\frac{1}{2}r_3]{r_1+2r_2}\begin{pmatrix}1&0&-3&1&2&3\\0&-1&-2&0&-1&1\\0&0&1&-2&-2&-4\end{pmatrix}$$

$$\xrightarrow[r_2+r_3]{r_1+r_3}\begin{pmatrix}1&0&0&-5&-4&-9\\0&-1&0&-4&-5&-7\\0&0&1&-2&-2&-4\end{pmatrix}\xrightarrow{-r_2}\begin{pmatrix}1&0&0&-5&-4&-9\\0&1&0&4&5&7\\0&0&1&-2&-2&-4\end{pmatrix}$$

所以 $\boldsymbol{X}^{\mathrm{T}}=\begin{pmatrix}-5&-4&-9\\4&5&7\\-2&-2&-4\end{pmatrix}$，从而 $\boldsymbol{X}=\begin{pmatrix}-5&4&-2\\-4&5&-2\\-9&7&-4\end{pmatrix}$.

对于矩阵方程 $\boldsymbol{AXB}=\boldsymbol{C}$，先令 $\boldsymbol{XB}=\boldsymbol{Y}$，用初等行变换求解方程 $\boldsymbol{AY}=\boldsymbol{C}$，求出矩阵 $\boldsymbol{Y}$ 后，再来求解矩阵方程 $\boldsymbol{XB}=\boldsymbol{Y}$，用初等行变换求解方程 $\boldsymbol{B}^{\mathrm{T}}\boldsymbol{X}^{\mathrm{T}}=\boldsymbol{Y}^{\mathrm{T}}$，最后转置求出 $\boldsymbol{X}$.

例 1.31　设 $\boldsymbol{A}=\begin{pmatrix}1&0&-1\\2&1&1\\1&3&0\end{pmatrix}$，$\boldsymbol{B}=\begin{pmatrix}2&1\\-1&-3\end{pmatrix}$，$\boldsymbol{C}=\begin{pmatrix}6&3\\4&-3\\6&8\end{pmatrix}$，求矩阵 $\boldsymbol{X}$ 使满足 $\boldsymbol{AXB}=\boldsymbol{C}$.

解　设 $\boldsymbol{XB}=\boldsymbol{Y}$，则 $\boldsymbol{AXB}=\boldsymbol{C}$ 可改写为 $\boldsymbol{AY}=\boldsymbol{C}$. 下面先求 $\boldsymbol{Y}$.

$$(\boldsymbol{A},\boldsymbol{C})=\begin{pmatrix}1&0&-1&6&3\\2&1&1&4&-3\\1&3&0&6&8\end{pmatrix}\xrightarrow[r_3-r_1]{r_2-2r_1}\begin{pmatrix}1&0&-1&6&3\\0&1&3&-8&-9\\0&3&1&0&5\end{pmatrix}$$

$$\xrightarrow{r_3-3r_2}\begin{pmatrix}1&0&-1&6&3\\0&1&3&-8&-9\\0&0&-8&24&32\end{pmatrix}\xrightarrow{-\frac{1}{8}r_3}\begin{pmatrix}1&0&-1&6&3\\0&1&3&-8&-9\\0&0&1&-3&-4\end{pmatrix}$$

$$\xrightarrow[r_2-3r_3]{r_1+r_3}\begin{pmatrix}1&0&0&3&-1\\0&1&0&1&3\\0&0&1&-3&-4\end{pmatrix}$$

于是得 $\boldsymbol{Y}=\begin{pmatrix}3&-1\\1&3\\-3&-4\end{pmatrix}$.

又

$$(\boldsymbol{B}^{\mathrm{T}},\boldsymbol{Y}^{\mathrm{T}})=\begin{pmatrix}2&-1&3&1&-3\\1&-3&-1&3&-4\end{pmatrix}\xrightarrow{r_1\leftrightarrow r_2}\begin{pmatrix}1&-3&-1&3&-4\\2&-1&3&1&-3\end{pmatrix}$$

$$\xrightarrow{r_2-2r_1}\begin{pmatrix}1&-3&-1&3&-4\\0&5&5&-5&5\end{pmatrix}$$

$$\xrightarrow{\frac{1}{5}r_2}\begin{pmatrix}1&-3&-1&3&-4\\0&1&1&-1&1\end{pmatrix}\xrightarrow{r_1+3r_2}\begin{pmatrix}1&0&2&0&-1\\0&1&1&-1&1\end{pmatrix}$$

故 $\boldsymbol{X}^{\mathrm{T}}=\begin{pmatrix}2&0&-1\\1&-1&1\end{pmatrix}$，从而 $\boldsymbol{X}=\begin{pmatrix}2&1\\0&-1\\-1&1\end{pmatrix}$.

例 1.32　设 $\boldsymbol{P}=\begin{pmatrix}1&2\\1&4\end{pmatrix}$，$\boldsymbol{\Lambda}=\begin{pmatrix}1&0\\0&2\end{pmatrix}$，$\boldsymbol{AP}=\boldsymbol{P\Lambda}$，求 $\boldsymbol{A}^n$.

解　因为

$$(\boldsymbol{P},\boldsymbol{E})=\begin{pmatrix}1&2&1&0\\1&4&0&1\end{pmatrix}\xrightarrow{r_2-r_1}\begin{pmatrix}1&2&1&0\\0&2&-1&1\end{pmatrix}\xrightarrow[\frac{1}{2}r_2]{r_1-r_2}\begin{pmatrix}1&0&2&-1\\0&1&-\frac{1}{2}&\frac{1}{2}\end{pmatrix}$$

所以 $\boldsymbol{P}^{-1}=\dfrac{1}{2}\begin{pmatrix}4&-2\\-1&1\end{pmatrix}$.

又　　$\boldsymbol{A}=\boldsymbol{P\Lambda P}^{-1}$，$\boldsymbol{A}^2=\boldsymbol{P\Lambda P}^{-1}\boldsymbol{P\Lambda P}^{-1}=\boldsymbol{P\Lambda}^2\boldsymbol{P}^{-1}$，…，$\boldsymbol{A}^n=\boldsymbol{P\Lambda}^n\boldsymbol{P}^{-1}$，而

$$A^2=\begin{pmatrix}1&0\\0&2\end{pmatrix}\begin{pmatrix}1&0\\0&2\end{pmatrix}=\begin{pmatrix}1&0\\0&2^2\end{pmatrix},\ \cdots,\ A^n=\begin{pmatrix}1&0\\0&2^n\end{pmatrix}$$

故

$$A^n=\begin{pmatrix}1&2\\1&4\end{pmatrix}\begin{pmatrix}1&0\\0&2^n\end{pmatrix}\frac{1}{2}\begin{pmatrix}4&-2\\-1&1\end{pmatrix}=\frac{1}{2}\begin{pmatrix}1&2^{n+1}\\1&2^{n+2}\end{pmatrix}\begin{pmatrix}4&-2\\-1&1\end{pmatrix}$$

$$=\frac{1}{2}\begin{pmatrix}4-2^{n+1}&2^{n+1}-2\\4-2^{n+2}&2^{n+2}-2\end{pmatrix}=\begin{pmatrix}2-2^n&2^n-1\\2-2^{n+1}&2^{n+1}-1\end{pmatrix}$$

例 1.33 设方阵 A 满足 $A^2-A-2E=O$，证明 $A+2E$ 可逆，并求其逆.

证明 把 $A^2-A-2E=O$ 恒等变形为

$$(A+2E)(A-3E)+4E=O$$

即 $(A+2E)(A-3E)=-4E$，由此可得

$$(A+2E)\left[\frac{1}{-4}(A-3E)\right]=E$$

所以，$A+2E$ 可逆，且

$$(A+2E)^{-1}=\frac{-1}{4}(A-3E)$$

习题 1.4

1. 判断下列方阵是否为可逆矩阵. 若是，求出它们的逆矩阵.

(1) $A=\begin{pmatrix}1&2&-1\\2&-3&1\\4&1&-1\end{pmatrix}$；　(2) $A=\begin{pmatrix}1&2&0\\2&1&-1\\3&1&1\end{pmatrix}$；

(3) $A=\begin{pmatrix}3&2&1\\3&1&5\\3&2&3\end{pmatrix}$；　(4) $A=\begin{pmatrix}1&-3&2\\-3&0&1\\1&1&-1\end{pmatrix}$；

(5) $A=\begin{pmatrix}1&2&3&4\\2&3&1&2\\1&1&1&-1\\1&0&-2&-6\end{pmatrix}$；　(6) $A=\begin{pmatrix}3&-2&0&-1\\0&2&2&1\\1&-2&-3&-2\\0&1&2&1\end{pmatrix}$.

2. 解下列矩阵方程.

(1) 设 $A=\begin{pmatrix}2&3&-1\\1&2&0\\-1&2&-2\end{pmatrix}$，$B=\begin{pmatrix}2&1\\-1&0\\3&1\end{pmatrix}$，求 X 使 $AX=B$.

(2) 设 $A=\begin{pmatrix}2&1&-1\\2&1&0\\1&-1&1\end{pmatrix}$，$B=\begin{pmatrix}1&-1&3\\4&3&2\end{pmatrix}$，求 X 使 $XA=B$.

(3) 设 $A=\begin{pmatrix}0&1&0\\1&0&0\\0&0&1\end{pmatrix}$，$B=\begin{pmatrix}1&0&0\\-2&1&0\\0&0&1\end{pmatrix}$，$C=\begin{pmatrix}1&-4&3\\2&0&-1\\0&-2&1\end{pmatrix}$，求 X 使 $AXB=C$.

(4) 设 $\boldsymbol{A}=\begin{pmatrix}0 & 1 & 0\\-1 & 1 & 1\\-1 & 0 & -1\end{pmatrix}$，$\boldsymbol{B}=\begin{pmatrix}1 & -1\\2 & 0\\5 & -3\end{pmatrix}$，$\boldsymbol{AX}+\boldsymbol{B}=\boldsymbol{X}$，求 $\boldsymbol{X}$.

(5) 设 $\boldsymbol{A}=\begin{pmatrix}2 & 2 & 0\\2 & 1 & 3\\0 & 1 & 0\end{pmatrix}$，$\boldsymbol{AX}=\boldsymbol{A}+\boldsymbol{X}$，求 $\boldsymbol{X}$.

(6) 设 $\boldsymbol{A}=\begin{pmatrix}4 & 2 & 3\\1 & 1 & 0\\-1 & 2 & 3\end{pmatrix}$，$\boldsymbol{XA}=\boldsymbol{A}+2\boldsymbol{X}$，求 $\boldsymbol{X}$.

3. 设 $\boldsymbol{P}=\begin{pmatrix}1 & 2\\1 & 3\end{pmatrix}$，$\boldsymbol{A}=\begin{pmatrix}5 & -2\\3 & 0\end{pmatrix}$，求 $\boldsymbol{P}^{-1}$，$\boldsymbol{P}^{-1}\boldsymbol{AP}$ 和计算 $\boldsymbol{A}^{10}$.

1.5　应用案例

案例 1.1　数据加密

数据加密技术是为解决网络安全问题所采取的保密安全措施，可以在一定程度上提高数据传输的安全性. 数据加密的基本过程就是对原来为明文的文件或数据按某种算法进行处理，使其成为不可读的一段代码，通常称之为密文. 密文到达目的地后，输入相应的密钥才能显示出原始内容. 通过这样的途径可达到保护数据不被人非法窃取、修改的目的. 数据加密的逆过程为解密，即将该编码信息转换为其原来数据的过程.

Hill 加密是一种基于矩阵乘法的加密技术. 设 26 个英文字母分别与自然数 1～26 对应，空格与 0 对应，如表 1.8 所示. 把 26 个英文字母和空格共 27 个字符当作 27 进制数，对 0～26 个数直接查表 1.8 获得对应字符. 若该数超出此范围，则先取模 27，然后查表 1.8 获得对应字符. 这样字符与数之间就建立了对应关系，从而可以利用矩阵乘法进行加密，利用逆矩阵进行解密.

表 1.8　字母对应的自然数

字符	空格	a	b	c	d	e	f	g	h
自然数	0	1	2	3	4	5	6	7	8
字符	i	j	k	l	m	n	o	p	q
自然数	9	10	11	12	13	14	15	16	17
字符	r	s	t	u	v	w	x	y	z
自然数	18	19	20	21	22	23	24	25	26

这里我们取加密矩阵 $\boldsymbol{A}=\begin{pmatrix}1&2&3\\1&1&2\\0&1&2\end{pmatrix}$，利用矩阵运算对信息“hello world”进行加密．首先将“hello world”按表 1.8 对应为一串数字．由于加密矩阵为 3 ×3 矩阵，故每 3 个数排成一列，依次排列，若不够，则补 0，由此形成 3 ×4 的信息矩阵：

$$\boldsymbol{X}=\begin{pmatrix}8&12&23&12\\5&15&15&4\\12&0&18&0\end{pmatrix}$$

信息矩阵 $\boldsymbol{X}$ 左乘加密矩阵 $\boldsymbol{A}$，则乘积矩阵 $\boldsymbol{Y}=\boldsymbol{AX}$ 为密文矩阵，即

$$\boldsymbol{Y}=\boldsymbol{AX}=\begin{pmatrix}1&2&3\\1&1&2\\0&1&2\end{pmatrix}\begin{pmatrix}8&12&23&12\\5&15&15&4\\12&0&18&0\end{pmatrix}=\begin{pmatrix}54&42&107&20\\37&27&74&16\\29&15&51&4\end{pmatrix}$$

取模 27，得密文信息矩阵：

$$\boldsymbol{Y}^*=\begin{pmatrix}0&15&26&20\\10&0&20&16\\2&15&24&4\end{pmatrix}$$

利用表 1.8 将密文信息矩阵与字符对应，得到加密后的信息为“jbo oztxtpd”．

可以看到，由于加密后信息与原始信息完全不同，因此在未知加密矩阵的情况下，一般很难从密文直接获得原始信息，从而提高了信息传输的安全性．

反过来，当接收方收到密文信息“jbo oztxtpd”时，需要通过解密来获得原始信息．通过查表 1.8 获得密文表值，每 3 个数排成一列，依次排列，获得 3 ×4 的密文信息矩阵 $\boldsymbol{Y}^*$，然后左乘加密矩阵的逆矩阵，即可得解密矩阵：

$$\begin{aligned}\boldsymbol{X}^*=\boldsymbol{A}^{-1}\boldsymbol{Y}^*&=\begin{pmatrix}1&2&3\\1&1&2\\0&1&2\end{pmatrix}^{-1}\begin{pmatrix}0&15&26&20\\10&0&20&16\\2&15&24&4\end{pmatrix}\\&=\begin{pmatrix}0&1&-1\\2&-2&-1\\-1&1&1\end{pmatrix}\begin{pmatrix}0&15&26&20\\10&0&20&16\\2&15&24&4\end{pmatrix}\\&=\begin{pmatrix}8&-15&-4&12\\-22&15&-12&4\\12&0&18&0\end{pmatrix}\end{aligned}$$

取模 27，得原始信息矩阵

$$\boldsymbol{X}=\begin{pmatrix}8&12&23&12\\5&15&15&4\\12&0&18&0\end{pmatrix}$$

利用表 1.9 将原始信息矩阵与字符对应，得到解码后的原始信息为“hello world”．

加密矩阵的设计是 Hill 加密方法的关键，一般通过对单位矩阵作有限次的变换来构造

加密矩阵.

案例1.2　航班问题

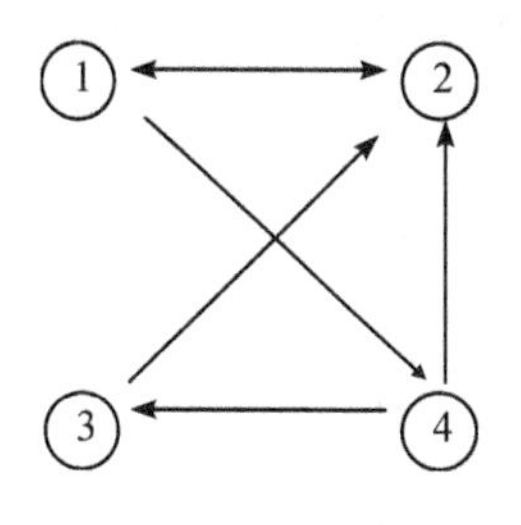

图1-2　航空航线

图论是应用数学中的一个重要分支. 在航空航线图中用顶点表示城市，用箭头线段表示两个城市之间的航线，如图1-2所示为四个城市之间的空运航线图. 当顶点数目较大、顶点之间的连接比较复杂时，网络图形将变得十分混乱. 将网络图用矩阵进行表示，其顶点与边之间的关系将变得较为简洁. 从图1-2中可以看出，城市1到城市4有航班，城市4到城市1没有航班，而城市1和城市2之间来回都有航班，等等. 把四个城市看成4个节点，构造这4个节点的邻接矩阵(若城市i到城市j有航线，则a_{ij}等于1，否则a_{ij}等于0).

$$\boldsymbol{A}=\begin{pmatrix}0&1&0&1\\1&0&0&0\\0&1&0&0\\0&1&1&0\end{pmatrix}$$

试分析下列三个问题：从城市2出发，中转一次航班能否到达城市3? 从城市1出发，中转两次航班到达城市2的航线共有几条? 从城市4出发，直达或中转一次、两次、三次到达城市2的航线共有几条?

一次中转也就是坐两次航班能到达的城市，可以由邻接矩阵的平方来求得. 其实际意义就是把第一次航班的终点再作为起点，求下一个航班的终点.

$$\boldsymbol{A}^2=\begin{pmatrix}0&1&0&1\\1&0&0&0\\0&1&0&0\\0&1&1&0\end{pmatrix}\begin{pmatrix}0&1&0&1\\1&0&0&0\\0&1&0&0\\0&1&1&0\end{pmatrix}=\begin{pmatrix}1&1&1&0\\0&1&0&1\\1&0&0&0\\1&1&0&0\end{pmatrix}$$

因为$a_{23}^{(2)}=0$，所以从城市2出发，中转一次航班不能到达城市3.

$$\boldsymbol{A}^3=\begin{pmatrix}1&2&0&1\\1&1&1&0\\0&1&0&1\\1&1&0&1\end{pmatrix}$$

矩阵$\boldsymbol{A}^3$表示连续乘坐三次航班即中转两次可以到达的城市. 因为$a_{12}^{(3)}=2$，所以从城市1出发，中转两次航班到达城市2的航线共有2条. 从矩阵$\boldsymbol{A}^3$中也可以看出，从城市2出发，中转两次航班就能到达城市3.

$$\boldsymbol{B}=\boldsymbol{A}+\boldsymbol{A}^2+\boldsymbol{A}^3=\begin{pmatrix}2&4&1&2\\2&2&1&1\\1&2&0&1\\2&3&1&1\end{pmatrix}$$

因为$b_{42}^{(2)}=3$，所以从城市4出发，直达或中转一次、两次、三次到达城市2的航线共有3条.

通过邻接矩阵的乘幂，可求出任意两顶点间线路的条数，从而可以利用矩阵乘幂运算计算到达某城市的航班路线的数目，尤其当含航运涉及城市较多且航线复杂时，该方法可直观表示和有效分析城市间的航运路线情况和数目.

案例 1.3　人口迁移

某沿海岛屿每年大约有 5%的城市人口迁移到农村，其余 95%的人口仍留在城市，有 12%的农村人口迁移到城市，其余 88%的人口仍留在农村. 该岛屿现有城市人口 100 万，农村人口 400 万，忽略其他因素对人口规模的影响，假设人口总数不变，人口迁移规律不变，问一年之后城市人口与农村人口各是多少？两年之后呢？

假设 n 年后该岛屿上的城市人口为 x_n 万，农村人口为 y_n 万. 已知 $x_0=100$，$y_0=400$，可得

$$\begin{cases} x_1=0.95x_0+0.12y_0 \\ y_1=0.05x_0+0.88y_0 \end{cases}$$

记 $\boldsymbol{x}_1=\begin{pmatrix} x_1 \\ y_1 \end{pmatrix}$，$\boldsymbol{x}_0=\begin{pmatrix} x_0 \\ y_0 \end{pmatrix}$，$\boldsymbol{M}=\begin{pmatrix} 0.95 & 0.12 \\ 0.05 & 0.88 \end{pmatrix}$，则上式可写成矩阵形式：

$$\boldsymbol{x}_1=\boldsymbol{M}\boldsymbol{x}_0$$

其中 $\boldsymbol{M}=\begin{pmatrix} 0.95 & 0.12 \\ 0.05 & 0.88 \end{pmatrix}$称为迁移矩阵(又称为转移矩阵).

由此

$$\boldsymbol{x}_1=\boldsymbol{M}\boldsymbol{x}_0=\begin{pmatrix} 0.95 & 0.12 \\ 0.05 & 0.88 \end{pmatrix}\begin{pmatrix} 100 \\ 400 \end{pmatrix}=\begin{pmatrix} 143 \\ 357 \end{pmatrix}$$

即一年后，该岛屿上城市人口为 143 万，农村人口为 357 万.

不难得出

$$\begin{cases} x_{n+1}=0.95x_n+0.12y_n \\ y_{n+1}=0.05x_n+0.88y_n \end{cases}$$

令 $\boldsymbol{x}_n=\begin{pmatrix} x_n \\ y_n \end{pmatrix}$，则 $\boldsymbol{x}_{n+1}=\boldsymbol{M}\boldsymbol{x}_n$，从而

$$\boldsymbol{x}_2=\boldsymbol{M}\boldsymbol{x}_1=\boldsymbol{M}(\boldsymbol{M}\boldsymbol{x}_0)=\boldsymbol{M}^2\boldsymbol{x}_0$$

$$\boldsymbol{M}^2=\begin{pmatrix} 0.95 & 0.12 \\ 0.05 & 0.88 \end{pmatrix}^2=\begin{pmatrix} 0.9085 & 0.2196 \\ 0.0915 & 0.7804 \end{pmatrix}$$

$$\boldsymbol{x}_2=\begin{pmatrix} 0.9085 & 0.2196 \\ 0.0915 & 0.7804 \end{pmatrix}\begin{pmatrix} 100 \\ 400 \end{pmatrix}=\begin{pmatrix} 178.69 \\ 321.31 \end{pmatrix}$$

即两年后，该岛屿上城市人口为 178.69 万，农村人口为 321.31 万.

一般地，n 年后该岛屿上城市人口与农村人口可以用下式表示：

$$\boldsymbol{x}_n=\boldsymbol{M}^n\boldsymbol{x}_0$$

本案例考虑的问题是人口的迁移或人群的流动，但是这个模型还可以广泛应用于其他许多领域.

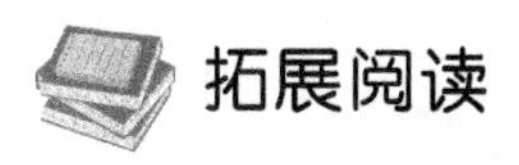

拓展阅读

矩阵的起源

矩阵的起源来自线性方程组的求解. 线性方程组在中国的研究历史可以追溯到东汉初年成书的《九章算术》，其中“方程”一章中在解线性方程组时率先用分离系数的方法表示了线性方程组，相当于现在的矩阵，解线性方程组时使用的“遍乘直除法”与矩阵的初等变换一致. 这是世界上最早的完整的线性方程组的解法. 在国外，大约在 1678 年才由莱布尼茨(Leibniz)提出了完整的线性方程组的解法. 但是，矩阵作为一个独立的概念却是源于行列式的研究，那时矩阵是作为行列式的一个推广，因此它的基本性质在它的概念产生之前就已经建立得很完善了. “矩阵”一词是西尔维斯特(Sylvester)给出的(1850 年)，不过他仅仅是把这个概念用于表达一个行列式. 最早把矩阵作为一个独立的概念来研究的是凯莱(Cayley)，他在《矩阵论的研究报告》(1855 年)中，从基本概念开始，定义矩阵的各种运算. 这就是矩阵的来源. 矩阵作为线性代数中最基本的一个概念，在数学的各方面都有重要的意义，最基本的应用当然是在线性方程组方面. 但是，矩阵的意义其实可以说就是线性代数的意义，因为线性代数的每一个概念都与矩阵有着密切的关系. 而线性代数是整个高等数学的基础之一，可以应用到数学的方方面面，同时其在物理学、生物学、经济学、密码学等方面也发挥着重要的作用.

《九章算术》(约 263 年)

算学书，其作者已不可考，一般认为它是经由历代各家的增补修订而逐渐发展完备成为现今定本的. 西汉的张苍、耿寿昌曾经做过增补和整理，其时大体已成定本，最后成书最迟在东汉前期. 现今流传的大多是在三国时期魏元帝景元四年(263 年)，刘徽为《九章算术》所作的注本. 此书于隋、唐时传入朝鲜和日本，被定为教学书籍，现已译成英、日、俄等国文字.《九章算术》的内容十分丰富，全书分 9 章，采用问题集的形式，收有 246 个与生产、生活实践有联系的应用问题，其中每道题有问(题目)、答(答案)、术(解题的步骤，但没有证明)，有的是一题一术，有的是多题一术或一题多术. 这些问题依照性质和解法分别隶属于方田、粟米、衰(cuī)分、少广、商功、均输、盈不足、方程及勾股. 原作有插图，今传本已只剩下正文.《九章算术》在数学上有其独到的成就，不仅最早提到分数问题，也首先记录了盈不足等问题. “方程”一章还在世界数学史上首次阐述了负数及其加减运算法则.《九章算术》是一本综合性的历史著作，是当时世界上最简练有效的应用数学，它的出现标志着中国古代数学形成了完整的体系.

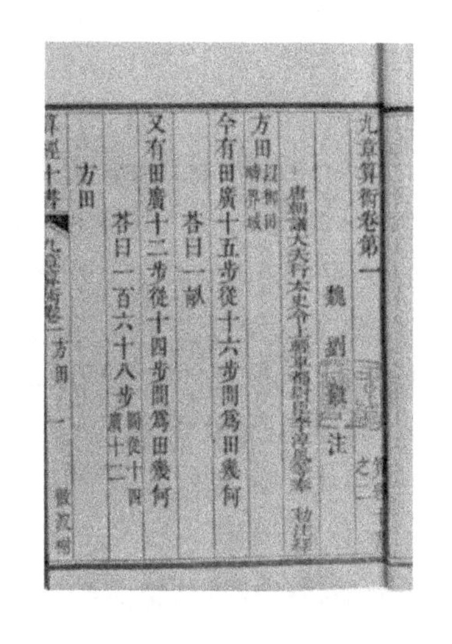
九章算術卷第一
魏 劉徽 注
方田 以御田疇界域
今有田廣十五步從十六步問爲田幾何
荅曰一畝
又有田廣十二步從十四步問爲田幾何
荅曰一百六十八步
方田

詹姆斯 · 约瑟夫 · 西尔维斯特(James Joseph Sylvester，1814—1897 年)

英国数学家，1814 年 9 月 3 日生于伦敦，1897 年 3 月 15 日卒于同地. 从 1833 年开始，

他在剑桥约翰学院学习并获得了很高的荣誉. 1841 年，他短暂在美国逗留并成为弗吉尼亚大学的教授. 1855—1870 年任伍利芝皇家陆军军官学校教授，1859 年选为皇家学会会员，1876 年被聘为美国巴尔的摩市约翰斯·霍普金斯大学数学教授. 1877 年西尔维斯特获得约翰斯·霍普金斯大学的一个职位，再渡大西洋. 1878 年他创办了《美国数学杂志》，这是美国的第一部数学杂志. 1883 年返回英国，任牛津大学几何学教授. 西尔维斯特的成就主要在代数学方面，他同凯莱一起发展了行列式理论，创立了代数型理论，共同奠定了关于代数不变量理论的基础. 此外，他在数论方面也作了出色的工作. 他一生发表了几百篇论文，著有《椭圆函数专论》一书. 1880 年，英国皇家学会授予西尔维斯特科学研究最高奖章——科普勒奖章. 1901 年，为了纪念西尔维斯特，英国皇家学会将鼓励数学研究而颁发的铜质奖章命名为西尔维斯特奖章.

阿瑟·凯莱(Arthur Cayley, 1821—1895 年)

英国数学家，1821 年 8 月 16 日生于萨里郡里士满，1895 年 1 月 26 日卒于剑桥. 自小即喜欢解决复杂的数学问题. 1839 年进入剑桥大学三一学院，在希腊语、法语、德语、意大利语以及数学方面成绩优异. 1842 年毕业，毕业后在三一学院任聘 3 年，开始了毕生从事的数学研究. 因未继续受聘，又不愿担任圣职(这是当时在剑桥任教的一个必要条件)，于 1846 年入林肯法律协会学习并于 1849 年成为律师，以后 14 年他以律师为职业，同时继续数学研究. 因大学法规的变化，1863 年被任为剑桥大学纯粹数学的第一个萨德勒教授，直至逝世. 他一生发表了九百多篇论文，包括关于非欧几何、线性代数、群论和高维几何. 凯莱最主要的贡献是与西尔维斯特一起创立了代数型理论，共同奠定了关于代数不变量理论的基础. 他是矩阵论的创立者，对几何学的统一研究也作出了重要的贡献. 凯莱在劝说剑桥大学接收女学生中起了很大的作用. 他曾任剑桥哲学会、伦敦数学会、皇家天文学会的会长. 1896 年，德国数学家菲利克斯·克莱因在美国普林斯顿作了关于陀螺数学理论的系列讲演，他在凯莱工作的基础上采用彼此不独立的四个参量来描述陀螺的空间角位置，这种描述刚体位置的方法后被称为凯莱-克莱因参量法.

自测题一

(A)

一、填空题

1. 设 $\boldsymbol{\alpha}=(-2, 4, 1)$，$\boldsymbol{\beta}=(8, 2, 5)$，$\boldsymbol{x}$ 满足 $2\boldsymbol{\alpha}+3\boldsymbol{x}=\boldsymbol{\beta}$，则 $\boldsymbol{x}=$__________.

2. 若 $\boldsymbol{A}$，$\boldsymbol{B}$ 均是 n 阶对称矩阵，则 $\boldsymbol{AB}$ 是对称矩阵的充要条件是________.

3. 设 $\boldsymbol{A}=\begin{pmatrix} a_1 \\ a_2 \\ a_3 \end{pmatrix}$，$\boldsymbol{B}=\begin{pmatrix} b_1 \\ b_2 \\ b_3 \end{pmatrix}$，已知 $\boldsymbol{AB}^{\mathrm{T}}=\begin{pmatrix} 2 & -1 & 5 \\ 6 & 3 & 1 \\ -2 & 0 & 4 \end{pmatrix}$，则 $\boldsymbol{A}^{\mathrm{T}}\boldsymbol{B}=$________.

4. 已知 $\boldsymbol{\alpha}=(0,-1,2)^{\mathrm{T}}$，$\boldsymbol{\beta}=(0,-1,1)^{\mathrm{T}}$，且 $\boldsymbol{A}=\boldsymbol{\alpha\beta}^{\mathrm{T}}$，则 $\boldsymbol{A}^4=$________.

5. 已知矩阵 $\boldsymbol{A}=\begin{pmatrix} 3 & 0 & 0 \\ 1 & 4 & 0 \\ 0 & 0 & 3 \end{pmatrix}$，则 $(\boldsymbol{A}-2\boldsymbol{E})^{-1}=$________.

二、单项选择题

1. 若 n 阶方阵 $\boldsymbol{A}$，$\boldsymbol{B}$，$\boldsymbol{C}$ 满足 $\boldsymbol{ABC}=\boldsymbol{E}$，其中 $\boldsymbol{E}$ 为单位矩阵，则必有(　　).

A. $\boldsymbol{ACB}=\boldsymbol{E}$　　B. $\boldsymbol{CBA}=\boldsymbol{E}$　　C. $\boldsymbol{BAC}=\boldsymbol{E}$　　D. $\boldsymbol{BCA}=\boldsymbol{E}$

2. 设 $\boldsymbol{A}$ 是 n 阶实方阵，若 $\boldsymbol{A}^{\mathrm{T}}\boldsymbol{A}=\boldsymbol{O}$，则(　　).

A. $\boldsymbol{A}=\boldsymbol{E}$　　B. $\boldsymbol{A}^2=\boldsymbol{A}$　　C. $\boldsymbol{A}=\boldsymbol{O}$　　D. $\boldsymbol{A}^2=\boldsymbol{E}$

3. 设 $\boldsymbol{A}$，$\boldsymbol{B}$ 为同阶可逆矩阵，$\lambda\neq 0$ 为数，则下列命题中不正确的是(　　).

A. $(\boldsymbol{A}^{-1})^{-1}=\boldsymbol{A}$　　B. $(\lambda\boldsymbol{A})^{-1}=\lambda\boldsymbol{A}^{-1}$

C. $(\boldsymbol{AB})^{-1}=\boldsymbol{B}^{-1}\boldsymbol{A}^{-1}$　　D. $(\boldsymbol{A}^{\mathrm{T}})^{-1}=(\boldsymbol{A}^{-1})^{\mathrm{T}}$

4. 下列矩阵中不是初等矩阵的是(　　).

A. $\begin{pmatrix} 1 & 0 & 0 \\ 0 & 0 & 1 \\ 0 & 1 & 0 \end{pmatrix}$　　B. $\begin{pmatrix} 1 & 0 & 0 \\ 0 & -3 & 0 \\ 0 & 0 & 1 \end{pmatrix}$

C. $\begin{pmatrix} 1 & 3 & 0 \\ 0 & 0 & 1 \\ 0 & 1 & 0 \end{pmatrix}$　　D. $\begin{pmatrix} 1 & 0 & 3 \\ 0 & 1 & 0 \\ 0 & 0 & 1 \end{pmatrix}$

5. 已知 $\boldsymbol{A}=\begin{pmatrix} a_{11} & a_{12} & a_{13} \\ a_{21} & a_{22} & a_{23} \\ a_{31} & a_{32} & a_{33} \end{pmatrix}$，$\boldsymbol{B}=\begin{pmatrix} a_{21} & a_{22} & a_{23} \\ a_{11} & a_{12} & a_{13} \\ a_{31}+a_{11} & a_{32}+a_{12} & a_{33}+a_{13} \end{pmatrix}$，$\boldsymbol{P}_1=\begin{pmatrix} 0 & 1 & 0 \\ 1 & 0 & 0 \\ 0 & 0 & 1 \end{pmatrix}$，$\boldsymbol{P}_2=\begin{pmatrix} 1 & 0 & 0 \\ 0 & 1 & 0 \\ 1 & 0 & 1 \end{pmatrix}$，则(　　).

A. $\boldsymbol{AP}_1\boldsymbol{P}_2=\boldsymbol{B}$　　B. $\boldsymbol{AP}_2\boldsymbol{P}_1=\boldsymbol{B}$　　C. $\boldsymbol{P}_2\boldsymbol{P}_1\boldsymbol{A}=\boldsymbol{B}$　　D. $\boldsymbol{P}_1\boldsymbol{P}_2\boldsymbol{A}=\boldsymbol{B}$

三、解答题

1. 计算 $\begin{pmatrix} 4 & 0 & -1 & 6 \\ -1 & 2 & 5 & 3 \\ 3 & 7 & 1 & -2 \end{pmatrix}\begin{pmatrix} 5 & -1 \\ 2 & 0 \\ -4 & 7 \\ 1 & 3 \end{pmatrix}$.

2. 利用行初等变换法求矩阵 $\begin{pmatrix} 2 & 2 & -3 \\ 1 & -1 & 0 \\ -1 & 2 & 1 \end{pmatrix}$ 的逆矩阵.

3. 已知三阶矩阵 $\boldsymbol{A}$、$\boldsymbol{B}$ 满足 $\boldsymbol{A}-\boldsymbol{AB}=\boldsymbol{E}$，且 $\boldsymbol{AB}-2\boldsymbol{E}=\begin{pmatrix}-1&0&0\\0&-1&0\\0&0&-1\end{pmatrix}$，求 $\boldsymbol{A}$，$\boldsymbol{B}$.

4. 解齐次线性方程组 $\begin{cases}x_1+x_2+2x_3+2x_4+7x_5=0\\2x_1+3x_2+4x_3+5x_4=0\\3x_1+5x_2+6x_3+8x_4=0\end{cases}$.

5. 解非齐次线性方程组 $\begin{cases}2x_1+x_2-x_3+x_4=1\\x_1+2x_2+x_3-x_4=2.\\x_1+x_2+2x_3+x_4=3\end{cases}$

6. 设某港口在某月份出口到 3 个地区的两种货物 A_1 和 A_2 的数量、价格、重量和体积如表 1.9 所示. 试利用矩阵乘法计算：

(1) 经该港口出口到 3 个地区的货物价值、重量、体积；

(2) 经该港口出口的货物总价值、总重量、总体积.

表 1.9　某港口出口到 3 个地区的货物

货物	出口量			单位价格/万元	单位重量/t	单位体积/m^3
	北美	欧洲	非洲			
A_1	2000	1000	800	0.2	0.011	0.12
A_2	1200	1300	500	0.35	0.05	0.5

四、证明题

设 $\boldsymbol{A}$，$\boldsymbol{B}$ 为同阶矩阵，且满足 $\boldsymbol{A}=\dfrac{1}{2}(\boldsymbol{B}+\boldsymbol{E})$. 证明：$\boldsymbol{A}^2=\boldsymbol{A}$ 的充分必要条件是 $\boldsymbol{B}^2=\boldsymbol{E}$.

(B)

一、填空题

1. 已知 $\boldsymbol{\alpha}=\begin{pmatrix}1\\2\\1\end{pmatrix}$，$\boldsymbol{\beta}=\begin{pmatrix}t\\3\\2\end{pmatrix}$，且 $\boldsymbol{\alpha}^{\mathrm{T}}\boldsymbol{\beta}=4$，则 $t=$________.

2. 若 $\boldsymbol{A}$，$\boldsymbol{B}$ 均是 n 阶方阵，则 $(\boldsymbol{AB})^k=\boldsymbol{A}^k\boldsymbol{B}^k$ 的充要条件是________.

3. 设矩阵 $\boldsymbol{A}=\begin{pmatrix}1&\frac{1}{2}&\frac{1}{3}\end{pmatrix}$，$\boldsymbol{B}=\begin{pmatrix}1\\2\\3\end{pmatrix}$，则 $\boldsymbol{AB}=$________，$\boldsymbol{BA}=$________，$(\boldsymbol{BA})^k=$________(k 为正整数).

4. 设 n 阶矩阵 $\boldsymbol{A}$ 满足 $\boldsymbol{A}^2-2\boldsymbol{A}+5\boldsymbol{E}=\boldsymbol{O}$，则 $(\boldsymbol{A}+\boldsymbol{E})^{-1}=$________.

二、单项选择题

1. 已知 $\boldsymbol{A}$ 是 n 阶对称矩阵，$\boldsymbol{B}$ 是 n 阶反对称矩阵，则 $\boldsymbol{AB}^3+\boldsymbol{A}^3\boldsymbol{B}$(　　).

A. 是对称矩阵　　B. 是反对称矩阵

C. 不是反对称矩阵　　D. 既不是对称矩阵也不是反对称矩阵

2. 设 $\boldsymbol{A}$ 为三阶方阵，将 $\boldsymbol{A}$ 的第 2 行加到第 1 行得到 $\boldsymbol{B}$，再将 $\boldsymbol{B}$ 的第 1 列的 -1 倍加到

第 2 列得到 $\boldsymbol{C}$，记 $\boldsymbol{P}=\begin{pmatrix}1&1&0\\0&1&0\\0&0&1\end{pmatrix}$，则(　　).

A. $\boldsymbol{C}=\boldsymbol{P}^{-1}\boldsymbol{A}\boldsymbol{P}$　　B. $\boldsymbol{C}=\boldsymbol{P}\boldsymbol{A}\boldsymbol{P}^{-1}$　　C. $\boldsymbol{C}=\boldsymbol{P}^{\mathrm{T}}\boldsymbol{A}\boldsymbol{P}$　　D. $\boldsymbol{C}=\boldsymbol{P}\boldsymbol{A}\boldsymbol{P}^{\mathrm{T}}$

3. 设 $\boldsymbol{A}$ 为 n 阶矩阵，且 $\boldsymbol{A}^k=\boldsymbol{O}$，则 $(\boldsymbol{E}-\boldsymbol{A})^{-1}=$(　　).

A. $\boldsymbol{E}+\boldsymbol{A}$　　B. $\boldsymbol{E}+\boldsymbol{A}+\boldsymbol{A}^2+\cdots+\boldsymbol{A}^{k-1}$

C. $\boldsymbol{E}-\boldsymbol{A}-\boldsymbol{A}^2-\cdots-\boldsymbol{A}^{k-1}$　　D. $\boldsymbol{E}-\boldsymbol{A}$

4. 设 $\boldsymbol{A}$，$\boldsymbol{B}$，$\boldsymbol{A}+\boldsymbol{B}$，$\boldsymbol{A}^{-1}+\boldsymbol{B}^{-1}$ 均为 n 阶可逆矩阵，则 $(\boldsymbol{A}^{-1}+\boldsymbol{B}^{-1})^{-1}$ 等于(　　).

A. $\boldsymbol{A}^{-1}+\boldsymbol{B}^{-1}$　　B. $\boldsymbol{A}+\boldsymbol{B}$　　C. $\boldsymbol{A}(\boldsymbol{A}+\boldsymbol{B})^{-1}\boldsymbol{B}$　　D. $(\boldsymbol{A}+\boldsymbol{B})^{-1}$

5. 若 $\boldsymbol{A}=\boldsymbol{B}^{\mathrm{T}}$，则 $\boldsymbol{A}^{\mathrm{T}}(\boldsymbol{B}^{-1}\boldsymbol{A}^{-1}+\boldsymbol{E})^{\mathrm{T}}$ 可以化简为(　　).

A. $\boldsymbol{A}+\boldsymbol{B}$　　B. $\boldsymbol{A}^{\mathrm{T}}+\boldsymbol{A}^{-1}$　　C. $\boldsymbol{A}^{\mathrm{T}}\boldsymbol{B}$　　D. $\boldsymbol{A}+\boldsymbol{A}^{-1}$

三、解答题

1. 解矩阵方程 $\boldsymbol{X}\begin{pmatrix}1&0&5\\1&1&2\\1&2&5\end{pmatrix}=\begin{pmatrix}1&1&2\\0&0&-6\end{pmatrix}$.

2. 设矩阵 $\boldsymbol{A}=\begin{pmatrix}2&0\\3&1\end{pmatrix}$，$\boldsymbol{B}=\begin{pmatrix}-1&1\\2&5\end{pmatrix}$，计算 $\boldsymbol{B}^2-\boldsymbol{A}^2(\boldsymbol{B}^{-1}\boldsymbol{A})^{-1}$.

3. 设 4 阶矩阵

$$\boldsymbol{B}=\begin{pmatrix}1&-1&0&0\\0&1&-1&0\\0&0&1&-1\\0&0&0&1\end{pmatrix},\ \boldsymbol{C}=\begin{pmatrix}2&1&3&4\\0&2&1&3\\0&0&2&1\\0&0&0&1\end{pmatrix}$$

且矩阵 $\boldsymbol{A}$ 满足关系式 $\boldsymbol{A}(\boldsymbol{E}-\boldsymbol{C}^{-1}\boldsymbol{B})^{\mathrm{T}}\boldsymbol{C}^{\mathrm{T}}=\boldsymbol{E}$，其中 $\boldsymbol{E}$ 是 4 阶单位矩阵. 试将上式化简并求出矩阵 $\boldsymbol{A}$.

4. 解齐次线性方程组 $\begin{cases}x_1+x_2-3x_4-x_5=0\\x_1-x_2+2x_3-x_4=0\\4x_1-2x_2+6x_3+3x_4-4x_5=0\\2x_1+4x_2-2x_3+4x_4-7x_5=0\end{cases}$.

5. 解非齐次线性方程组 $\begin{cases}2x_1-x_2+3x_3-x_4=1\\3x_1-2x_2-2x_3+3x_4=3\\x_1-x_2-5x_3+4x_4=2\\7x_1-5x_2-9x_3+10x_4=8\end{cases}$.

四、证明题

1. 设矩阵 $\boldsymbol{A}$ 与矩阵 $\boldsymbol{B}_1$，$\boldsymbol{B}_2$ 均可交换. 证明：$\boldsymbol{A}$ 与 $\boldsymbol{B}_1+\boldsymbol{B}_2$，$\boldsymbol{B}_1\boldsymbol{B}_2$ 也可交换，且 $\boldsymbol{A}^2-\boldsymbol{B}_1^2=(\boldsymbol{A}+\boldsymbol{B}_1)(\boldsymbol{A}-\boldsymbol{B}_1)$.

2. 设 $\boldsymbol{A}$ 为 n 阶方阵，$\boldsymbol{A}+\boldsymbol{E}$ 可逆，且满足 $\boldsymbol{B}=(\boldsymbol{E}+\boldsymbol{A})^{-1}(\boldsymbol{E}-\boldsymbol{A})$. 证明 $\boldsymbol{E}+\boldsymbol{B}$ 可逆，并写出 $(\boldsymbol{E}+\boldsymbol{B})^{-1}$.

第2章 行列式

行列式实质上是由一些数值排列成的数表按一定的法则计算得到的一个数. 早期行列式主要应用于对线性方程组的研究，后来逐步发展成为线性代数一个独立的理论分支. 行列式是研究线性方程组、矩阵及向量的线性相关性的一种重要工具.

2.1 行列式的定义

2.1.1 二阶与三阶行列式

行列式的概念是从解线性方程组问题中引入的. 所谓线性方程组，是指未知量的最高次数是一次的方程组. 例如，二元一次方程组一般可以表示为

$$\begin{cases} a_{11}x_1 + a_{12}x_2 = b_1 & ① \\ a_{21}x_1 + a_{22}x_2 = b_2 & ② \end{cases} \tag{2.1}$$

用消元法求解该方程组. 用 $a_{22}\times$①$-a_{12}\times$②消去 x_2，得$(a_{11}a_{22}-a_{12}a_{21})x_1=b_1a_{22}-a_{12}b_2$；用 $a_{21}\times$①$-a_{11}\times$②消去 x_1，得$(a_{21}a_{12}-a_{11}a_{22})x_2=b_1a_{21}-a_{11}b_2=-(a_{11}b_2-b_1a_{21})$.

当 $a_{11}a_{22}-a_{12}a_{21}\neq 0$ 时，方程组(2.1)的解为

$$\begin{cases} x_1 = \dfrac{b_1a_{22}-a_{12}b_2}{a_{11}a_{22}-a_{12}a_{21}} \\ x_2 = \dfrac{b_2a_{11}-a_{21}b_1}{a_{11}a_{22}-a_{12}a_{21}} \end{cases} \tag{2.2}$$

为了使方程组(2.2)表示简单，莱布尼茨(Leibniz)于 18 世纪初引入了二阶行列式，对其定义如下：

定义 2.1 由 4 个数(元素)排成 2 行 2 列的数表：

$$\begin{matrix} a_{11} & a_{12} \\ a_{21} & a_{22} \end{matrix}$$

表达式 $a_{11}a_{22}-a_{12}a_{21}$ 称为此数表所确定的二阶行列式，记为$\begin{vmatrix} a_{11} & a_{12} \\ a_{21} & a_{22} \end{vmatrix}$，即

$$\begin{vmatrix} a_{11} & a_{12} \\ a_{21} & a_{22} \end{vmatrix} = a_{11}a_{22} - a_{12}a_{21}$$

其中，数 a_{ij} 称为行列式的**元素**，a_{ij} 的第一个下标 i 表示这个元素所在的行数，称为**行标**，第二个下标 j 表示这个元素所在的列数，称为**列标**. 由定义知，二阶行列式是由 4 个数按一定的运算规则得到的一个数，这个规则称为**“对角线法则”**. 如图 2-1 所示，从左上角到右下角的对角线称为行列式的**主对角线**，从右上角到左下角的对角线称为行列式的**副对角线**，于是二阶行列式等于**主对角线上的元素之积减去副对角线上的元素之积**.

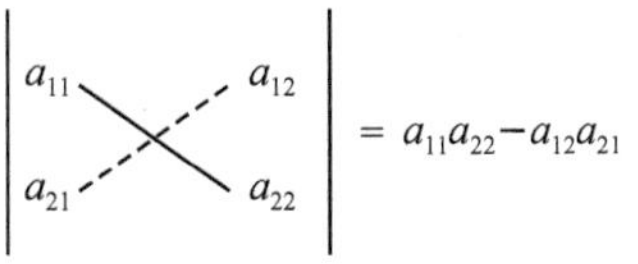

$$\begin{vmatrix} a_{11} & a_{12} \\ a_{21} & a_{22} \end{vmatrix} = a_{11}a_{22} - a_{12}a_{21}$$

图 2-1　二阶行列式的对角线法则

利用二阶行列式的概念，二元线性方程组(2.1)的系数组成的行列式称为**系数行列式**，记为 D，即

$$D = \begin{vmatrix} a_{11} & a_{12} \\ a_{21} & a_{22} \end{vmatrix}$$

当 $D \neq 0$ 时，方程组(2.1)有唯一解，其解(2.2)可以用行列式表示为

$$\begin{cases} x_1 = \dfrac{\begin{vmatrix} b_1 & a_{12} \\ b_2 & a_{22} \end{vmatrix}}{\begin{vmatrix} a_{11} & a_{12} \\ a_{21} & a_{22} \end{vmatrix}} = \dfrac{D_1}{D} \\ x_2 = \dfrac{\begin{vmatrix} a_{11} & b_1 \\ a_{21} & b_2 \end{vmatrix}}{\begin{vmatrix} a_{11} & a_{12} \\ a_{21} & a_{22} \end{vmatrix}} = \dfrac{D_2}{D} \end{cases}$$

其中 D_1 和 D_2 是以 b_1，b_2 分别替换系数行列式 D 中第一列、第二列的元素所得到的两个二阶行列式.

例 2.1　求解二元线性方程组 $\begin{cases} 3x_1 - 2x_2 = 1 \\ 2x_1 + x_2 = 3 \end{cases}$.

解　计算系数行列式 $D = \begin{vmatrix} 3 & -2 \\ 2 & 1 \end{vmatrix} = 3\times 1 - 2\times(-2) = 7 \neq 0$.

再计算出 $D_1 = \begin{vmatrix} 1 & -2 \\ 3 & 1 \end{vmatrix} = 7$，$D_2 = \begin{vmatrix} 3 & 1 \\ 2 & 3 \end{vmatrix} = 7$.

因为 $D \neq 0$，故 $x_1 = \dfrac{D_1}{D} = \dfrac{7}{7} = 1$，$x_2 = \dfrac{D_2}{D} = \dfrac{7}{7} = 1$.

类似地，为了讨论三元一次线性方程组

$$\begin{cases} a_{11}x_1 + a_{12}x_2 + a_{13}x_3 = b_1 \\ a_{21}x_1 + a_{22}x_2 + a_{23}x_3 = b_2 \\ a_{31}x_1 + a_{32}x_2 + a_{33}x_3 = b_3 \end{cases} \tag{2.3}$$

的解，引入记号

$$\begin{vmatrix} a_{11} & a_{12} & a_{13} \\ a_{21} & a_{22} & a_{23} \\ a_{31} & a_{32} & a_{33} \end{vmatrix} = a_{11}a_{22}a_{33} + a_{12}a_{23}a_{31} + a_{13}a_{21}a_{32} - a_{13}a_{22}a_{31} - a_{12}a_{21}a_{33} - a_{11}a_{23}a_{32} \tag{2.4}$$

由式(2.4)定义的记号称为**三阶行列式**，它共有6项，每一项均为不同行不同列的三个元素之积，按对角线法则(主对角线及其平行线上的元素乘积为正，副对角线及其平行线上的元素乘积为负)展开，如图2-2所示.

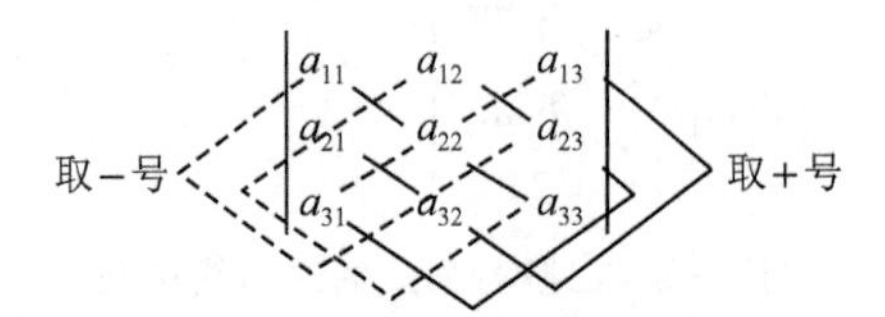

图2-2　三阶行列式的对角线法则

例 2.2　计算三阶行列式 $\begin{vmatrix} 3 & 1 & 2 \\ 2 & 0 & -3 \\ -1 & 5 & 4 \end{vmatrix}$.

解　原式$=3\times0\times4+1\times(-3)\times(-1)+2\times5\times2-2\times0\times(-1)-1\times2\times4-(-3)\times5\times3=0+3+20-0-8+45$
$=60$

例 2.3　解不等式 $\begin{vmatrix} x & 1 & 0 \\ 1 & x & 0 \\ 4 & 1 & 1 \end{vmatrix}>0$.

解　因为 $\begin{vmatrix} x & 1 & 0 \\ 1 & x & 0 \\ 4 & 1 & 1 \end{vmatrix}=x^2-1$，原不等式化为 $x^2-1>0$，故不等式的解集为 $\{x\,|\,x>1$ 或 $x<-1\}$.

例 2.4　解方程 $\begin{vmatrix} 1 & 1 & 1 \\ 2 & 3 & x \\ 4 & 9 & x^2 \end{vmatrix}=0$.

解　方程左端 $D=3x^2+4x+18-12-2x^2-9x=x^2-5x+6$，所以解方程 $x^2-5x+6=0$ 得 $x=2$ 或 $x=3$.

用消元法解三元一次方程组(2.3)，可得到与二元一次方程组类似的结论：当方程组(2.3)的系数行列式

$$D=\begin{vmatrix} a_{11} & a_{12} & a_{13} \\ a_{21} & a_{22} & a_{23} \\ a_{31} & a_{32} & a_{33} \end{vmatrix}\neq 0$$

时，其解可以表示为

$$x_1=\frac{\begin{vmatrix} b_1 & a_{12} & a_{13} \\ b_2 & a_{22} & a_{23} \\ b_3 & a_{32} & a_{33} \end{vmatrix}}{\begin{vmatrix} a_{11} & a_{12} & a_{13} \\ a_{21} & a_{22} & a_{23} \\ a_{31} & a_{32} & a_{33} \end{vmatrix}}=\frac{D_1}{D},\ x_2=\frac{\begin{vmatrix} a_{11} & b_1 & a_{13} \\ a_{21} & b_2 & a_{23} \\ a_{31} & b_3 & a_{33} \end{vmatrix}}{\begin{vmatrix} a_{11} & a_{12} & a_{13} \\ a_{21} & a_{22} & a_{23} \\ a_{31} & a_{32} & a_{33} \end{vmatrix}}=\frac{D_2}{D},\ x_3=\frac{\begin{vmatrix} a_{11} & a_{12} & b_1 \\ a_{21} & a_{22} & b_2 \\ a_{31} & a_{32} & b_3 \end{vmatrix}}{\begin{vmatrix} a_{11} & a_{12} & a_{13} \\ a_{21} & a_{22} & a_{23} \\ a_{31} & a_{32} & a_{33} \end{vmatrix}}=\frac{D_3}{D}$$

其中 D_1，D_2，D_3 是以 b_1，b_2，b_3 分别替换系数行列式 D 中第一列、第二列、第三列的元素所得到的三个三阶行列式.

例 2.5 解三元线性方程组 $\begin{cases} x_1-2x_2+x_3=-2 \\ 2x_1+x_2-3x_3=1 \\ -x_1+x_2-x_3=0 \end{cases}$.

解 因方程组的系数行列式

$$D=\begin{vmatrix} 1 & -2 & 1 \\ 2 & 1 & -3 \\ -1 & 1 & -1 \end{vmatrix}=1\times1\times(-1)+(-2)\times(-3)\times(-1)+1\times2\times1-(-1)\times1$$

$$\times1-1\times(-3)\times1-(-2)\times2\times(-1)=-5\neq0$$

$$D_1=\begin{vmatrix} -2 & -2 & 1 \\ 1 & 1 & -3 \\ 0 & 1 & -1 \end{vmatrix}=-5,\ D_2=\begin{vmatrix} 1 & -2 & 1 \\ 2 & 1 & -3 \\ -1 & 0 & -1 \end{vmatrix}=-10,\ D_3=\begin{vmatrix} 1 & -2 & -2 \\ 2 & 1 & 1 \\ -1 & 1 & 0 \end{vmatrix}=-5$$

故所求方程组的解为

$$x_1=\frac{D_1}{D}=1,\quad x_2=\frac{D_2}{D}=2,\quad x_3=\frac{D_3}{D}=1$$

2.1.2 排列及其逆序数

作为定义 n 阶行列式的预备知识，先介绍一下排列及其逆序数.

定义 2.2 由自然数(元素)1，2，…，n 组成的不重复的有确定次序的数组，称为一个 n 元排列(简称为排列)，通常用 $p_1p_2\cdots p_n$ 来表示.

例如，12345，53214 均为 5 元排列.

例 2.6 写出由 1，2，3 组成的所有排列.

解 自然数 1，2，3 组成的排列共有下列 6 个，分别如下：

123， 132， 213， 231， 312， 321

一般地，n 个数的 n 元排列共有 $n\times(n-1)\times\cdots\times3\times2\times1=n!$ 个，其中按数字从小到大的顺序构成的 n 元排列 $123\cdots n$ 称为**标准排列**，标准排列的元素之间的顺序为标准顺序.

如 123 就是一个标准排列，除了标准排列外，其他的排列都至少有一个大小次序颠倒的情况出现. 如排列 132 中，3 比 2 大，但是 3 排在 2 的前面，它们跟自然顺序(由小到大)相反，这时称 3 和 2 这对数构成一个逆序.

定义 2.3 在一个排列中，一对数如果较大的数排在较小的数之前，就称这对数构成一个**逆序**. 一个排列包含逆序的总数，称为这个排列的**逆序数**. 通常用 $t(p_1p_2\cdots p_n)$ 来表示排列 $p_1p_2\cdots p_n$ 的逆序数. 逆序数是偶数的排列称为**偶排列**；逆序数是奇数的排列称为**奇排列**.

根据上述定义，计算一个排列的逆序数一般可采用“向前取大法”：由于第一个元素前面没有元素，因而从第二个元素起开始数，该元素前面有多少个数比它大，则这个元素的逆序就是多少，将该排列所有元素的逆序数相加，便得到这个排列的逆序数.

例 2.7 计算排列 32514 的逆序数，并讨论其奇偶性.

解 在排列 32514 中，3 排在首位，故其逆序数为 0；

2 的前面比 2 大的数只有 1 个，故其逆序数为 1；

5 的前面没有比 5 大的数，故其逆序数为 0；

1 的前面比 1 大的数有 3 个，故其逆序数为 3；

4 的前面比 4 大的数有 1 个，故其逆序数为 1.

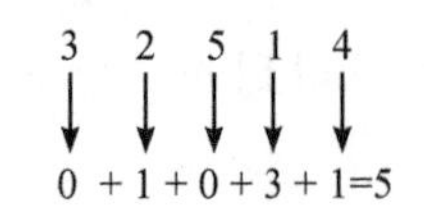

图 2-3 “向前取大法”求逆序数

于是排列 32514 的逆序数为 $t(32514)=0+1+0+3+1=5$，是奇排列(见图 2-3).

例 2.8 求排列 $n(n-1)(n-2)\cdots321$ 的逆序数.

解 因为在这个排列中，$n-1$ 前面比它大的数有 1 个，$n-2$ 前面比它大的数有 2 个，$\cdots$，2 前面比它大的数有个 $n-2$，1 前面比它大的数有 $n-1$ 个，所以

$$t(n(n-1)\cdots321)=1+2+\cdots+(n-2)+(n-1)=\frac{n(n-1)}{2}$$

2.1.3 *n* 阶行列式

二阶、三阶行列式按对角线法则的计算公式为

$$\begin{vmatrix} a_{11} & a_{12} \\ a_{21} & a_{22} \end{vmatrix}=a_{11}a_{22}-a_{12}a_{21} \tag{2.5}$$

$$\begin{vmatrix} a_{11} & a_{12} & a_{13} \\ a_{21} & a_{22} & a_{23} \\ a_{31} & a_{32} & a_{33} \end{vmatrix}=a_{11}a_{22}a_{33}+a_{12}a_{23}a_{31}+a_{13}a_{21}a_{32}-a_{13}a_{22}a_{31}-a_{12}a_{21}a_{33}-a_{11}a_{23}a_{32} \tag{2.6}$$

利用排列的知识，分析二阶、三阶行列式的运算规律可以得到以下结论：

(1) 二阶行列式每项是两个元素的乘积，三阶行列式每项是三个元素的乘积，这些元素位于行列式的不同行、不同列.

(2) 二阶行列式每项都可以写成 $a_{1p_1}a_{2p_2}$ 的形式，即行标排成标准排列，列标 p_1p_2 是 2 个元素 1，2 的某个排列，这样的排列共有 $2!=2$ 项；三阶行列式每项都可以写成 $a_{1p_1}a_{2p_2}a_{3p_3}$ 的形式，即行标排成标准排列，列标 $p_1p_2p_3$ 是 3 个元素 1，2，3 的某个排列，这样的排列共有 $3!=6$ 项.

(3) 每一项前面所带的符号(正号或负号)与该项列标构成的排列 p_1p_2，$p_1p_2p_3$ 的奇偶性有关. 式(2.6)中第一、二、三项的列标构成的排列分别是 123，231，312，它们都是偶排列，这三项前面都带正号；第四、五、六项列标所成的排列分别是 321，213，132，它们都是奇排列，这三项前面都带负号. 于是式(2.6)各项前面所带的符号可以用 $(-1)^{t(p_1p_2p_3)}$

表示.

通过以上分析，二阶、三阶行列式可按以下方式定义：

$$\begin{vmatrix} a_{11} & a_{12} \\ a_{21} & a_{22} \end{vmatrix} = \sum (-1)^{t(p_1 p_2)} a_{1p_1} a_{2p_2}$$

$$\begin{vmatrix} a_{11} & a_{12} & a_{13} \\ a_{21} & a_{22} & a_{23} \\ a_{31} & a_{32} & a_{33} \end{vmatrix} = \sum (-1)^{t(p_1 p_2 p_3)} a_{1p_1} a_{2p_2} a_{3p_3}$$

其中 $\sum$ 表示对1，2，3三个数的所有排列取和. 将其推广到一般情形即可得到 n 阶行列式的定义.

定义 2.4　设有 n^2 个数(元素)排成 n 行 n 列的数表

$$\begin{matrix} a_{11} & a_{12} & \cdots & a_{1n} \\ a_{21} & a_{22} & \cdots & a_{2n} \\ \vdots & \vdots & & \vdots \\ a_{n1} & a_{n2} & \cdots & a_{nn} \end{matrix}$$

作出表中位于不同行不同列的 n 个数的乘积，并冠以符号 $(-1)^t$，得到形如

$$(-1)^t a_{1p_1} a_{2p_2} a_{3p_3} \cdots a_{np_n}$$

的项，其中 $p_1 p_2 p_3 \cdots p_n$ 为自然数1，2，…，n 的一个排列，t 为这个排列的逆序数，这种乘积共有 $n!$ 项，这 $n!$ 项的代数和 $\sum (-1)^t a_{1p_1} a_{2p_2} a_{3p_3} \cdots a_{np_n}$ 称为 n **阶行列式**，记为

$$D = \begin{vmatrix} a_{11} & a_{12} & \cdots & a_{1n} \\ a_{21} & a_{22} & \cdots & a_{2n} \\ \vdots & \vdots & & \vdots \\ a_{n1} & a_{n2} & \cdots & a_{nn} \end{vmatrix} = \sum (-1)^t a_{1p_1} a_{2p_2} a_{3p_3} \cdots a_{np_n}$$

简记为 $\det(a_{ij})$ 或 $|a_{ij}|$，数 a_{ij} 称为 $\det(a_{ij})$ 的元素，其中第一个下标 i 称为元素 a_{ij} 的行标，第二个下标 j 称为元素 a_{ij} 的列标.

由定义2.4知，n 阶行列式共有 $n!$ 项；每一项有 n 个元素，这些元素来自不同的行和不同的列；该项前面的正负号由列标排列的逆序数的奇偶性确定.

注意　一阶行列式 $|a_{11}|$ 与数的绝对值的符号相同，但意义不同. 作为行列式 $|-2|=-2$，而作为数的绝对值 $|-2|=2$. 因此必须用文字严格区分这两种不同的对象.

例 2.9　写出四阶行列式 $\begin{vmatrix} a_{11} & a_{12} & a_{13} & a_{14} \\ a_{21} & a_{22} & a_{23} & a_{24} \\ a_{31} & a_{32} & a_{33} & a_{34} \\ a_{41} & a_{42} & a_{43} & a_{44} \end{vmatrix}$ 中含有因子 $a_{13}a_{31}$ 的项.

解　四阶行列式 D 的一般项为 $(-1)^{t(p_1 p_2 p_3 p_4)} a_{1p_1} a_{2p_2} a_{3p_3} a_{4p_4}$，由于 $p_1=3$，$p_3=1$，所以 p_2 和 p_4 只能取2或4.

当 $p_2=2$ 时，$p_4=4$，有

$$(-1)^{t(p_1 p_2 p_3 p_4)} a_{1p_1} a_{2p_2} a_{3p_3} a_{4p_4} = (-1)^{t(3214)} a_{13} a_{22} a_{31} a_{44} = -a_{13} a_{22} a_{31} a_{44}$$

当 $p_2=4$ 时，$p_4=2$，有

$$(-1)^{t(p_1p_2p_3p_4)}a_{1p_1}a_{2p_2}a_{3p_3}a_{4p_4}=(-1)^{t(3412)}a_{13}a_{24}a_{31}a_{42}=a_{13}a_{22}a_{31}a_{44}$$

故行列式中含有因子 $a_{13}a_{31}$ 的项为 $-a_{13}a_{22}a_{31}a_{44}$ 和 $a_{13}a_{22}a_{31}a_{44}$.

2.1.4　方阵的行列式

定义 2.5　由 n 阶方阵

$$\boldsymbol{A}=\begin{pmatrix} a_{11} & a_{12} & \cdots & a_{1n} \\ a_{21} & a_{22} & \cdots & a_{2n} \\ \vdots & \vdots & & \vdots \\ a_{n1} & a_{n2} & \cdots & a_{nn} \end{pmatrix}$$

的元素所构成的行列式(各元素的位置不变)，称为方阵 $\boldsymbol{A}$ 的行列式，记作 $|\boldsymbol{A}|$、$\det\boldsymbol{A}$、$\det(a_{ij})$.

注意　方阵与行列式是两个不同的概念，n 阶方阵是 n^2 个数按一定方式排成的数表，而 n 阶行列式则是这些数按一定的运算法则所确定的一个数值(实数或复数).

方阵的行列式按其结果分为两类：零或非零. 若方阵的行列式等于零，则称为**奇异方阵**，否则称为**非奇异方阵**.

例 2.10　计算上三角矩阵 $\boldsymbol{A}=\begin{pmatrix} a_{11} & a_{12} & a_{13} & a_{14} \\ 0 & a_{22} & a_{23} & a_{24} \\ 0 & 0 & a_{33} & a_{34} \\ 0 & 0 & 0 & a_{44} \end{pmatrix}$ 的行列式 $|\boldsymbol{A}|$.

解　根据定义，可得

$$|\boldsymbol{A}|=\begin{vmatrix} a_{11} & a_{12} & a_{13} & a_{14} \\ 0 & a_{22} & a_{23} & a_{24} \\ 0 & 0 & a_{33} & a_{34} \\ 0 & 0 & 0 & a_{44} \end{vmatrix}=\sum(-1)^{t(p_1p_2p_3p_4)}a_{1p_1}a_{2p_2}a_{3p_3}a_{4p_4}$$

这个行列式有很多元素是 0，从而有很多项为零，所以只要把可能不为零的项找出来再相加即可. 先从 0 最多的第 4 行开始，当 $p_4=1, 2, 3$ 时，$a_{4p_4}=0$，从而相应的项都等于零，只有 $p_4=4$ 的项 $a_{1p_1}a_{2p_2}a_{3p_3}a_{44}$ 可能不为零；而在项 $a_{1p_1}a_{2p_2}a_{3p_3}a_{44}$ 里 p_3 不能取 4(因为要求元素取自不同列)，又 $p_3=1, 2$ 时，项 $a_{1p_1}a_{2p_2}a_{3p_3}a_{44}=0$，因此，只有 $p_3=3$ 的项 $a_{1p_1}a_{2p_2}a_{33}a_{44}$ 可能不为零，同理可知 p_2 只能取 2，p_1 只能取 1，所以只有一项 $a_{11}a_{22}a_{33}a_{44}$ 可能不为零，其余所有项都等于零，这项的列标构成的排列 1234 是偶排列，因此这项前带正号，即

$$|\boldsymbol{A}|=\begin{vmatrix} a_{11} & a_{12} & a_{13} & a_{14} \\ 0 & a_{22} & a_{23} & a_{24} \\ 0 & 0 & a_{33} & a_{34} \\ 0 & 0 & 0 & a_{44} \end{vmatrix}=a_{11}a_{22}a_{33}a_{44}$$

这种**主对角线**(从左上角到右下角的对角线)下方元素全为零的行列式称为**上三角行列式**. 该例说明：**上三角行列式的值等于它的主对角线上元素之积**. 显然上述分析对于 n 阶

上三角形行列式也完全适用，因此有

$$D=\begin{vmatrix} a_{11} & a_{12} & \cdots & a_{1n} \\ 0 & a_{22} & \cdots & a_{n} \\ \vdots & \vdots & & \vdots \\ 0 & 0 & \cdots & a_{nn} \end{vmatrix}=a_{11}a_{22}\cdots a_{nn}$$

同理，对于**下三角行列式**(主对角线上方元素全为零的行列式)，有

$$\begin{vmatrix} a_{11} & 0 & \cdots & 0 \\ a_{21} & a_{22} & \cdots & 0 \\ \vdots & \vdots & & \vdots \\ a_{n1} & a_{n2} & \cdots & a_{nn} \end{vmatrix}$$

以及**对角行列式**(主对角线上、下方元素全为零的行列式)：

$$\begin{vmatrix} a_{11} & 0 & \cdots & 0 \\ 0 & a_{22} & \cdots & 0 \\ \vdots & \vdots & & \vdots \\ 0 & 0 & \cdots & a_{nn} \end{vmatrix}$$

均有相同的结论，即

$$\begin{vmatrix} a_{11} & a_{12} & \cdots & a_{1n} \\ 0 & a_{22} & \cdots & a_{n} \\ \vdots & \vdots & & \vdots \\ 0 & 0 & \cdots & a_{nn} \end{vmatrix}=\begin{vmatrix} a_{11} & 0 & \cdots & 0 \\ a_{21} & a_{22} & \cdots & 0 \\ \vdots & \vdots & & \vdots \\ a_{n1} & a_{n2} & \cdots & a_{nn} \end{vmatrix}=\begin{vmatrix} a_{11} & 0 & \cdots & 0 \\ 0 & a_{22} & \cdots & 0 \\ \vdots & \vdots & & \vdots \\ 0 & 0 & \cdots & a_{nn} \end{vmatrix}=a_{11}a_{22}\cdots a_{nn}$$

例 2.11 计算行列式：

$$D=\begin{vmatrix} 0 & 0 & 0 & 1 \\ 0 & 0 & 2 & 0 \\ 0 & 3 & 0 & 0 \\ 4 & 0 & 0 & 0 \end{vmatrix}$$

这种副对角线(从右上角到左下角的对角线)上、下方元素全为零的行列式称为**副对角行列式**.

解 四阶行列式 D 的一般项为$(-1)^{t(p_1p_2p_3p_4)}a_{1p_1}a_{2p_2}a_{3p_3}a_{4p_4}$，根据例 2.9 的分析可知，$D$ 中第 1 行的非零元素只有 a_{14}，因而 p_1 只能取 4；同理，由 D 中第 2，3，4 行知，$p_2=3$，$p_3=2$，$p_4=1$，所以只有一项 $a_{14}a_{23}a_{32}a_{41}$ 不为零，其余所有项都等于零，该项的列标构成的排列 4321 的逆序数 $t(4321)=0+1+2+3=6$，是偶排列，因此该项前带正号，即

$$D=(-1)^{t(4321)}a_{14}a_{23}a_{32}a_{41}=24$$

显然上述分析对于 n 阶副对角行列式也完全适用，即

$$\begin{vmatrix} 0 & \cdots & 0 & a_{1n} \\ 0 & \cdots & a_{2,n-1} & 0 \\ \vdots & & \vdots & \vdots \\ a_{n1} & 0 & \cdots & 0 \end{vmatrix}=(-1)^{t(n(n-1)(n-2)\cdots 321)}a_{1n}a_{2,n-1}\cdots a_{n1}=(-1)^{\frac{n(n-1)}{2}}a_{1n}a_{2,n-1}\cdots a_{n1}$$

同理，对于行列式

$$\begin{vmatrix} 0 & \cdots & 0 & a_{1n} \\ 0 & \cdots & a_{2,n-1} & a_{2n} \\ \vdots & & \vdots & \vdots \\ a_{n1} & a_{n2} & \cdots & a_{nn} \end{vmatrix} \text{和} \begin{vmatrix} a_{11} & \cdots & a_{1,n-1} & a_{1n} \\ a_{21} & \cdots & a_{2,n-1} & 0 \\ \vdots & & \vdots & \vdots \\ a_{n1} & \cdots & \cdots & 0 \end{vmatrix}$$

均有相同的结论，即

$$\begin{vmatrix} a_{11} & \cdots & a_{1,n-1} & a_{1n} \\ a_{21} & \cdots & a_{2,n-1} & 0 \\ \vdots & & \vdots & \vdots \\ a_{n1} & \cdots & \cdots & 0 \end{vmatrix} = \begin{vmatrix} 0 & \cdots & 0 & a_{1n} \\ 0 & \cdots & a_{2,n-1} & a_{2n} \\ \vdots & & \vdots & \vdots \\ a_{n1} & a_{n2} & \cdots & a_{nn} \end{vmatrix}$$

$$= \begin{vmatrix} 0 & \cdots & 0 & a_{1n} \\ 0 & \cdots & a_{2,n-1} & 0 \\ \vdots & & \vdots & \vdots \\ a_{n1} & 0 & \cdots & 0 \end{vmatrix}$$

$$=(-1)^{\frac{n(n-1)}{2}} a_{1n}a_{2,n-1}\cdots a_{n1}$$

习题 2.1

1. 计算下列二阶行列式.

(1) $\begin{vmatrix} 5 & 2 \\ 7 & 3 \end{vmatrix}$；　(2) $\begin{vmatrix} 0 & 0 \\ 1 & 1 \end{vmatrix}$；　(3) $\begin{vmatrix} a & a^2 \\ b & ab \end{vmatrix}$.

2. 计算下列三阶行列式.

(1) $\begin{vmatrix} 1 & -1 & 2 \\ 0 & 1 & 1 \\ 2 & -1 & 0 \end{vmatrix}$；　(2) $\begin{vmatrix} 1 & 2 & 3 \\ 4 & 0 & 5 \\ -1 & 0 & 6 \end{vmatrix}$；

(3) $\begin{vmatrix} 0 & a & 0 \\ b & c & d \\ 0 & e & 0 \end{vmatrix}$；　(4) $\begin{vmatrix} \lambda & 1 & 1 \\ 1 & \lambda & 1 \\ 1 & 1 & \lambda \end{vmatrix}$.

3. 在以下各题中，a 是参数，求：

(1) $\begin{vmatrix} a & 3 & 4 \\ -1 & a & 0 \\ 0 & a & 1 \end{vmatrix} \neq 0$ 的充分必要条件；

(2) $\begin{vmatrix} a & 1 & 1 \\ 0 & -1 & 0 \\ 4 & a & a \end{vmatrix} < 0$ 的充分必要条件.

4. 求下列排列的逆序数，并确定其奇偶性.

(1) 52314；　(2) 324917685；

(3) $214365\cdots(2n)(2n-1)$；　(4) $13\cdots(2n-1)24\cdots(2n)$.

5. 写出四阶行列式中含有因子 $a_{12}a_{34}$ 的项.

6. 在六阶行列式中，下列两项各应带什么符号？

(1) $a_{23}a_{31}a_{42}a_{56}a_{14}a_{65}$；

(2) $a_{32}a_{43}a_{14}a_{51}a_{66}a_{25}$.

7. 用行列式的定义计算下列行列式.

(1) $\begin{vmatrix} 0 & 1 & 0 & 1 \\ 1 & 0 & 1 & 0 \\ 0 & 1 & 0 & 0 \\ 0 & 0 & 1 & 1 \end{vmatrix}$；　　(2) $\begin{vmatrix} 1 & 2 & 3 & 0 \\ 0 & 0 & 2 & 0 \\ 3 & 0 & 4 & 5 \\ 0 & 0 & 0 & 1 \end{vmatrix}$；

(3) $D_n=\begin{vmatrix} 0 & 0 & \cdots & 0 & 1 & 0 \\ 0 & 0 & \cdots & 2 & 0 & 0 \\ \vdots & \vdots & & \vdots & \vdots & \vdots \\ n-1 & 0 & \cdots & 0 & 0 & 0 \\ 0 & 0 & \cdots & 0 & 0 & n \end{vmatrix}$；

(4) $D_n=\begin{vmatrix} 0 & 2 & 0 & 0 & \cdots & 0 & 0 \\ 0 & 0 & 3 & 0 & \cdots & 0 & 0 \\ 0 & 0 & 0 & 4 & \cdots & 0 & 0 \\ \vdots & \vdots & \vdots & \vdots & & \vdots & \vdots \\ 0 & 0 & 0 & 0 & \cdots & 0 & n \\ 1 & 0 & 0 & 0 & \cdots & 0 & 0 \end{vmatrix}$.

8. 已知 $f(x)=\begin{vmatrix} x & 1 & 1 & 2 \\ 1 & x & 1 & -1 \\ 3 & 2 & x & 1 \\ 1 & 1 & 2x & 1 \end{vmatrix}$，求 x^3 的系数.

2.2 行列式的性质与计算

根据 n 阶行列式的定义，n 阶行列式是 $n!$ 项的和，而每一项都是 n 个数的乘积. 对于 5 阶行列式共有 $5!=120$ 项，当 n 稍大时，计算量将非常大，因此用定义计算行列式是不现实的，需要找到更有效的计算行列式的方法.

2.2.1 行列式的性质

将 n 阶行列式 D 的第一行改为第一列，第二行改为第二列，…，第 n 行改为第 n 列，得到的新的 n 阶行列式称为 D 的**转置行列式**，记为 D^{T}，即如果

$$D=\begin{vmatrix} a_{11} & a_{12} & \cdots & a_{1n} \\ a_{21} & a_{22} & \cdots & a_{2n} \\ \vdots & \vdots & & \vdots \\ a_{n1} & a_{n2} & \cdots & a_{nn} \end{vmatrix}$$

则

$$D^{\mathrm{T}}=\begin{vmatrix} a_{11} & a_{21} & \cdots & a_{n1} \\ a_{12} & a_{22} & \cdots & a_{n2} \\ \vdots & \vdots & & \vdots \\ a_{1n} & a_{2n} & \cdots & a_{nn} \end{vmatrix}$$

例如，行列式 $D=\begin{vmatrix} 1 & 3 & 1 \\ 2 & 2 & 3 \\ 3 & 1 & 6 \end{vmatrix}$ 的转置行列式是 $D^{\mathrm{T}}=\begin{vmatrix} 1 & 2 & 3 \\ 3 & 2 & 1 \\ 1 & 3 & 6 \end{vmatrix}$. 这里 $D=-4$，$D^{\mathrm{T}}=-4$，$D=D^{\mathrm{T}}$ 并不是偶然的，事实上，有如下性质.

性质 2.1 行列式与它的转置行列式的值相等.

证明略. 性质 1 表明行列式中，行与列具有同等地位，也就是说：行列式对行成立的性质，对列也同样成立，反之亦然. 下面的性质只给出对行的叙述.

性质 2.2 互换行列式的两行(列)，行列式变号，即如果

$$D=\begin{vmatrix} a_{11} & a_{12} & \cdots & a_{1n} \\ \vdots & \vdots & & \vdots \\ a_{j1} & a_{j2} & \cdots & a_{jn} \\ \vdots & \vdots & & \vdots \\ a_{i1} & a_{i2} & \cdots & a_{in} \\ \vdots & \vdots & & \vdots \\ a_{n1} & a_{n2} & \cdots & a_{nn} \end{vmatrix}$$

则

$$\begin{vmatrix} a_{11} & a_{12} & \cdots & a_{1n} \\ \vdots & \vdots & & \vdots \\ a_{i1} & a_{i2} & \cdots & a_{in} \\ \vdots & \vdots & & \vdots \\ a_{j1} & a_{j2} & \cdots & a_{jn} \\ \vdots & \vdots & & \vdots \\ a_{n1} & a_{n2} & \cdots & a_{nn} \end{vmatrix}=-D$$

一般地，用 r_i 表示行列式的第 i **行**，用 c_i 表示第 i **列**，交换 i，j 两行记为 $r_i \leftrightarrow r_j$，交换 i，j 两列记为 $c_i \leftrightarrow c_j$.

例如，$\begin{vmatrix} 1 & 2 \\ 3 & 4 \end{vmatrix}=-2$，交换第 1 列和第 2 列得到 $\begin{vmatrix} 2 & 1 \\ 4 & 3 \end{vmatrix}=2$，所以 $\begin{vmatrix} 1 & 3 \\ 2 & 4 \end{vmatrix}=-\begin{vmatrix} 3 & 1 \\ 4 & 2 \end{vmatrix}$.

推论 2.1 若行列式中有两行(列)元素完全相同，则行列式为零.

因为互换行列式 D 中的两个相同的行(列)，其结果仍是 D，但由性质 2.2 知其结果为 $-D$，因此 $D=-D$，从而 $D=0$.

性质 2.3 用数 k 乘行列式某一行(列)中所有元素，等于用数 k 乘此行列式. 即某一行(列)所有元素的公因子可提到行列式符号的外面.

$$\begin{vmatrix} a_{11} & a_{12} & \cdots & a_{1n} \\ \vdots & \vdots & & \vdots \\ ka_{i1} & ka_{i2} & \cdots & ka_{in} \\ \vdots & \vdots & & \vdots \\ a_{n1} & a_{n2} & \cdots & a_{nn} \end{vmatrix} = k \begin{vmatrix} a_{11} & a_{12} & \cdots & a_{1n} \\ \vdots & \vdots & & \vdots \\ a_{i1} & a_{i2} & \cdots & a_{in} \\ \vdots & \vdots & & \vdots \\ a_{n1} & a_{n2} & \cdots & a_{nn} \end{vmatrix}$$

行列式第 i 行(或列)乘以 k，记作 kr_i(或 kc_i).

例如，$\begin{vmatrix} 1 & 2 & 3 \\ 4k & 5k & 6k \\ 7 & 8 & 9 \end{vmatrix} = k \begin{vmatrix} 1 & 2 & 3 \\ 4 & 5 & 6 \\ 7 & 8 & 9 \end{vmatrix} = \begin{vmatrix} 1 & 2 & 3 \\ 4 & 5 & 6 \\ 7k & 8k & 9k \end{vmatrix}$.

注意 矩阵的数乘与行列式的数乘有区别，如：

$$k\begin{pmatrix} 2 & 3 \\ 4 & 5 \end{pmatrix} = \begin{pmatrix} 2k & 3k \\ 4k & 5k \end{pmatrix}$$

但是 $k\begin{vmatrix} 2 & 3 \\ 4 & 5 \end{vmatrix} = \begin{vmatrix} 2k & 3k \\ 4 & 5 \end{vmatrix}$.

由矩阵转置与数乘的定义，以及性质 2.1 与 2.3，可知 n 阶方阵 $\boldsymbol{A}$ 的行列式 $|\boldsymbol{A}|$ 满足以下运算性质(k 为常数)：

(1) **转置矩阵的行列式**：$|\boldsymbol{A}^{\mathrm{T}}| = |\boldsymbol{A}|$；

(2) **数乘的行列式**：$|k\boldsymbol{A}| = k^n |\boldsymbol{A}|$.

注意 $|k\boldsymbol{A}| \neq k|\boldsymbol{A}|$，$k|\boldsymbol{A}|$ 只是用 k 乘行列式 $|\boldsymbol{A}|$ 的某一行(列)，$|k\boldsymbol{A}|$ 则是用 k 遍乘 $|\boldsymbol{A}|$ 的每一行(列).

推论 2.2 当行列式有一行(列)元素全为零时，行列式必为零.

推论 2.3 行列式中若有两行(列)元素成比例，则此行列式为零. 这是因为

$$\begin{vmatrix} a_{11} & a_{12} & \cdots & a_{1n} \\ \vdots & \vdots & & \vdots \\ a_{i1} & a_{i2} & \cdots & a_{in} \\ \vdots & \vdots & & \vdots \\ ka_{i1} & ka_{i2} & \cdots & ka_{in} \\ \vdots & \vdots & & \vdots \\ a_{n1} & a_{n2} & \cdots & a_{nn} \end{vmatrix} = k \begin{vmatrix} a_{11} & a_{12} & \cdots & a_{1n} \\ \vdots & \vdots & & \vdots \\ a_{i1} & a_{i2} & \cdots & a_{in} \\ \vdots & \vdots & & \vdots \\ a_{i1} & a_{i2} & \cdots & a_{in} \\ \vdots & \vdots & & \vdots \\ a_{n1} & a_{n2} & \cdots & a_{nn} \end{vmatrix} = 0$$

例 2.12 设 $\begin{vmatrix} a_{11} & a_{12} & a_{13} \\ a_{21} & a_{22} & a_{23} \\ a_{31} & a_{32} & a_{33} \end{vmatrix} = 1$，求 $\begin{vmatrix} 6a_{11} & -2a_{12} & -10a_{13} \\ -3a_{21} & a_{22} & 5a_{23} \\ -3a_{31} & a_{32} & 5a_{33} \end{vmatrix}$.

解 利用行列式性质，先将第 1 行提取公因子 -2，其次将第 1、3 列分别提取公因子 -3 及 5 有

$$\begin{vmatrix} 6a_{11} & -2a_{12} & -10a_{13} \\ -3a_{21} & a_{22} & 5a_{23} \\ -3a_{31} & a_{32} & 5a_{33} \end{vmatrix} = -2 \cdot \begin{vmatrix} -3a_{11} & a_{12} & 5a_{13} \\ -3a_{21} & a_{22} & 5a_{23} \\ -3a_{31} & a_{32} & 5a_{33} \end{vmatrix} = -2 \cdot (-3) \cdot 5 \begin{vmatrix} a_{11} & a_{12} & a_{13} \\ a_{21} & a_{22} & a_{23} \\ a_{31} & a_{32} & a_{33} \end{vmatrix}$$

$$= -2 \cdot (-3) \cdot 5 \cdot 1 = 30$$

性质 2.4 若行列式某行(列)的元素是两数之和，则行列式可拆成两个行列式的和，即

$$\begin{vmatrix} a_{11} & a_{12} & \cdots & a_{1n} \\ \vdots & \vdots & & \vdots \\ b_{i1}+c_{i1} & b_{i2}+c_{i2} & \cdots & b_{in}+c_{in} \\ \vdots & \vdots & & \vdots \\ a_{n1} & a_{n2} & \cdots & a_{nn} \end{vmatrix} = \begin{vmatrix} a_{11} & a_{12} & \cdots & a_{1n} \\ \vdots & \vdots & & \vdots \\ b_{i1} & b_{i2} & \cdots & b_{in} \\ \vdots & \vdots & & \vdots \\ a_{n1} & a_{n2} & \cdots & a_{nn} \end{vmatrix} + \begin{vmatrix} a_{11} & a_{12} & \cdots & a_{1n} \\ \vdots & \vdots & & \vdots \\ c_{i1} & c_{i2} & \cdots & c_{in} \\ \vdots & \vdots & & \vdots \\ a_{n1} & a_{n2} & \cdots & a_{nn} \end{vmatrix}$$

例如，$\begin{vmatrix} 1 & 2 \\ 3+a & 4+b \end{vmatrix} = \begin{vmatrix} 1 & 2 \\ 3 & 4 \end{vmatrix} + \begin{vmatrix} 1 & 2 \\ a & b \end{vmatrix}$.

例 2.13 计算行列式 $D=\begin{vmatrix} -2 & 3 & 1 \\ 503 & 201 & 298 \\ 5 & 2 & 3 \end{vmatrix}$.

解 $D=\begin{vmatrix} -2 & 3 & 1 \\ 503 & 201 & 298 \\ 5 & 2 & 3 \end{vmatrix} = \begin{vmatrix} -2 & 3 & 1 \\ 500+3 & 200+1 & 300-2 \\ 5 & 2 & 3 \end{vmatrix}$

$$= \begin{vmatrix} -2 & 3 & 1 \\ 500 & 200 & 300 \\ 5 & 2 & 3 \end{vmatrix} + \begin{vmatrix} -2 & 3 & 1 \\ 3 & 1 & -2 \\ 5 & 2 & 3 \end{vmatrix}$$

$$=0+(-70)=-70$$

例 2.14 计算行列式 $D=\begin{vmatrix} a_1+a_2 & b_1+b_2 \\ c_1+c_2 & d_1+d_2 \end{vmatrix}$.

解 先按第一行拆开得到

$$D=\begin{vmatrix} a_1+a_2 & b_1+b_2 \\ c_1+c_2 & d_1+d_2 \end{vmatrix} = \begin{vmatrix} a_1 & b_1 \\ c_1+c_2 & d_1+d_2 \end{vmatrix} + \begin{vmatrix} a_2 & b_2 \\ c_1+c_2 & d_1+d_2 \end{vmatrix}$$

再按第二行拆开得到

$$D=\begin{vmatrix} a_1 & b_1 \\ c_1 & d_1 \end{vmatrix} + \begin{vmatrix} a_1 & b_1 \\ c_2 & d_2 \end{vmatrix} + \begin{vmatrix} a_2 & b_2 \\ c_1 & d_1 \end{vmatrix} + \begin{vmatrix} a_2 & b_2 \\ c_2 & d_2 \end{vmatrix}$$

注意 行列式相加与矩阵相加有本质区别. 例如：

$$\begin{pmatrix} a_1+a_2 & b_1+b_2 \\ c_1+c_2 & d_1+d_2 \end{pmatrix} = \begin{pmatrix} a_1 & b_1 \\ c_1 & d_1 \end{pmatrix} + \begin{pmatrix} a_2 & b_2 \\ c_2 & d_2 \end{pmatrix}$$

$$\begin{vmatrix} a_1+a_2 & b_1+b_2 \\ c_1+c_2 & d_1+d_2 \end{vmatrix} = \begin{vmatrix} a_1 & b_1 \\ c_1 & d_1 \end{vmatrix} + \begin{vmatrix} a_1 & b_2 \\ c_2 & d_2 \end{vmatrix} + \begin{vmatrix} a_2 & b_2 \\ c_1 & d_1 \end{vmatrix} + \begin{vmatrix} a_2 & b_2 \\ c_2 & d_2 \end{vmatrix}$$

所以利用性质 2.4 拆开行列式时，应当逐行(列)拆开. 一般来说下式是不成立的：

$$\begin{vmatrix} a_1+a_2 & b_1+b_2 \\ c_1+c_2 & d_1+d_2 \end{vmatrix} \neq \begin{vmatrix} a_1 & b_1 \\ c_1 & d_1 \end{vmatrix} + \begin{vmatrix} a_2 & b_2 \\ c_2 & d_2 \end{vmatrix}$$

性质 2.5 行列式某一行(列)元素加上另一行(列)对应元素的 k 倍，行列式的值不变，即

$$\begin{vmatrix} a_{11} & a_{12} & \cdots & a_{1n} \\ \vdots & \vdots & & \vdots \\ a_{i1} & a_{i2} & \cdots & a_{in} \\ \vdots & \vdots & & \vdots \\ a_{j1}+ka_{i1} & a_{j2}+ka_{i2} & \cdots & a_{jn}+ka_{in} \\ \vdots & \vdots & & \vdots \\ a_{n1} & a_{n2} & \cdots & a_{nn} \end{vmatrix} = \begin{vmatrix} a_{11} & a_{12} & \cdots & a_{1n} \\ \vdots & \vdots & & \vdots \\ a_{i1} & a_{i2} & \cdots & a_{in} \\ \vdots & \vdots & & \vdots \\ a_{j1} & a_{j2} & \cdots & a_{jn} \\ \vdots & \vdots & & \vdots \\ a_{n1} & a_{n2} & \cdots & a_{nn} \end{vmatrix} (i \neq j).$$

这是因为

$$\begin{vmatrix} a_{11} & a_{12} & \cdots & a_{1n} \\ \vdots & \vdots & & \vdots \\ a_{i1} & a_{i2} & \cdots & a_{in} \\ \vdots & \vdots & & \vdots \\ a_{j1}+ka_{i1} & a_{j2}+ka_{i2} & \cdots & a_{jn}+ka_{in} \\ \vdots & \vdots & & \vdots \\ a_{n1} & a_{n2} & \cdots & a_{nn} \end{vmatrix} = \begin{vmatrix} a_{11} & a_{12} & \cdots & a_{1n} \\ \vdots & \vdots & & \vdots \\ a_{i1} & a_{i2} & \cdots & a_{in} \\ \vdots & \vdots & & \vdots \\ a_{j1} & a_{j2} & \cdots & a_{jn} \\ \vdots & \vdots & & \vdots \\ a_{n1} & a_{n2} & \cdots & a_{nn} \end{vmatrix} + \begin{vmatrix} a_{11} & a_{12} & \cdots & a_{1n} \\ \vdots & \vdots & & \vdots \\ a_{i1} & a_{i2} & \cdots & a_{in} \\ \vdots & \vdots & & \vdots \\ ka_{i1} & ka_{i2} & \cdots & ka_{in} \\ \vdots & \vdots & & \vdots \\ a_{n1} & a_{n2} & \cdots & a_{nn} \end{vmatrix}$$

$$= \begin{vmatrix} a_{11} & a_{12} & \cdots & a_{1n} \\ \vdots & \vdots & & \vdots \\ a_{i1} & a_{i2} & \cdots & a_{in} \\ \vdots & \vdots & & \vdots \\ a_{j1} & a_{j2} & \cdots & a_{jn} \\ \vdots & \vdots & & \vdots \\ a_{n1} & a_{n2} & \cdots & a_{nn} \end{vmatrix}$$

用数 k 乘以第 j 行加到第 i 行上，记为 r_i+kr_j；用数 k 乘以第 j 列加到第 i 列上，记为 c_i+kc_j.

性质 2.2、性质 2.3 和性质 2.5 中的变换：**对换**两行(或列)、以非零常**数乘**某行(或列)和把某行(或列)的常数**倍加**到另一行(或列)上去，称为行列式的**初等行(或列)变换**，它们一起常用于计算行列式. 作变换 $r_i \leftrightarrow r_j(c_i \leftrightarrow c_j)$后，行列式变号；作变换 $kr_i(kc_i)$后，行列式要乘以$\frac{1}{k}$；作变换 $r_i+kr_j(c_i+kc_j)$后，行列式不变.

例 2.15　已知三阶行列式$\begin{vmatrix} a & b & c \\ u & v & w \\ x & y & z \end{vmatrix}=10$，求下列行列式的值：

(1) $\begin{vmatrix} a+kb & b+c & c \\ u+kv & v+w & w \\ x+ky & y+z & z \end{vmatrix}$；　(2) $\begin{vmatrix} 4a & 4b & 4c \\ x & y & z \\ 2u-3x & 2v-3y & 2w-3z \end{vmatrix}$.

解　(1) $\begin{vmatrix} a+kb & b+c & c \\ u+kv & v+w & w \\ x+ky & y+z & z \end{vmatrix} \xlongequal{c_2+(-1)c_3} \begin{vmatrix} a+kb & b & c \\ u+kv & v & w \\ x+ky & y & z \end{vmatrix}$

$$\xlongequal{c_1+(-k)c_2}\begin{vmatrix} a & b & c \\ u & v & w \\ x & y & z \end{vmatrix}=10$$

(2) $$\begin{vmatrix} 4a & 4b & 4c \\ x & y & z \\ 2u-3x & 2v-3y & 2w-3z \end{vmatrix}\xlongequal{r_2\leftrightarrow r_3}-\begin{vmatrix} 4a & 4b & 4c \\ 2u-3x & 2v-3y & 2w-3z \\ x & y & z \end{vmatrix}$$

$$\xlongequal{\frac{1}{4}r_1}-4\begin{vmatrix} a & b & c \\ 2u-3x & 2v-3y & 2w-3z \\ x & y & z \end{vmatrix}\xlongequal{r_2+3r_3}-4\begin{vmatrix} a & b & c \\ 2u & 2v & 2w \\ x & y & z \end{vmatrix}$$

$$\xlongequal{\frac{1}{2}r_2}-4\times 2\begin{vmatrix} a & b & c \\ u & v & w \\ x & y & z \end{vmatrix}=-80$$

2.2.2 行列式的计算举例

由于上三角行列式的值等于其主对角线上的元素之积，利用初等行变换可以将行列式化为上三角行列式，从而得到行列式的值. 化行列式为上三角行列式的主要操作是将主对角线下方的元素全化为 0，但是一般有先后顺序，可以按如下步骤进行：

(1) 如果第一列第一个元素为 0，则将第一行(列)与其他行(列)交换使得第一列第一个元素不为 0，注意行列式换行(列)要变号，并且为了避免出现分数给计算带来麻烦，该元素最好等于 1.

(2) 把第一行分别乘以适当的数加到其他各行，使得第一列除第一个元素外其余元素全为 0.

(3) 用同样的方法处理除去第一行和第一列后余下的低一阶行列式，如此继续下去，直至使它成为上三角形行列式，这时主对角线上的元素之积就是所求行列式的值.

例 2.16 计算行列式 $D=\begin{vmatrix} 1 & -2 & 5 & 0 \\ -2 & 3 & -8 & -1 \\ 3 & 1 & -2 & 4 \\ 1 & 4 & 2 & -5 \end{vmatrix}$.

解

$$D\xlongequal[\substack{r_3+(-3)r_1 \\ r_4+(-1)r_1}]{r_2+2r_1}\begin{vmatrix} 1 & -2 & 5 & 0 \\ 0 & -1 & 2 & -1 \\ 0 & 7 & -17 & 4 \\ 0 & 6 & -3 & -5 \end{vmatrix}\xlongequal[r_4+6r_2]{r_3+7r_2}\begin{vmatrix} 1 & -2 & 5 & 0 \\ 0 & -1 & 2 & -1 \\ 0 & 0 & -3 & -3 \\ 0 & 0 & 9 & -11 \end{vmatrix}$$

$$\xlongequal{r_4+3r_3}\begin{vmatrix} 1 & -2 & 5 & 0 \\ 0 & -1 & 2 & -1 \\ 0 & 0 & -3 & -3 \\ 0 & 0 & 0 & -20 \end{vmatrix}=1\cdot(-1)\cdot(-3)\cdot(-20)=-60$$

例 2.17 计算行列式 $D=\begin{vmatrix} 0 & 2 & -2 & 2 \\ 1 & 3 & 0 & 4 \\ -2 & -11 & 3 & -16 \\ 0 & -7 & 3 & 1 \end{vmatrix}$.

解

$$D \xlongequal{r_1 \leftrightarrow r_2} -\begin{vmatrix} 1 & 3 & 0 & 4 \\ 0 & 2 & -2 & 2 \\ -2 & -11 & 3 & -16 \\ 0 & -7 & 3 & 1 \end{vmatrix} \xlongequal{r_3+2r_1} -\begin{vmatrix} 1 & 3 & 0 & 4 \\ 0 & 2 & -2 & 2 \\ 0 & -5 & 3 & -8 \\ 0 & -7 & 3 & 1 \end{vmatrix}$$

$$\xlongequal{\frac{1}{2}r_2} -2\begin{vmatrix} 1 & 3 & 0 & 4 \\ 0 & 1 & -1 & 1 \\ 0 & -5 & 3 & -8 \\ 0 & -7 & 3 & 1 \end{vmatrix} \xlongequal[r_4+7r_2]{r_3+5r_2} -2\begin{vmatrix} 1 & 3 & 0 & 4 \\ 0 & 1 & -1 & 1 \\ 0 & 0 & -2 & -3 \\ 0 & 0 & -4 & 8 \end{vmatrix}$$

$$\xlongequal{r_4-2r_3} -2\begin{vmatrix} 1 & 3 & 0 & 4 \\ 0 & 1 & -1 & 1 \\ 0 & 0 & -2 & -3 \\ 0 & 0 & 0 & 16 \end{vmatrix} = (-2)\cdot 1\cdot 1\cdot(-2)\cdot 14=56$$

例 2.18 计算行列式 $D=\begin{vmatrix} 3 & 1 & -1 & 2 \\ -5 & 1 & 3 & -4 \\ 2 & 0 & 1 & -1 \\ 1 & -5 & 3 & -3 \end{vmatrix}$.

解 $$D \xlongequal{c_1 \rightarrow c_2} -\begin{vmatrix} 1 & 3 & -1 & 2 \\ 1 & -5 & 3 & -4 \\ 0 & 2 & 1 & -1 \\ -5 & 1 & 3 & -3 \end{vmatrix} \xlongequal[r_4+5r_1]{r_2-r_1} -\begin{vmatrix} 1 & 3 & -1 & 2 \\ 0 & -8 & 4 & -6 \\ 0 & 2 & 1 & -1 \\ 0 & 16 & -2 & 7 \end{vmatrix}$$

$$\xlongequal{r_2 \leftrightarrow r_3} \begin{vmatrix} 1 & 3 & -1 & 2 \\ 0 & 2 & 1 & -1 \\ 0 & -8 & 4 & -6 \\ 0 & 16 & -2 & 7 \end{vmatrix} \xlongequal[r_4-8r_2]{r_3+4r_2} \begin{vmatrix} 1 & 3 & -1 & 2 \\ 0 & 2 & 1 & -1 \\ 0 & 0 & 8 & -10 \\ 0 & 0 & -10 & 15 \end{vmatrix}$$

$$\xlongequal{r_4+\frac{5}{4}r_3} \begin{vmatrix} 1 & 3 & -1 & 2 \\ 0 & 2 & 1 & -1 \\ 0 & 0 & 8 & -10 \\ 0 & 0 & 0 & 5/2 \end{vmatrix} = 40$$

例 2.19 计算行列式 $D=\begin{vmatrix} 3 & 1 & 1 & 1 \\ 1 & 3 & 1 & 1 \\ 1 & 1 & 3 & 1 \\ 1 & 1 & 1 & 3 \end{vmatrix}$.

解 注意到行列式的各行 4 个数之和都是 6. 故把第 2、3、4 列同时加到第 1 列，可提出公因子 6，再由各行减去第 1 行化为上三角形行列式.

$$D \xlongequal{c_1+c_2+c_3+c_4} \begin{vmatrix} 6 & 1 & 1 & 1 \\ 6 & 3 & 1 & 1 \\ 6 & 1 & 3 & 1 \\ 6 & 1 & 1 & 3 \end{vmatrix} = 6 \begin{vmatrix} 1 & 1 & 1 & 1 \\ 1 & 3 & 1 & 1 \\ 1 & 1 & 3 & 1 \\ 1 & 1 & 1 & 3 \end{vmatrix} \xlongequal[\substack{r_3-r_1 \\ r_4-r_1}]{r_2-r_1} 6 \begin{vmatrix} 1 & 1 & 1 & 1 \\ 0 & 2 & 0 & 0 \\ 0 & 0 & 2 & 0 \\ 0 & 0 & 0 & 2 \end{vmatrix} = 48$$

上式中，$c_1+c_2+c_3+c_4$ 表示把第 4，3，2 列都加到第 1 列. 一般地，n 阶行列式：

$$D_n = \begin{vmatrix} a & b & b & \cdots & b \\ b & a & b & \cdots & b \\ \vdots & \vdots & \vdots & & \vdots \\ b & b & b & \cdots & a \end{vmatrix} = [a+(n-1)b](a-b)^{n-1}$$

例 2.20 计算行列式 $D=\begin{vmatrix} 1 & 3 & 5 & 6 \\ 4 & 2 & 0 & 0 \\ 6 & 0 & 3 & 0 \\ 8 & 0 & 0 & 4 \end{vmatrix}$.

解 该行列式第一行、第一列和主对角线上的元素不全为零，其余元素全为零，称为**“箭头”行列式**，如果作行变换化为上三角行列式，比较复杂，这里通过作列变换化行列式为上三角行列式.

$$D \xlongequal{c_1-2c_2} \begin{vmatrix} -5 & 3 & 5 & 6 \\ 0 & 2 & 0 & 0 \\ 6 & 0 & 3 & 0 \\ 8 & 0 & 0 & 4 \end{vmatrix} \xlongequal{c_1-2c_3} \begin{vmatrix} -15 & 3 & 5 & 6 \\ 0 & 2 & 0 & 0 \\ 0 & 0 & 3 & 0 \\ 8 & 0 & 0 & 4 \end{vmatrix} \xlongequal{c_1-2c_4} \begin{vmatrix} -27 & 3 & 5 & 6 \\ 0 & 2 & 0 & 0 \\ 0 & 0 & 3 & 0 \\ 0 & 0 & 0 & 4 \end{vmatrix} = -648$$

例 2.21 计算行列式 $D=\begin{vmatrix} a & b & c & d \\ a & a+b & a+b+c & a+b+c+d \\ a & 2a+b & 3a+2b+c & 4a+3b+2c+d \\ a & 3a+b & 6a+3b+c & 10a+6b+3c+d \end{vmatrix}$.

解法一

$$D \xlongequal[\substack{r_3-r_1 \\ r_4-r_1}]{r_2-r_1} \begin{vmatrix} a & b & c & d \\ 0 & a & a+b & a+b+c \\ 0 & 2a & 3a+2b & 4a+3b+2c \\ 0 & 3a & 6a+3b & 10a+6b+3c \end{vmatrix} \xlongequal[r_4-3r_2]{r_3-2r_2} \begin{vmatrix} a & b & c & d \\ 0 & a & a+b & a+b+c \\ 0 & 0 & a & 2a+b \\ 0 & 0 & 3a & 7a+3b \end{vmatrix}$$

$$\xlongequal{r_4-3r_3} \begin{vmatrix} a & b & c & d \\ 0 & a & a+b & a+b+c \\ 0 & 0 & a & 2a+b \\ 0 & 0 & 0 & a \end{vmatrix} = a^4$$

解法二

$$D \xlongequal[\substack{r_3-r_2 \\ r_2-r_1}]{r_4-r_3} \begin{vmatrix} a & b & c & d \\ 0 & a & a+b & a+b+c \\ 0 & a & 2a+b & 3a+2b+c \\ 0 & a & 3a+b & 6a+3b+c \end{vmatrix} \xlongequal[r_3-r_2]{r_4-r_3} \begin{vmatrix} a & b & c & d \\ 0 & a & a+b & a+b+c \\ 0 & 0 & a & 2a+b \\ 0 & 0 & a & 3a+b \end{vmatrix}$$

$$\xlongequal{r_4-r_3}\begin{vmatrix} a & b & c & d \\ 0 & a & a+b & a+b+c \\ 0 & 0 & a & 2a+b \\ 0 & 0 & 0 & a \end{vmatrix}=a^4$$

注意 虽然行列式的值是唯一的，但计算方法不唯一. 在计算行列式时，要仔细观察行列式的特点，合理利用性质，综合考察各种路线，才能找到最简捷的方法. 此外，运算时变换次序不能颠倒，例如运算 r_i+r_j 是将第 j 行加到第 i 行上去，第 i 行变了，而第 j 行不变；而 r_j+r_i 是将第 i 行加到第 j 行上去，第 j 行变了，而第 i 行不变.

例 2.22 设矩阵 $\boldsymbol{A}=\begin{pmatrix} a_{11} & \cdots & a_{1k} \\ \vdots & \ddots & \vdots \\ a_{k1} & \cdots & a_{kk} \end{pmatrix}$，$\boldsymbol{B}=\begin{pmatrix} b_{11} & \cdots & b_{1n} \\ \vdots & \ddots & \vdots \\ b_{n1} & \cdots & b_{nn} \end{pmatrix}$，$\boldsymbol{C}=\begin{pmatrix} c_{11} & \cdots & c_{1k} \\ \vdots & \ddots & \vdots \\ c_{n1} & \cdots & c_{nk} \end{pmatrix}$，若矩阵 $\boldsymbol{D}=\begin{pmatrix} \boldsymbol{A} & \boldsymbol{O} \\ \boldsymbol{C} & \boldsymbol{B} \end{pmatrix}$. 证明：$|\boldsymbol{D}|=|\boldsymbol{A}||\boldsymbol{B}|$.

证明 对行列式 $|\boldsymbol{A}|$ 作行变换，相当于对 $|\boldsymbol{D}|$ 的前 k 行作相同的行变换，且 $|\boldsymbol{D}|$ 的后 n 行保持不变；对 $|\boldsymbol{B}|$ 作列变换，相当于对 $|\boldsymbol{D}|$ 的后 n 列作相同的列变换，且 $|\boldsymbol{D}|$ 的前 k 列保持不变.

对 $|\boldsymbol{A}|$ 作适当的行变换 r_i+kr_j，可将 $|\boldsymbol{A}|$ 化为下三角形；同理对 $|\boldsymbol{B}|$ 作适当的列变换 c_i+kc_j，可将 $|\boldsymbol{B}|$ 化为下三角形，分别为

$$|\boldsymbol{A}|=\begin{vmatrix} p_{11} & \cdots & 0 \\ \vdots & \ddots & \vdots \\ p_{k1} & \cdots & p_{kk} \end{vmatrix}=p_{11}\cdots p_{kk},\quad |\boldsymbol{B}|=\begin{vmatrix} q_{11} & \cdots & 0 \\ \vdots & \ddots & \vdots \\ q_{n1} & \cdots & q_{nn} \end{vmatrix}=q_{11}\cdots q_{nn}$$

故对 $|\boldsymbol{D}|$ 的前 k 行作上述行变换，和对 $|\boldsymbol{D}|$ 的后 n 列作上述列变换后，$|\boldsymbol{D}|$ 可化为

$$|\boldsymbol{D}|=\begin{vmatrix} p_{11} & \cdots & 0 & 0 & \cdots & 0 \\ \vdots & \ddots & \vdots & \vdots & \ddots & \vdots \\ p_{k1} & \cdots & p_{kk} & 0 & \cdots & 0 \\ c_{11} & \cdots & c_{1k} & q_{11} & \cdots & 0 \\ \vdots & \ddots & \vdots & \vdots & \ddots & \vdots \\ c_{n1} & \cdots & c_{nk} & q_{n1} & \cdots & q_{nn} \end{vmatrix}=p_{11}\cdots p_{kk}\cdot q_{11}\cdots q_{nn}=|\boldsymbol{A}||\boldsymbol{B}|$$

由本例及性质 2.5，可推出方阵的行列式还有如下两个运算性质(设 $\boldsymbol{A}$，$\boldsymbol{B}$ 均为 n 阶方阵)：

(1) **乘积的行列式**：$|\boldsymbol{AB}|=|\boldsymbol{A}|\cdot|\boldsymbol{B}|$；

(2) **方阵幂的行列式**：$|\boldsymbol{A}^n|=|\boldsymbol{A}|^n$.

证明 性质(1)：设 $\boldsymbol{A}=\begin{pmatrix} a_{11} & a_{12} & \cdots & a_{1n} \\ a_{21} & a_{22} & \cdots & a_{2n} \\ \vdots & \vdots & & \vdots \\ a_{n1} & a_{n2} & \cdots & a_{nn} \end{pmatrix}$，$\boldsymbol{B}=\begin{pmatrix} b_{11} & b_{12} & \cdots & b_{1n} \\ b_{21} & b_{22} & \cdots & b_{2n} \\ \vdots & \vdots & & \vdots \\ b_{n1} & b_{n2} & \cdots & b_{nn} \end{pmatrix}$.

作 $2n$ 阶行列式

$$D=\begin{vmatrix} a_{11} & \cdots & a_{1n} & 0 & \cdots & 0 \\ \vdots & \ddots & \vdots & \vdots & \ddots & \vdots \\ a_{n1} & \cdots & a_{nn} & 0 & \cdots & 0 \\ -1 & & & b_{11} & \cdots & b_{1n} \\ & \ddots & & \vdots & \ddots & \vdots \\ & & -1 & b_{n1} & \cdots & b_{nn} \end{vmatrix}=\begin{vmatrix} \boldsymbol{A} & \boldsymbol{O} \\ -\boldsymbol{E} & \boldsymbol{B} \end{vmatrix}$$

在行列式 D 中以 $b_{kj}(k=1, 2, \cdots, n; j=1, 2, \cdots, n)$ 乘以第 k 列加到第 $n+j$ 列上有

$$D=\begin{vmatrix} \boldsymbol{A} & \boldsymbol{C} \\ -\boldsymbol{E} & \boldsymbol{O} \end{vmatrix}$$

其中，$\boldsymbol{C}=(c_{kj})$，$c_{ij}=a_{i1}b_{1j}+a_{i2}b_{2j}+\cdots+a_{in}b_{nj}$，故 $\boldsymbol{C}=\boldsymbol{AB}$. 再对 D 进行 n 次行交换 $r_i \leftrightarrow r_{n+i}(i=1, 2, \cdots, n)$，有

$$D=\begin{vmatrix} \boldsymbol{A} & \boldsymbol{C} \\ -\boldsymbol{E} & \boldsymbol{O} \end{vmatrix}=(-1)^n\begin{vmatrix} -\boldsymbol{E} & \boldsymbol{O} \\ \boldsymbol{A} & \boldsymbol{C} \end{vmatrix}=(-1)^n|-\boldsymbol{E}||\boldsymbol{C}|=(-1)^n(-1)^n|\boldsymbol{E}||\boldsymbol{C}|=|\boldsymbol{C}|$$

又由例 2.22 知，$D=|\boldsymbol{A}||\boldsymbol{B}|$. 故有 $D=|\boldsymbol{C}|=|\boldsymbol{AB}|=|\boldsymbol{A}||\boldsymbol{B}|$.

性质(2)可直接由性质(1)得到.

注意 只有两个同阶方阵相乘时，性质(1)才成立，即对于一般的矩阵乘积 $|\boldsymbol{A}_{n\times s}\boldsymbol{B}_{s\times n}|\neq|\boldsymbol{A}|\cdot|\boldsymbol{B}|$，因为右边 $|\boldsymbol{A}|$，$|\boldsymbol{B}|$ 根本就不存在；而对于两个同阶方阵，虽然 $\boldsymbol{AB}\neq\boldsymbol{BA}$，但有 $|\boldsymbol{AB}|=|\boldsymbol{A}|\cdot|\boldsymbol{B}|=|\boldsymbol{B}|\cdot|\boldsymbol{A}|=|\boldsymbol{BA}|$.

例 2.23 设 $\boldsymbol{A}$ 是三阶方阵，且 $|\boldsymbol{A}|=-3$，求 $|\boldsymbol{A}^2|$ 和 $|3\boldsymbol{A}|$.

解 $|\boldsymbol{A}^2|=|\boldsymbol{AA}|=|\boldsymbol{A}||\boldsymbol{A}|=|\boldsymbol{A}|^2=(-3)\cdot(-3)=9$；

$|3\boldsymbol{A}|=3^3|\boldsymbol{A}|=27\cdot(-3)=-81$

例 2.24 计算 $2n$ 阶行列式 $D_{2n}=\begin{vmatrix} a & & & & & b \\ & \ddots & & & \iddots & \\ & & a & b & & \\ & & c & d & & \\ & \iddots & & & \ddots & \\ c & & & & & d \end{vmatrix}$，其中未写出的元素为 0.

解 将第 $2n$ 行依次与第 $2n-1$ 行，$2n-2$ 行，…，2 行作 $2n-2$ 次对换得

$$D_{2n}=(-1)^{2n-2}\begin{vmatrix} a & & & & & & & b \\ c & & & & & & & d \\ & a & & & & & b & \\ & & \ddots & & & \iddots & & \\ & & & a & b & & & \\ & & & c & d & & & \\ & & \iddots & & & \ddots & & \\ 0 & c & & & & & d & 0 \end{vmatrix}$$

再将第 $2n$ 列依次与第 $2n-1$ 列，$2n-2$ 列，…，2 列作 $2n-2$ 次对换得

$$D_{2n}=(-1)^{2(2n-2)}\begin{vmatrix} a & b & & & & & & \\ c & d & & & & & & \\ & & a & & & & & b \\ & & & \ddots & & & \iddots & \\ & & & & a & b & & \\ & & & & c & d & & \\ & & & \iddots & & & \ddots & \\ & & c & & & & & d \end{vmatrix}$$

根据例 2.23 知

$$\begin{aligned} D_{2n} &= D_2 D_{2(n-1)} = (ad-bc)D_{2(n-1)} = (ad-bc)^2 D_{2(n-2)} = \cdots \\ &= (ad-bc)^{n-1}D_2 = (ad-bc)^n \end{aligned}$$

此方法称为**递推法**，在求解较复杂的 n 阶行列式时经常用到，其关键在于找到递推公式.

2.2.3 行列式按行(列)展开

将三阶行列式的计算结果进行变形：

$$\begin{aligned} \begin{vmatrix} a_{11} & a_{12} & a_{13} \\ a_{21} & a_{22} & a_{23} \\ a_{31} & a_{32} & a_{33} \end{vmatrix} &= a_{11}a_{22}a_{33}+a_{12}a_{23}a_{31}+a_{13}a_{21}a_{32}-a_{11}a_{23}a_{32}-a_{12}a_{21}a_{33}-a_{13}a_{22}a_{31} \\ &= (a_{11}a_{22}a_{33}-a_{11}a_{23}a_{32})+(a_{12}a_{23}a_{31}-a_{12}a_{21}a_{33})+ \\ &\quad (a_{13}a_{21}a_{32}-a_{13}a_{22}a_{31}) \\ &= a_{11}(a_{22}a_{33}-a_{23}a_{32})-a_{12}(a_{21}a_{33}-a_{23}a_{31})+a_{13}(a_{21}a_{32}-a_{22}a_{31}) \\ &= a_{11}\begin{vmatrix} a_{22} & a_{23} \\ a_{32} & a_{33} \end{vmatrix}-a_{12}\begin{vmatrix} a_{21} & a_{23} \\ a_{31} & a_{33} \end{vmatrix}+a_{13}\begin{vmatrix} a_{21} & a_{22} \\ a_{31} & a_{32} \end{vmatrix} \end{aligned} \tag{2.7}$$

可以看出，对于三阶行列式的计算可以降为二阶行列式来计算. 同样地，对于高阶行列式的计算可以逐步降为低阶行列式来计算，这种方法称为“降阶法”. 在介绍该方法之前，先介绍余子式和代数余子式的概念.

定义 2.6 在 n 阶行列式中，把元素 a_{ij} 所在的第 i 行和第 j 列划去后(其余元素保持原来的相对位置)，所得到的 $n-1$ 阶行列式称为元素 a_{ij} 的**余子式**，记为 M_{ij}，并称 $(-1)^{i+j}M_{ij}$ 为元素 a_{ij} 的**代数余子式**，记为 A_{ij}，即 $A_{ij}=(-1)^{i+j}M_{ij}$.

例如，行列式 $\begin{vmatrix} a_{11} & a_{12} & a_{13} \\ a_{21} & a_{22} & a_{23} \\ a_{31} & a_{32} & a_{33} \end{vmatrix}$ 中元素 a_{12} 的余子式 M_{12} 和代数余子式 A_{12} 分别为

$$M_{12}=\begin{vmatrix} a_{21} & a_{23} \\ a_{31} & a_{33} \end{vmatrix}, A_{12}=(-1)^{1+2}M_{12}=-\begin{vmatrix} a_{21} & a_{23} \\ a_{31} & a_{33} \end{vmatrix}$$

当行标与列标之和为奇数时，余子式与代数余子式相反；当行标与列标之和为偶数时，余子式与代数余子式相等. 特别地，主对角线上元素的余子式与代数余子式总相等.

根据代数余子式的概念，式(2.7)又可表示为

$$\begin{vmatrix} a_{11} & a_{12} & a_{13} \\ a_{21} & a_{22} & a_{23} \\ a_{31} & a_{32} & a_{33} \end{vmatrix} = a_{11}M_{11} - a_{12}M_{12} + a_{13}M_{13} = a_{11}A_{11} + a_{12}A_{12} + a_{13}A_{13} \tag{2.8}$$

此式说明：一个三阶行列式等于它的第 1 行的元素与其代数余子式的乘积之和，这称为三阶行列式按第 1 行展开. 类似可以证明：一个三阶行列式也等于它的第 2 行(列)或第 3 行(列)元素与其代数余子式的乘积之和. 这一结论可以推广到任意 n 阶行列式，为证明该结论，先介绍一个引理.

引理 如果 n 阶行列式 D 的第 i 行元素除了 a_{ij} 外，其余元素全为 0，则 $D=a_{ij}A_{ij}$.

证明 先证 $(i, j)=(1, 1)$ 的情形，根据例 2.22，此时

$$D = \begin{vmatrix} a_{11} & 0 & \cdots & 0 \\ a_{21} & a_{22} & \cdots & a_{2n} \\ \vdots & \vdots & & \vdots \\ a_{n1} & a_{n2} & \cdots & a_{nn} \end{vmatrix} = a_{11} \begin{vmatrix} a_{22} & a_{23} & \cdots & a_{2n} \\ a_{32} & a_{33} & \cdots & a_{3n} \\ \vdots & \vdots & & \vdots \\ a_{n2} & a_{n3} & \cdots & a_{nn} \end{vmatrix} = a_{11} \cdot (-1)^{1+1} M_{11} = a_{11}A_{11}$$

对于一般情形，此时

$$D = \begin{vmatrix} a_{11} & \cdots & a_{1j} & \cdots & a_{1n} \\ \vdots & & \vdots & & \vdots \\ 0 & \cdots & a_{ij} & \cdots & 0 \\ \vdots & & \vdots & & \vdots \\ a_{n1} & \cdots & a_{nj} & \cdots & a_{nn} \end{vmatrix}$$

对 D 作如下对换：将第 i 行依次与第 $i-1$ 行，第 $i-2$ 行，…，第 1 行对换，再将第 j 列依次与第 $j-1$ 列，第 $j-2$ 列，…，第 1 列对换得到行列式

$$D_1 = \begin{vmatrix} b_{11} & 0 & \cdots & 0 \\ b_{21} & b_{22} & \cdots & b_{2n} \\ \vdots & \vdots & & \vdots \\ b_{n1} & b_{n2} & \cdots & b_{nn} \end{vmatrix}$$

其中 $b_{11}=a_{ij}$，$\begin{vmatrix} b_{22} & b_{23} & \cdots & b_{2n} \\ b_{32} & b_{33} & \cdots & b_{3n} \\ \vdots & \vdots & & \vdots \\ b_{n2} & b_{n3} & \cdots & b_{nn} \end{vmatrix}$ 等于 D 中元素 a_{ij} 的余子式 M_{ij}，故

$$D = (-1)^{(i-1)+(j-1)} D_1 = (-1)^{(i+j-2)} b_{11} M_{ij} = (-1)^{(i+j)} a_{ij} M_{ij} = a_{ij} A_{ij}$$

定理 2.1(行列式按行(列)展开定理) n 阶行列式 D 等于它的任一行(列)各元素与其对应的代数余子式乘积之和，即

$$D = a_{i1}A_{i1} + a_{i2}A_{i2} + \cdots + a_{in}A_{in} \quad (i=1, 2, \cdots, n) \tag{2.9}$$

或

$$D = a_{1j}A_{1j} + a_{2j}A_{2j} + \cdots + a_{nj}A_{nj} \quad (j=1, 2, \cdots, n) \tag{2.10}$$

称式(2.9)为行列式按第 i 行展开公式，式(2.10)为行列式按第 j 列展开公式.

证明 只需证明式(2.9)，式(2.10)同理可证.

$$D=\begin{vmatrix} a_{11} & a_{12} & \cdots & a_{1n} \\ \vdots & \vdots & & \vdots \\ a_{i1}+0+\cdots+0 & 0+a_{i2}+\cdots+0 & \cdots & 0+\cdots+0+a_{in} \\ \vdots & \vdots & & \vdots \\ a_{n1} & a_{n2} & \cdots & a_{nn} \end{vmatrix}$$

$$=\begin{vmatrix} a_{11} & a_{12} & \cdots & a_{1n} \\ \vdots & \vdots & & \vdots \\ a_{i1} & 0 & \cdots & 0 \\ \vdots & \vdots & & \vdots \\ a_{n1} & a_{n2} & \cdots & a_{nn} \end{vmatrix}+\begin{vmatrix} a_{11} & a_{12} & \cdots & a_{1n} \\ \vdots & \vdots & & \vdots \\ 0 & a_{i2} & \cdots & 0 \\ \vdots & \vdots & & \vdots \\ a_{n1} & a_{n2} & \cdots & a_{nn} \end{vmatrix}+\cdots+\begin{vmatrix} a_{11} & a_{12} & \cdots & a_{1n} \\ \vdots & \vdots & & \vdots \\ 0 & 0 & \cdots & a_{in} \\ \vdots & \vdots & & \vdots \\ a_{n1} & a_{n2} & \cdots & a_{nn} \end{vmatrix}$$

$$=a_{i1}A_{i1}+a_{i2}A_{i2}+\cdots+a_{in}A_{in} \quad (i=1, 2, \cdots, n)$$

根据展开定理，式(2.7)还可以表示为

$$\begin{vmatrix} a_{11} & a_{12} & a_{13} \\ a_{21} & a_{22} & a_{23} \\ a_{31} & a_{32} & a_{33} \end{vmatrix}=a_{11}A_{11}+a_{21}A_{21}+a_{31}A_{31} \quad \text{（按第 1 列展开）}$$

或

$$\begin{vmatrix} a_{11} & a_{12} & a_{13} \\ a_{21} & a_{22} & a_{23} \\ a_{31} & a_{32} & a_{33} \end{vmatrix}=a_{21}A_{21}+a_{22}A_{22}+a_{23}A_{23} \quad \text{（按第 2 行展开）}$$

例 2.25　求下列行列式的值.

(1) $\begin{vmatrix} 2 & -1 & 3 \\ -1 & 2 & 1 \\ 4 & 1 & 2 \end{vmatrix}$；　　(2) $\begin{vmatrix} 3 & 2 & 7 \\ 0 & 5 & 2 \\ 0 & 2 & 1 \end{vmatrix}$.

解　(1) 按第 1 列展开：

$$\begin{vmatrix} 2 & -1 & 3 \\ -1 & 2 & 1 \\ 4 & 1 & 2 \end{vmatrix}=2\cdot A_{11}+(-1)\cdot A_{21}+4\cdot A_{31}$$

$$=2\times(-1)^{1+1}\begin{vmatrix} 2 & 1 \\ 1 & 2 \end{vmatrix}+(-1)\times(-1)^{2+1}\begin{vmatrix} -1 & 3 \\ 1 & 2 \end{vmatrix}+4\times(-1)^{3+1}\begin{vmatrix} -1 & 3 \\ 1 & 2 \end{vmatrix}$$

$$=2(4-1)+(-2-3)+4(-1-6)=6-5-28=-27$$

(2) 按第 1 列展开：

$$\begin{vmatrix} 3 & 2 & 7 \\ 0 & 5 & 2 \\ 0 & 2 & 1 \end{vmatrix}=3\cdot A_{11}+0\cdot A_{21}+0\cdot A_{31}=3\cdot A_{11}=3\times(-1)^{1+1}\begin{vmatrix} 5 & 2 \\ 2 & 1 \end{vmatrix}$$

$$=3(5-4)=3$$

例 2.26　计算行列式 $D=\begin{vmatrix} 1 & 2 & 3 & 4 \\ 1 & 0 & 1 & 2 \\ 3 & -1 & -1 & 0 \\ 1 & 2 & 0 & -5 \end{vmatrix}$.

解法一 将 D 按第 3 列展开，则有

$$D=a_{13}A_{13}+a_{23}A_{23}+a_{33}A_{33}+a_{43}A_{43}$$

其中：$a_{13}=3$，$a_{23}=1$，$a_{33}=-1$，$a_{43}=0$.

$$A_{13}=(-1)^{1+3}\begin{vmatrix}1&0&2\\3&-1&0\\1&2&-5\end{vmatrix}=19 \qquad A_{23}=(-1)^{2+3}\begin{vmatrix}1&2&4\\3&-1&0\\1&2&-5\end{vmatrix}=-63$$

$$A_{33}=(-1)^{3+3}\begin{vmatrix}1&2&4\\1&0&2\\1&2&-5\end{vmatrix}=18 \qquad A_{43}=(-1)^{4+3}\begin{vmatrix}1&2&4\\1&0&2\\3&-1&0\end{vmatrix}=-10$$

所以
$$D=3\times19+1\times(-63)+(-1)\times18+0\times(-10)=-24$$

解法二
$$D=\begin{vmatrix}1&2&3&4\\1&0&1&2\\3&-1&-1&0\\1&2&0&-5\end{vmatrix}\xlongequal[r_4+2r_3]{r_1+2r_3}\begin{vmatrix}7&0&1&4\\1&0&1&2\\3&-1&-1&0\\7&0&-2&-5\end{vmatrix}$$

$$=(-1)\times(-1)^{3+2}\begin{vmatrix}7&1&4\\1&1&2\\7&-2&-5\end{vmatrix}\xlongequal[r_3+2r_2]{r_1-r_2}\begin{vmatrix}6&0&2\\1&1&2\\9&0&-1\end{vmatrix}$$

$$=1\times(-1)^{2+2}\begin{vmatrix}6&2\\9&-1\end{vmatrix}=-6-18=-24$$

公式(2.9)与(2.10)的作用是将高阶行列式的计算转化为低阶行列式的计算，称为“**降阶法**”，但如果直接使用它们，如例 2.25 的(1)和例 2.26 的解法一，并没有简化运算；只有当某行(列)有较多的零元素时，展开定理才能显示其优越性，如例 2.25 的(2). 因此，计算行列式时，一般先选择零元素较多的行(列)，然后用行列式的性质将该行(列)化为仅含有一个非零元素，再按此行(列)展开，化为低一阶的行列式，如此继续下去直到化为三阶或二阶行列式，如例 2.26 的解法二.

例 2.27 计算行列式 $D=\begin{vmatrix}2&-1&1&6\\4&-1&5&0\\-1&2&0&-5\\1&4&-2&-2\end{vmatrix}$.

解 第 3 行有一个零元素，先将第 3 行的元素 2 和 -5 变为 0，再按第 3 行展开.

$$D=\begin{vmatrix}2&-1&1&6\\4&-1&5&0\\-1&2&0&-5\\1&4&-2&-2\end{vmatrix}\xlongequal[c_4-5c_1]{c_2+2c_1}\begin{vmatrix}2&3&1&-4\\4&7&5&-20\\-1&0&0&0\\1&6&-2&-7\end{vmatrix}=-1\cdot A_{31}$$

$$=(-1)\times(-1)^{3+1}\begin{vmatrix}3&1&-4\\7&5&-20\\6&-2&-7\end{vmatrix}\xlongequal{r_2-5r_1}-\begin{vmatrix}3&1&-4\\-8&0&0\\6&-2&-7\end{vmatrix}$$

$$=-(-8)\times(-1)^{2+1}\begin{vmatrix}1&-4\\-2&-7\end{vmatrix}=120$$

例 2.28 证明**范德蒙德**(Vandermonde)行列式.

$$V_n=\begin{vmatrix}1 & 1 & \cdots & 1\\ x_1 & x_2 & \cdots & x_n\\ x_1^2 & x_2^2 & \cdots & x_n^2\\ \vdots & \vdots & & \vdots\\ x_1^{n-1} & x_2^{n-1} & \cdots & x_n^{n-1}\end{vmatrix}=\prod_{1\leqslant j<i\leqslant n}(x_i-x_j)$$

其中记号“$\prod$”表示全体同类因子的乘积.

证明 用数学归纳法. 因为

$$V_2=\begin{vmatrix}1 & 1\\ x_1 & x_2\end{vmatrix}=x_2-x_1=\prod_{2\geqslant i>j\geqslant 1}(x_i-x_j)$$

所以 $n=2$ 时结论成立. 现假设对 $n-1$ 阶范德蒙德行列式结论成立，对 n 阶范德蒙德行列式做如下计算：第 n 行减去第 $n-1$ 行的 x_1 倍，第 $n-1$ 行减去第 $n-2$ 行的 x_1 倍，…，第 2 行减去第一行的 x_1 倍，得

$$V_n\xlongequal[\substack{r_{n-1}-x_1r_{n-2}\\ \vdots\\ r_2-x_1r_1}]{r_n-x_1r_{n-1}}\begin{vmatrix}1 & 1 & \cdots & 1\\ 0 & x_2-x_1 & \cdots & x_n-x_1\\ 0 & x_2(x_2-x_1) & \cdots & x_n(x_n-x_1)\\ \vdots & \vdots & & \vdots\\ 0 & x_2^{n-2}(x_2-x_1) & \cdots & x_n^{n-2}(x_n-x_1)\end{vmatrix}$$

按第 1 列展开并把每列的公因子 $(x_i-x_1)(i=2, 3, \cdots, n)$ 提出，有

$$V_n=(x_2-x_1)(x_3-x_1)\cdots(x_n-x_1)\begin{vmatrix}1 & 1 & \cdots & 1\\ x_2 & x_3 & \cdots & x_n\\ x_2^2 & x_3^2 & \cdots & x_n^2\\ \vdots & \vdots & & \vdots\\ x_2^{n-2} & x_3^{n-2\cdots} & \cdots & x_n^{n-2}\end{vmatrix}$$

上式右端是 $n-1$ 阶范德蒙德行列式，由归纳假设，有

$$\begin{vmatrix}1 & 1 & \cdots & 1\\ x_2 & x_3 & \cdots & x_n\\ x_2^2 & x_3^2 & \cdots & x_n^2\\ \vdots & \vdots & & \vdots\\ x_2^{n-2} & x_3^{n-2\cdots} & \cdots & x_n^{n-2}\end{vmatrix}=\prod_{2\leqslant j<i\leqslant n}(x_i-x_j)$$

因此

$$\begin{aligned}V_n&=(x_2-x_1)(x_3-x_1)\cdots(x_n-x_1)\prod_{2\leqslant j<i\leqslant n}(x_i-x_j)\\ &=\prod_{1\leqslant j<i\leqslant n}(x_i-x_j)\end{aligned}$$

注意 与前面的例题不同，本题不是下面各行减去第一行的倍数，而是下面一行减去其上面一行的倍数，故必须从第 n 行开始，逐行向上做.

例 2.29 利用范德蒙德行列式求下列行列式：

(1) $\begin{vmatrix} 1 & 1 & 1 & 1 \\ 4 & 3 & 7 & -5 \\ 16 & 9 & 49 & 25 \\ 64 & 27 & 343 & -125 \end{vmatrix}$；(2) $\begin{vmatrix} a & a^2 & a^3 & b+c+d \\ b & b^2 & b^3 & a+c+d \\ c & c^2 & c^3 & a+b+d \\ d & d^2 & d^3 & a+b+c \end{vmatrix}$.

解 (1) $$\begin{vmatrix} 1 & 1 & 1 & 1 \\ 4 & 3 & 7 & -5 \\ 16 & 9 & 49 & 25 \\ 64 & 27 & 343 & -125 \end{vmatrix} = \begin{vmatrix} 1 & 1 & 1 & 1 \\ 4 & 3 & 7 & -5 \\ 4^2 & 3^2 & 7^2 & (-5)^2 \\ 4^3 & 3^3 & 7^3 & (-5)^3 \end{vmatrix}$$
$$=(3-4)(7-4)(-5-4)(7-3)(-5-3)(-5-7)$$
$$=10\ 368$$

(2) $$\begin{vmatrix} a & a^2 & a^3 & b+c+d \\ b & b^2 & b^3 & a+c+d \\ c & c^2 & c^3 & a+b+d \\ d & d^2 & d^3 & a+b+c \end{vmatrix} \xlongequal{c_4+c_1} \begin{vmatrix} a & a^2 & a^3 & a+b+c+d \\ b & b^2 & b^3 & a+b+c+d \\ c & c^2 & c^3 & a+b+c+d \\ d & d^2 & d^3 & a+b+c+d \end{vmatrix}$$
$$=(a+b+c+d)\begin{vmatrix} a & a^2 & a^3 & 1 \\ b & b^2 & b^3 & 1 \\ c & c^2 & c^3 & 1 \\ d & d^2 & d^3 & 1 \end{vmatrix} = -(a+b+c+d)\begin{vmatrix} 1 & a & a^2 & a^3 \\ 1 & b & b^2 & b^3 \\ 1 & c & c^2 & c^3 \\ 1 & d & d^2 & d^3 \end{vmatrix}$$
$$=-(a+b+c+d)\begin{vmatrix} 1 & 1 & 1 & 1 \\ a & b & c & d \\ a^2 & b^2 & c^2 & d^2 \\ a^3 & b^3 & c^3 & d^3 \end{vmatrix}$$
$$=-(a+b+c+d)(b-a)(c-a)(d-a)(c-b)(d-b)(d-c)$$

例 2.30 证明：$D_n = \begin{vmatrix} a+b & ab & 0 & \cdots & 0 & 0 \\ 1 & a+b & ab & \cdots & 0 & 0 \\ 0 & 1 & a+b & \cdots & 0 & 0 \\ \vdots & \vdots & \vdots & & \vdots & \vdots \\ 0 & 0 & 0 & \cdots & a+b & ab \\ 0 & 0 & 0 & \cdots & 1 & a+b \end{vmatrix} = \dfrac{a^{n+1}-b^{n+1}}{a-b}$.

证明 $D_1=a+b=\dfrac{a^2-b^2}{a-b}$，$D_2=\begin{vmatrix} a+b & ab \\ 1 & a+b \end{vmatrix}=a^2+ab+b^2=\dfrac{a^3-b^3}{a-b}$. 用数学归纳法，假设命题对于 $n-1$ 阶与 $n-2$ 阶行列式成立.

考虑 n 阶行列式，按第 1 行展开，得

$$D_n=(a+b)A_{11}+abA_{12}$$
$$=(a+b)\begin{vmatrix} a+b & ab & \cdots & 0 & 0 \\ 1 & a+b & \cdots & 0 & 0 \\ \vdots & \vdots & & \vdots & \vdots \\ 0 & 0 & \cdots & a+b & ab \\ 0 & 0 & \cdots & 1 & a+b \end{vmatrix} - ab\begin{vmatrix} 1 & ab & \cdots & 0 & 0 \\ 0 & a+b & \cdots & 0 & 0 \\ \vdots & \vdots & & \vdots & \vdots \\ 0 & 0 & \cdots & a+b & ab \\ 0 & 0 & \cdots & 1 & a+b \end{vmatrix}$$

$$=(a+b)D_{n-1}-abD_{n-2}=(a+b)\frac{a^n-b^n}{a-b}-ab\frac{a^{n-1}-b^{n-1}}{a-b}$$
$$=\frac{a^{n+1}-b^{n+1}}{a-b}$$

例 2.31 设 $D=\begin{vmatrix}3&-5&2&1\\1&1&0&-5\\-1&3&1&3\\2&-4&-1&-3\end{vmatrix}$，$D$ 中元素 a_{ij} 的余子式和代数余子式分别记为 M_{ij} 和 A_{ij}，求 $A_{11}+A_{12}+A_{13}+A_{14}$ 及 $M_{11}+M_{21}+M_{31}+M_{41}$.

解 注意到 $A_{11}+A_{12}+A_{13}+A_{14}$ 等于用其系数 1，1，1，1 代替 D 的第 1 行所得的行列式，即

$$A_{11}+A_{12}+A_{13}+A_{14}=\begin{vmatrix}1&1&1&1\\1&1&0&-5\\-1&3&1&3\\2&-4&-1&-3\end{vmatrix}\xlongequal[r_3-r_1]{r_4+r_3}\begin{vmatrix}1&1&1&1\\1&1&0&-5\\-2&2&0&2\\1&-1&0&0\end{vmatrix}$$
$$=\begin{vmatrix}1&1&-5\\-2&2&2\\1&-1&0\end{vmatrix}\xlongequal{c_2+c_1}\begin{vmatrix}1&2&-5\\-2&0&2\\1&0&0\end{vmatrix}=\begin{vmatrix}2&-5\\0&2\end{vmatrix}=4$$

又由 $A_{ij}=(-1)^{i+j}M_{ij}$ 知：

$$M_{11}+M_{21}+M_{31}+M_{41}=A_{11}-A_{21}+A_{31}-A_{41}=\begin{vmatrix}1&-5&2&1\\-1&1&0&-5\\1&3&1&3\\-1&-4&-1&-3\end{vmatrix}$$
$$\xlongequal{r_4+r_3}\begin{vmatrix}1&-5&2&1\\-1&1&0&-5\\1&3&1&3\\0&-1&0&0\end{vmatrix}=(-1)\begin{vmatrix}1&2&1\\-1&0&-5\\1&1&3\end{vmatrix}\xlongequal{r_1-2r_3}-\begin{vmatrix}-1&0&-5\\-1&0&-5\\1&1&3\end{vmatrix}=0$$

注意 本题如果直接计算四个代数余子式再求和，显然很繁琐. 事实上，元素 a_{ij} 的余子式和代数余子式与该元素的值没有关系，将行列式 $D=\begin{vmatrix}3&-5&2&1\\1&1&0&-5\\-1&3&1&3\\2&-4&-1&-3\end{vmatrix}$ 的第一行元素换成 a，b，c，d，得到 $D_1=\begin{vmatrix}a&b&c&d\\1&1&0&-5\\-1&3&1&3\\2&-4&-1&-3\end{vmatrix}$，按照展开定理，按第一行展开可以得到

$$D_1=a\cdot A_{11}+b\cdot A_{12}+c\cdot A_{13}+d\cdot A_{14}$$

要计算 $A_{11}+A_{12}+A_{13}+A_{14}$，分别令 $a=1$，$b=1$，$c=1$，$d=1$，即得到

$$A_{11}+A_{12}+A_{13}+A_{14}=\begin{vmatrix}1&1&1&1\\1&1&0&-5\\-1&3&1&3\\2&-4&-1&-3\end{vmatrix}$$

同样地，要计算 $A_{12}+A_{22}+A_{32}+A_{42}$，即求行列式

$$A_{12}+A_{22}+A_{32}+A_{42}=\begin{vmatrix}3&1&2&1\\1&1&0&-5\\-1&1&1&3\\2&1&-1&-3\end{vmatrix}=50$$

这样给计算带来很大方便.

展开定理 2.1 是某一行(列)元素与其对应的代数余子式乘积之和得到行列式的值，如果是行列式某一行(列)元素与另一行(列)元素对应的代数余子式乘积之和会得到什么结果?

推论 2.4 行列式某一行(列)元素与另一行(列)元素对应的代数余子式乘积之和等于零，即

$$a_{i1}A_{j1}+a_{i2}A_{j2}+\cdots+a_{in}A_{jn}=0,\ i\neq j \tag{2.11}$$

或

$$a_{1i}A_{1j}+a_{2i}A_{2j}+\cdots+a_{ni}A_{nj}=0,\ i\neq j \tag{2.12}$$

证明 只需证明式(2.11)，式(2.12)同理可证.

把行列式 $D=\det(a_{ij})$按第 j 行展开，有

$$D=a_{j1}A_{j1}+\cdots+a_{jn}A_{jn}=\begin{vmatrix}a_{11}&\cdots&a_{1n}\\\vdots&&\vdots\\a_{i1}&\cdots&a_{in}\\\vdots&&\vdots\\a_{j1}&\cdots&a_{jn}\\\vdots&&\vdots\\a_{n1}&\cdots&a_{nn}\end{vmatrix}$$

把 a_{jk} 换成 $a_{ik}(k=1,\cdots,n)$，可得

$$a_{i1}A_{j1}+\cdots+a_{in}A_{jn}=\begin{vmatrix}a_{11}&\cdots&a_{1n}\\\vdots&&\vdots\\a_{i1}&\cdots&a_{in}\\\vdots&&\vdots\\a_{i1}&\cdots&a_{in}\\\vdots&&\vdots\\a_{n1}&\cdots&a_{nn}\end{vmatrix}=0$$

所以，当 $i\neq j$ 时，$a_{i1}A_{j1}+a_{i2}A_{j2}+\cdots+a_{in}A_{jn}=0$.

综合定理 2.1 与推论 2.4，可得到有关代数余子式的一个重要性质：

$$\sum_{k=1}^{n}a_{ki}A_{kj}=D\delta_{ij}=\begin{cases}D, & i=j\\0, & i\neq j\end{cases}\quad 或\quad \sum_{k=1}^{n}a_{ik}A_{jk}=D\delta_{ij}=\begin{cases}D, & i=j\\0, & i\neq j\end{cases} \tag{2.13}$$

其中 $\delta_{ij}=\begin{cases}1, & i=j\\0, & i\neq j\end{cases}$是克罗内克(Kronecker)符号.

习题 2.2

1. 设三阶行列式$|a_{ij}|=1$，利用行列式的性质计算下列行列式.

(1) $\begin{vmatrix}4a_{11} & 2a_{12}-3a_{11} & -a_{13}\\4a_{21} & 2a_{22}-3a_{21} & -a_{23}\\4a_{31} & 2a_{32}-3a_{31} & -a_{33}\end{vmatrix}$； (2) $\begin{vmatrix}2a_{11} & -2a_{12} & 2a_{13}\\a_{21} & -a_{22} & a_{23}\\-3a_{31} & 3a_{32} & -3a_{33}\end{vmatrix}$.

2. 设$A=(a_{ij})$为三阶方阵，若已知$|A|=-2$，求$||A|\cdot A|$.

3. 把下列行列式化为上三角行列式，并求其值.

(1) $\begin{vmatrix}1 & 2 & -5 & 1\\1 & 1 & 0 & -6\\2 & 0 & -1 & 2\\4 & 1 & -7 & 6\end{vmatrix}$； (2) $\begin{vmatrix}-2 & 2 & -4 & 0\\4 & 1 & 3 & 5\\3 & 1 & -2 & -3\\2 & 0 & 5 & 1\end{vmatrix}$；

(3) $\begin{vmatrix}1 & -5 & 3 & -3\\2 & 0 & 1 & -1\\3 & 1 & -1 & 2\\4 & 1 & 3 & -1\end{vmatrix}$； (4) $\begin{vmatrix}1 & 0 & a & 1\\0 & -1 & b & -1\\-1 & -1 & c & -1\\-1 & 1 & d & 0\end{vmatrix}$.

4. 计算下列行列式.

(1) $\begin{vmatrix}5 & 1 & 1 & 1\\1 & 5 & 1 & 1\\1 & 1 & 5 & 1\\1 & 1 & 1 & 5\end{vmatrix}$； (2) $\begin{vmatrix}1 & 2 & 3 & 4\\2 & 3 & 4 & 1\\3 & 4 & 1 & 2\\4 & 1 & 2 & 3\end{vmatrix}$；

(3) $D_n=\begin{vmatrix}x & a & \cdots & a\\a & x & \cdots & a\\\vdots & \vdots & & \vdots\\a & a & \cdots & x\end{vmatrix}$； (4) $\begin{vmatrix}a_1 & -a_1 & 0 & 0\\0 & a_2 & -a_2 & 0\\0 & 0 & a_3 & -a_3\\1 & 1 & 1 & 1\end{vmatrix}$；

(5) $\begin{vmatrix}1 & 2 & 3 & 4\\2 & 2 & 0 & 0\\3 & 0 & 3 & 0\\4 & 0 & 0 & 4\end{vmatrix}$； (6) $D_n=\begin{vmatrix}1+x_1 & 1 & \cdots & 1\\1 & 1+x_2 & \cdots & 1\\\vdots & \vdots & & \vdots\\1 & 1 & \cdots & 1+x_n\end{vmatrix}$ $(x_1x_2\cdots x_n\neq 0)$.

5. 求三阶行列式 $D=\begin{vmatrix}-2 & 5 & 7\\11 & -1 & 0\\3 & -8 & 4\end{vmatrix}$中元素$a_{22}$，$a_{32}$的代数余子式.

6. 已知四阶行列式D中，第三列元素依次为-1，2，0，1，它们的余子式依次为5，3，-7，4，求D.

7. 计算下列行列式.

(1) $\begin{vmatrix} 0 & 3 & 4 & 2 \\ 0 & 0 & 7 & 6 \\ 2 & 4 & 3 & 1 \\ 0 & 0 & 5 & 0 \end{vmatrix}$;　　(2) $\begin{vmatrix} 1 & 2 & 2 & 4 \\ 1 & 0 & 0 & 2 \\ 3 & -1 & -4 & 0 \\ 1 & 2 & -1 & 5 \end{vmatrix}$;

(3) $\begin{vmatrix} 3 & 1 & -1 & 2 \\ -5 & 1 & 3 & -4 \\ 2 & 0 & 1 & -1 \\ 1 & -5 & 3 & -3 \end{vmatrix}$.

8. 利用范德蒙德行列式求行列式 $\begin{vmatrix} a & a^2 & bc \\ b & b^2 & ac \\ c & c^2 & ab \end{vmatrix}$ 的值.

9. 证明：奇数阶反对称行列式的值为零.

2.3 行列式的应用

从行列式的讨论可知，n 阶方阵均可讨论其行列式的值，因此利用行列式可以了解方阵的一些特征，并且行列式还可以用来求逆矩阵和解线性方程组.

2.3.1 逆矩阵的计算公式

逆矩阵是矩阵理论中的重要概念，利用行列式可以给出判别矩阵是否可逆的一个条件，并给出求逆矩阵的一个计算公式. 下面先引入伴随矩阵的概念.

定义 2.7 设有 n 阶方阵

$$\boldsymbol{A} = \begin{pmatrix} a_{11} & a_{12} & \cdots & a_{1n} \\ a_{21} & a_{22} & \cdots & a_{2n} \\ \vdots & \vdots & & \vdots \\ a_{n1} & a_{n2} & \cdots & a_{nn} \end{pmatrix}$$

将 $\boldsymbol{A}$ 中所有元素 a_{ij} 都改为它的代数余子式 A_{ij} 后，再转置，所得矩阵称为 $\boldsymbol{A}$ 的**伴随矩阵**，记为 $\boldsymbol{A}^*$，即

$$\boldsymbol{A}^* = \begin{pmatrix} A_{11} & A_{21} & \cdots & A_{n1} \\ A_{12} & A_{22} & \cdots & A_{n2} \\ \vdots & \vdots & & \vdots \\ A_{1n} & A_{2n} & \cdots & A_{nn} \end{pmatrix}$$

例 2.32 设 $\boldsymbol{A} = \begin{pmatrix} 1 & 2 \\ 3 & 4 \end{pmatrix}$，求 $\boldsymbol{A}$ 的伴随矩阵.

解 按定义，$A_{11}=4$，$A_{12}=-3$，$A_{21}=-2$，$A_{22}=1$，所以

$$\boldsymbol{A}^* = \begin{pmatrix} A_{11} & A_{21} \\ A_{12} & A_{22} \end{pmatrix} = \begin{pmatrix} 4 & -2 \\ -3 & 1 \end{pmatrix}$$

一般地，对于二阶方阵$\boldsymbol{A}=\begin{pmatrix}a & b\\ c & d\end{pmatrix}$，$\boldsymbol{A}^*=\begin{pmatrix}d & -b\\ -c & a\end{pmatrix}$，即将二阶矩阵$\boldsymbol{A}$的主对角线上的元素交换，副对角线上的元素变号，就得到二阶矩阵$\boldsymbol{A}$的伴随矩阵$\boldsymbol{A}^*$.

例 2.33 设矩阵$\boldsymbol{A}=\begin{pmatrix}1 & 0 & 1\\ 2 & 1 & 0\\ -3 & 2 & -5\end{pmatrix}$，求矩阵$\boldsymbol{A}$的伴随矩阵$\boldsymbol{A}^*$.

解 按定义，因为

$$A_{11}=\begin{vmatrix}1 & 0\\ 2 & -5\end{vmatrix}=-5,\ A_{12}=-\begin{vmatrix}2 & 0\\ -3 & -5\end{vmatrix}=10,\ A_{13}=\begin{vmatrix}2 & 1\\ -3 & 2\end{vmatrix}=7$$

$$A_{21}=-\begin{vmatrix}0 & 1\\ 2 & -5\end{vmatrix}=2,\ A_{22}=\begin{vmatrix}1 & 1\\ -3 & -5\end{vmatrix}=-2,\ A_{23}=-\begin{vmatrix}1 & 0\\ -3 & 2\end{vmatrix}=-2$$

$$A_{31}=\begin{vmatrix}0 & 1\\ 1 & 0\end{vmatrix}=-1,\ A_{32}=-\begin{vmatrix}1 & 1\\ 2 & 0\end{vmatrix}=2,\ A_{33}=\begin{vmatrix}1 & 0\\ 2 & 1\end{vmatrix}=1$$

所以
$$\boldsymbol{A}^*=\begin{pmatrix}A_{11} & A_{21} & A_{31}\\ A_{12} & A_{22} & A_{32}\\ A_{13} & A_{23} & A_{33}\end{pmatrix}=\begin{pmatrix}-5 & 2 & -1\\ 10 & -2 & 2\\ 7 & -2 & 1\end{pmatrix}$$

定理 2.2 设$\boldsymbol{A}^*$是n阶方阵$\boldsymbol{A}$的伴随矩阵，则必有

$$\boldsymbol{A}\boldsymbol{A}^*=\boldsymbol{A}^*\boldsymbol{A}=|\boldsymbol{A}|\boldsymbol{E}$$

事实上，由上一节的式(2.13)，可得

$$\boldsymbol{A}\boldsymbol{A}^*=\begin{pmatrix}a_{11} & a_{12} & \cdots & a_{1n}\\ a_{21} & a_{22} & \cdots & a_{2n}\\ \vdots & \vdots & & \vdots\\ a_{n1} & a_{n2} & \cdots & a_{nn}\end{pmatrix}\begin{pmatrix}A_{11} & A_{21} & \cdots & A_{n1}\\ A_{12} & A_{22} & \cdots & A_{n2}\\ \vdots & \vdots & & \vdots\\ A_{1n} & A_{2n} & \cdots & A_{nn}\end{pmatrix}=\begin{pmatrix}|\boldsymbol{A}| & 0 & \cdots & 0\\ 0 & |\boldsymbol{A}| & \cdots & 0\\ \vdots & \vdots & & \vdots\\ 0 & 0 & \cdots & |\boldsymbol{A}|\end{pmatrix}$$
$$=|\boldsymbol{A}|\boldsymbol{E}$$

同理可得$\boldsymbol{A}^*\boldsymbol{A}=|\boldsymbol{A}|\boldsymbol{E}$，结论得证.

推论 2.5 当$|\boldsymbol{A}|\neq 0$时，有$|\boldsymbol{A}^*|=|\boldsymbol{A}|^{n-1}$.

定理 2.3 n阶方阵$\boldsymbol{A}$可逆的充分必要条件是$|\boldsymbol{A}|\neq 0$，且当$\boldsymbol{A}$可逆时，$\boldsymbol{A}^{-1}=\frac{1}{|\boldsymbol{A}|}\boldsymbol{A}^*$.

证明 必要性. 若$\boldsymbol{A}$可逆，则$\boldsymbol{A}\boldsymbol{A}^{-1}=\boldsymbol{E}$，于是$|\boldsymbol{A}|\,|\boldsymbol{A}^{-1}|=|\boldsymbol{E}|=1$，所以$|\boldsymbol{A}|\neq 0$，并由此推出

$$|\boldsymbol{A}^{-1}|=|\boldsymbol{A}|^{-1}$$

充分性. 若$|\boldsymbol{A}|\neq 0$，由$\boldsymbol{A}\boldsymbol{A}^*=\boldsymbol{A}^*\boldsymbol{A}=|\boldsymbol{A}|\boldsymbol{E}$知：

$$\boldsymbol{A}\left(\frac{1}{|\boldsymbol{A}|}\boldsymbol{A}^*\right)=\left(\frac{1}{|\boldsymbol{A}|}\boldsymbol{A}^*\right)\boldsymbol{A}=\boldsymbol{E}$$

故由逆矩阵的定义知$\boldsymbol{A}$可逆且$\boldsymbol{A}^{-1}=\frac{1}{|\boldsymbol{A}|}\boldsymbol{A}^*$.

定理2.3不仅可以判断一个矩阵是否可逆，而且给出了利用伴随矩阵和行列式求逆矩阵的计算公式.

例 2.34 设矩阵 $\boldsymbol{A}=\begin{pmatrix} a & b \\ c & d \end{pmatrix}$，问当 a，b，c，d 满足什么条件时 $\boldsymbol{A}$ 可逆？若可逆，求其逆矩阵.

解 当且仅当 $|\boldsymbol{A}|=\begin{vmatrix} a & b \\ c & d \end{vmatrix}=ad-bc\neq0$ 时，$\boldsymbol{A}$ 可逆. 若 $ad-bc\neq0$，则

$$\boldsymbol{A}^{-1}=\frac{1}{|\boldsymbol{A}|}\boldsymbol{A}^{*}=\frac{1}{|\boldsymbol{A}|}\begin{pmatrix} A_{11} & A_{21} \\ A_{12} & A_{22} \end{pmatrix}=\frac{1}{ad-bc}\begin{pmatrix} d & -b \\ -c & a \end{pmatrix}$$

注意 二阶方阵的伴随矩阵可用“主(对角元)换位，次(对角元)变号”来记忆.

例 2.35 判断矩阵 $\boldsymbol{A}=\begin{pmatrix} 1 & 1 & -1 \\ 1 & 2 & -3 \\ 0 & 1 & 1 \end{pmatrix}$ 是否可逆，若可逆，求其逆矩阵.

解 因为 $|\boldsymbol{A}|=\begin{vmatrix} 1 & 1 & -1 \\ 1 & 2 & -3 \\ 0 & 1 & 1 \end{vmatrix}=3\neq0$，所以 $\boldsymbol{A}$ 可逆.

$$A_{11}=(-1)^{1+1}\begin{vmatrix} 2 & -3 \\ 1 & 1 \end{vmatrix}=5,\ A_{12}=(-1)^{1+2}\begin{vmatrix} 1 & -3 \\ 0 & 1 \end{vmatrix}=-1,\ A_{13}=(-1)^{1+3}\begin{vmatrix} 1 & 2 \\ 0 & 1 \end{vmatrix}=1$$

$$A_{21}=(-1)^{2+1}\begin{vmatrix} 1 & -1 \\ 1 & 1 \end{vmatrix}=-2,\ A_{22}=(-1)^{2+2}\begin{vmatrix} 1 & -1 \\ 0 & 1 \end{vmatrix}=1,\ A_{23}=(-1)^{2+3}\begin{vmatrix} 1 & 1 \\ 0 & 1 \end{vmatrix}=-1$$

$$A_{31}=(-1)^{3+1}\begin{vmatrix} 1 & -1 \\ 2 & -3 \end{vmatrix}=-1,\ A_{32}=(-1)^{3+2}\begin{vmatrix} 1 & -1 \\ 1 & -3 \end{vmatrix}=2,\ A_{33}=(-1)^{3+3}\begin{vmatrix} 1 & 1 \\ 1 & 2 \end{vmatrix}=1$$

于是 $\boldsymbol{A}$ 的伴随矩阵 $\boldsymbol{A}^{*}=\begin{pmatrix} 5 & -2 & -1 \\ -1 & 1 & 2 \\ 1 & -1 & 1 \end{pmatrix}$，所以 $\boldsymbol{A}$ 的逆矩阵为

$$\boldsymbol{A}^{-1}=\frac{1}{|\boldsymbol{A}|}\boldsymbol{A}^{*}=\frac{1}{3}\begin{pmatrix} 5 & -2 & -1 \\ -1 & 1 & 2 \\ 1 & -1 & 1 \end{pmatrix}=\begin{pmatrix} 5/3 & -2/3 & -1/3 \\ -1/3 & 1/3 & 2/3 \\ 1/3 & -1/3 & 1/3 \end{pmatrix}$$

由例 2.34 和例 2.35 可以看出，当 $\boldsymbol{A}$ 是二阶方阵时，利用伴随矩阵求 $\boldsymbol{A}^{-1}$ 比较容易，但当 $\boldsymbol{A}$ 是三阶或三阶以上的方阵时，用伴随矩阵求 $\boldsymbol{A}^{-1}$ 的计算量很大. 这种情况下，一般是用矩阵的初等行变换来求矩阵的逆矩阵，而逆矩阵的计算公式更适用于理论证明.

定理 2.4 设 $\boldsymbol{A}$，$\boldsymbol{B}$ 是同阶方阵，且满足 $\boldsymbol{AB}=\boldsymbol{E}$，则 $\boldsymbol{A}$，$\boldsymbol{B}$ 都可逆，且

$$\boldsymbol{A}^{-1}=\boldsymbol{B},\ \boldsymbol{B}^{-1}=\boldsymbol{A}$$

证明 由 $\boldsymbol{A}$，$\boldsymbol{B}$ 是同阶方阵，且满足 $\boldsymbol{AB}=\boldsymbol{E}$，可得

$$|\boldsymbol{AB}|=|\boldsymbol{A}||\boldsymbol{B}|=|\boldsymbol{E}|=1$$

所以，$|\boldsymbol{A}|\neq0$，$|\boldsymbol{B}|\neq0$，由定理 2.3 知，$\boldsymbol{A}$，$\boldsymbol{B}$ 都可逆. 在等式 $\boldsymbol{AB}=\boldsymbol{E}$ 的两边左乘 $\boldsymbol{A}^{-1}$，即 $\boldsymbol{A}^{-1}(\boldsymbol{AB})=\boldsymbol{A}^{-1}\boldsymbol{E}$，得 $\boldsymbol{B}=\boldsymbol{A}^{-1}$；同理，在等式 $\boldsymbol{AB}=\boldsymbol{E}$ 的两边右乘 $\boldsymbol{B}^{-1}$，可得 $\boldsymbol{A}=\boldsymbol{B}^{-1}$.

定理 2.4 实际上是定义 1.13 的简化形式，以后验证矩阵可逆时，只需验证 $\boldsymbol{A}$，$\boldsymbol{B}$ 是否满足 $\boldsymbol{AB}=\boldsymbol{E}$(或 $\boldsymbol{BA}=\boldsymbol{E}$)即可.

例 2.36 如果$\boldsymbol{A}=\begin{pmatrix} a_1 & 0 & \cdots & 0 \\ 0 & a_2 & \cdots & 0 \\ \vdots & \vdots & & \vdots \\ 0 & 0 & \cdots & a_n \end{pmatrix}$，其中$a_i \neq 0(i=1, 2, \cdots, n)$. 证明：

$$\boldsymbol{A}^{-1}=\begin{pmatrix} 1/a_1 & 0 & \cdots & 0 \\ 0 & 1/a_2 & \cdots & 0 \\ \vdots & \vdots & & \vdots \\ 0 & 0 & \cdots & 1/a_n \end{pmatrix}$$

证明 因为$\begin{pmatrix} a_1 & 0 & \cdots & 0 \\ 0 & a_2 & \cdots & 0 \\ \vdots & \vdots & & \vdots \\ 0 & 0 & \cdots & a_n \end{pmatrix}\begin{pmatrix} 1/a_1 & 0 & \cdots & 0 \\ 0 & 1/a_2 & \cdots & 0 \\ \vdots & \vdots & & \vdots \\ 0 & 0 & \cdots & 1/a_n \end{pmatrix}=\begin{pmatrix} 1 & 0 & \cdots & 0 \\ 0 & 1 & \cdots & 0 \\ \vdots & \vdots & & \vdots \\ 0 & 0 & \cdots & 1 \end{pmatrix}=\boldsymbol{E}$

根据定理2.4知：$\boldsymbol{A}^{-1}=\begin{pmatrix} 1/a_1 & 0 & \cdots & 0 \\ 0 & 1/a_2 & \cdots & 0 \\ \vdots & \vdots & & \vdots \\ 0 & 0 & \cdots & 1/a_n \end{pmatrix}$.

例 2.37 设n阶方阵$\boldsymbol{A}$的伴随矩阵为$\boldsymbol{A}^*$，证明：

(1) $|\boldsymbol{A}^*|=|\boldsymbol{A}|^{n-1}$；

(2) 当$\boldsymbol{A}$可逆时，$(k\boldsymbol{A})^*=k^{n-1}\boldsymbol{A}^*$；

(3) 当$\boldsymbol{A}$可逆时，$(\boldsymbol{A}^*)^{-1}=(\boldsymbol{A}^{-1})^*$.

证明 (1) 在$\boldsymbol{A}\boldsymbol{A}^*=|\boldsymbol{A}|\boldsymbol{E}$两边同时取行列式，可得

$$|\boldsymbol{A}\boldsymbol{A}^*|=||\boldsymbol{A}|\boldsymbol{E}|$$

即

$$|\boldsymbol{A}||\boldsymbol{A}^*|=|\boldsymbol{A}^*|^n$$

若$|\boldsymbol{A}|\neq 0$，则$|\boldsymbol{A}^*|=|\boldsymbol{A}|^{n-1}$.

若$|\boldsymbol{A}|=0$，可证$|\boldsymbol{A}^*|=0$. 这是因为，如果$|\boldsymbol{A}^*|\neq 0$，则有$(\boldsymbol{A}^*)(\boldsymbol{A}^*)^{-1}=\boldsymbol{E}$，由此可得

$$\boldsymbol{A}=\boldsymbol{A}\boldsymbol{A}^*(\boldsymbol{A}^*)^{-1}=|\boldsymbol{A}|\boldsymbol{E}(\boldsymbol{A}^*)^{-1}=\boldsymbol{O}$$

此时$\boldsymbol{A}^*=\boldsymbol{O}$，从而$|\boldsymbol{A}^*|=0$，这与$|\boldsymbol{A}^*|\neq 0$矛盾.

因为$|\boldsymbol{A}|=0$时，$|\boldsymbol{A}^*|=0$，所以$|\boldsymbol{A}^*|=|\boldsymbol{A}|^{n-1}$也成立.

(2) 当$k=0$时，结论显然成立. 当$k\neq 0$时，由$\boldsymbol{A}\boldsymbol{A}^*=|\boldsymbol{A}|\boldsymbol{E}$可得

$$(k\boldsymbol{A})(k\boldsymbol{A})^*=|k\boldsymbol{A}|\boldsymbol{E}=k^n|\boldsymbol{A}|\boldsymbol{E}$$

由$\boldsymbol{A}$可逆知：

$$(k\boldsymbol{A})^*=k^{n-1}|\boldsymbol{A}|\boldsymbol{A}^{-1}\boldsymbol{E}=k^{n-1}\boldsymbol{A}^*$$

(3) 当$\boldsymbol{A}$可逆时，由$\boldsymbol{A}\boldsymbol{A}^*=|\boldsymbol{A}|\boldsymbol{E}$可得

$$(\boldsymbol{A}^*)^{-1}=\frac{1}{|\boldsymbol{A}|}\boldsymbol{A}$$

由$\boldsymbol{A}^*=|\boldsymbol{A}|\boldsymbol{A}^{-1}$可得

$$(\boldsymbol{A}^{-1})^{*}=|\boldsymbol{A}^{-1}|(\boldsymbol{A}^{-1})^{-1}=\frac{1}{|\boldsymbol{A}|}\boldsymbol{A}$$

所以$(\boldsymbol{A}^{*})^{-1}=(\boldsymbol{A}^{-1})^{*}$.

例 2.38 设 $\boldsymbol{A}$ 为 3 阶矩阵，$|\boldsymbol{A}|=\dfrac{1}{2}$，求$|(2\boldsymbol{A})^{-1}-5\boldsymbol{A}^{*}|$.

解 因为 $\boldsymbol{A}^{-1}=\dfrac{1}{|\boldsymbol{A}|}\boldsymbol{A}^{*}$，所以

$$\begin{aligned}|(2\boldsymbol{A})^{-1}-5\boldsymbol{A}^{*}|&=\left|\frac{1}{2}\boldsymbol{A}^{-1}-5|\boldsymbol{A}|\boldsymbol{A}^{-1}\right|=\left|\frac{1}{2}\boldsymbol{A}^{-1}-\frac{5}{2}\boldsymbol{A}^{-1}\right|\\&=|-2\boldsymbol{A}^{-1}|=(-2)^{3}|\boldsymbol{A}^{-1}|=-8|\boldsymbol{A}|^{-1}=-8\times2=-16\end{aligned}$$

2.3.2 克拉默(Gramer)法则

含有 n 个方程、n 个未知数的线性方程组为

$$\begin{cases}a_{11}x_1+a_{12}x_2+\cdots+a_{1n}x_n=b_1\\a_{21}x_1+a_{22}x_2+\cdots+a_{2n}x_n=b_2\\\qquad\qquad\vdots\\a_{n1}x_1+a_{n2}x_2+\cdots+a_{nn}x_n=b_n\end{cases}\tag{2.14}$$

记

$$\boldsymbol{A}=\begin{pmatrix}a_{11}&a_{12}&\cdots&a_{1n}\\a_{21}&a_{22}&\cdots&a_{2n}\\\vdots&\vdots&&\vdots\\a_{n1}&a_{n2}&\cdots&a_{nn}\end{pmatrix},\ \boldsymbol{x}=\begin{pmatrix}x_1\\x_2\\\vdots\\x_n\end{pmatrix},\ \boldsymbol{\beta}=\begin{pmatrix}b_1\\b_2\\\vdots\\b_n\end{pmatrix}$$

则方程组(2.14)可用矩阵表示为

$$\boldsymbol{A}\boldsymbol{x}=\boldsymbol{\beta}$$

定理 2.5(克拉默法则) 线性方程组 $\boldsymbol{A}\boldsymbol{x}=\boldsymbol{\beta}$ 的系数行列式

$$|\boldsymbol{A}|=D=\begin{vmatrix}a_{11}&a_{12}&\cdots&a_{1n}\\a_{21}&a_{22}&\cdots&a_{2n}\\\vdots&\vdots&&\vdots\\a_{n1}&a_{n2}&\cdots&a_{nn}\end{vmatrix}\neq0$$

时，线性方程组 $\boldsymbol{A}\boldsymbol{x}=\boldsymbol{\beta}$ 有唯一解，其解为

$$x_i=\frac{D_i}{D}\quad(i=1,\ 2,\ \cdots,\ n)$$

其中 $D_i(i=1,\ 2,\ \cdots,\ n)$是把 D 中第 i 列元素 a_{1i}，a_{2i}，$\cdots$，a_{ni} 对应换成常数项 b_1，b_2，$\cdots$，b_n，其余各列保持不变所得到的行列式.

证明 由于$|\boldsymbol{A}|=D\neq0$，故 $\boldsymbol{A}$ 可逆，在 $\boldsymbol{A}\boldsymbol{x}=\boldsymbol{\beta}$ 的两边左乘 $\boldsymbol{A}^{-1}$，得到方程组 $\boldsymbol{A}\boldsymbol{x}=\boldsymbol{\beta}$ 的解 $\boldsymbol{x}=\boldsymbol{A}^{-1}\boldsymbol{\beta}$，由逆矩阵的唯一性可知方程组 $\boldsymbol{A}\boldsymbol{x}=\boldsymbol{\beta}$ 的解是唯一的. 又因

$$\boldsymbol{A}^{-1}=\frac{\boldsymbol{A}^{*}}{|\boldsymbol{A}|}$$

故

$$x = A^{-1}\beta = \frac{A^*}{|A|}\beta$$

即

$$\begin{pmatrix} x_1 \\ x_2 \\ \vdots \\ x_n \end{pmatrix} = \frac{1}{|A|}\begin{pmatrix} A_{11} & A_{21} & \cdots & A_{n1} \\ A_{12} & A_{22} & \cdots & A_{n2} \\ \vdots & \vdots & & \vdots \\ A_{1n} & a_{2n} & \cdots & A_{nn} \end{pmatrix}\begin{pmatrix} b_1 \\ b_2 \\ \vdots \\ b_n \end{pmatrix} = \frac{1}{|A|}\begin{pmatrix} b_1A_{11}+b_2A_{21}+\cdots+b_nA_{n1} \\ b_1A_{12}+b_2A_{22}+\cdots+b_nA_{n2} \\ \vdots \\ b_1A_{1n}+b_2A_{2n}+\cdots+b_nA_{nn} \end{pmatrix} \tag{2.15}$$

取

$$D_i = \begin{vmatrix} a_{11} & \cdots & a_{1,i-1} & b_1 & a_{1,i+1} & \cdots & a_{1n} \\ a_{21} & \cdots & a_{2,i-1} & b_2 & a_{2,i+1} & \cdots & a_{2n} \\ \vdots & & \vdots & \vdots & \vdots & & \vdots \\ a_{n1} & \cdots & a_{n,i-1} & b_n & a_{n,i+1} & \cdots & a_{nn} \end{vmatrix}$$

即 D_i 是将系数行列式 D 中第 i 列元素 a_{1i}，a_{2i}，…，a_{ni} 对应地换成常数项 b_1，b_2，…，b_n 所得到的行列式，将 D_i 按第 i 列展开，得

$$D_i = b_1A_{1i} + b_2A_{2i} + \cdots + b_nA_{ni} \quad (i=1, 2, \cdots, n)$$

则矩阵(2.15)可以表示为

$$\begin{pmatrix} x_1 \\ x_2 \\ \vdots \\ x_n \end{pmatrix} = \frac{1}{D}\begin{pmatrix} D_1 \\ D_2 \\ \vdots \\ D_n \end{pmatrix} = \begin{pmatrix} \dfrac{D_1}{D} \\ \dfrac{D_2}{D} \\ \vdots \\ \dfrac{D_n}{D} \end{pmatrix}$$

从而方程组 $Ax=\beta$ 的解可表示为 $x_i = \dfrac{D_i}{D}$ $(i=1, 2, \cdots, n)$.

例 2.39　用克拉默法则解线性方程组

$$\begin{cases} x_1 - x_2 + x_3 = 1 \\ x_1 - 2x_2 - x_3 = 0 \\ 3x_1 + x_2 + 2x_3 = 7 \end{cases}$$

解　系数行列式 $D = \begin{vmatrix} 1 & -1 & 1 \\ 1 & -2 & -1 \\ 3 & 1 & 2 \end{vmatrix} = \begin{vmatrix} 1 & -1 & 1 \\ 0 & -1 & -2 \\ 0 & 4 & -1 \end{vmatrix} = \begin{vmatrix} -1 & -2 \\ 4 & -1 \end{vmatrix} = 9 \neq 0$

根据克拉默法则知此线性方程组有唯一解，计算行列式：

$$D_1 = \begin{vmatrix} 1 & -1 & 1 \\ 0 & -2 & -1 \\ 7 & 1 & 2 \end{vmatrix} = \begin{vmatrix} 1 & -1 & 1 \\ 0 & -2 & -1 \\ 0 & 8 & -5 \end{vmatrix} = \begin{vmatrix} -2 & -1 \\ 8 & -5 \end{vmatrix} = 18$$

$$D_2 = \begin{vmatrix} 1 & 1 & 1 \\ 1 & 0 & -1 \\ 3 & 7 & 2 \end{vmatrix} = \begin{vmatrix} 1 & 1 & 1 \\ 1 & 0 & -1 \\ -4 & 0 & -5 \end{vmatrix} = -\begin{vmatrix} 1 & -1 \\ -4 & -5 \end{vmatrix} = 9$$

$$D_3=\begin{vmatrix}1&-1&1\\1&-2&0\\3&1&7\end{vmatrix}=\begin{vmatrix}1&-1&1\\1&-2&0\\-4&8&0\end{vmatrix}=-\begin{vmatrix}1&-2\\-4&8\end{vmatrix}=0$$

所以此线性方程组的唯一解为

$$x_1=\frac{D_1}{D}=\frac{18}{9}=2,\ x_2=\frac{D_2}{D}=\frac{9}{9}=1,\ x_3=\frac{D_3}{D}=\frac{0}{9}=0$$

例 2.40 用克拉默法则解线性方程组

$$\begin{cases}2x_1+x_2-5x_3+x_4=8\\x_1-3x_2-6x_4=9\\2x_2-x_3+2x_4=-5\\x_1+4x_2-7x_3+6x_4=0\end{cases}$$

解 $D=\begin{vmatrix}2&1&-5&1\\1&-3&0&-6\\0&2&-1&2\\1&4&-7&6\end{vmatrix}\xlongequal[r_4-r_2]{r_1-2r_2}\begin{vmatrix}0&7&-5&13\\1&-3&0&-6\\0&2&-1&2\\0&7&-7&12\end{vmatrix}=-\begin{vmatrix}7&-5&13\\2&-1&2\\7&-7&12\end{vmatrix}$

$$\xlongequal[c_3+2c_2]{c_1+2c_2}-\begin{vmatrix}-3&-5&3\\0&-1&0\\-7&-7&-2\end{vmatrix}=\begin{vmatrix}-3&3\\-7&-2\end{vmatrix}=27$$

$$D_1=\begin{vmatrix}8&1&-5&1\\9&-3&0&-6\\-5&2&-1&2\\0&4&-7&6\end{vmatrix}=81,\quad D_2=\begin{vmatrix}2&8&-5&1\\1&9&0&-6\\0&-5&-1&2\\1&0&-7&6\end{vmatrix}=108$$

$$D_3=\begin{vmatrix}2&1&8&1\\1&-3&9&-6\\0&2&-5&2\\1&4&0&6\end{vmatrix}=-27,\quad D_4=\begin{vmatrix}2&1&-5&8\\1&-3&0&9\\0&2&-1&-5\\1&4&-7&0\end{vmatrix}=27$$

因此，$x_1=\frac{D_1}{D}=\frac{81}{27}=3$，$x_2=\frac{D_2}{D}=\frac{-108}{27}=-4$，$x_3=\frac{D_3}{D}=\frac{-27}{27}=-1$，$x_4=\frac{D_4}{D}=\frac{27}{27}=1$.

需要注意的是，虽然在线性方程组有唯一解时，克拉默法则给出了具体的求解公式，但是由于计算量较大，例如对于含 n 个变量、n 个线性方程的方程组，要计算 $n+1$ 个 n 阶行列式，因此在真正求解线性方程组的时候很少用克拉默法则，而是采取对线性方程组的增广矩阵施行初等行变换的方法解线性方程组. 但是从克拉默法则可以得到与线性方程组的解有关的一些重要结论.

定理 2.6 如果线性方程组 $\boldsymbol{A}\boldsymbol{x}=\boldsymbol{\beta}$ 的系数行列式不等于零，即 $|\boldsymbol{A}|\neq 0$，则方程组一定有解，且解是唯一的.

定理 2.7 如果线性方程组 $\boldsymbol{A}\boldsymbol{x}=\boldsymbol{\beta}$ 无解或有无穷多解，则它的系数行列式必等于零，即 $|\boldsymbol{A}|=0$.

将定理 2.6 和定理 2.7 应用到齐次线性方程组 $\boldsymbol{A}\boldsymbol{x}=\boldsymbol{0}$，则有如下结论.

定理 2.8 如果齐次线性方程组 $\boldsymbol{A}\boldsymbol{x}=\boldsymbol{0}$ 的系数行列式不等于零，即 $|\boldsymbol{A}|\neq 0$，则它只有

零解，即

$$x_1=x_2=\cdots=x_n=0$$

定理 2.9 如果齐次线性方程组 $\boldsymbol{Ax}=\boldsymbol{0}$ 有非零解，则它的系数行列式必等于零，即 $|\boldsymbol{A}|=0$.

例 2.41 解线性方程组

$$\begin{cases}x+3y+2z=0\\2x-y+3z=0\\3x+2y-z=0\end{cases}$$

解 因为系数行列式

$$D=\begin{vmatrix}1&3&2\\2&-1&3\\3&2&-1\end{vmatrix}=\begin{vmatrix}1&3&2\\0&-7&-1\\0&-7&-7\end{vmatrix}=42\neq0$$

所以方程组仅有零解，即 $x=0$，$y=0$，$z=0$.

例 2.42 已知方程组$\begin{cases}\lambda x_1+x_2+x_3=0\\x_1+\lambda x_2+x_3=0\\x_1+x_2+\lambda x_3=0\end{cases}$只有零解，求 λ.

解 系数行列式 $D=\begin{vmatrix}\lambda&1&1\\1&\lambda&1\\1&1&\lambda\end{vmatrix}=(\lambda+2)(\lambda-1)^2$，因为方程组只有零解，所以 $D\neq0$，故 $\lambda\neq1$ 且 $\lambda\neq-2$.

例 2.43 问 λ 为何值时，齐次方程组$\begin{cases}(1-\lambda)x_1-2x_2+4x_3=0\\2x_1+(3-\lambda)x_2+x_3=0\\x_1+x_2+(1-\lambda)x_3=0\end{cases}$有非零解？

解 系数行列式

$$\begin{aligned}D&=\begin{vmatrix}1-\lambda&-2&4\\2&3-\lambda&1\\1&1&1-\lambda\end{vmatrix}=\begin{vmatrix}1-\lambda&-3+\lambda&4\\2&1-\lambda&1\\1&0&1-\lambda\end{vmatrix}\\&=(1-\lambda)^3+(\lambda-3)-4(1-\lambda)-2(1-\lambda)(-3+\lambda)\\&=(1-\lambda)^3+2(1-\lambda)^2+\lambda-3=\lambda(\lambda-2)(3-\lambda)\end{aligned}$$

因为方程组有非零解，所以 $D=0$，即 $\lambda=0$，$\lambda=2$ 或 $\lambda=3$.

习题 2.3

1. 判断方阵 $\boldsymbol{A}=\begin{pmatrix}\cos\theta&\sin\theta\\-\sin\theta&\cos\theta\end{pmatrix}$是否可逆，若可逆，求其逆矩阵.

2. 已知 n 阶方阵 $\boldsymbol{A}$ 的行列式为 6，求 $|(6\boldsymbol{A}^{\mathrm{T}})^{-1}|$ 的值.

3. 已知三阶方阵 $\boldsymbol{A}$ 的行列式为 3，求 $\left|(3\boldsymbol{A})^{-1}-\dfrac{1}{6}\boldsymbol{A}^*\right|$ 的值.

4. 用逆矩阵解矩阵方程：$\begin{pmatrix}1 & -5\\-1 & 4\end{pmatrix}\boldsymbol{X}=\begin{pmatrix}3 & 2\\1 & 4\end{pmatrix}$.

5. 用克拉默法则解下列线性方程组.

(1) $\begin{cases}2x_1+3x_2+5x_3=2\\x_1+2x_2=5\\3x_2+5x_3=4\end{cases}$；　　(2) $\begin{cases}x_1-x_2+x_3+2x_4=0\\2x_1+x_2-x_3+x_4=0\\3x_1+2x_2+x_3+5x_4=5\\-x_1-x_2+x_3+x_4=-1\end{cases}$.

6. 问 k 取何值时，下列齐次线性方程组仅有零解？

(1) $\begin{cases}3x+2y+z=0\\kx+7y-2z=0\\2x-y+3z=0\end{cases}$；　　(2) $\begin{cases}kx+y+z=0\\x+ky-z=0\\2x-y+z=0\end{cases}$.

7. 若齐次线性方程组

$$\begin{cases}x_1-x_2-x_3+kx_4=0\\-x_1+x_2+kx_3-x_4=0\\-x_1+kx_2+x_3-x_4=0\\kx_1-x_2-x_3+x_4=0\end{cases}$$

有非零解，求 k 的值.

2.4 矩阵的秩

通过第 1 章的学习知道，任意矩阵都可以通过初等行变换化为阶梯形矩阵. 虽然阶梯形矩阵的形式不唯一，但是所有阶梯形矩阵中所含的非零行的行数都相等，这个非零行的行数是由矩阵本身的特性所确定的，矩阵的这个特性称为矩阵的秩.

2.4.1 矩阵的子式与秩

定义 2.8 在 $m\times n$ 矩阵 $\boldsymbol{A}$ 中，任取 k 行 k 列($1\leqslant k\leqslant m$，$1\leqslant k\leqslant n$)，位于这些行列交叉处的 k^2 个元素，不改变它们在 $\boldsymbol{A}$ 中所处的位置次序而得到的 k 阶行列式，称为矩阵 $\boldsymbol{A}$ 的 **k 阶子式**. 这样的子式共有 $C_m^k\cdot C_n^k$ 个. 如果子式的值不为零，就称为**非零子式**.

例如，在矩阵 $\boldsymbol{A}=\begin{pmatrix}1 & 1 & 2 & 5\\3 & 0 & 4 & 3\\0 & -1 & -2 & 2\end{pmatrix}$ 中，取第 1，2，3 行与第 1，2，3 列交叉处的元素，得到一个三阶非零子式：

$$\begin{vmatrix}1 & 1 & 2\\3 & 0 & 4\\0 & -1 & -2\end{vmatrix}=\begin{vmatrix}1 & 1 & 2\\0 & -3 & -2\\0 & -1 & -2\end{vmatrix}=4\neq 0$$

设 $\boldsymbol{A}$ 为 $m\times n$ 矩阵，当 $\boldsymbol{A}=\boldsymbol{O}$ 时，它的任何子式都为零. 当 $\boldsymbol{A}\neq\boldsymbol{O}$ 时，它至少有一个元素不为零，即它至少有一个一阶非零子式. 再考察二阶子式，若 $\boldsymbol{A}$ 中有一个二阶子式不为

零. 则往下考察三阶子式，如此进行下去，最后必达到 $\boldsymbol{A}$ 中有 r 阶非零子式，而再没有比 r 更高阶的非零子式. 这个非零子式的最高阶数 r 反映了矩阵 $\boldsymbol{A}$ 内在的重要特征，在矩阵的理论与应用中都有重要意义.

定义 2.9　设 $\boldsymbol{A}$ 为 $m\times n$ 矩阵，如果 $\boldsymbol{A}$ 中有一个 r 阶子式 $D_r\neq 0$，而所有 $r+1$ 阶子式(若存在的话)都等于 0，则称数 r 为矩阵 $\boldsymbol{A}$ 的**秩**，记为 $R(\boldsymbol{A})$，并规定零矩阵的秩等于零.

由定义可以看出，矩阵 $\boldsymbol{A}$ 的秩就是 $\boldsymbol{A}$ 中**最高阶非零子式的阶数**.

显然，矩阵的秩具有下列性质：

(1) 若矩阵 $\boldsymbol{A}$ 中有某个 s 阶子式不为 0，则 $R(\boldsymbol{A})\geqslant s$；

(2) 若 $\boldsymbol{A}$ 中所有 t 阶子式全为 0，则 $R(\boldsymbol{A})<t$；

(3) 若 $\boldsymbol{A}$ 为 $m\times n$ 矩阵，则 $0\leqslant R(\boldsymbol{A})\leqslant \min(m, n)$；

(4) $R(\boldsymbol{A})=R(\boldsymbol{A}^{\mathrm{T}})$；

(5) 若 $k\neq 0$，则 $R(k\boldsymbol{A})=R(\boldsymbol{A})$；

(6) $\max(R(\boldsymbol{A}),(R(\boldsymbol{B}))\leqslant R(\boldsymbol{A}, \boldsymbol{B})$；

(7) n 阶方阵 $\boldsymbol{A}$ 可逆的充要条件是 $R(\boldsymbol{A})=n$.

当 $R(\boldsymbol{A})=\min(m, n)$，称矩阵 $\boldsymbol{A}$ 为**满秩矩阵**. 否则称为**降秩矩阵**.

证明　性质(1)～(5)很明显，只证明性质(6)(7).

性质(6)：因为 $\boldsymbol{A}$ 的最高阶非零子式总是矩阵$(\boldsymbol{A}, \boldsymbol{B})$的非零子式，所以 $R(\boldsymbol{A})\leqslant R(\boldsymbol{A}, \boldsymbol{B})$；同理有 $R(\boldsymbol{B})\leqslant R(\boldsymbol{A}, \boldsymbol{B})$，因此有

$$\max(R(\boldsymbol{A}),(R(\boldsymbol{B}))\leqslant R(\boldsymbol{A}, \boldsymbol{B})$$

性质(7)：若 $\boldsymbol{A}$ 可逆，则 $\boldsymbol{A}$ 的 n 阶子式 $|\boldsymbol{A}|\neq 0$，而 $\boldsymbol{A}$ 再没有更高阶的子式，故 $R(\boldsymbol{A})=n$；反之，若 $R(\boldsymbol{A})=n$，则 $\boldsymbol{A}$ 中有一个 n 阶子式不等于 0，而 $\boldsymbol{A}$ 的 n 阶子式即 $|\boldsymbol{A}|$，所以 $|\boldsymbol{A}|\neq 0$，故 $\boldsymbol{A}$ 可逆.

性质(7)的逆否命题：n 阶方阵 $\boldsymbol{A}$ 的秩 $R(\boldsymbol{A})<n$ 的充要条件是 $\boldsymbol{A}$ 不可逆或者 $|\boldsymbol{A}|=0$.

例 2.44　求矩阵 $\boldsymbol{A}$，$\boldsymbol{B}$ 的秩，其中

$$\boldsymbol{A}=\begin{pmatrix}3 & 2 & 1 & 1\\ 1 & 2 & -3 & 2\\ 4 & 4 & -2 & 3\end{pmatrix},\ \boldsymbol{B}=\begin{pmatrix}2 & -1 & 0 & 3 & -2\\ 0 & 3 & 1 & -2 & 5\\ 0 & 0 & 0 & 4 & -3\\ 0 & 0 & 0 & 0 & 0\end{pmatrix}$$

解　因为 $\boldsymbol{A}$ 的一个二阶子式 $\begin{vmatrix}3 & 2\\ 1 & 2\end{vmatrix}=4\neq 0$ 是非零子式，而 $\boldsymbol{A}$ 的所有(4 个)三阶子式为

$$\begin{vmatrix}3 & 2 & 1\\ 1 & 2 & -3\\ 4 & 4 & -2\end{vmatrix}=0,\ \begin{vmatrix}3 & 2 & 1\\ 1 & 2 & 2\\ 4 & 4 & 3\end{vmatrix}=0,\ \begin{vmatrix}3 & 1 & 1\\ 1 & -3 & 2\\ 4 & -2 & 3\end{vmatrix}=0,\ \begin{vmatrix}2 & 1 & 1\\ 2 & -3 & 2\\ 4 & -2 & 3\end{vmatrix}=0$$

所以由矩阵秩的定义知 $R(\boldsymbol{A})=2$.

$\boldsymbol{B}$ 是一个行阶梯形矩阵，有 3 个非零行(元素不全为零的行)，它的所有四阶子式全为零(因为所有四阶子式含有全零行). 取非零行的非零首元(非零行第一个不等于零的元)所在的行和列，构成的三阶子式是一个上三角形行列式.

$$\begin{vmatrix} 2 & -1 & 3 \\ 0 & 3 & -2 \\ 0 & 0 & 4 \end{vmatrix} = 24 \neq 0$$

所以由矩阵秩的定义知 $R(\boldsymbol{A})=3$，即行阶梯形矩阵非零行的行数.

2.4.2 矩阵秩的求法

利用矩阵的秩的定义计算矩阵的秩，需要由低阶到高阶考虑矩阵的非零子式，当矩阵的行数与列数较高时，按定义求秩是很繁琐的. 由例 2.45 看到，对于行阶梯形矩阵，它的秩就等于非零行的行数，而任意矩阵都可以经过初等行变换化为行阶梯形矩阵，但是初等变换是否会改变矩阵的秩呢?

定理 2.10 若 $\boldsymbol{A} \sim \boldsymbol{B}$，则 $R(\boldsymbol{A})=R(\boldsymbol{B})$.

定理 2.10 说明，初等变换是一种“保秩”运算，这是因为考虑到三种初等变换，都不可能将现存于矩阵 $\boldsymbol{A}$ 中的 r 阶子式由非零变为零，同样也不可能将现存矩阵中已为零的 $r+1$ 阶子式由零转化为非零. 根据定理 2.10，可以得到利用初等变换求矩阵的秩的方法：把矩阵用初等行变换变成行阶梯形矩阵，行阶梯形矩阵中非零行的行数就是该矩阵的秩.

例 2.45 求矩阵 $\boldsymbol{A}=\begin{pmatrix} 1 & -2 & 2 & -1 & 1 \\ 2 & -4 & 8 & 0 & 2 \\ -2 & 4 & -2 & 3 & 3 \\ 3 & -6 & 0 & -6 & 4 \end{pmatrix}$ 的秩，并求一个最高阶非零子式.

解 对 $\boldsymbol{A}$ 作行初等变换如下：

$$\boldsymbol{A} \xrightarrow[\substack{r_3+2r_1 \\ r_4-3r_1}]{r_2-2r_1} \begin{pmatrix} 1 & -2 & 2 & -1 & 1 \\ 0 & 0 & 4 & 2 & 0 \\ 0 & 0 & 2 & 1 & 5 \\ 0 & 0 & -6 & -3 & 1 \end{pmatrix} \xrightarrow{\frac{1}{2}r_2} \begin{pmatrix} 1 & -2 & 2 & -1 & 1 \\ 0 & 0 & 2 & 1 & 0 \\ 0 & 0 & 2 & 1 & 5 \\ 0 & 0 & -6 & -3 & 1 \end{pmatrix}$$

$$\xrightarrow[r_4+3r_2]{r_3-r_2} \begin{pmatrix} 1 & -2 & 2 & -1 & 1 \\ 0 & 0 & 2 & 1 & 0 \\ 0 & 0 & 0 & 0 & 5 \\ 0 & 0 & 0 & 0 & 1 \end{pmatrix} \xrightarrow{r_4-\frac{1}{5}r_3} \begin{pmatrix} 1 & -2 & 2 & -1 & 1 \\ 0 & 0 & 2 & 1 & 0 \\ 0 & 0 & 0 & 0 & 5 \\ 0 & 0 & 0 & 0 & 0 \end{pmatrix}$$

$$=\boldsymbol{B}$$

因为 $\boldsymbol{B}$ 中有 3 个非零行，所以，$R(\boldsymbol{A})=3$. 取非零行非零首元所在的行与列，即 $\boldsymbol{A}$ 中第 1，2，3 行和 1，3，5 列交叉处的元素，构成一个三阶非零子式：

$$D=\begin{vmatrix} 1 & 2 & 1 \\ 2 & 8 & 2 \\ -2 & -2 & 3 \end{vmatrix} = 20 \neq 0$$

例 2.46 设 $\boldsymbol{A}=\begin{pmatrix} 1 & -1 & 1 & 2 \\ 3 & \lambda & -1 & 2 \\ 5 & 3 & \mu & 6 \end{pmatrix}$，已知 $R(\boldsymbol{A})=2$，求 λ 与 μ 的值.

解 $A \xrightarrow[r_3-5r_1]{r_2-3r_3} \begin{pmatrix} 1 & -1 & 1 & 2 \\ 0 & \lambda+3 & -4 & -4 \\ 0 & 8 & \mu-5 & -4 \end{pmatrix} \xrightarrow{r_3-r_2} \begin{pmatrix} 1 & -1 & 1 & 2 \\ 0 & \lambda+3 & -4 & -4 \\ 0 & 5-\lambda & \mu-1 & 0 \end{pmatrix}$

因 $R(\boldsymbol{A})=2$，故

$$\begin{cases} 5-\lambda=0 \\ \mu-1=0 \end{cases} \quad 即 \quad \begin{cases} \lambda=5 \\ \mu=1 \end{cases}$$

关于矩阵的秩，还有以下两个常用性质：

(8) 设 $\boldsymbol{A}$，$\boldsymbol{B}$ 都是 $m\times n$ 矩阵，若 $\boldsymbol{A}\sim\boldsymbol{B}$，则 $R(\boldsymbol{A})=R(\boldsymbol{B})$；

(9) 设 $\boldsymbol{A}$ 为 $m\times n$ 矩阵，$\boldsymbol{P}$ 及 $\boldsymbol{Q}$ 分别为 m 阶及 n 阶可逆矩阵，则

$$R(\boldsymbol{PA})=R(\boldsymbol{AQ})=R(\boldsymbol{PAQ})=R(\boldsymbol{A})$$

即用可逆矩阵乘某矩阵，不改变该矩阵的秩.

证明 性质(8)即定理2.10.

性质(9)：根据定理1.3，可逆矩阵可以表示成若干个初等矩阵的乘积. 设 $\boldsymbol{P}=\boldsymbol{P}_1\cdots\boldsymbol{P}_s$，其中 $\boldsymbol{P}_1$，…，$\boldsymbol{P}_s$ 为初等矩阵，则 $\boldsymbol{PA}=\boldsymbol{P}_1\cdots\boldsymbol{P}_s\boldsymbol{A}$，这说明 $\boldsymbol{PA}$ 是由 $\boldsymbol{A}$ 经过若干次行初等变换得到的，由定理2.10，有 $R(\boldsymbol{PA})=R(\boldsymbol{A})$，同理可证 $R(\boldsymbol{AQ})=R(\boldsymbol{PAQ})=R(\boldsymbol{A})$.

利用系数矩阵和增广矩阵的秩，将第1章第3节中的结论重新叙述如下.

定理2.11 设有 n 元非齐次线性方程组

$$\begin{cases} a_{11}x_1+a_{12}x_2+\cdots+a_{1n}x_n=b_1 \\ a_{21}x_1+a_{22}x_2+\cdots+a_{2n}x_n=b_2 \\ \qquad\qquad\vdots \\ a_{m1}x_1+a_{m2}x_2+\cdots+a_{mn}x_n=b_m \end{cases}$$

其矩阵形式为 $\boldsymbol{Ax}=\boldsymbol{\beta}$.

(1) $\boldsymbol{Ax}=\boldsymbol{\beta}$ 无解的充分必要条件是 $R(\boldsymbol{A})<R(\boldsymbol{A},\boldsymbol{\beta})$；

(2) $\boldsymbol{Ax}=\boldsymbol{\beta}$ 有唯一解的充分必要条件是 $R(\boldsymbol{A})=R(\boldsymbol{A},\boldsymbol{\beta})=n$；

(3) $\boldsymbol{Ax}=\boldsymbol{\beta}$ 有无穷解的充分必要条件是 $R(\boldsymbol{A})=R(\boldsymbol{A},\boldsymbol{\beta})<n$.

定理2.12 设有 n 元齐次线性方程组

$$\begin{cases} a_{11}x_1+a_{12}x_2+\cdots+a_{1n}x_n=0 \\ a_{21}x_1+a_{22}x_2+\cdots+a_{2n}x_n=0 \\ \qquad\qquad\vdots \\ a_{m1}x_1+a_{m2}x_2+\cdots+a_{mn}x_n=0 \end{cases}$$

其矩阵形式为 $\boldsymbol{Ax}=\boldsymbol{0}$.

(1) $\boldsymbol{Ax}=\boldsymbol{0}$ 只有零解的充分必要条件是 $R(\boldsymbol{A})=n$；

(2) $\boldsymbol{Ax}=\boldsymbol{0}$ 有非零解的充分必要条件是 $R(\boldsymbol{A})<n$.

推论2.6 如果 n 元齐次线性方程组中，方程个数 m 少于未知量个数，即 $m<n$，则 n 元齐次线性方程组必有非零解.

将定理推广到矩阵方程，做这样的推广可以为以后的讨论带来便利.

定理2.13 矩阵方程 $\boldsymbol{AX}=\boldsymbol{B}$ 有解的充分必要条件是 $R(\boldsymbol{A})=R(\boldsymbol{A},\boldsymbol{B})$.

这几个定理将在后面的章节中起到重要的作用.

习题 2.4

1. 设矩阵 $\boldsymbol{A}=\begin{pmatrix}1 & -5 & 6 & -2\\ 2 & -1 & 3 & -2\\ -1 & -4 & 3 & 0\end{pmatrix}$，试计算 $\boldsymbol{A}$ 的全部三阶子式，并求 $R(\boldsymbol{A})$.

2. 求下列矩阵的秩，并求一个最高阶非零子式.

(1) $\begin{pmatrix}3 & 1 & 0 & 2\\ 1 & -1 & 2 & -1\\ 1 & 3 & -4 & 4\end{pmatrix}$；　　(2) $\begin{pmatrix}3 & 2 & -1 & -3 & -2\\ 2 & -1 & 3 & 1 & -3\\ 7 & 0 & 5 & -1 & -8\end{pmatrix}$；

(3) $\begin{bmatrix}1 & -1 & 2 & 1 & 0\\ 2 & -2 & 4 & 2 & 0\\ 3 & 0 & 6 & -1 & 1\\ 0 & 3 & 0 & 0 & 1\end{bmatrix}$；　　(4) $\begin{bmatrix}2 & 1 & 8 & 3 & 7\\ 2 & -3 & 0 & 7 & -5\\ 3 & -2 & 5 & 8 & 0\\ 1 & 0 & 3 & 2 & 0\end{bmatrix}$.

3. 设矩阵 $\boldsymbol{A}=\begin{pmatrix}1 & \lambda & -1 & 2\\ 2 & -1 & \lambda & 5\\ 1 & 10 & -6 & 1\end{pmatrix}$，其中 λ 为参数，求矩阵 $\boldsymbol{A}$ 的秩.

4. 设 $\boldsymbol{A}=\begin{pmatrix}1 & -2 & 3k\\ -1 & 2k & -3\\ k & -2 & 3\end{pmatrix}$，问 k 为何值，可使

(1) $R(\boldsymbol{A})=1$；　(2) $R(\boldsymbol{A})=2$；　(3) $R(\boldsymbol{A})=3$.

2.5 应用案例

案例 2.1　行列式游戏

图 2-4 展示了一个数字华容道的原始格局. 它的游戏规则是盘上有 15 个滑块，游戏过程中滑块必须始终在盘内. 任何一个滑块都可以移动到它旁边的空格子里，游戏开始的时候，盘上的 15 个滑块位置是打乱的，如图 2-5 所示. 游戏者需要将盘上的 15 个滑块还原到图 2-4 所示的顺序，并且使得空格子出现在右下角处. 注意，如同魔方一样，有可能一个数字华容道是不能够用符合规则的滑动操作来还原的，这时称其为一个坏的数字华容道. 如图 2-5 中所示，只有最后两个数 14 和 15 的位置不对，离原始格局只差一点. 事实上，可以使用逆序数来论证一个数字华容道是不是坏的.

将数字华容道原始格局的 16 个滑块(包括空格)从左至右、从上到下依次排列为

$$1\ 2\ 3\ 4\ 5\ 6\ 7\ 8\ 9\ 10\ 11\ 12\ 13\ 14\ 15\ 16$$

即原始格局的滑块位置为自然排列，最后一个数字 16 表示的是空格子的位置. 图 2-5 中所示的滑块初始状态对应于排列

$$1\ 2\ 3\ 4\ 5\ 6\ 7\ 8\ 9\ 10\ 11\ 12\ 13\ 15\ 14\ 16$$

游戏开始，当滑动一个滑块时，相当于对调了排列当中的数字16和那个滑块上的数字，所以得到一个新的排列，并且奇偶性发生了一次变化. 将图2-5还原为图2-4，即最终回到自然排列. 但是注意到每次移动一个滑块时，相当于虚拟滑块16要么水平移动一格，要么竖直移动一格，当最终回到自然排列时，虚拟滑块16必须要回到右下角，那么它移动的次数一定是偶数次.

1	2	3	4
5	6	7	8
9	10	11	12
13	14	15	

图2-4　原始格局

所以，如果从图2-5所示的状态要回到原始状态，必须做偶数次的数字16和某些数字的对调，而图2-5对应的排列逆序数是1，它是一个奇排列，经过偶数次的对调后不可能变成自然排列这个偶排列，因此图2-5所示的状态是一个坏的数字华容道.

1	2	3	4
5	6	7	8
9	10	11	12
13	15	14	

图2-5　奇排列(一)

观察图2-6，通过计算滑块位置的逆序数，可以知道它的逆序数为35，也是一个奇排列，所以图2-6也是一个坏的华容道，无法恢复到原始格局，但它可以通过滑动最终变成图2-5的状态.

3	2	4	13
1	7	15	8
11	6	12	9
14	5	9	

图2-6　奇排列(二)

案例2.2　多项式插值

在实际问题中会遇到这样的情况：有可能函数$y=f(x)$的表达式很复杂，或者根本不知道其具体表达式，而只能通过实验或统计的数据得到该函数在某一些点x_0，x_1，x_2，…，

x_n 处的函数值 y_0，y_1，y_2，…，y_n. 因此要寻找一个函数 $\varphi(x)$ 来近似代替 $f(x)$，要求满足

$$\varphi(x_i)=y_i \quad (i=0, 1, 2, \cdots, n)$$

这类问题称为插值问题，$\varphi(x)$ 称为 $f(x)$ 的插值函数，x_0，x_1，x_2，…，x_n 称为插值节点，$\varphi(x_i)=y_i(i=0, 1, 2, \cdots, n)$ 称为插值条件. 常用的简单插值函数之一就是多项式，用代数多项式作为插值函数的插值法称为多项式插值，相应的多项式称为插值多项式.

设 $\varphi(x)$ 为 n 次多项式，因

$$P_n(x)=a_0+a_1x+a_2x^2+\cdots+a_nx^n$$

满足差值条件，故可得 $n+1$ 个方程，从而确定出 $P_n(x)$ 中的 $n+1$ 个参数.

为了确定这 $n+1$ 个参数，可以得到关于 $P_n(x)$ 中待定参数 a_0，a_1，a_2，…，a_n 的线性方程组：

$$\begin{cases} a_0+a_1x_0+a_2x_0^2+\cdots+a_nx_0^n=y_0 \\ a_0+a_1x_1+a_2x_1^2+\cdots+a_nx_1^n=y_1 \\ \qquad\vdots \\ a_0+a_1x_n+a_2x_n^2+\cdots+a_nx_n^n=y_n \end{cases} \tag{2.16}$$

它的系数行列式即为范蒙德行列式：

$$V_{n+1}=\begin{vmatrix} 1 & x_0 & x_0^2 & \cdots & x_0^n \\ 1 & x_1 & x_1^2 & \cdots & x_1^n \\ \vdots & \vdots & \vdots & & \vdots \\ 1 & x_n & x_n^2 & \cdots & x_n^n \end{vmatrix}=\prod_{0\leqslant j<i\leqslant n}(x_i-x_j)$$

如果节点互不相同，则 $V_{n+1}\neq 0$，那么上述线性方程组有唯一的解. 可以唯一确定参数 a_0，a_1，a_2，…，a_n，这说明了 n 次多项式插值函数是存在且唯一的.

表 2.1 记录了第 x 次观测某农作物生长时的高度 f. 试由表 2.1 中的数据确定该农作物高度 f 与观测次数 x 的三次函数关系式.

表 2.1　某农作物观测数据

观测第 x 次	1	2	3	4
高度 f/cm	4	5	6	9

做二次多项式插值，将表 2.1 中的观测数据代入式(2.16)得

$$\begin{cases} a_0+1a_1+1^2a_2+1^3a_3=4 \\ a_0+2a_1+2^2a_2+2^3a_3=5 \\ a_0+3a_1+3^2a_2+3^3a_3=6 \\ a_0+4a_1+4^2a_2+4^3a_3=9 \end{cases}$$

关于 a_0，a_1，a_2，a_4 的线性方程组的系数行列式为

$$\begin{vmatrix} 1 & 1 & 1^2 & 1^3 \\ 1 & 2 & 2^2 & 2^3 \\ 1 & 3 & 3^2 & 3^3 \\ 1 & 4 & 4^2 & 4^3 \end{vmatrix}=(4-3)(4-2)(4-1)(3-2)(3-1)(2-1)=12\neq 0$$

因此由克拉默法则知该线性方程组有唯一解．求得 $a_0=1$，$a_1=\frac{14}{3}$，$a_2=-2$，$a_4=\frac{1}{3}$．于是该农作物高度与观测次数所满足的三次多项式函数关系式为

$$f(x)=1+\frac{14}{3}x-2x^2+\frac{1}{3}x^3$$

插值法是数值逼近的重要方法，该方法在数值计算中起着重要的作用．在实际应用中还可能用到其他类型的插值方法，如拉格朗日插值、牛顿插值、埃尔米特插值和样条插值等．

拓展阅读

行列式的发展

行列式是伴随着线性方程组研究而引入和发展的．行列式的概念最早是由17世纪日本数学家关孝和提出来的．1683年，关孝和写了一部名为《解伏题之法》的著作，意思是“解行列式问题的方法”，书中对行列式的概念和它的展开已经有了清楚的叙述．欧洲第一个提出行列式概念的是德国数学家莱布尼兹，他在研究线性方程组的解法时，开始用指标的系统集合来表示线性方程组的系数．这些关于行列式的早期工作大都是为了解方程组，以求得紧凑简单的表达式．在行列式的发展史上，第一个对行列式理论做出连贯的逻辑的阐述，即把行列式理论与线性方程组求解相分离的人是法国数学家范德蒙德．范德蒙德在1772年给出了用二阶子式和它的余子式来展开行列式的法则．对行列式本身来说，他是这门理论的奠基人．同年，拉普拉斯在一篇论文中证明了范德蒙德提出的一些规则，推广了他的展开行列式的方法．继范德蒙德之后，在行列式的理论方面又一位作出突出贡献的就是法国数学家柯西．1815年，柯西在一篇论文中给出了行列式的乘法定理，另外他第一个把行列式的元素排成方阵，采用双足标记法，引进了行列式特征方程的术语，给出了相似行列式概念，改进了拉普拉斯的行列式展开定理，等等．关于对行列式理论最系统的论述，则是雅可比1841年的《论行列式的形成与性质》一书．在逻辑上，矩阵的概念先于行列式的概念；而在历史上，次序正好相反．

关孝和(约1642—1708年)

字子豹，日本数学家，代表作《发微算法》．出身武士家庭，是内山永明的次子，后过继给关家作养子．曾随高原吉种学过数学，之后在江户任贵族家府家臣，掌管财赋，1706年退职．他是日本古典数学(和算)的奠基人，也是关氏学派的创始人，在日本被尊称为算圣．关孝和改进了朱世杰《算学启蒙》中的天元术算法，开创了和算独有的笔算代数，建立了行列式概念及其初步理论，完善了中国传入的数字方程的近似解法，发现了方程正负根存在的条件，开展了勾股定理、椭圆面积公式、阿基米德螺线、圆周率的研究，开创“圆理”(径、弧、矢间关系的无穷级数表达式)研究、幻方理论、连分数理论等．同时他还写过数种天文历法方面的著作：《授时历经立成》四卷、《授时历经立成立法》《授时发明》《四余算法》《星曜算法》．

范德蒙德(Van der Monde Alexandre Theophile，1735—1796年)

法国数学家，1735年2月28日生于巴黎，1796年1月1日卒于同地. 范德蒙德最先在巴黎学习音乐，后来从事数学研究，1771年当选为巴黎科学院院士，1782年担任国立工艺博物馆指导，1795年被提名为国家研究院院士. 范德蒙德在高等代数方面有重要贡献. 他在1771年发表的论文中证明了多项式方程根的任何对称式都能用方程的系数表示出来. 他不仅把行列式应用于解线性方程组，而且对行列式理论本身进行了开创性研究，是行列式的奠基者. 他给出了用二阶子式和它的余子式来展开行列式的法则，还提出了专门的行列式符号. 他具有拉格朗日的预解式、置换理论等思想，为群的观念的产生做了一些准备工作.

自测题二

(A)

一、填空题

1. 若 $a_{1i}a_{23}a_{35}a_{5j}a_{44}$ 是五阶行列式中带正号的一项，则 $i=$________，$j=$________.

2. 若将 n 阶行列式 D 的每一个元素添上负号得到新行列式 $\overline{D}$，则 $\overline{D}=$________.

3. 若四阶行列式 D 中第四行的元素依次为1，2，3，4，它们的余子式分别为2，3，4，5，则行列式的值为________.

4. 设三阶方阵 $\boldsymbol{A}=\begin{pmatrix}2&0&0\\0&x&y\\0&2&3\end{pmatrix}$ 可逆，则 x，y 应满足条件________.

5. $\boldsymbol{A}$，$\boldsymbol{B}$ 均为 n 阶方阵，$|\boldsymbol{A}|=|\boldsymbol{B}|=3$，则 $\left|\frac{1}{2}\boldsymbol{AB}^{-1}\right|=$________.

二、单项选择题

1. 设 $\begin{vmatrix}a_{11}&a_{12}&a_{13}\\a_{21}&a_{22}&a_{23}\\a_{31}&a_{32}&a_{33}\end{vmatrix}=M\neq0$，则行列式 $\begin{vmatrix}-2a_{11}&-2a_{12}&-2a_{13}\\-2a_{31}&-2a_{32}&-2a_{33}\\-2a_{21}&-2a_{22}&-2a_{23}\end{vmatrix}=($　　$)$.

A. $8M$　　B. $2M$　　C. $-2M$　　D. $-8M$

2. 设 $\boldsymbol{A}$ 为 n 阶方阵，且 $|\boldsymbol{A}|=a\neq0$，则 $|\boldsymbol{A}^*|=($　　$)$.

A. a　　B. $\frac{1}{a}$　　C. a^{n-1}　　D. a^n

3. 设 $\boldsymbol{A}$、$\boldsymbol{B}$ 为 $n(n\geqslant2)$ 阶方阵，则必有(　　).

A. $|\boldsymbol{A}+\boldsymbol{B}|=|\boldsymbol{A}|+|\boldsymbol{B}|$　　B. $|\boldsymbol{AB}|=|\boldsymbol{BA}|$

C. $||A|B|=||B|A|$　　D. $|A-B|=|B-A|$

4. 设A为n阶可逆矩阵，A^*是A的伴随矩阵，则下列各式正确的是(　　).

A. $(2A)^{-1}=2A^{-1}$　　B. $(A^*)^{-1}=\frac{A}{|A|}$

C. $(A^*)^{-1}=\frac{A^{-1}}{|A|}$　　D. $((A^T)^{-1})^T=((A^{-1})^T)^{-1}$

5. 矩阵$\begin{pmatrix}1 & 2 & 1 & 0\\3 & -1 & 0 & 2\\-1 & a & 2 & -2\end{pmatrix}$的秩为2，则$a=$(　　).

A. 2　　B. 3　　C. 4　　D. 5

三、计算题

1. 计算行列式$\begin{vmatrix}4 & 1 & 1 & 1\\1 & 4 & 1 & 1\\1 & 1 & 4 & 1\\1 & 1 & 1 & 4\end{vmatrix}$.

2. 计算行列式$\begin{vmatrix}a_1 & 0 & 0 & b_1\\0 & a_2 & b_2 & 0\\0 & b_3 & a_3 & 0\\b_4 & 0 & 0 & a_4\end{vmatrix}$.

3. 计算行列式$\begin{vmatrix}a & 1 & 0 & 0\\-1 & b & 1 & 0\\0 & -1 & c & 1\\0 & 0 & -1 & d\end{vmatrix}$.

4. 设三阶矩阵A，B满足关系：$A^{-1}BA=6A+BA$，且

$$A=\begin{pmatrix}1/2 & 0 & 0\\0 & 1/4 & 0\\0 & 0 & 1/7\end{pmatrix}$$

求B.

5. 设曲线$y=a_0+a_1x+a_2x^2+a_3x^3$通过四点(1，3)，(2，4)，(3，3)，(4，−3)，求系数a_0，a_1，a_2，a_3.

6. 求矩阵$\begin{pmatrix}3 & 2 & -1 & -3 & -1\\2 & -1 & 3 & 1 & -3\\7 & 0 & 5 & -1 & -8\end{pmatrix}$的秩，并找出一个最高阶非零子式.

(B)

一、填空题

1. 已知三阶行列式$D=\begin{vmatrix}1 & 2 & 3\\4 & 5 & 6\\7 & 8 & 9\end{vmatrix}$，$A_{ij}$表示它的元素$a_{ij}$的代数余子式，则与$aA_{21}+bA_{22}+cA_{23}$对应的三阶行列式为________.

2. 在函数 $f(x)=\begin{vmatrix} 2x & 1 & -1 \\ -x & -x & x \\ 1 & 2 & x \end{vmatrix}$ 中 x^3 的系数为________.

3. $\boldsymbol{A}$ 为 3 阶方阵，且 $|\boldsymbol{A}|=-2$，$\boldsymbol{A}^*$ 是 $\boldsymbol{A}$ 的伴随矩阵，则 $|4\boldsymbol{A}^{-1}+\boldsymbol{A}^*|=$________.

4. $\boldsymbol{A}$ 为 n 阶方阵，$\boldsymbol{A}\boldsymbol{A}^{\mathrm{T}}=\boldsymbol{E}$ 且 $|\boldsymbol{A}|<0$，则 $|\boldsymbol{A}+\boldsymbol{E}|=$________.

5. $\boldsymbol{A}$ 为 5×3 矩阵，$R(\boldsymbol{A})=3$，$\boldsymbol{B}=\begin{pmatrix} 1 & 0 & 2 \\ 0 & 2 & 0 \\ 0 & 0 & 3 \end{pmatrix}$，则 $R(\boldsymbol{AB})=$________.

二、单项选择题

1. 设 n 阶行列式 D_n，则 $D_n=0$ 的必要条件是(　　).

A. D_n 中有两行(或列)元素对应成比例

B. D_n 中有一行(或列)元素全为零

C. D_n 中各列元素之和为零

D. 以 D_n 为系数行列式的齐次线性方程组有非零解

2. 对任意同阶方阵 $\boldsymbol{A}$，$\boldsymbol{B}$，下列说法正确的是(　　).

A. $(\boldsymbol{AB})^{-1}=\boldsymbol{A}^{-1}\boldsymbol{B}^{-1}$　　B. $|\boldsymbol{A}+\boldsymbol{B}|=|\boldsymbol{A}|+|\boldsymbol{B}|$

C. $(\boldsymbol{AB})^{\mathrm{T}}=\boldsymbol{B}^{\mathrm{T}}\boldsymbol{A}^{\mathrm{T}}$　　D. $\boldsymbol{AB}=\boldsymbol{BA}$

3. 设 $\boldsymbol{A}$、$\boldsymbol{B}$ 为 n 阶方阵，(　　).

A. 若 $\boldsymbol{A}$，$\boldsymbol{B}$ 可逆，则 $\boldsymbol{A}+\boldsymbol{B}$ 可逆　　B. 若 $\boldsymbol{A}$，$\boldsymbol{B}$ 可逆，则 $\boldsymbol{AB}$ 可逆

C. 若 $\boldsymbol{A}+\boldsymbol{B}$ 可逆，则 $\boldsymbol{A}-\boldsymbol{B}$ 可逆　　D. 若 $\boldsymbol{A}+\boldsymbol{B}$ 可逆，则 $\boldsymbol{A}$，$\boldsymbol{B}$ 可逆

4. 设 $\boldsymbol{A}$ 为 $n(n\geqslant 2)$ 阶可逆矩阵，$\boldsymbol{A}^*$ 是 $\boldsymbol{A}$ 的伴随矩阵，则必有(　　).

A. $(\boldsymbol{A}^*)^*=|\boldsymbol{A}|^{n-1}\boldsymbol{A}$　　B. $(\boldsymbol{A}^*)^*=|\boldsymbol{A}|^{n+1}\boldsymbol{A}$

C. $(\boldsymbol{A}^*)^*=|\boldsymbol{A}|^{n-2}\boldsymbol{A}$　　D. $(\boldsymbol{A}^*)^*=|\boldsymbol{A}|^{n+2}\boldsymbol{A}$

5. 若矩阵 $\boldsymbol{A}_{4\times 5}$ 有一个三阶子式为 0，则(　　).

A. $R(\boldsymbol{A})\leqslant 2$　　B. $R(\boldsymbol{A})\leqslant 3$　　C. $R(\boldsymbol{A})\leqslant 4$　　D. $R(\boldsymbol{A})\leqslant 5$

三、计算题

1. 计算行列式 $D=\begin{vmatrix} a & b & c & d \\ a & a+b & a+b+c & a+b+c+d \\ a & 2a+b & 3a+2b+c & 4a+3b+2c+d \\ a & 3a+b & 6a+3b+c & 10a+6b+3c+d \end{vmatrix}$.

2. 计算行列式 $D=\begin{vmatrix} 1 & 1 & 1 & 1 \\ a & b & c & d \\ a^2 & b^2 & c^2 & d^2 \\ a^4 & b^4 & c^4 & d^4 \end{vmatrix}$.

3. 解方程

$$\begin{vmatrix} a_1 & a_2 & a_3 & \cdots & a_{n-1} & a_n \\ a_1 & a_1+a_2-x & a_3 & \cdots & a_{n-1} & a_n \\ a_1 & a_2 & a_2+a_3-x & \cdots & a_{n-1} & a_n \\ \vdots & \vdots & \vdots & & \vdots & \vdots \\ a_1 & a_2 & a_3 & \cdots & a_{n-2}+a_{n-1}-x & a_n \\ a_1 & a_2 & a_3 & \cdots & a_{n-1} & a_{n-1}+a_n-x \end{vmatrix}=0$$

4. 设矩阵 $\boldsymbol{A}$，$\boldsymbol{B}$ 满足 $\boldsymbol{A}^*\boldsymbol{B}\boldsymbol{A}=2\boldsymbol{B}\boldsymbol{A}-8\boldsymbol{E}$，其中 $\boldsymbol{A}=\begin{pmatrix}1&0&0\\0&-2&0\\0&0&1\end{pmatrix}$，$\boldsymbol{A}^*$ 为 $\boldsymbol{A}$ 的伴随矩阵，$\boldsymbol{E}$ 为单位矩阵，求矩阵 $\boldsymbol{B}$.

5. 设方程组 $\begin{cases}x+y+z=a+b+c\\ax+by+cz=a^2+b^2+c^2\\bcx+cay+abz=3abc\end{cases}$. 试问：$a$，$b$，$c$ 满足什么条件时，方程组有唯一解？并求出唯一解.

6. 求矩阵 $\begin{pmatrix}6&1&1&7\\4&0&4&1\\1&2&-9&0\\-2&3&-16&-1\end{pmatrix}$ 的秩，并找出一个最高阶非零子式.

3

第3章 向量空间与线性方程组解的结构

在平面解析几何中引入直角坐标系后，平面上的几何向量 $\overrightarrow{OP}$ 可以用一个二元数组 (x, y) 表示，其中 x，y 都是实数. 类似地，在空间解析几何中引入空间直角坐标系后，几何向量 $\overrightarrow{OP}$ 建立了与实数有序数组 (x, y, z) 一一对应的关系. 因此几何向量 $\overrightarrow{OP}$ 也可写成 $\overrightarrow{OP}=(x, y, z)$，对空间几何图形的性质的研究就可以转化为对三元有序数组 (x, y, z) 的研究. 在实际问题中，研究有序数组之间的关系显得十分重要. 为了进一步研究这种关系，本章将对三元数组 (x, y, z) 进行推广，讨论 n 元数组，也就是本章所说的 n 维向量.

3.1 向量的概念及其运算

3.1.1 n 维向量的概念

定义 3.1 由数域 P 中的 n 个数 $a_1, a_2, \cdots, a_n$ 组成的有序数组称为一个 **n 维向量**. 通常用希腊字母 $\boldsymbol{\alpha}$，$\boldsymbol{\beta}$，$\boldsymbol{\gamma}$ 等表示向量，如：

$$\boldsymbol{\alpha}=(a_1, a_2, \cdots, a_n)$$

此形式称为 **n 维行向量**，这 n 个数称为该向量的 n 个分量，其中 a_i 称为向量 $\boldsymbol{\alpha}$ 的第 i 个分量 $(i=1, 2, \cdots, n)$. 若 n 维向量写成 $\boldsymbol{\beta}=\begin{pmatrix} b_1 \\ b_2 \\ \vdots \\ b_n \end{pmatrix}=(b_1, b_2, \cdots, b_n)^{\mathrm{T}}$，则称为 **$n$ 维列向量**.

从 n 维向量的定义可以看出，n 维行向量就是一个 $1\times n$ 的行矩阵，n 维列向量就是一个 $n\times 1$ 的列矩阵. 行向量可以看成列向量的转置，因此常用 $\boldsymbol{\alpha}$，$\boldsymbol{\beta}$，$\boldsymbol{\gamma}$ 等来表示 n 维列向量，而用 $\boldsymbol{\alpha}^{\mathrm{T}}$，$\boldsymbol{\beta}^{\mathrm{T}}$，$\boldsymbol{\gamma}^{\mathrm{T}}$ 来表示 n 维行向量. 当数域 P 为实数域时，即由 n 个实数构成的向量称为 **n 维实向量**. 当数域 P 为复数域时，n 维向量称为 **n 维复向量**. 本书除特别说明外，所讨论的向量都是实向量.

3.1.2 向量的线性运算

定义 3.2　(1) 分量都是零的向量称为**零向量**，零向量记作 $\mathbf{0}=\begin{pmatrix}0\\0\\\vdots\\0\end{pmatrix}$ 或者 $\mathbf{0}=(0,0,\cdots,0)^{\mathrm{T}}$；

(2) 设 n 维向量 $\boldsymbol{\alpha}=(a_1,a_2,\cdots,a_n)^{\mathrm{T}}$，称 $(-a_1,-a_2,\cdots,-a_n)^{\mathrm{T}}$ 为 $\boldsymbol{\alpha}$ 的**负向量**，记作 $-\boldsymbol{\alpha}$；

(3) 设 n 维向量 $\boldsymbol{\alpha}=\begin{pmatrix}a_1\\a_2\\\vdots\\a_n\end{pmatrix}$，$\boldsymbol{\beta}=\begin{pmatrix}b_1\\b_2\\\vdots\\b_n\end{pmatrix}$，若 $\boldsymbol{\alpha}$，$\boldsymbol{\beta}$ 的对应分量相等，即 $a_i=b_i(i=1,2,\cdots,n)$，则称这两个向量**相等**，记作 $\boldsymbol{\alpha}=\boldsymbol{\beta}$.

由于向量可以看成矩阵，因此根据矩阵的加减法、数乘运算，可以得到向量的运算规律(其中 $\boldsymbol{\alpha}$，$\boldsymbol{\beta}$ 为 n 维列向量，k 为任意实数).

(1) 向量的加法：

$$\boldsymbol{\alpha}+\boldsymbol{\beta}=\begin{pmatrix}a_1+b_1\\a_2+b_2\\\vdots\\a_n+b_n\end{pmatrix}$$

(2) 数与向量的乘法：

$$k\boldsymbol{\alpha}=\begin{pmatrix}ka_1\\ka_2\\\vdots\\ka_n\end{pmatrix}$$

向量的加法运算和向量的数乘运算统称为向量的**线性运算**.

(3) 向量之间的乘法：

$$\boldsymbol{\alpha}^{\mathrm{T}}\boldsymbol{\beta}=(a_1,a_2,\cdots,a_n)\begin{pmatrix}b_1\\b_2\\\vdots\\b_n\end{pmatrix}=a_1b_1+a_2b_2+\cdots a_nb_n$$

$$\boldsymbol{\alpha}\boldsymbol{\beta}^{\mathrm{T}}=\begin{pmatrix}a_1\\a_2\\\vdots\\a_n\end{pmatrix}(b_1,b_2,\cdots,b_n)=\begin{pmatrix}a_1b_1&a_1b_2&\cdots&a_1b_n\\a_2b_1&a_2b_2&\cdots&a_2b_n\\\vdots&\vdots&&\vdots\\a_nb_1&a_nb_2&\cdots&a_nb_n\end{pmatrix}$$

例 3.1　某工厂两天的产量(单位：t)按照产品顺序用向量表示，第 1 天为 $\boldsymbol{\alpha}_1=(8,15,20,16)^{\mathrm{T}}$，第 2 天为 $\boldsymbol{\alpha}_2=(9,16,22,17)^{\mathrm{T}}$，求两天各产品的产量和.

解 $\boldsymbol{\alpha}_1+\boldsymbol{\alpha}_2=(8,15,20,16)^{\mathrm{T}}+(9,16,22,17)^{\mathrm{T}}=(17,31,42,33)^{\mathrm{T}}$.

例 3.2 设向量 $\boldsymbol{\alpha}=(-3,1,2)^{\mathrm{T}}$，$-\boldsymbol{\alpha}=(a-2,b+2c,a+c)^{\mathrm{T}}$，求 a，b，c 的值.

解 根据题意得 $-\boldsymbol{\alpha}=(3,-1,-2)^{\mathrm{T}}$，所以，有

$$\begin{cases}a-2=3\\ b+2c=-1\\ a+c=-2\end{cases}$$

解得 $a=5$，$b=13$，$c=-7$.

向量的线性运算满足以下规律(其中 $\boldsymbol{\alpha}$、$\boldsymbol{\beta}$、$\boldsymbol{\gamma}$ 是 n 维向量，$\mathbf{0}$ 是 n 维零向量，k 和 l 为任意实数)：

(1) $\boldsymbol{\alpha}+\boldsymbol{\beta}=\boldsymbol{\beta}+\boldsymbol{\alpha}$ (加法交换律)；

(2) $(\boldsymbol{\alpha}+\boldsymbol{\beta})+\boldsymbol{\gamma}=\boldsymbol{\alpha}+(\boldsymbol{\beta}+\boldsymbol{\gamma})$(加法结合律)；

(3) $\boldsymbol{\alpha}+\mathbf{0}=\boldsymbol{\alpha}$；

(4) $\boldsymbol{\alpha}+(-\boldsymbol{\alpha})=\mathbf{0}$；

(5) $k(\boldsymbol{\alpha}+\boldsymbol{\beta})=k\boldsymbol{\alpha}+k\boldsymbol{\beta}$(数乘分配律)；

(6) $(k+l)\boldsymbol{\alpha}=k\boldsymbol{\alpha}+l\boldsymbol{\alpha}$(数乘分配律)；

(7) $(kl)\boldsymbol{\alpha}=k(l\boldsymbol{\alpha})$(数乘结合律)；

(8) $1\cdot\boldsymbol{\alpha}=\boldsymbol{\alpha}$.

根据以上运算规律，容易得到

$$0\boldsymbol{\alpha}=\mathbf{0},\ k\mathbf{0}=\mathbf{0},\ -k\boldsymbol{\alpha}=k(-\boldsymbol{\alpha})=(-k)\boldsymbol{\alpha}$$

若 $k\neq 0$，$\boldsymbol{\alpha}\neq\mathbf{0}\Rightarrow k\boldsymbol{\alpha}\neq\mathbf{0}$.

例 3.3 设向量 $\boldsymbol{\alpha}=(3,0,2,-1)^{\mathrm{T}}$，$\boldsymbol{\beta}=(-2,2,5,0)^{\mathrm{T}}$，若 $\boldsymbol{\alpha}-3\boldsymbol{\beta}+2\boldsymbol{\gamma}=0$，求向量 $\boldsymbol{\gamma}$.

解 根据题意 $\boldsymbol{\alpha}-3\boldsymbol{\beta}+2\boldsymbol{\gamma}=0$ 得

$$\boldsymbol{\gamma}=-\frac{1}{2}\boldsymbol{\alpha}+\frac{3}{2}\boldsymbol{\beta}=\left(-\frac{9}{2},3,\frac{13}{2},\frac{1}{2}\right)^{\mathrm{T}}$$

例 3.4 设 $\boldsymbol{A}=(\boldsymbol{\alpha}_1,\boldsymbol{\alpha}_2,\boldsymbol{\gamma}_1)$，$\boldsymbol{B}=(\boldsymbol{\alpha}_1,\boldsymbol{\alpha}_2,\boldsymbol{\gamma}_2)$皆为三阶矩阵，且 $|\boldsymbol{A}|=2$，$|\boldsymbol{B}|=3$，求 $|3\boldsymbol{A}-\boldsymbol{B}|$.

解 根据矩阵的运算性质，得

$$\begin{aligned}|3\boldsymbol{A}-\boldsymbol{B}|&=|3(\boldsymbol{\alpha}_1,\boldsymbol{\alpha}_2,\boldsymbol{\gamma}_1)-(\boldsymbol{\alpha}_1,\boldsymbol{\alpha}_2,\boldsymbol{\gamma}_2)|\\&=|2\boldsymbol{\alpha}_1,2\boldsymbol{\alpha}_2,3\boldsymbol{\gamma}_1-\boldsymbol{\gamma}_2|\\&=|2\boldsymbol{\alpha}_1,2\boldsymbol{\alpha}_2,3\boldsymbol{\gamma}_1|+|2\boldsymbol{\alpha}_1,2\boldsymbol{\alpha}_2,-\boldsymbol{\gamma}_2|\\&=12|\boldsymbol{\alpha}_1,\boldsymbol{\alpha}_2,\boldsymbol{\gamma}_1|-4|\boldsymbol{\alpha}_1,\boldsymbol{\alpha}_2,\boldsymbol{\gamma}_2|\\&=12|\boldsymbol{A}|-4|\boldsymbol{B}|\\&=12\end{aligned}$$

习题 3.1

1. 设向量 $\boldsymbol{\alpha}$，$\boldsymbol{\beta}$ 满足 $\boldsymbol{\alpha}+2\boldsymbol{\beta}=\begin{pmatrix}6\\-1\\1\end{pmatrix}$，$\boldsymbol{\alpha}-2\boldsymbol{\beta}=\begin{pmatrix}2\\-1\\-5\end{pmatrix}$，求 $\boldsymbol{\alpha}$，$\boldsymbol{\beta}$.

2. 设 $\boldsymbol{\alpha}=\begin{pmatrix}2\\1\\3\end{pmatrix}$，$\boldsymbol{\beta}=\begin{pmatrix}3\\5\\7\end{pmatrix}$，$\boldsymbol{\gamma}=\begin{pmatrix}-2\\4\\1\end{pmatrix}$，求 $2\boldsymbol{\alpha}-\boldsymbol{\beta}$，$\boldsymbol{\alpha}-\boldsymbol{\beta}+\boldsymbol{\gamma}$.

3. 求向量 $\boldsymbol{\alpha}$，使得 $\boldsymbol{\alpha}_1+\boldsymbol{\alpha}_2-\boldsymbol{\alpha}=2\boldsymbol{\alpha}-\boldsymbol{\alpha}_3$，其中 $\boldsymbol{\alpha}_1=(1, 0, -1, 2)^{\mathrm{T}}$，$\boldsymbol{\alpha}_2=(2, 0, 1, 1)^{\mathrm{T}}$，$\boldsymbol{\alpha}_3=(2, -1, 0, 1)^{\mathrm{T}}$.

4. 已知向量 $\boldsymbol{\alpha}$，$\boldsymbol{\beta}$，$\boldsymbol{\gamma}$ 满足 $3\boldsymbol{\gamma}+\boldsymbol{\alpha}=2\boldsymbol{\gamma}+3\boldsymbol{\beta}$，其中 $\boldsymbol{\alpha}=(3, 0, -1)^{\mathrm{T}}$，$\boldsymbol{\beta}=(0, 3, -1)^{\mathrm{T}}$，求向量 $\boldsymbol{\gamma}$.

5. 设向量 $\boldsymbol{\alpha}=(2, -5, 1, -3)^{\mathrm{T}}$，$\boldsymbol{\beta}=(-10, 1, -3, 2)^{\mathrm{T}}$，$\boldsymbol{\gamma}=(-4, 1, 1, -2)^{\mathrm{T}}$，如果向量 $\boldsymbol{\alpha}$，$\boldsymbol{\beta}$，$\boldsymbol{\gamma}$，$\boldsymbol{\eta}$ 满足 $3(\boldsymbol{\alpha}-\boldsymbol{\eta})+2(\boldsymbol{\beta}+\boldsymbol{\eta})=5(\boldsymbol{\gamma}+\boldsymbol{\eta})$，求向量 $\boldsymbol{\eta}$.

3.2　向量组的线性相关性

相同维数的向量之间，是否存在某种联系呢？例如，向量 $\boldsymbol{\alpha}=(2, 1)^{\mathrm{T}}$ 与 $\boldsymbol{\beta}=(4, 2)^{\mathrm{T}}$，显然有 $\boldsymbol{\beta}=2\boldsymbol{\alpha}$，可见两个向量之间最简单的关系是元素对应成比例. 即存在 $k\in\mathbf{R}$，使得 $\boldsymbol{\beta}=k\boldsymbol{\alpha}$. 也就是说，向量 $\boldsymbol{\beta}$ 可由向量 $\boldsymbol{\alpha}$ 经过线性运算得到.

那么，多个**相同维数**的向量之间，是否也存在类似的比例关系呢？这就是本节要讨论的内容：向量组的线性相关性.

为了叙述方便，先给出向量组的相关概念.

3.2.1　向量组的概念

定义 3.3　由若干个维数相同的向量构成的集合，称为**向量组**.

例如，设有向量

$$\boldsymbol{\alpha}_1=(1, 2, -1)^{\mathrm{T}}, \boldsymbol{\alpha}_2=(2, 1, 0)^{\mathrm{T}}, \boldsymbol{\alpha}_3=(2, -3, 1)^{\mathrm{T}}$$

可以将它们记成向量组(Ⅰ)：$\boldsymbol{\alpha}_1$，$\boldsymbol{\alpha}_2$，$\boldsymbol{\alpha}_3$.

而向量 $\boldsymbol{\alpha}_1=(1, 2, 3)^{\mathrm{T}}$，$\boldsymbol{\alpha}_2=(-1, 1)^{\mathrm{T}}$，$\boldsymbol{\alpha}_3=(0, -3, 1)^{\mathrm{T}}$ 不能构成一个向量组，因为它们的**维数不同**.

又如，一个 $m\times n$ 矩阵 $\boldsymbol{A}=\begin{pmatrix}a_{11} & \cdots & a_{1n}\\ \vdots & \ddots & \vdots\\ a_{m1} & \cdots & a_{mn}\end{pmatrix}$，若将矩阵的每一行视为一个向量，共有 m 个 n 维行向量，记为

$$\boldsymbol{\alpha}_i=\begin{pmatrix}a_{i1}\\a_{i2}\\ \vdots\\a_{in}\end{pmatrix}^{\mathrm{T}}=(a_{i1}, a_{i2}, \cdots, a_{in})\quad(i=1, 2, \cdots. m)$$

这 m 个 n 维行向量称为矩阵 $\boldsymbol{A}$ 的行向量组.

同样，若将矩阵的每一列视为一个向量，则共有 n 个 m 维列向量，记为 $\boldsymbol{\beta}_j=\begin{pmatrix}a_{1j}\\a_{2j}\\\vdots\\a_{mj}\end{pmatrix}=$ $(a_{1j}, a_{2j}, \cdots, a_{mj})^{\mathrm{T}}(j=1, 2, \cdots, n)$. 这 n 个 m 维列向量称为矩阵 $\boldsymbol{A}$ 的列向量组. 由此可知，一个矩阵 $\boldsymbol{A}$ 与其行向量组或列向量组之间建立了一一对应关系.

3.2.2 向量组的线性表示

引例 3.1 设向量 $\boldsymbol{\alpha}=(-1, -2, 1, -1)^{\mathrm{T}}$，$\boldsymbol{\beta}=(-2, 3, -1, 0)^{\mathrm{T}}$，$\boldsymbol{\gamma}=(-4, -1, 1, -2)^{\mathrm{T}}$，经计算，三个向量存在 $\boldsymbol{\gamma}=2\boldsymbol{\alpha}+\boldsymbol{\beta}$ 的线性关系，说明向量 $\boldsymbol{\gamma}$ 可由向量 $\boldsymbol{\alpha}$，$\boldsymbol{\beta}$ 经过线性运算得到.

给出如下定义.

定义 3.4 给定 n 维向量组 $\boldsymbol{\alpha}_1, \boldsymbol{\alpha}_2, \cdots, \boldsymbol{\alpha}_n$，对任意一组数 $k_1, k_2, \cdots, k_n$，表达式

$$k_1\boldsymbol{\alpha}_1+k_2\boldsymbol{\alpha}_2+\cdots+k_n\boldsymbol{\alpha}_n$$

称为该向量组 $\boldsymbol{\alpha}_1, \boldsymbol{\alpha}_2, \cdots, \boldsymbol{\alpha}_n$ 的一个**线性组合**.

定义 3.5 给定 n 维向量组 $\boldsymbol{\alpha}_1, \boldsymbol{\alpha}_2, \cdots, \boldsymbol{\alpha}_n$ 和一个 n 维向量 $\boldsymbol{\beta}$，如果存在一组数 $k_1, k_2, \cdots, k_n$，使得 $\boldsymbol{\beta}=k_1\boldsymbol{\alpha}_1+k_2\boldsymbol{\alpha}_2+\cdots+k_n\boldsymbol{\alpha}_n$，则称向量 $\boldsymbol{\beta}$ 可由向量组 $\boldsymbol{\alpha}_1, \boldsymbol{\alpha}_2, \cdots, \boldsymbol{\alpha}_n$ **线性表示**，或称向量 $\boldsymbol{\beta}$ 为向量组 $\boldsymbol{\alpha}_1, \boldsymbol{\alpha}_2, \cdots, \boldsymbol{\alpha}_n$ 的一个**线性组合**，称数 $k_1, k_2, \cdots, k_n$ 为**组合系数**.

在引例中，因为 $\boldsymbol{\gamma}=2\boldsymbol{\alpha}+\boldsymbol{\beta}$，所以 $\boldsymbol{\gamma}$ 是向量组 $\boldsymbol{\alpha}$，$\boldsymbol{\beta}$ 的一个线性组合.

例 3.5 证明：任意一个 n 维向量 $\boldsymbol{\alpha}=\begin{pmatrix}a_1\\a_2\\\vdots\\a_n\end{pmatrix}$ 都可由 n 维向量 $\boldsymbol{\varepsilon}_1=\begin{pmatrix}1\\0\\\vdots\\0\end{pmatrix}$，$\boldsymbol{\varepsilon}_2=\begin{pmatrix}0\\1\\\vdots\\0\end{pmatrix}$，$\cdots$，$\boldsymbol{\varepsilon}_n=\begin{pmatrix}0\\0\\\vdots\\1\end{pmatrix}$ 线性表示.

证明 若向量 $\boldsymbol{\alpha}=\begin{pmatrix}a_1\\a_2\\\vdots\\a_n\end{pmatrix}$ 已知，则存在数 $a_1, a_2, \cdots, a_n$，使得

$$\boldsymbol{\alpha}=\begin{pmatrix}a_1\\a_2\\\vdots\\a_n\end{pmatrix}=a_1\begin{pmatrix}1\\0\\\vdots\\0\end{pmatrix}+a_2\begin{pmatrix}0\\1\\\vdots\\0\end{pmatrix}+\cdots+a_n\begin{pmatrix}0\\0\\\vdots\\1\end{pmatrix}$$

即 $\boldsymbol{\alpha}=a_1\boldsymbol{\varepsilon}_1+a_2\boldsymbol{\varepsilon}_2+\cdots+a_n\boldsymbol{\varepsilon}_n$ 成立.

所以 $\boldsymbol{\alpha}$ 可以由 $\boldsymbol{\varepsilon}_1, \boldsymbol{\varepsilon}_2, \cdots, \boldsymbol{\varepsilon}_n$ 线性表示.

这里，$\boldsymbol{\varepsilon}_1$，$\boldsymbol{\varepsilon}_2$，…，$\boldsymbol{\varepsilon}_n$ 称为 n **维基本单位向量组**. 也可以记为 $\boldsymbol{e}_1$，$\boldsymbol{e}_2$，…，$\boldsymbol{e}_n$.

例 3.6　设 $\boldsymbol{\beta}=\begin{pmatrix}0\\4\\2\end{pmatrix}$，$\boldsymbol{\alpha}_1=\begin{pmatrix}1\\2\\3\end{pmatrix}$，$\boldsymbol{\alpha}_2=\begin{pmatrix}2\\3\\1\end{pmatrix}$，$\boldsymbol{\alpha}_3=\begin{pmatrix}3\\1\\2\end{pmatrix}$，问 $\boldsymbol{\beta}$ 是否能由 $\boldsymbol{\alpha}_1$，$\boldsymbol{\alpha}_2$，$\boldsymbol{\alpha}_3$ 线性表示？

解　由定义 3.5，设 $\boldsymbol{\beta}=k_1\boldsymbol{\alpha}_1+k_2\boldsymbol{\alpha}_2+k_3\boldsymbol{\alpha}_3$，则有

$$\begin{cases}k_1+2k_2+3k_3=0\\2k_1+3k_2+k_3=4\\3k_1+k_2+2k_3=2\end{cases}$$

解得：$k_1=1$，$k_2=1$，$k_3=-1$，所以 $\boldsymbol{\beta}$ 能由 $\boldsymbol{\alpha}_1$，$\boldsymbol{\alpha}_2$，$\boldsymbol{\alpha}_3$ 唯一地线性表示，且

$$\boldsymbol{\beta}=\boldsymbol{\alpha}_1+\boldsymbol{\alpha}_2-\boldsymbol{\alpha}_3$$

例 3.7　将线性方程组$\begin{cases}a_{11}x_1+a_{12}x_2+\cdots+a_{1n}x_n=b_1\\a_{21}x_1+a_{22}x_2+\cdots+a_{2n}x_n=b_2\\\qquad\vdots\\a_{m1}x_1+a_{m2}x_2+\cdots+a_{mn}x_n=b_m\end{cases}$写成向量的形式.

解　若令

$$\boldsymbol{\alpha}_1=\begin{pmatrix}a_{11}\\a_{21}\\\vdots\\a_{m1}\end{pmatrix},\ \boldsymbol{\alpha}_2=\begin{pmatrix}a_{12}\\a_{22}\\\vdots\\a_{m2}\end{pmatrix},\ \cdots,\ \boldsymbol{\alpha}_n=\begin{pmatrix}a_{1n}\\a_{2n}\\\vdots\\a_{mn}\end{pmatrix},\ \boldsymbol{\beta}=\begin{pmatrix}b_1\\b_2\\\vdots\\b_m\end{pmatrix}$$

则上述线性方程组可以简写成

$$\boldsymbol{\alpha}_1x_1+\boldsymbol{\alpha}_2x_2+\cdots+\boldsymbol{\alpha}_nx_n=\boldsymbol{\beta}$$

上式称为**线性方程组的向量形式**. 这样，就可以借助线性方程组来讨论向量.

通过例 3.6 可以知道，向量 $\boldsymbol{\beta}$ 是否可以由向量组 $\boldsymbol{\alpha}_1$，$\boldsymbol{\alpha}_2$，$\boldsymbol{\alpha}_3$ 线性表示，归结于线性方程组 $\boldsymbol{\beta}=k_1\boldsymbol{\alpha}_1+k_2\boldsymbol{\alpha}_2+k_3\boldsymbol{\alpha}_3$ 是否有解. 若向量 $\boldsymbol{\beta}$ 可由向量组 $\boldsymbol{\alpha}_1$，$\boldsymbol{\alpha}_2$，$\boldsymbol{\alpha}_3$ 线性表示，表达式是否唯一则由线性方程组 $\boldsymbol{\beta}=k_1\boldsymbol{\alpha}_1+k_2\boldsymbol{\alpha}_2+k_3\boldsymbol{\alpha}_3$ 是否有唯一解来判定. 于是可以得到如下定理.

定理 3.1　向量 $\boldsymbol{\beta}$ 可由 $\boldsymbol{\alpha}_1$，$\boldsymbol{\alpha}_2$，…，$\boldsymbol{\alpha}_s$ 线性表示的充分必要条件是线性方程组 $\boldsymbol{x}_1\boldsymbol{\alpha}_1+\boldsymbol{x}_2\boldsymbol{\alpha}_2+\cdots+\boldsymbol{x}_s\boldsymbol{\alpha}_s=\boldsymbol{\beta}$ 有解，即以 $\boldsymbol{\alpha}_1$，$\boldsymbol{\alpha}_2$，…，$\boldsymbol{\alpha}_s$ 为列向量组的矩阵与以 $\boldsymbol{\alpha}_1$，$\boldsymbol{\alpha}_2$，…，$\boldsymbol{\alpha}_s$，$\boldsymbol{\beta}$ 为列向量组的矩阵有相同的秩，并且

(1) 线性方程组 $\boldsymbol{x}_1\boldsymbol{\alpha}_1+\boldsymbol{x}_2\boldsymbol{\alpha}_2+\cdots+\boldsymbol{x}_s\boldsymbol{\alpha}_s=\boldsymbol{\beta}$ 有唯一解，则向量 $\boldsymbol{\beta}$ 可由 $\boldsymbol{\alpha}_1$，$\boldsymbol{\alpha}_2$，…，$\boldsymbol{\alpha}_s$ 线性表示，且表示式唯一.

(2) 线性方程组 $\boldsymbol{x}_1\boldsymbol{\alpha}_1+\boldsymbol{x}_2\boldsymbol{\alpha}_2+\cdots+\boldsymbol{x}_s\boldsymbol{\alpha}_s=\boldsymbol{\beta}$ 有无穷多解，则向量 $\boldsymbol{\beta}$ 可由 $\boldsymbol{\alpha}_1$，$\boldsymbol{\alpha}_2$，…，$\boldsymbol{\alpha}_s$ 线性表示，且表示式不唯一.

显然，向量 $\boldsymbol{\beta}$ 不能由 $\boldsymbol{\alpha}_1$，$\boldsymbol{\alpha}_2$，…，$\boldsymbol{\alpha}_s$ 线性表示的充要条件是 $\boldsymbol{x}_1\boldsymbol{\alpha}_1+\boldsymbol{x}_2\boldsymbol{\alpha}_2+\cdots+\boldsymbol{x}_s\boldsymbol{\alpha}_s=\boldsymbol{\beta}$ 无解，即 $R(\boldsymbol{\alpha}_1,\boldsymbol{\alpha}_2,\cdots,\boldsymbol{\alpha}_s)\neq R(\boldsymbol{\alpha}_1,\boldsymbol{\alpha}_2,\cdots,\boldsymbol{\alpha}_s,\boldsymbol{\beta})$.

例 3.8　设向量组 $\boldsymbol{\alpha}_1=\begin{pmatrix}1\\1\\0\end{pmatrix}$，$\boldsymbol{\alpha}_2=\begin{pmatrix}0\\1\\1\end{pmatrix}$，$\boldsymbol{\alpha}_3=\begin{pmatrix}1\\2\\1\end{pmatrix}$，向量 $\boldsymbol{\beta}=\begin{pmatrix}2\\1\\-1\end{pmatrix}$，问向量 $\boldsymbol{\beta}$ 是否可由

向量组$\boldsymbol{\alpha}_1$，$\boldsymbol{\alpha}_2$，$\boldsymbol{\alpha}_3$线性表示？若能线性表示，请写出该表示的表达式.

解 设$x_1\boldsymbol{\alpha}_1+x_2\boldsymbol{\alpha}_2+x_3\boldsymbol{\alpha}_3=\boldsymbol{\beta}$，利用前面求解线性方程组的方法，通过初等行变换将方程组的增广矩阵化为行最简形矩阵：

$$\widetilde{\boldsymbol{A}}=(\boldsymbol{\alpha}_1,\boldsymbol{\alpha}_2,\boldsymbol{\alpha}_3,\boldsymbol{\beta})=\begin{pmatrix}1&0&1&2\\1&1&2&1\\0&1&1&-1\end{pmatrix}\xrightarrow{r_2-r_1}\begin{pmatrix}1&0&1&2\\0&1&1&-1\\0&1&1&-1\end{pmatrix}\xrightarrow{r_3-r_2}\begin{pmatrix}1&0&1&2\\0&1&1&-1\\0&0&0&0\end{pmatrix}$$

因为$R(\boldsymbol{\alpha}_1,\boldsymbol{\alpha}_2,\boldsymbol{\alpha}_3)=R(\boldsymbol{\alpha}_1,\boldsymbol{\alpha}_2,\boldsymbol{\alpha}_3,\boldsymbol{\beta})=2$，所以向量$\boldsymbol{\beta}$可由向量组$\boldsymbol{\alpha}_1$，$\boldsymbol{\alpha}_2$，$\boldsymbol{\alpha}_3$线性表示，且表示方式不唯一. 因$\begin{cases}x_1=2-x_3\\x_2=-1-x_3\end{cases}$，故取$x_3$为自由未知量，令$x_3=c$，则$\begin{cases}x_1=2-c\\x_2=-1-c\\x_3=c\end{cases}$（$c$为任意实数），$\boldsymbol{\beta}=(2-c)\boldsymbol{\alpha}_1+(-1-c)\boldsymbol{\alpha}_2+c\boldsymbol{\alpha}_3$（$c$为任意实数）. 例如，取$c=0$时，有$\boldsymbol{\beta}=2\boldsymbol{\alpha}_1-\boldsymbol{\alpha}_2$；取$c=1$时，有$\boldsymbol{\beta}=\boldsymbol{\alpha}_1-2\boldsymbol{\alpha}_2+\boldsymbol{\alpha}_3$，等等.

例 3.9 设向量组$\boldsymbol{\alpha}_1=(2,3,8,10)$，$\boldsymbol{\alpha}_2=(0,-1,2,3)$，$\boldsymbol{\alpha}_3=(2,3,6,8)$，向量$\boldsymbol{\beta}=(1,2,3,4)$，问向量$\boldsymbol{\beta}$能否由向量组$\boldsymbol{\alpha}_1$，$\boldsymbol{\alpha}_2$，$\boldsymbol{\alpha}_3$线性表示？若能线性表示，请写出该表示的表达式.

解 此题所给向量为行向量，所以需要将向量进行转置，考察线性方程组

$$x_1\boldsymbol{\alpha}_1^{\mathrm{T}}+x_2\boldsymbol{\alpha}_2^{\mathrm{T}}+x_3\boldsymbol{\alpha}_3^{\mathrm{T}}=\boldsymbol{\beta}^{\mathrm{T}}$$

对增广矩阵作初等行变换：

$$\widetilde{\boldsymbol{A}}=(\boldsymbol{\alpha}_1^{\mathrm{T}},\boldsymbol{\alpha}_2^{\mathrm{T}},\boldsymbol{\alpha}_3^{\mathrm{T}},\boldsymbol{\beta}^{\mathrm{T}})=\begin{pmatrix}2&0&2&1\\3&-1&3&2\\8&2&6&3\\10&3&8&4\end{pmatrix}\xrightarrow{r}\begin{pmatrix}1&0&0&0\\0&1&0&0\\0&0&1&0\\0&0&0&1\end{pmatrix}$$

因为$R(\boldsymbol{\alpha}_1^{\mathrm{T}},\boldsymbol{\alpha}_2^{\mathrm{T}},\boldsymbol{\alpha}_3^{\mathrm{T}})\neq R(\boldsymbol{\alpha}_1^{\mathrm{T}},\boldsymbol{\alpha}_2^{\mathrm{T}},\boldsymbol{\alpha}_3^{\mathrm{T}},\boldsymbol{\beta}^{\mathrm{T}})$，所以线性方程组无解.

所以向量$\boldsymbol{\beta}^{\mathrm{T}}$不能由向量组$\boldsymbol{\alpha}_1^{\mathrm{T}}$，$\boldsymbol{\alpha}_2^{\mathrm{T}}$，$\boldsymbol{\alpha}_3^{\mathrm{T}}$线性表示，即向量$\boldsymbol{\beta}$不能由向量组$\boldsymbol{\alpha}_1$，$\boldsymbol{\alpha}_2$，$\boldsymbol{\alpha}_3$线性表示.

3.2.3 向量组的等价

定义 3.6 设有两个同维向量组：

$$\boldsymbol{A}:\boldsymbol{\alpha}_1,\boldsymbol{\alpha}_2,\cdots,\boldsymbol{\alpha}_s;\ \boldsymbol{B}:\boldsymbol{\beta}_1,\boldsymbol{\beta}_2,\cdots,\boldsymbol{\beta}_t$$

若向量组$\boldsymbol{B}$中**每个**$\boldsymbol{\beta}_i(i=1,2,\cdots,t)$都可以由向量组$\boldsymbol{A}$：$\boldsymbol{\alpha}_1$，$\boldsymbol{\alpha}_2$，…，$\boldsymbol{\alpha}_s$线性表示，则称向量组$\boldsymbol{B}$可由向量组$\boldsymbol{A}$线性表示；反之，若向量组$\boldsymbol{A}$中**每个**$\boldsymbol{\alpha}_j(j=1,2,\cdots,s)$都可以由向量组$\boldsymbol{B}$：$\boldsymbol{\beta}_1$，$\boldsymbol{\beta}_2$，…，$\boldsymbol{\beta}_t$线性表示，则称向量组$\boldsymbol{A}$可由向量组$\boldsymbol{B}$线性表示. 如果向量组$\boldsymbol{A}$与向量组$\boldsymbol{B}$可以**相互**线性表示，则称**向量组$\boldsymbol{A}$与向量组$\boldsymbol{B}$等价**.

例如，向量组$\boldsymbol{e}_1=(1,0,0)^{\mathrm{T}}$，$\boldsymbol{e}_2=(0,1,0)^{\mathrm{T}}$，$\boldsymbol{e}_3=(0,0,1)^{\mathrm{T}}$和向量组$\boldsymbol{\alpha}_1=(1,1,1)^{\mathrm{T}}$，$\boldsymbol{\alpha}_2=(1,1,0)^{\mathrm{T}}$，$\boldsymbol{\alpha}_3=(1,0,0)^{\mathrm{T}}$是等价的. 事实上有，$\boldsymbol{\alpha}_1=\boldsymbol{e}_1+\boldsymbol{e}_2+\boldsymbol{e}_3$，$\boldsymbol{\alpha}_2=\boldsymbol{e}_1+\boldsymbol{e}_2$，$\boldsymbol{\alpha}_3=\boldsymbol{e}_1$，且有$\boldsymbol{e}_1=\boldsymbol{\alpha}_3$，$\boldsymbol{e}_2=\boldsymbol{\alpha}_2-\boldsymbol{\alpha}_3$，$\boldsymbol{e}_3=\boldsymbol{\alpha}_1-\boldsymbol{\alpha}_2$.

与矩阵等价类似，向量组的等价关系也具有自反性、对称性及传递性.

(1) 自反性：一个向量组与自身等价；

(2) 对称性：向量组 $\boldsymbol{B}$ 与向量组 $\boldsymbol{A}$ 等价，则向量组 $\boldsymbol{A}$ 与向量组 $\boldsymbol{B}$ 等价；

(3) 传递性：向量组 $\boldsymbol{C}$ 与向量组 $\boldsymbol{B}$ 等价，向量组 $\boldsymbol{B}$ 与向量组 $\boldsymbol{A}$ 等价，则向量组 $\boldsymbol{C}$ 与向量组 $\boldsymbol{A}$ 等价.

要证明两个向量组等价，可以根据定义证明这两个向量组相互线性表示，但是一般按照定义来证明计算量比较大，下面介绍另一种方法.

若向量组 $\boldsymbol{B}$ 能由向量组 $\boldsymbol{A}$ 线性表示，则存在 $k_{1i}, k_{2i}, \cdots, k_{si}(i=1, 2, \cdots, s)$，使得

$$\boldsymbol{\beta}_i=k_{1i}\boldsymbol{\alpha}_1+k_{2i}\boldsymbol{\alpha}_2+\cdots+k_{si}\boldsymbol{\alpha}_s=(\boldsymbol{\alpha}_1, \boldsymbol{\alpha}_2, \cdots\boldsymbol{\alpha}_s)\begin{pmatrix}k_{1i}\\k_{2i}\\\vdots\\k_{si}\end{pmatrix}$$

所以 $(\boldsymbol{\beta}_1, \boldsymbol{\beta}_2, \cdots, \boldsymbol{\beta}_t)=(\boldsymbol{\alpha}_1, \boldsymbol{\alpha}_2, \cdots, \boldsymbol{\alpha}_s)\begin{pmatrix}k_{11}&k_{12}&\cdots&k_{1t}\\k_{21}&k_{22}&\cdots&k_{2t}\\\vdots&\vdots&&\vdots\\k_{s1}&k_{s2}&\cdots&k_{st}\end{pmatrix}$

其中矩阵 $\begin{pmatrix}k_{11}&k_{12}&\cdots&k_{1t}\\k_{21}&k_{22}&\cdots&k_{2t}\\\vdots&\vdots&&\vdots\\k_{s1}&k_{s2}&\cdots&k_{st}\end{pmatrix}$ 记为 $\boldsymbol{K}_{s\times t}=(k_{ij})_{s\times t}$，于是向量组 $\boldsymbol{B}$ 能由向量组 $\boldsymbol{A}$ 线性表示，可以写出矩阵的形式 $\boldsymbol{B}_{m\times t}=\boldsymbol{A}_{m\times s}\boldsymbol{K}_{s\times t}$，也就是矩阵方程 $\boldsymbol{A}_{m\times s}\boldsymbol{X}_{s\times t}=\boldsymbol{B}_{m\times t}$ 有解，于是得到如下定理：

定理 3.2　向量组 $\boldsymbol{B}$：$\boldsymbol{\beta}_1, \boldsymbol{\beta}_2, \cdots, \boldsymbol{\beta}_t$ 能由向量组 $\boldsymbol{A}$：$\boldsymbol{\alpha}_1, \boldsymbol{\alpha}_2, \cdots, \boldsymbol{\alpha}_s$ 线性表示的充分必要条件是：矩阵方程 $\boldsymbol{A}_{m\times s}\boldsymbol{X}_{s\times t}=\boldsymbol{B}_{m\times t}$ 有解. 即矩阵 $\boldsymbol{A}=(\boldsymbol{\alpha}_1, \boldsymbol{\alpha}_2, \cdots, \boldsymbol{\alpha}_s)$ 的秩等于矩阵 $(\boldsymbol{A}, \boldsymbol{B})=(\boldsymbol{\alpha}_1, \boldsymbol{\alpha}_2, \cdots, \boldsymbol{\alpha}_s, \boldsymbol{\beta}_1, \boldsymbol{\beta}_2, \cdots, \boldsymbol{\beta}_t)$ 的秩，即 $R(\boldsymbol{A})=R(\boldsymbol{A}, \boldsymbol{B})$.

由于 $R(\boldsymbol{A}, \boldsymbol{B})\geqslant R(\boldsymbol{B})$，以及 $R(\boldsymbol{B}, \boldsymbol{A})=R(\boldsymbol{A}, \boldsymbol{B})$，可得到以下推论：

推论 3.1　向量组 $\boldsymbol{B}$：$\boldsymbol{\beta}_1, \boldsymbol{\beta}_2, \cdots, \boldsymbol{\beta}_t$ 能由向量组 $\boldsymbol{A}$：$\boldsymbol{\alpha}_1, \boldsymbol{\alpha}_2, \cdots, \boldsymbol{\alpha}_s$ 线性表示，则 $R(\boldsymbol{B})\leqslant R(\boldsymbol{A})$.

推论 3.2　向量组 $\boldsymbol{A}$：$\boldsymbol{\alpha}_1, \boldsymbol{\alpha}_2, \cdots, \boldsymbol{\alpha}_s$ 能由向量组 $\boldsymbol{B}$：$\boldsymbol{\beta}_1, \boldsymbol{\beta}_2, \cdots, \boldsymbol{\beta}_t$ 线性表示，则 $R(\boldsymbol{A})\leqslant R(\boldsymbol{B})$.

推论 3.3　向量组 $\boldsymbol{A}$：$\boldsymbol{\alpha}_1, \boldsymbol{\alpha}_2, \cdots, \boldsymbol{\alpha}_s$ 与向量组 $\boldsymbol{B}$：$\boldsymbol{\beta}_1, \boldsymbol{\beta}_2, \cdots, \boldsymbol{\beta}_t$ 等价的充分必要条件是：

$$R(\boldsymbol{A})=R(\boldsymbol{B})=R(\boldsymbol{A}, \boldsymbol{B})$$

例 3.10　已知向量组 $\boldsymbol{A}$：$\boldsymbol{\alpha}_1=\begin{pmatrix}1\\2\\5\end{pmatrix}$，$\boldsymbol{\alpha}_2=\begin{pmatrix}1\\0\\-1\end{pmatrix}$，$\boldsymbol{\alpha}_3=\begin{pmatrix}-1\\1\\2\end{pmatrix}$ 和向量组 $\boldsymbol{B}$：$\boldsymbol{\beta}_1=\begin{pmatrix}1\\0\\1\end{pmatrix}$，$\boldsymbol{\beta}_2=\begin{pmatrix}1\\1\\0\end{pmatrix}$，$\boldsymbol{\beta}_3=\begin{pmatrix}0\\1\\1\end{pmatrix}$，证明：向量组 $\boldsymbol{A}$：$\boldsymbol{\alpha}_1, \boldsymbol{\alpha}_2, \boldsymbol{\alpha}_3$ 和向量组 $\boldsymbol{B}$：$\boldsymbol{\beta}_1, \boldsymbol{\beta}_2, \boldsymbol{\beta}_3$ 等价.

证明 **方法一** 利用定义，证明向量组 $\boldsymbol{A}$ 和向量组 $\boldsymbol{B}$ 相互表示，比较麻烦，这里不再叙述.

方法二 设矩阵 $\boldsymbol{A}=(\boldsymbol{\alpha}_1, \boldsymbol{\alpha}_2, \boldsymbol{\alpha}_3)$，矩阵 $\boldsymbol{B}=(\boldsymbol{\beta}_1, \boldsymbol{\beta}_2, \boldsymbol{\beta}_3)$，由

$$(\boldsymbol{A}, \boldsymbol{B})=(\boldsymbol{\alpha}_1, \boldsymbol{\alpha}_2, \boldsymbol{\alpha}_3, \boldsymbol{\beta}_1, \boldsymbol{\beta}_2, \boldsymbol{\beta}_3)=\begin{pmatrix}1 & 1 & -1 & 1 & 1 & 0\\ 2 & 0 & 1 & 0 & 1 & 1\\ 5 & -1 & 2 & 1 & 0 & 1\end{pmatrix}$$

$$\xrightarrow{r}\begin{pmatrix}1 & 1 & -1 & 1 & 1 & 0\\ 0 & 2 & -3 & 2 & 1 & -1\\ 0 & 0 & 16 & -10 & -8 & 4\end{pmatrix}$$

所以 $R(\boldsymbol{A})=R(\boldsymbol{A}, \boldsymbol{B})=3$.

又因为
$$\boldsymbol{B}=\begin{pmatrix}1 & 1 & 0\\ 0 & 1 & 1\\ 1 & 0 & 1\end{pmatrix}\xrightarrow{r}\begin{pmatrix}1 & 1 & 0\\ 0 & 1 & 1\\ 0 & 0 & 2\end{pmatrix}$$

所以 $R(\boldsymbol{B})=3$，从而有 $R(\boldsymbol{A})=R(\boldsymbol{B})=R(\boldsymbol{A}, \boldsymbol{B})=3$，即向量组 $\boldsymbol{A}$：$\boldsymbol{\alpha}_1$，$\boldsymbol{\alpha}_2$，$\boldsymbol{\alpha}_3$ 和向量组 $\boldsymbol{B}$：$\boldsymbol{\beta}_1$，$\boldsymbol{\beta}_2$，$\boldsymbol{\beta}_3$ 等价.

3.2.4 向量组的线性相关性的定义

下面给出向量组线性相关、线性无关的定义.

定义 3.7 设有 s 个 n 维向量组 $\boldsymbol{\alpha}_1$，$\boldsymbol{\alpha}_2$，…，$\boldsymbol{\alpha}_s$，如果存在常数 k_1，k_2，…，$k_s\in\mathbf{R}$，使得

$$k_1\boldsymbol{\alpha}_1+k_2\boldsymbol{\alpha}_2+\cdots+k_s\boldsymbol{\alpha}_s=\mathbf{0}$$

(1) 若存在一组**不全为** 0 的数 k_1，k_2，…，k_s，使得上式成立，则称向量组 $\boldsymbol{\alpha}_1$，$\boldsymbol{\alpha}_2$，…，$\boldsymbol{\alpha}_s$ 是**线性相关**的；

(2) 当且仅当 $k_1=k_2=\cdots=k_s=0$ 时，才使得上式成立，则称向量组 $\boldsymbol{\alpha}_1$，$\boldsymbol{\alpha}_2$，…，$\boldsymbol{\alpha}_s$ 是**线性无关**的.

例如，向量组 $\boldsymbol{\alpha}_1=\begin{pmatrix}1\\-1\\2\end{pmatrix}$，$\boldsymbol{\alpha}_2=\begin{pmatrix}3\\-3\\6\end{pmatrix}$，$\boldsymbol{\alpha}_3=\begin{pmatrix}7\\-2\\0\end{pmatrix}$，容易看出：$\boldsymbol{\alpha}_2=3\boldsymbol{\alpha}_1$，于是有 $3\boldsymbol{\alpha}_1-\boldsymbol{\alpha}_2+0\boldsymbol{\alpha}_3=\mathbf{0}$，所以向量组 $\boldsymbol{\alpha}_1$，$\boldsymbol{\alpha}_2$，$\boldsymbol{\alpha}_3$ 是线性相关的.

又如，向量组 $\boldsymbol{\alpha}_1=\begin{pmatrix}1\\0\\0\end{pmatrix}$，$\boldsymbol{\alpha}_2=\begin{pmatrix}2\\0\\1\end{pmatrix}$，$\boldsymbol{\alpha}_3=\begin{pmatrix}3\\1\\0\end{pmatrix}$，要使 $k_1\boldsymbol{\alpha}_1+k_2\boldsymbol{\alpha}_2+k_3\boldsymbol{\alpha}_3=\mathbf{0}$ 成立，只有 $k_1=k_2=k_3=0$，所以向量组 $\boldsymbol{\alpha}_1$，$\boldsymbol{\alpha}_2$，$\boldsymbol{\alpha}_3$ 是线性无关的.

根据向量组线性相关、线性无关的定义，可以得到如下结论：

(1) 包含零向量的向量组必定线性相关；

(2) n 维基本单位向量组 $\boldsymbol{e}_1$，$\boldsymbol{e}_2$，…，$\boldsymbol{e}_n$ 线性无关.

证明 (1) 设向量组 $\boldsymbol{A}$：$\mathbf{0}$，$\boldsymbol{\alpha}_1$，$\boldsymbol{\alpha}_2$，…，$\boldsymbol{\alpha}_s$ 是任意一个含有零向量的 n 维向量组，于是对于任意非零常数 k，都有 $k\mathbf{0}+0\boldsymbol{\alpha}_1+0\boldsymbol{\alpha}_2+\cdots+0\boldsymbol{\alpha}_s=0$ 成立.

所以根据定义，得到向量组 $\boldsymbol{A}$：$\mathbf{0}$，$\boldsymbol{\alpha}_1$，$\boldsymbol{\alpha}_2$，…，$\boldsymbol{\alpha}_s$ 是线性相关的.

(2) 若 $k_1\boldsymbol{e}_1+k_2\boldsymbol{e}_2+\cdots+k_n\boldsymbol{e}_n=\mathbf{0}$，即

$$k_1\begin{pmatrix}1\\0\\\vdots\\0\end{pmatrix}+k_2\begin{pmatrix}0\\1\\\vdots\\0\end{pmatrix}+\cdots+k_n\begin{pmatrix}0\\0\\\vdots\\1\end{pmatrix}=\begin{pmatrix}0\\0\\\vdots\\0\end{pmatrix}$$

得 $k_1=k_2=\cdots=k_s=0$，故 n 维基本单位向量组 $\boldsymbol{e}_1$，$\boldsymbol{e}_2$，…，$\boldsymbol{e}_n$ 线性无关.

例 3.11　判断向量组 $\boldsymbol{\alpha}_1=(2,-1,3,1)^{\mathrm{T}}$，$\boldsymbol{\alpha}_2=(4,-2,5,4)^{\mathrm{T}}$，$\boldsymbol{\alpha}_3=(2,-1,4,-1)^{\mathrm{T}}$ 是否线性相关.

解　按照向量组线性相关和线性无关的定义，只需验证使得 $x_1\boldsymbol{\alpha}_1+x_2\boldsymbol{\alpha}_2+x_3\boldsymbol{\alpha}_3=0$ 成立的一组数 x_1，x_2，x_3 是不全为 0 还是全为 0.

设有 $x_1\boldsymbol{\alpha}_1+x_2\boldsymbol{\alpha}_2+x_3\boldsymbol{\alpha}_3=0$，即构成齐次线性方程组：

$$\begin{cases}2x_1+4x_2+2x_3=0\\-x_1-2x_2-x_3=0\\3x_1+5x_2+4x_3=0\\x_1+4x_2-x_3=0\end{cases}$$

对该方程组的系数矩阵进行初等行变换化为行最简形矩阵：

$$\boldsymbol{A}=(\boldsymbol{\alpha}_1,\boldsymbol{\alpha}_2,\boldsymbol{\alpha}_3)=\begin{pmatrix}2&4&2\\-1&-2&-1\\3&5&4\\1&4&-1\end{pmatrix}\xrightarrow{r}\begin{pmatrix}1&0&3\\0&1&-1\\0&0&0\\0&0&0\end{pmatrix}$$

由 $\begin{cases}x_1=-3x_3\\x_2=x_3\end{cases}$ 得到该齐次线性方程组有无穷多解. 即 $x_1\boldsymbol{\alpha}_1+x_2\boldsymbol{\alpha}_2+x_3\boldsymbol{\alpha}_3=0$ 有非零解，所以向量组 $\boldsymbol{\alpha}_1$，$\boldsymbol{\alpha}_2$，$\boldsymbol{\alpha}_3$ 线性相关.

3.2.5　向量组线性相关性的判断方法

总结例 3.11 的解题过程，可以知道向量组线性相关性的判断可以转化为对齐次线性方程组的求解的判断. 即向量组 $\boldsymbol{\alpha}_1$，$\boldsymbol{\alpha}_2$，…，$\boldsymbol{\alpha}_s$ 线性相关的充分必要条件是齐次线性方程组 $k_1\alpha_1+k_2\alpha_2+\cdots+k_s\alpha_s=\mathbf{0}$ 有非零解；线性无关的充分必要条件是上述齐次线性方程组只有零解 $k_1=k_2=\cdots=k_s=0$. 于是，根据齐次方程组解的定理得到如下定理.

定理 3.3　向量组 $\boldsymbol{\alpha}_1$，$\boldsymbol{\alpha}_2$，…，$\boldsymbol{\alpha}_s$ 线性相关的充要条件是：矩阵 $\boldsymbol{A}=(\boldsymbol{\alpha}_1,\boldsymbol{\alpha}_2,\cdots,\boldsymbol{\alpha}_s)$ 的秩小于向量的个数 s；向量组 $\boldsymbol{\alpha}_1$，$\boldsymbol{\alpha}_2$，…，$\boldsymbol{\alpha}_s$ 线性无关的充要条件是：矩阵 $\boldsymbol{A}=(\boldsymbol{\alpha}_1,\boldsymbol{\alpha}_2,\cdots,\boldsymbol{\alpha}_s)$ 的秩等于向量的个数 s.

例 3.12　已知 $\alpha_1=\begin{pmatrix}1\\1\\1\end{pmatrix}$，$\alpha_2=\begin{pmatrix}0\\2\\5\end{pmatrix}$，$\alpha_3=\begin{pmatrix}2\\4\\7\end{pmatrix}$，试讨论向量组 α_1，α_2，α_3 及 α_1，α_2 的线性相关性.

解　对矩阵 $\boldsymbol{A}=(\boldsymbol{\alpha}_1,\boldsymbol{\alpha}_2,\boldsymbol{\alpha}_3)$ 作初等行变换化为行阶梯形矩阵

$$(\boldsymbol{\alpha}_1,\boldsymbol{\alpha}_2,\boldsymbol{\alpha}_3)=\begin{pmatrix}1&0&2\\1&2&4\\1&5&7\end{pmatrix}\xrightarrow[r_3-r_1]{r_2-r_1}\begin{pmatrix}1&0&2\\0&2&2\\0&5&5\end{pmatrix}\xrightarrow{r_3-\frac{5}{2}r_2}\begin{pmatrix}1&0&2\\0&2&2\\0&0&0\end{pmatrix}$$

因为 $R(\boldsymbol{\alpha}_1, \boldsymbol{\alpha}_2, \boldsymbol{\alpha}_3)=2<3$，所以向量组 $\boldsymbol{\alpha}_1, \boldsymbol{\alpha}_2, \boldsymbol{\alpha}_3$ 线性相关；$R(\boldsymbol{\alpha}_1, \boldsymbol{\alpha}_2)=2$，所以向量组 $\boldsymbol{\alpha}_1, \boldsymbol{\alpha}_2$ 线性无关.

例 3.13 判断下列向量组是否线性相关：

$$\boldsymbol{\alpha}_1=\begin{pmatrix}1\\2\\-1\\5\end{pmatrix},\quad \boldsymbol{\alpha}_2=\begin{pmatrix}2\\-1\\1\\1\end{pmatrix},\quad \boldsymbol{\alpha}_3=\begin{pmatrix}4\\3\\-1\\11\end{pmatrix}$$

解 对矩阵 $A=(\alpha_1, \alpha_2, \alpha_3)$ 作初等行变换化为行阶梯形矩阵

$$(\boldsymbol{\alpha}_1, \boldsymbol{\alpha}_2, \boldsymbol{\alpha}_3)=\begin{pmatrix}1&2&4\\2&-1&3\\-1&1&-1\\5&1&11\end{pmatrix}\xrightarrow[\substack{r_3+r_1\\r_4-5r_1}]{r_2-2r_1}\begin{pmatrix}1&2&4\\0&-5&-5\\0&3&3\\0&-9&-9\end{pmatrix}\longrightarrow\begin{pmatrix}1&2&4\\0&1&1\\0&0&0\\0&0&0\end{pmatrix}$$

因为 $R(\mathbf{A})=2<3$，所以向量组 $\boldsymbol{\alpha}_1, \boldsymbol{\alpha}_2, \boldsymbol{\alpha}_3$ 线性相关.

3.2.6 向量组线性相关性的重要性质

下面给出关于向量组线性相关性的一些常见的性质.

性质 3.1 一个向量线性相关的充分必要条件是这个向量为零向量.

证明 当向量组只含有一个向量 $\boldsymbol{\alpha}$ 时，若 $\boldsymbol{\alpha}\neq\mathbf{0}$，则只有当 $k=0$ 时才有 $k\boldsymbol{\alpha}=\mathbf{0}$，所以 $\boldsymbol{\alpha}$ 线性无关；若 $\boldsymbol{\alpha}=\mathbf{0}$，则对任意非零常数 k，都有 $k\boldsymbol{\alpha}=\mathbf{0}$，所以 $\boldsymbol{\alpha}$ 线性相关.

推论 3.4 一个向量线性无关的充分必要条件是这个向量为非零向量.

性质 3.2 两个向量线性相关的充分必要条件是这两个向量对应的分量成比例.

证明 必要性：已知向量组 $\boldsymbol{\alpha}_1, \boldsymbol{\alpha}_2$ 线性相关，则有 $k_1\boldsymbol{\alpha}_1+k_2\boldsymbol{\alpha}_2=\mathbf{0}$，其中 k_1, k_2 不全为 0，若 k_1, k_2 中有一个不为 0，不妨设 $k_1=0$，则有 $k_2\boldsymbol{\alpha}_2=\mathbf{0}$，又 $k_2\neq 0$，于是 $\boldsymbol{\alpha}_2=\mathbf{0}$，这与已知 $\boldsymbol{\alpha}_2\neq\mathbf{0}$ 矛盾. 所以 k_1, k_2 都不为 0，从而 $\boldsymbol{\alpha}_1=-\dfrac{k_2}{k_1}\boldsymbol{\alpha}_2=k\boldsymbol{\alpha}_2$.

充分性：已知 $\boldsymbol{\alpha}_1=k\boldsymbol{\alpha}_2$，即 $\boldsymbol{\alpha}_1-k\boldsymbol{\alpha}_2=\mathbf{0}$，显然向量组 $\boldsymbol{\alpha}_1, \boldsymbol{\alpha}_2$ 线性相关.

从几何上看，当 $\boldsymbol{\alpha}_1=k\boldsymbol{\alpha}_2$ 时，即 $\boldsymbol{\alpha}_1, \boldsymbol{\alpha}_2$ 线性相关时，$\boldsymbol{\alpha}_1, \boldsymbol{\alpha}_2$ 是共线向量.

推论 3.5 两个向量线性无关的充分必要条件是向量对应的分量不成比例.

性质 3.3 s 个 n 维向量组 $\boldsymbol{\alpha}_1, \boldsymbol{\alpha}_2, \cdots, \boldsymbol{\alpha}_s (s\geqslant 2)$ 线性相关的充分必要条件是其中至少有一个向量可由其余 $s-1$ 个向量线性表示.

推论 3.6 向量组 $\boldsymbol{\alpha}_1, \boldsymbol{\alpha}_2, \cdots, \boldsymbol{\alpha}_s (s\geqslant 2)$ 线性无关的**充分必要条件**是其中每一个向量**都不能**由其余 $s-1$ 个向量线性表示.

当向量组中所含向量的个数与维数相同，即 $s=n$ 时，即 $k_1\boldsymbol{\alpha}_1+k_2\boldsymbol{\alpha}_2+\cdots+k_s\boldsymbol{\alpha}_s=\mathbf{0}$ 齐次线性方程组的方程个数与未知数个数相等，结合前面所学的克莱姆法则中的结论，可得如下重要结论.

推论 3.7 n 个 n 维向量组 $\boldsymbol{\alpha}_i=\begin{pmatrix}a_{1i}\\a_{2i}\\\vdots\\a_{ni}\end{pmatrix}(i=1, 2, \cdots, n)$ 线性相关的充分必要条件是行

列式 $D=|\boldsymbol{\alpha}_1, \boldsymbol{\alpha}_2, \cdots, \boldsymbol{\alpha}_n|=0$；线性无关的充分必要条件是行列式 $D\neq 0$.

例 3.14　证明：向量组 $\boldsymbol{\alpha}_1=\begin{pmatrix}1\\a\\a^2\\a^3\end{pmatrix}$，$\boldsymbol{\alpha}_2=\begin{pmatrix}1\\b\\b^2\\b^3\end{pmatrix}$，$\boldsymbol{\alpha}_3=\begin{pmatrix}1\\c\\c^2\\c^3\end{pmatrix}$，$\boldsymbol{\alpha}_4=\begin{pmatrix}1\\d\\d^2\\d^3\end{pmatrix}$线性无关，其中 a，b，c，d 各不相同.

证明　向量组是由 4 个四维向量组成，根据推论 3.7，可得

$$D=\begin{vmatrix}1&1&1&1\\a&b&c&d\\a^2&b^2&c^2&d^2\\a^3&b^3&c^3&d^3\end{vmatrix}=(b-a)(c-a)(d-a)(c-b)(d-b)(d-c)$$

因为 a，b，c，d 各不相同，所以 $D\neq 0$，故 $\boldsymbol{\alpha}_1$，$\boldsymbol{\alpha}_2$，$\boldsymbol{\alpha}_3$，$\boldsymbol{\alpha}_4$ 线性无关.

性质 3.4　当向量组中所含向量个数大于向量组的维数时，向量组一定线性相关.

性质 3.5　若向量组 $\boldsymbol{\alpha}_1, \boldsymbol{\alpha}_2, \cdots, \boldsymbol{\alpha}_s$ 线性无关，而向量组 $\boldsymbol{\alpha}_1, \boldsymbol{\alpha}_2, \cdots, \boldsymbol{\alpha}_s, \boldsymbol{\beta}$ 线性相关，则 $\boldsymbol{\beta}$ 可由 $\boldsymbol{\alpha}_1, \boldsymbol{\alpha}_2, \cdots, \boldsymbol{\alpha}_s$ 线性表示，且表达式唯一.

证明　因向量组 $\boldsymbol{\alpha}_1, \boldsymbol{\alpha}_2, \cdots, \boldsymbol{\alpha}_s, \boldsymbol{\beta}$ 线性相关，所以存在不全为零的数 $k_1, k_2, \cdots, k_s, l$ 使得 $k_1\boldsymbol{\alpha}_1+k_2\boldsymbol{\alpha}_2+\cdots+k_s\boldsymbol{\alpha}_s+l\boldsymbol{\beta}=0$ 成立.

若 $l=0$，则 $k_1\boldsymbol{\alpha}_1+k_2\boldsymbol{\alpha}_2+\cdots+k_s\boldsymbol{\alpha}_s=\mathbf{0}$，且 $k_1, k_2, \cdots, k_s$ 不全为 0，这与向量组 $\boldsymbol{\alpha}_1, \boldsymbol{\alpha}_2, \cdots, \boldsymbol{\alpha}_s$ 线性无关矛盾. 故 $l\neq 0$. 于是

$$\boldsymbol{\beta}=-\frac{1}{l}(k_1\boldsymbol{\alpha}_1+k_2\boldsymbol{\alpha}_2+\cdots+k_s\boldsymbol{\alpha}_s)$$

表达式唯一可用反证法证明得到，留给读者完成.

性质 3.6　设 n 维向量组 $\boldsymbol{\alpha}_1, \boldsymbol{\alpha}_2, \cdots, \boldsymbol{\alpha}_s$ 线性相关，则向量组 $\boldsymbol{\alpha}_1, \boldsymbol{\alpha}_2, \cdots, \boldsymbol{\alpha}_s, \cdots, \boldsymbol{\alpha}_m$ $(m>s)$ 也线性相关. 即若向量组中有一部分向量组（称为部分组）线性相关，则整个向量组线性相关.

证明　因为 $\boldsymbol{\alpha}_1, \boldsymbol{\alpha}_2, \cdots, \boldsymbol{\alpha}_s$ 线性相关，所以存在一组不全为零的数 $k_1, k_2, \cdots, k_s$，使得

$$k_1\boldsymbol{\alpha}_1+k_2\boldsymbol{\alpha}_2+\cdots+k_s\boldsymbol{\alpha}_s=\mathbf{0}$$

于是 $k_1\boldsymbol{\alpha}_1+k_2\boldsymbol{\alpha}_2+\cdots+k_s\boldsymbol{\alpha}_s+0\boldsymbol{\alpha}_{s+1}+\cdots+0\boldsymbol{\alpha}_m=\mathbf{0}$，因此，$\boldsymbol{\alpha}_1, \boldsymbol{\alpha}_2, \cdots, \boldsymbol{\alpha}_s, \cdots, \boldsymbol{\alpha}_m$ $(m>s)$ 线性相关.

上述定理也可以说成：**若部分相关，则整体相关.**

推论 3.8　若整个向量组线性无关，则它的任意一个部分组线性无关.

推论 3.8 也可以说成：**若整体无关，则部分必无关.**

性质 3.7　如果 n 维向量组 $\boldsymbol{\alpha}_1, \boldsymbol{\alpha}_2, \cdots, \boldsymbol{\alpha}_s$ 线性无关，则在每个向量上都添加 m 个分量，所得到的 $n+m$ 维加长向量组也线性无关.（**截短向量组线性无关，则加长向量组也线性无关.**）

推论 3.9　如果 n 维向量组 $\boldsymbol{\alpha}_1, \boldsymbol{\alpha}_2, \cdots, \boldsymbol{\alpha}_s$ 线性相关，则在每一个向量上都去掉 $m(m<n)$ 个分量，所得的 $n-m$ 维截短向量组也线性相关.（**加长向量组线性相关，则截短向量组也线性相关.**）

例 3.15 向量组 $\boldsymbol{\varepsilon}_1=\begin{pmatrix}1\\0\\0\end{pmatrix}$，$\boldsymbol{\varepsilon}_2=\begin{pmatrix}0\\1\\0\end{pmatrix}$，$\boldsymbol{\varepsilon}_3=\begin{pmatrix}0\\0\\1\end{pmatrix}$是线性无关的三维向量组，在每个向量增加 1 个分量变为四维向量，这个加长向量组为 $\boldsymbol{\alpha}_1=\begin{pmatrix}1\\0\\0\\0\end{pmatrix}$，$\boldsymbol{\alpha}_2=\begin{pmatrix}0\\1\\0\\0\end{pmatrix}$，$\boldsymbol{\alpha}_3=\begin{pmatrix}0\\0\\1\\0\end{pmatrix}$，则向量组 $\boldsymbol{\alpha}_1$，$\boldsymbol{\alpha}_2$，$\boldsymbol{\alpha}_3$ 必线性无关.（证明略）

例 3.16 当 t 为何值时，向量 $\boldsymbol{\alpha}_1=(1,\ 1,\ 0)$，$\boldsymbol{\alpha}_2=(1,\ 3,\ -1)$，$\boldsymbol{\alpha}_3=(5,\ 3,\ t)$线性相关？

解 根据推论 3.7，当行列式 $\left|\boldsymbol{\alpha}_1^{\mathrm{T}}\quad \boldsymbol{\alpha}_2^{\mathrm{T}}\quad \boldsymbol{\alpha}_3^{\mathrm{T}}\right|=0$ 时，$\boldsymbol{\alpha}_1$，$\boldsymbol{\alpha}_2$，$\boldsymbol{\alpha}_3$ 线性相关.

$$\left|\boldsymbol{\alpha}_1^{\mathrm{T}}\quad \boldsymbol{\alpha}_2^{\mathrm{T}}\quad \boldsymbol{\alpha}_3^{\mathrm{T}}\right|=\begin{vmatrix}1&1&5\\1&3&3\\0&-1&t\end{vmatrix}=2(t-1)=0$$

即当 $t=1$ 时，$\boldsymbol{\alpha}_1$，$\boldsymbol{\alpha}_2$，$\boldsymbol{\alpha}_3$ 线性相关.

例 3.17 若向量组 $\boldsymbol{\alpha}_1$，$\boldsymbol{\alpha}_2$，$\boldsymbol{\alpha}_3$ 线性无关，证明：向量组 $\boldsymbol{\beta}_1=2\boldsymbol{\alpha}_1+\boldsymbol{\alpha}_2$，$\boldsymbol{\beta}_2=\boldsymbol{\alpha}_2+5\boldsymbol{\alpha}_3$，$\boldsymbol{\beta}_3=3\boldsymbol{\alpha}_1+4\boldsymbol{\alpha}_3$ 也线性无关.

证明 设有数 k_1，k_2，k_3，使得 $k_1\boldsymbol{\beta}_1+k_2\boldsymbol{\beta}_2+k_3\boldsymbol{\beta}_3=\boldsymbol{0}$ 成立，即

$$k_1(2\boldsymbol{\alpha}_1+\boldsymbol{\alpha}_2)+k_2(\boldsymbol{\alpha}_2+5\boldsymbol{\alpha}_3)+k_3(3\boldsymbol{\alpha}_1+4\boldsymbol{\alpha}_3)=\boldsymbol{0}$$

变形为$(2k_1+3k_3)\boldsymbol{\alpha}_1+(k_1+k_2)\boldsymbol{\alpha}_2+(5k_2+4k_3)\boldsymbol{\alpha}_3=\boldsymbol{0}$.

因为 $\boldsymbol{\alpha}_1$，$\boldsymbol{\alpha}_2$，$\boldsymbol{\alpha}_3$ 线性无关，则$\begin{cases}2k_1+3k_3=0\\k_1+k_2=0\\5k_2+4k_3=0\end{cases}$ 方程组的系数行列式

$$D=\begin{vmatrix}2&0&3\\1&1&0\\0&5&4\end{vmatrix}=23\neq 0$$

所以只有零解 $k_1=k_2=k_3=0$，故向量组 $\boldsymbol{\beta}_1$，$\boldsymbol{\beta}_2$，$\boldsymbol{\beta}_3$ 也线性无关.

习题 3.2

1. 设 $\boldsymbol{\beta}=\begin{pmatrix}1\\1\end{pmatrix}$，$\boldsymbol{\alpha}_1=\begin{pmatrix}1\\-2\end{pmatrix}$，$\boldsymbol{\alpha}_2=\begin{pmatrix}-2\\4\end{pmatrix}$，问 $\boldsymbol{\beta}$ 能否由 $\boldsymbol{\alpha}_1$，$\boldsymbol{\alpha}_2$ 线性表示？

2. 设向量组 $\boldsymbol{\alpha}_1=(1,\ 1,\ 2,\ 2)$，$\boldsymbol{\alpha}_2=(1,\ 2,\ 1,\ 3)$，$\boldsymbol{\alpha}_3=(1,\ -1,\ 4,\ 0)$，向量 $\boldsymbol{\beta}=(1,\ 0,\ 3,\ 1)$，问向量 $\boldsymbol{\beta}$ 是否可由向量组 $\boldsymbol{\alpha}_1$，$\boldsymbol{\alpha}_2$，$\boldsymbol{\alpha}_3$ 线性表示？若能线性表示，请写出该表示的表达式.

3. 设 $\boldsymbol{\alpha}_1=\begin{pmatrix}1\\-1\\1\\-1\end{pmatrix}$，$\boldsymbol{\alpha}_2=\begin{pmatrix}3\\1\\1\\3\end{pmatrix}$，$\boldsymbol{\beta}_1=\begin{pmatrix}2\\0\\1\\1\end{pmatrix}$，$\boldsymbol{\beta}_2=\begin{pmatrix}1\\1\\0\\2\end{pmatrix}$，$\boldsymbol{\beta}_3=\begin{pmatrix}3\\-1\\2\\0\end{pmatrix}$，证明向量组 $\boldsymbol{\alpha}_1$，$\boldsymbol{\alpha}_2$ 与向

量组 $\boldsymbol{\beta}_1$，$\boldsymbol{\beta}_2$，$\boldsymbol{\beta}_3$ 等价.

4. 判断下列向量组的线性相关性：

(1) $\boldsymbol{\alpha}_1=(1, 1, 1)$，$\boldsymbol{\alpha}_2=(0, 2, 5)$，$\boldsymbol{\alpha}_3=(1, 3, 6)$；

(2) $\boldsymbol{\alpha}_1=(-2, 1, -3, -1)$，$\boldsymbol{\alpha}_2=(-4, 2, -5, -4)$，$\boldsymbol{\alpha}_3=(-2, 1, -4, 1)$；

(3) $\boldsymbol{\alpha}_1=\begin{pmatrix}1\\0\\-1\end{pmatrix}$，$\boldsymbol{\alpha}_2=\begin{pmatrix}-1\\-1\\2\end{pmatrix}$，$\boldsymbol{\alpha}_3=\begin{pmatrix}2\\3\\-5\end{pmatrix}$.

5. 设向量组 $\boldsymbol{\alpha}_1$，$\boldsymbol{\alpha}_2$，$\boldsymbol{\alpha}_3$ 线性无关，$\boldsymbol{\beta}_1=\boldsymbol{\alpha}_1+2\boldsymbol{\alpha}_2+\boldsymbol{\alpha}_3$，$\boldsymbol{\beta}_2=2\boldsymbol{\alpha}_1+\boldsymbol{\alpha}_2+\boldsymbol{\alpha}_3$，$\boldsymbol{\beta}_3=\boldsymbol{\alpha}_1+\boldsymbol{\alpha}_2+2\boldsymbol{\alpha}_3$，证明：$\boldsymbol{\beta}_1$，$\boldsymbol{\beta}_2$，$\boldsymbol{\beta}_3$ 线性无关.

6. 设向量组 $\boldsymbol{\alpha}_1=(1, -2, 4)$，$\boldsymbol{\alpha}_2=(0, 1, 2)$，$\boldsymbol{\alpha}_3=(-2, 3, a)$，试问：

(1) a 取何值时，$\boldsymbol{\alpha}_1$，$\boldsymbol{\alpha}_2$，$\boldsymbol{\alpha}_3$ 线性相关？

(2) a 取何值时，$\boldsymbol{\alpha}_1$，$\boldsymbol{\alpha}_2$，$\boldsymbol{\alpha}_3$ 线性无关？

3.3　向量组的秩

向量组的秩是一个与线性方程组理论有着密切关系的概念，本节给出向量组秩的定义，讨论矩阵的秩与向量组的秩之间的关系，介绍向量组的极大线性无关组和向量组的秩的求法，进一步深入研究向量组的线性相关性.

3.3.1　向量组的极大无关组

引例 3.2　设向量组 $\boldsymbol{A}$：$\boldsymbol{\alpha}_1=\begin{pmatrix}1\\0\end{pmatrix}$，$\boldsymbol{\alpha}_2=\begin{pmatrix}0\\1\end{pmatrix}$，$\boldsymbol{\alpha}_3=\begin{pmatrix}2\\0\end{pmatrix}$，$\boldsymbol{\alpha}_4=\begin{pmatrix}-3\\4\end{pmatrix}$，由上一节性质 3.4 内容可知，向量组 $\boldsymbol{A}$ 线性相关. 它的部分组 $\boldsymbol{\alpha}_1$，$\boldsymbol{\alpha}_2$ 是线性无关的，如果再添加一个向量进去，部分组就变成线性相关了. 同样，向量组 $\boldsymbol{A}$ 的部分组 $\boldsymbol{\alpha}_2$，$\boldsymbol{\alpha}_3$ 是线性无关的，如果再添加一个向量进去，部分组也会变成线性相关. 可以验证向量组 $\boldsymbol{A}$ 中线性无关的部分组中最多含有两个向量.

为了确切地说明这一问题，引入极大线性无关组的概念.

定义 3.8　设向量组 $\boldsymbol{A}$：$\boldsymbol{\alpha}_1$，$\boldsymbol{\alpha}_2$，…，$\boldsymbol{\alpha}_m$ 中有一部分向量组 $\boldsymbol{\alpha}_1$，$\boldsymbol{\alpha}_2$，…，$\boldsymbol{\alpha}_r$，满足：

(1) 向量组 $\boldsymbol{\alpha}_1$，$\boldsymbol{\alpha}_2$，…，$\boldsymbol{\alpha}_r$ 线性无关；

(2) 在向量组 $\boldsymbol{A}$ 中任取一个向量 $\boldsymbol{\alpha}_i(i\neq 1, 2, \cdots, r)$，向量组 $\boldsymbol{\alpha}_1$，$\boldsymbol{\alpha}_2$，…，$\boldsymbol{\alpha}_r$，$\boldsymbol{\alpha}_i$ 线性相关. 则称向量组 $\boldsymbol{\alpha}_1$，$\boldsymbol{\alpha}_2$，…，$\boldsymbol{\alpha}_r$ 是向量组 $\boldsymbol{A}$ 的一个**极大线性无关组**，简称为**极大无关组**.

从极大线性无关组的定义可知，向量组 $\boldsymbol{A}$ 中任意一个向量都可由它的极大线性无关组线性表示. 反之，极大线性无关组作为向量组 $\boldsymbol{A}$ 的部分组，一定可由向量组 $\boldsymbol{A}$ 线性表示，根据向量组等价的定义，**向量组 $\boldsymbol{A}$ 与它自身的极大线性无关组总是等价的**. 用向量组的极大线性无关组来代替向量组，会带来极大的方便.

例 3.18　向量组 $\boldsymbol{\alpha}_1=\begin{pmatrix}1\\1\\0\end{pmatrix}$，$\boldsymbol{\alpha}_2=\begin{pmatrix}0\\1\\1\end{pmatrix}$，$\boldsymbol{\alpha}_3=\begin{pmatrix}1\\2\\1\end{pmatrix}$，由于 $\boldsymbol{\alpha}_1$，$\boldsymbol{\alpha}_2$ 对应的分量不成比例，所

以 $\boldsymbol{\alpha}_1$，$\boldsymbol{\alpha}_2$ 线性无关，而 $\boldsymbol{\alpha}_3=\boldsymbol{\alpha}_1+\boldsymbol{\alpha}_2$，所以向量组 $\boldsymbol{\alpha}_1$，$\boldsymbol{\alpha}_2$，$\boldsymbol{\alpha}_3$ 线性相关. 故 $\boldsymbol{\alpha}_1$，$\boldsymbol{\alpha}_2$ 是这个向量组的一个极大线性无关组.

除此以外还能发现，$\boldsymbol{\alpha}_2$，$\boldsymbol{\alpha}_3$ 对应的分量也不成比例，所以 $\boldsymbol{\alpha}_2$，$\boldsymbol{\alpha}_3$ 线性无关，而 $\boldsymbol{\alpha}_1=\boldsymbol{\alpha}_3-\boldsymbol{\alpha}_2$，所以向量组 $\boldsymbol{\alpha}_1$，$\boldsymbol{\alpha}_2$，$\boldsymbol{\alpha}_3$ 线性相关. 故 $\boldsymbol{\alpha}_2$，$\boldsymbol{\alpha}_3$ 也是这个向量组的一个极大线性无关组. 这说明向量组的极大线性无关组**不唯一**，但是极大线性无关组中所含向量的**个数**是相同的.

由向量组等价的定义和向量组等价的性质，可以得到极大线性无关组的以下性质：

(1) 向量组与它自身的极大无关组是等价的；

(2) 向量组的任意两个极大无关组等价；

(3) 向量组的任意两个极大无关组所含向量的个数相同.

极大无关组的意义在于：一个向量组可以用它的极大无关组来代替，掌握了极大无关组，就掌握了向量组的全体，这样可使有些问题的讨论更加简化.

特别地，当向量组为无限向量组时，就能用有限向量组来代替. 凡是对有限向量组成立的结论，用极大无关组作过渡，立即可推广到无限向量组的情形中去.

3.3.2 向量组的秩

向量组的极大线性无关组虽然不唯一，但由于任意两个极大线性无关组是等价的，且极大线性无关组所含向量的个数是相同的. 于是，得到如下定义：

定义 3.9 向量组 $\boldsymbol{A}$：$\boldsymbol{\alpha}_1$，$\boldsymbol{\alpha}_2$，…，$\boldsymbol{\alpha}_m$ 的任意一个极大无关组 $\boldsymbol{\alpha}_1$，$\boldsymbol{\alpha}_2$，…，$\boldsymbol{\alpha}_r$ 所含向量的个数，称为这个向量组的秩，记作 $R(\boldsymbol{A})$ 或 $R(\boldsymbol{\alpha}_1, \boldsymbol{\alpha}_2, \cdots, \boldsymbol{\alpha}_m)$.

例如，例 3.18 中的向量组的秩为 $R(\boldsymbol{\alpha}_1, \boldsymbol{\alpha}_2, \boldsymbol{\alpha}_3)=2$.

注意 只含零向量的向量组没有极大无关组，规定它的秩为 0.

n 维基本单位向量组 $\boldsymbol{\varepsilon}_1$，$\boldsymbol{\varepsilon}_2$，…，$\boldsymbol{\varepsilon}_n$ 是线性无关的，它的极大无关组就是它本身，因此，$R(\boldsymbol{\varepsilon}_1, \boldsymbol{\varepsilon}_2, \cdots, \boldsymbol{\varepsilon}_n)=n$.

对于只含有有限个向量的向量组 $\boldsymbol{A}$：$\boldsymbol{\alpha}_1$，$\boldsymbol{\alpha}_2$，…，$\boldsymbol{\alpha}_m$，它可以构成矩阵 $\boldsymbol{A}=(\boldsymbol{\alpha}_1, \boldsymbol{\alpha}_2, \cdots, \boldsymbol{\alpha}_m)$，把定义 3.9 与矩阵的最高阶非零子式及矩阵的秩的定义作比较，容易得到向量组的秩和矩阵的秩的关系.

设矩阵 $\boldsymbol{A}=\begin{pmatrix} a_{11} & a_{12} & \cdots & a_{1n} \\ a_{21} & a_{22} & \cdots & a_{2n} \\ \vdots & \vdots & & \vdots \\ a_{m1} & a_{m2} & \cdots & a_{mn} \end{pmatrix}$，按行分块，记为 $\boldsymbol{A}=\begin{pmatrix} \boldsymbol{\alpha}_1 \\ \boldsymbol{\alpha}_2 \\ \vdots \\ \boldsymbol{\alpha}_m \end{pmatrix}$，其中 $\boldsymbol{\alpha}_i=(a_{i1}, a_{i2}, \cdots, a_{in})$，$i=1, 2, \cdots, m$，称 $\boldsymbol{\alpha}_1$，$\boldsymbol{\alpha}_2$，…，$\boldsymbol{\alpha}_m$ 为矩阵 $\boldsymbol{A}$ 的**行向量组**.

矩阵 $\boldsymbol{A}$ 也可按列分块，记为 $\boldsymbol{A}=(\boldsymbol{\beta}_1, \boldsymbol{\beta}_2, \cdots, \boldsymbol{\beta}_n)$，其中 $\boldsymbol{\beta}_j=(a_{1j}, a_{2j}, \cdots, a_{mj})^{\mathrm{T}}$，$j=1, 2, \cdots, n$，$\boldsymbol{\beta}_1$，$\boldsymbol{\beta}_2$，…，$\boldsymbol{\beta}_n$ 称为矩阵 $\boldsymbol{A}$ 的**列向量组**.

定义 3.10 矩阵 $\boldsymbol{A}$ 的行向量组的秩称为矩阵 $\boldsymbol{A}$ 的**行秩**，而矩阵 $\boldsymbol{A}$ 的列向量组的秩称为矩阵 $\boldsymbol{A}$ 的**列秩**.

定理 3.4 任意一个矩阵 $\boldsymbol{A}$ 的行秩与列秩相等，都等于该矩阵 $\boldsymbol{A}$ 的秩.

定理 3.4 建立了向量组(无论是行向量组还是列向量组)的秩与矩阵的秩之间的联系.

即向量组的秩可通过相应的矩阵的秩求得，其常用的方法是：

若 $\boldsymbol{\alpha}_1, \boldsymbol{\alpha}_2, \cdots, \boldsymbol{\alpha}_n$ 是列向量组，将它们构成矩阵 $\boldsymbol{A}=(\boldsymbol{\alpha}_1, \boldsymbol{\alpha}_2, \cdots, \boldsymbol{\alpha}_n)$；则矩阵 $\boldsymbol{A}$ 的秩 $R(\boldsymbol{A})$ 就是列向量组 $\boldsymbol{\alpha}_1, \boldsymbol{\alpha}_2, \cdots, \boldsymbol{\alpha}_n$ 的秩.

同理，若 $\boldsymbol{\alpha}_1, \boldsymbol{\alpha}_2, \cdots, \boldsymbol{\alpha}_n$ 是行向量组，将它们构成矩阵 $\boldsymbol{A}=(\boldsymbol{\alpha}_1^{\mathrm{T}}, \boldsymbol{\alpha}_2^{\mathrm{T}}, \cdots, \boldsymbol{\alpha}_n^{\mathrm{T}})$，则矩阵 $\boldsymbol{A}$ 的秩 $R(\boldsymbol{A})$ 就是行向量组 $\boldsymbol{\alpha}_1, \boldsymbol{\alpha}_2, \cdots, \boldsymbol{\alpha}_n$ 的秩.

矩阵 $\boldsymbol{A}$ 的秩的计算方法在第 2.4 节已学，用初等行变换把矩阵 $\boldsymbol{A}$ 化为行阶梯形矩阵，**而 $R(\boldsymbol{A})$=行阶梯形矩阵中非零行的行数**. 还可以看出：**若 D_r 是矩阵 $\boldsymbol{A}$ 的一个最高阶非零子式，则 D_r 所在的 r 列就是 $\boldsymbol{A}$ 的列向量组的一个极大线性无关组；D_r 所在的 r 行就是 $\boldsymbol{A}$ 的行向量组的一个极大线性无关组.**

例 3.19　已知向量组 $\boldsymbol{\alpha}_1=\begin{pmatrix}1\\2\\4\\3\end{pmatrix}$，$\boldsymbol{\alpha}_2=\begin{pmatrix}1\\-1\\-6\\6\end{pmatrix}$，$\boldsymbol{\alpha}_3=\begin{pmatrix}-2\\-1\\2\\-9\end{pmatrix}$，$\boldsymbol{\alpha}_4=\begin{pmatrix}1\\1\\-2\\7\end{pmatrix}$，$\boldsymbol{\alpha}_5=\begin{pmatrix}4\\2\\4\\9\end{pmatrix}$，求向量组 $\boldsymbol{\alpha}_1, \boldsymbol{\alpha}_2, \boldsymbol{\alpha}_3, \boldsymbol{\alpha}_4, \boldsymbol{\alpha}_5$ 的秩.

解　设矩阵 $\boldsymbol{A}=(\boldsymbol{\alpha}_1, \boldsymbol{\alpha}_2, \boldsymbol{\alpha}_3, \boldsymbol{\alpha}_4, \boldsymbol{\alpha}_5)$，对矩阵 $\boldsymbol{A}$ 作初等行变换化为行阶梯形矩阵，过程如下：

$$\begin{aligned}\boldsymbol{A}&=(\boldsymbol{\alpha}_1, \boldsymbol{\alpha}_2, \boldsymbol{\alpha}_3, \boldsymbol{\alpha}_4, \boldsymbol{\alpha}_5)\\&=\begin{pmatrix}1&1&-2&1&4\\2&-1&-1&1&2\\4&-6&2&-2&4\\3&6&-9&7&9\end{pmatrix}\xrightarrow[\substack{r_3-4r_1\\r_4-3r_1}]{r_2-2r_1}\begin{pmatrix}1&1&-2&1&4\\0&-3&3&-1&-6\\0&-10&10&-6&-12\\0&3&-3&4&-3\end{pmatrix}\\&\xrightarrow[r_4+r_2]{r_3+\left(-\frac{10}{3}\right)r_2}\begin{pmatrix}1&1&-2&1&4\\0&-3&3&-1&-6\\0&0&0&-8/3&8\\0&0&0&3&-9\end{pmatrix}\xrightarrow{r_4+\frac{9}{8}r_3}\begin{pmatrix}1&1&-2&1&4\\0&-3&3&-1&-6\\0&0&0&-8/3&8\\0&0&0&0&0\end{pmatrix}\end{aligned}$$

所以 $R(\boldsymbol{A})=3$，于是 $R(\boldsymbol{\alpha}_1, \boldsymbol{\alpha}_2, \boldsymbol{\alpha}_3, \boldsymbol{\alpha}_4, \boldsymbol{\alpha}_5)=3$.

3.3.3　向量组的极大无关组的求法

如何计算一个向量组的极大无关组呢？向量组的秩可以通过对应矩阵的秩得到，其实向量组的极大无关组，也可以通过寻找对应矩阵中各列向量(或行向量)之间的线性相关性得到.

对于任意一个矩阵 $\boldsymbol{A}$，$\boldsymbol{A}$ 中各列向量之间的线性相关性不容易观察到，而行最简形矩阵中列向量之间的线性关系是容易得到的，所以初步想法是**先将向量组作为列向量构成矩阵 $\boldsymbol{A}$，然后对 $\boldsymbol{A}$ 实行初等行变换，把 $\boldsymbol{A}$ 化为行最简形矩阵**，则由行最简形矩阵中列向量之间的线性关系，即可确定原向量组间的线性关系，从而确定其极大无关组. 下面举例进行说明.

例 3.20　已知向量组：

$$\boldsymbol{\alpha}_1=(1, -1, 0, 1, 2)^{\mathrm{T}}, \boldsymbol{\alpha}_2=(2, -2, 0, -2, 4)^{\mathrm{T}}$$
$$\boldsymbol{\alpha}_3=(3, 0, 1, -1, 6)^{\mathrm{T}}, \boldsymbol{\alpha}_4=(0, 3, 1, 0, 0)^{\mathrm{T}}$$

求该向量组的秩及一个极大无关组，并用此极大无关组线性表示其余向量.

解　以 $\boldsymbol{\alpha}_1, \boldsymbol{\alpha}_2, \boldsymbol{\alpha}_3, \boldsymbol{\alpha}_4$ 为列向量构造矩阵 $\boldsymbol{A}$，用初等行变换把 $\boldsymbol{A}$ 化为**行最简形矩阵**.

$$\boldsymbol{A}=(\boldsymbol{\alpha}_1, \boldsymbol{\alpha}_2, \boldsymbol{\alpha}_3, \boldsymbol{\alpha}_4)=\begin{pmatrix}1 & 2 & 3 & 0\\-1 & -2 & 0 & 3\\0 & 0 & 1 & 1\\1 & -2 & -1 & 0\\2 & 4 & 6 & 0\end{pmatrix}\xrightarrow[\substack{r_4-r_1\\r_5-2r_1}]{r_2+r_1}\begin{pmatrix}1 & 2 & 3 & 0\\0 & 0 & 3 & 3\\0 & 0 & 1 & 1\\0 & -4 & -4 & 0\\0 & 0 & 0 & 0\end{pmatrix}$$

$$\xrightarrow[-\frac{1}{4}r_4]{r_2-3r_3}\begin{pmatrix}1 & 2 & 3 & 0\\0 & 0 & 0 & 0\\0 & 0 & 1 & 1\\0 & 1 & 1 & 0\\0 & 0 & 0 & 0\end{pmatrix}\xrightarrow{r_2\leftrightarrow r_4}\begin{pmatrix}1 & 2 & 3 & 0\\0 & 1 & 1 & 0\\0 & 0 & 1 & 1\\0 & 0 & 0 & 0\\0 & 0 & 0 & 0\end{pmatrix}$$

$$\xrightarrow[\substack{r_2-r_3\\r_1-r_3}]{r_1-2r_2}\begin{pmatrix}1 & 0 & 0 & -1\\0 & 1 & 0 & -1\\0 & 0 & 1 & 1\\0 & 0 & 0 & 0\\0 & 0 & 0 & 0\end{pmatrix}=(\boldsymbol{\beta}_1, \boldsymbol{\beta}_2, \boldsymbol{\beta}_3, \boldsymbol{\beta}_4)$$

因为 $R(\boldsymbol{A})=3$，所以 $R(\boldsymbol{\alpha}_1, \boldsymbol{\alpha}_2, \boldsymbol{\alpha}_3, \boldsymbol{\alpha}_4)=3$.

在向量组 $\boldsymbol{\beta}_1, \boldsymbol{\beta}_2, \boldsymbol{\beta}_3, \boldsymbol{\beta}_4$ 中，$R(\boldsymbol{\beta}_1, \boldsymbol{\beta}_2, \boldsymbol{\beta}_3)=3=$向量个数，则 $\boldsymbol{\beta}_1, \boldsymbol{\beta}_2, \boldsymbol{\beta}_3$ 线性无关，$\boldsymbol{\beta}_1, \boldsymbol{\beta}_2, \boldsymbol{\beta}_3, \boldsymbol{\beta}_4$ 线性相关，所以 $\boldsymbol{\beta}_1, \boldsymbol{\beta}_2, \boldsymbol{\beta}_3$ 是 $\boldsymbol{\beta}_1, \boldsymbol{\beta}_2, \boldsymbol{\beta}_3, \boldsymbol{\beta}_4$ 的一个极大无关组，且 $\boldsymbol{\beta}_4=-\boldsymbol{\beta}_1-\boldsymbol{\beta}_2+\boldsymbol{\beta}_3$.

$\boldsymbol{\beta}_1, \boldsymbol{\beta}_2, \boldsymbol{\beta}_3, \boldsymbol{\beta}_4$ 是由 $\boldsymbol{\alpha}_1, \boldsymbol{\alpha}_2, \boldsymbol{\alpha}_3, \boldsymbol{\alpha}_4$ 对应矩阵作初等行变换得到的，所以相应地 $\boldsymbol{\alpha}_1, \boldsymbol{\alpha}_2, \boldsymbol{\alpha}_3$ 是向量组 $\boldsymbol{\alpha}_1, \boldsymbol{\alpha}_2, \boldsymbol{\alpha}_3, \boldsymbol{\alpha}_4$ 的一个极大无关组，且 $\boldsymbol{\alpha}_4=-\boldsymbol{\alpha}_1-\boldsymbol{\alpha}_2+\boldsymbol{\alpha}_3$.

通过上面的例题可以知道，**行最简形矩阵中非零行的非零首元所在列对应的向量构成的向量组就是一个极大无关组**. 所以在以后解题中，可以将上面例题的解答过程稍微简化.

例 3.21　已知向量组：$\boldsymbol{\alpha}_1=(1, 1, 2, 3)^{\mathrm{T}}$，$\boldsymbol{\alpha}_2=(-1, 0, 2, 1)^{\mathrm{T}}$，$\boldsymbol{\alpha}_3=(2, 1, 0, 2)^{\mathrm{T}}$，$\boldsymbol{\alpha}_4=(0, 1, 2, 2)^{\mathrm{T}}$，$\boldsymbol{\alpha}_5=(1, 2, 4, 5)^{\mathrm{T}}$，求该向量组的秩及一个极大无关组，并用此极大无关组线性表示其余向量.

解　$\boldsymbol{A}=(\boldsymbol{\alpha}_1, \boldsymbol{\alpha}_2, \boldsymbol{\alpha}_3, \boldsymbol{\alpha}_4, \boldsymbol{\alpha}_5)$

$$=\begin{pmatrix}1 & -1 & 2 & 0 & 1\\1 & 0 & 1 & 1 & 2\\2 & 2 & 0 & 2 & 4\\3 & 1 & 2 & 2 & 5\end{pmatrix}\xrightarrow[\substack{r_3-2r_1\\r_4-3r_1}]{r_2-r_1}\begin{pmatrix}1 & -1 & 2 & 0 & 1\\0 & 1 & -1 & 1 & 1\\0 & 4 & -4 & 2 & 2\\0 & 4 & -4 & 2 & 2\end{pmatrix}$$

$$\xrightarrow[\substack{r_3-4r_2\\r_1+r_2}]{r_4-r_3}\begin{pmatrix}1 & 0 & 1 & 1 & 2\\0 & 1 & -1 & 1 & 1\\0 & 0 & 0 & -2 & -2\\0 & 0 & 0 & 0 & 0\end{pmatrix}\xrightarrow[\substack{r_2-\frac{1}{2}r_3\\-\frac{1}{2}r_3}]{r_1-\frac{1}{2}r_3}\begin{pmatrix}1 & 0 & 1 & 0 & 1\\0 & 1 & -1 & 0 & 0\\0 & 0 & 0 & 1 & 1\\0 & 0 & 0 & 0 & 0\end{pmatrix}$$

因为 $R(\boldsymbol{A})=3$，所以 $R(\boldsymbol{\alpha}_1, \boldsymbol{\alpha}_2, \boldsymbol{\alpha}_3, \boldsymbol{\alpha}_4, \boldsymbol{\alpha}_5)=3$.

$\boldsymbol{\alpha}_1$，$\boldsymbol{\alpha}_2$，$\boldsymbol{\alpha}_4$ 为向量组的一个极大无关组，$\boldsymbol{\alpha}_3=1\cdot\boldsymbol{\alpha}_1+(-1)\boldsymbol{\alpha}_2+0\cdot\boldsymbol{\alpha}_4$，$\boldsymbol{\alpha}_5=1\cdot\boldsymbol{\alpha}_1+0\cdot\boldsymbol{\alpha}_2+1\cdot\boldsymbol{\alpha}_4$.

注意　(1) 若要用极大无关组表示向量 $\boldsymbol{\alpha}_3$，就需要求解线性方程组 $x_1\boldsymbol{\alpha}_1+x_2\boldsymbol{\alpha}_2+x_3\boldsymbol{\alpha}_4=\boldsymbol{\alpha}_3$. 通过观察可以发现，上面例题中线性表示的系数，取的是行最简形矩阵第三列中的前三个元素；表示向量 $\boldsymbol{\alpha}_5$ 的系数，取的是行最简形矩阵第五列中的前三个元素. 为什么这样取？在学完后面的线性方程组后就能理解了.

(2) 例 3.21 中的向量组 $\boldsymbol{A}$ 的极大无关组，也可以取 $\boldsymbol{\alpha}_1$，$\boldsymbol{\alpha}_2$，$\boldsymbol{\alpha}_5$，因为在矩阵 $\boldsymbol{A}$ 中如果交换 $\boldsymbol{\alpha}_4$ 和 $\boldsymbol{\alpha}_5$ 的位置，最后行最简形矩阵的首非零元对应的向量就是 $\boldsymbol{\alpha}_1$，$\boldsymbol{\alpha}_2$，$\boldsymbol{\alpha}_5$. 同理，向量组 $\boldsymbol{A}$ 的极大无关组也可以取 $\boldsymbol{\alpha}_1$，$\boldsymbol{\alpha}_3$，$\boldsymbol{\alpha}_4$ 或者 $\boldsymbol{\alpha}_1$，$\boldsymbol{\alpha}_3$，$\boldsymbol{\alpha}_5$. **但是需要注意的是，当取的极大无关组变化后，线性表示的系数就不能直接用现有的行最简形矩阵中的元素了**，需要交换向量后重新计算，读者可以自行检验.

(3) 由于一个向量组的极大无关组不唯一，而题目要求只求出一个极大无关组，所以选择行最简形矩阵中非零首元所对应的列向量组为其中的一个极大无关组.

例 3.22　设向量组 $\boldsymbol{A}$：$\boldsymbol{\alpha}_1=\begin{pmatrix}3\\3\\2\\1\end{pmatrix}$，$\boldsymbol{\alpha}_2=\begin{pmatrix}2\\-2\\0\\6\end{pmatrix}$，$\boldsymbol{\alpha}_3=\begin{pmatrix}0\\3\\1\\-4\end{pmatrix}$，$\boldsymbol{\alpha}_4=\begin{pmatrix}5\\6\\5\\-1\end{pmatrix}$，$\boldsymbol{\alpha}_5=\begin{pmatrix}0\\-1\\-3\\4\end{pmatrix}$，求向量组 $\boldsymbol{A}$ 的秩及一个极大无关组，并把其余向量用此极大无关组线性表示.

解

$$\boldsymbol{A}=(\boldsymbol{\alpha}_1,\boldsymbol{\alpha}_2,\boldsymbol{\alpha}_3,\boldsymbol{\alpha}_4,\boldsymbol{\alpha}_5)=\begin{pmatrix}3&2&0&5&0\\3&-2&3&6&-1\\2&0&1&5&-3\\1&6&-4&-1&4\end{pmatrix}\xrightarrow{r}\begin{pmatrix}1&0&1/2&0&7/2\\0&1&-3/4&0&-1/4\\0&0&0&1&-2\\0&0&0&0&0\end{pmatrix}$$

因为 $R(\boldsymbol{A})=3$，所以 $R(\boldsymbol{\alpha}_1,\boldsymbol{\alpha}_2,\boldsymbol{\alpha}_3,\boldsymbol{\alpha}_4,\boldsymbol{\alpha}_5)=3$.

$\boldsymbol{\alpha}_1$，$\boldsymbol{\alpha}_2$，$\boldsymbol{\alpha}_4$ 为向量组 T 的一个极大无关组，$\boldsymbol{\alpha}_3=1/2\cdot\boldsymbol{\alpha}_1+(-3/4)\boldsymbol{\alpha}_2+0\cdot\boldsymbol{\alpha}_4$，$\boldsymbol{\alpha}_5=7/2\cdot\boldsymbol{\alpha}_1+(-1/4)\cdot\boldsymbol{\alpha}_2+(-2)\cdot\boldsymbol{\alpha}_4$.

习题 3.3

1. 求出参数 k 的值，使得矩阵 $\boldsymbol{A}=\begin{pmatrix}1&2&1&0\\3&-1&0&2\\-1&k&2&-2\end{pmatrix}$ 的秩为 2.

2. 求向量组 $\boldsymbol{\alpha}_1=\begin{pmatrix}1\\2\\-1\\4\end{pmatrix}$，$\boldsymbol{\alpha}_2=\begin{pmatrix}0\\1\\3\\2\end{pmatrix}$，$\boldsymbol{\alpha}_3=\begin{pmatrix}3\\7\\0\\14\end{pmatrix}$，$\boldsymbol{\alpha}_4=\begin{pmatrix}-1\\2\\-2\\0\end{pmatrix}$，$\boldsymbol{\alpha}_5=\begin{pmatrix}5\\-1\\7\\10\end{pmatrix}$ 的秩及一个极大线性无关组，并用该极大线性无关组线性表示其余向量.

3. 求下列矩阵的秩.

(1) $\begin{pmatrix} 2 & -1 & 4 & -1 \\ 4 & -2 & 5 & 4 \\ 2 & -1 & 3 & 1 \end{pmatrix}$;　　(2) $\begin{pmatrix} 2 & 3 & 5 & 4 & 6 \\ 1 & 2 & 2 & 3 & 2 \\ 3 & 5 & 7 & 7 & 8 \\ 1 & 1 & 3 & 1 & 4 \end{pmatrix}$.

4. 求下列向量组的秩及其一个极大线性无关组，并用极大线性无关组线性表示其余向量.

(1) $\boldsymbol{\alpha}_1=\begin{pmatrix} 1 \\ -1 \\ 2 \\ 4 \end{pmatrix}$, $\boldsymbol{\alpha}_2=\begin{pmatrix} 0 \\ 3 \\ 1 \\ 2 \end{pmatrix}$, $\boldsymbol{\alpha}_3=\begin{pmatrix} 3 \\ 0 \\ 7 \\ 14 \end{pmatrix}$, $\boldsymbol{\alpha}_4=\begin{pmatrix} 1 \\ -1 \\ 2 \\ 0 \end{pmatrix}$;

(2) $\boldsymbol{\alpha}_1=\begin{pmatrix} 1 \\ 1 \\ 1 \end{pmatrix}$, $\boldsymbol{\alpha}_2=\begin{pmatrix} 1 \\ 1 \\ 0 \end{pmatrix}$, $\boldsymbol{\alpha}_3=\begin{pmatrix} 1 \\ 0 \\ 0 \end{pmatrix}$, $\boldsymbol{\alpha}_4=\begin{pmatrix} 1 \\ -2 \\ -3 \end{pmatrix}$;

(3) $\boldsymbol{\alpha}_1=\begin{pmatrix} 1 \\ 4 \\ 1 \\ 0 \\ 2 \end{pmatrix}$, $\boldsymbol{\alpha}_2=\begin{pmatrix} 2 \\ 5 \\ -1 \\ -3 \\ 2 \end{pmatrix}$, $\boldsymbol{\alpha}_3=\begin{pmatrix} -1 \\ 2 \\ 5 \\ 6 \\ 2 \end{pmatrix}$, $\boldsymbol{\alpha}_4=\begin{pmatrix} 0 \\ 2 \\ 2 \\ -1 \\ 0 \end{pmatrix}$.

5. 设向量 $\boldsymbol{\beta}=\begin{pmatrix} 1 \\ 2 \\ 1 \\ 1 \end{pmatrix}$, $\boldsymbol{\alpha}_1=\begin{pmatrix} 1 \\ 1 \\ 1 \\ 1 \end{pmatrix}$, $\boldsymbol{\alpha}_2=\begin{pmatrix} 1 \\ 1 \\ -1 \\ -1 \end{pmatrix}$, $\boldsymbol{\alpha}_3=\begin{pmatrix} 1 \\ -1 \\ 1 \\ -1 \end{pmatrix}$, $\boldsymbol{\alpha}_4=\begin{pmatrix} 1 \\ -1 \\ -1 \\ 1 \end{pmatrix}$，试将 $\boldsymbol{\beta}$ 表示成其他向量的线性组合.

3.4 向量空间

空间的概念在数学中起着重要的作用，所谓空间就是在其元素之间以公理形式给出了某些关系的集合. 在解析几何中，平面或空间的向量，这两个向量的加法以及数乘法满足一定的运算规律. 向量空间正是解析几何中向量概念的一般化. 向量空间是线性代数中一个较为抽象的概念，是线性代数研究的基本对象. 本节将介绍向量空间、子空间、基底、维数、坐标等内容.

3.4.1 向量空间的概念

定义 3.11 设 V 是 n 维向量的集合，P 是一个数域. 如果在集合 V 中定义了两种运算：对于 $\forall\boldsymbol{\alpha},\boldsymbol{\beta}\in V$，有 $\boldsymbol{\alpha}+\boldsymbol{\beta}\in V$ 则称 V 对向量的加法运算封闭；对于 $\forall\boldsymbol{\alpha}\in V$，$k\in P$，有 $k\boldsymbol{\alpha}\in V$，则称集合 V 对向量的数乘运算封闭.

例 3.23 集合 $V_1=\{(0, x_2, x_3, \cdots, x_n)^{\mathrm{T}} \mid x_2, \cdots, x_n\in\mathbf{R}\}$，对于任意 $\boldsymbol{\alpha}=(0, a_2,$

$a_3, \cdots, a_n)^{\mathrm{T}} \in V_1$，$\boldsymbol{\beta}=(0, b_2, b_3, \cdots, b_n)^{\mathrm{T}} \in V_1$，任意 $k \in \mathbf{R}$，都有 $\boldsymbol{\alpha}+\boldsymbol{\beta}=(0, a_2+b_2, a_3+b_3, \cdots, a_n+b_n)^{\mathrm{T}} \in V_1$，$k\boldsymbol{\alpha}=(0, ka_2, ka_3, \cdots, ka_n)^{\mathrm{T}} \in V_1$ 成立，所以 V_1 对向量的加法和数乘运算封闭.

例 3.24　集合 $V_2=\{(1, x_2, x_3, \cdots, x_n)^{\mathrm{T}} \mid x_2, \cdots, x_n \in \mathbf{R}\}$，对于任意 $\boldsymbol{\alpha}=(1, a_2, a_3, \cdots, a_n)^{\mathrm{T}} \in V_2$，$\boldsymbol{\beta}=(1, b_2, b_3, \cdots, b_n)^{\mathrm{T}} \in V_2$，任意 $k \in \mathbf{R}$，都有 $\boldsymbol{\alpha}+\boldsymbol{\beta}=(2, a_2+b_2, a_3+b_3, \cdots, a_n+b_n)^{\mathrm{T}} \notin V_2$，$k\boldsymbol{\alpha}=(k, ka_2, ka_3, \cdots, ka_n)^{\mathrm{T}} \notin V_2 (k \neq 0)$，所以 V_2 对向量的加法和数乘运算都不封闭.

定义 3.12　设 V 是 n 维向量的集合，且 V 非空，如果 V 对向量的**加法**及**数乘**两种运算都封闭，则称集合 V 为向量空间.

例 3.23 中的集合 V_1 是非空的，且对向量的加法和数乘两种运算都封闭，所以集合 V_1 是向量空间. 例 3.24 中的集合 V_2 虽然是非空的，但是 V_2 对向量的加法和数乘两种运算都不封闭，所以集合 V_2 不是向量空间.

例 3.25　证明集合 $V=\{(x, -x, 0)^{\mathrm{T}} \mid x \in \mathbf{R}\}$ 是向量空间.

证明　首先集合 V 非空. 其次，设 $\boldsymbol{\alpha}=(a, -a, 0)^{\mathrm{T}} \in V$，$\boldsymbol{\beta}=(b, -b, 0)^{\mathrm{T}} \in V$，有

$$\boldsymbol{\alpha}+\boldsymbol{\beta}=(a+b, -a-b, 0)^{\mathrm{T}} \in V, \quad k\boldsymbol{\alpha}=(ka, -ka, 0)^{\mathrm{T}} \in V$$

即非空集合 V 对向量的加法和数乘运算是封闭的，所以集合 V 是向量空间.

定义 3.13　设有向量空间 V_1 与 V_2，如果 $V_1 \subseteq V_2$（即 V_1 是 V_2 的子集），则称向量空间 V_1 是 V_2 的子空间.

例 3.23 中的向量空间 V_1 为 n 维向量空间 $\mathbf{R}^n$ 的子空间. 特别地，向量空间 V 中仅有零向量组成的集合是 V 的一个子空间，称为零子空间.

3.4.2　向量空间的基、维数与坐标

在三维几何空间 $\mathbf{R}^3$ 中，三维基本单位向量 $\boldsymbol{\varepsilon}_1=\begin{pmatrix}1\\0\\0\end{pmatrix}$，$\boldsymbol{\varepsilon}_2=\begin{pmatrix}0\\1\\0\end{pmatrix}$，$\boldsymbol{\varepsilon}_3=\begin{pmatrix}0\\0\\1\end{pmatrix}$ 是线性无关的，而对于任一个向量 $\boldsymbol{\alpha}=\begin{pmatrix}a_1\\a_2\\a_3\end{pmatrix}$，均有 $\boldsymbol{\alpha}=a_1\boldsymbol{\varepsilon}_1+a_2\boldsymbol{\varepsilon}_2+a_3\boldsymbol{\varepsilon}_3$，$\boldsymbol{\varepsilon}_1, \boldsymbol{\varepsilon}_2, \boldsymbol{\varepsilon}_3$ 被称为 $\mathbf{R}^3$ 的坐标系或基底，而 $(a_1, a_2, a_3)^{\mathrm{T}}$ 称为向量 $\boldsymbol{\alpha}$ 在基底 $\boldsymbol{\varepsilon}_1, \boldsymbol{\varepsilon}_2, \boldsymbol{\varepsilon}_3$ 下的坐标.

一般地，有如下的定义：

定义 3.14　设向量空间 V 中的 r 个向量 $\boldsymbol{\alpha}_1, \boldsymbol{\alpha}_2, \cdots, \boldsymbol{\alpha}_r$，如果满足下列条件：

(1) $\boldsymbol{\alpha}_1, \boldsymbol{\alpha}_2, \cdots, \boldsymbol{\alpha}_r$ 线性无关；

(2) 向量空间 V 中任何一个向量都可以由 $\boldsymbol{\alpha}_1, \boldsymbol{\alpha}_2, \cdots, \boldsymbol{\alpha}_r$ 线性表示.

则称向量组 $\boldsymbol{\alpha}_1, \boldsymbol{\alpha}_2, \cdots, \boldsymbol{\alpha}_r$ 是向量空间 V 的一个**基**，数 r 称为向量空间 V 的**维数**，记为 $\dim V=r$，并称 V 为 r 维向量空间.

若向量空间 V 只含有一个零向量，则这个向量空间没有基，则 V 的维数为 0.

请读者将向量空间 V 的基(维数)与向量组的极大无关组(秩)的定义进行比较.

例 3.26 设向量空间 $\mathbf{R}^n$ 为全体 n 维列向量 $\begin{pmatrix} a_1 \\ a_2 \\ \vdots \\ a_n \end{pmatrix}$ $(a_i \in \mathbf{R})$ 构成的集合，证明在 $\mathbf{R}^n$ 中，n 维基本单位向量组 $\boldsymbol{e}_1 = \begin{pmatrix} 1 \\ 0 \\ 0 \\ \vdots \\ 0 \end{pmatrix}$，$\boldsymbol{e}_2 = \begin{pmatrix} 0 \\ 1 \\ 0 \\ \vdots \\ 0 \end{pmatrix}$，…，$\boldsymbol{e}_n = \begin{pmatrix} 0 \\ 0 \\ 0 \\ \vdots \\ 1 \end{pmatrix}$ 是 $\mathbf{R}^n$ 的一个基.

证明 因为 $\boldsymbol{e}_1, \boldsymbol{e}_2, \cdots, \boldsymbol{e}_n$ 线性无关，且对任一向量 $\boldsymbol{\alpha} = (a_1, a_2, \cdots, a_n)^{\mathrm{T}}$，均有 $\boldsymbol{\alpha} = a_1\boldsymbol{e}_1 + a_2\boldsymbol{e}_2 + \cdots + a_n\boldsymbol{e}_n$，故 $\boldsymbol{e}_1, \boldsymbol{e}_2, \cdots, \boldsymbol{e}_n$ 是 $\mathbf{R}^n$ 的基.

故 $\dim\mathbf{R}^n = n$，即 $\mathbf{R}^n$ 是 n 维向量空间.

例 3.27 证明：$\mathbf{R}^n$ 中向量组 $\boldsymbol{\varepsilon}_1 = \begin{pmatrix} 1 \\ 0 \\ 0 \\ \vdots \\ 0 \end{pmatrix}$，$\boldsymbol{\varepsilon}_2 = \begin{pmatrix} 1 \\ 1 \\ 0 \\ \vdots \\ 0 \end{pmatrix}$，…，$\boldsymbol{\varepsilon}_n = \begin{pmatrix} 1 \\ 1 \\ 1 \\ \vdots \\ 1 \end{pmatrix}$ 也是 $\mathbf{R}^n$ 的基.

证明 因为 $|\boldsymbol{\varepsilon}_1, \boldsymbol{\varepsilon}_2, \cdots, \boldsymbol{\varepsilon}_n| = 1 \neq 0$，所以 $\boldsymbol{\varepsilon}_1, \boldsymbol{\varepsilon}_2, \cdots, \boldsymbol{\varepsilon}_n$ 线性无关.

对任一向量 $\boldsymbol{\alpha} = (a_1, a_2, \cdots, a_n)^{\mathrm{T}}$，均有

$$\boldsymbol{\alpha} = (a_1 - a_2)\boldsymbol{\varepsilon}_1 + (a_2 - a_3)\boldsymbol{\varepsilon}_2 + \cdots + (a_{n-1} - a_n)\boldsymbol{\varepsilon}_{n-1} + a_n\boldsymbol{\varepsilon}_n$$

故 $\boldsymbol{\varepsilon}_1, \boldsymbol{\varepsilon}_2, \cdots, \boldsymbol{\varepsilon}_n$ 为 $\mathbf{R}^n$ 的基.

例 3.28 $\boldsymbol{R}^n$ 中任意 n 个线性无关的向量都是 $\mathbf{R}^n$ 的基.

证明 设 $\boldsymbol{\alpha}_1, \boldsymbol{\alpha}_2, \cdots, \boldsymbol{\alpha}_n$ 是 $\mathbf{R}^n$ 中 n 个线性无关的向量，对任意的 $\boldsymbol{\alpha} \in \mathbf{R}^n$，则 $n+1$ 个 n 维向量 $\boldsymbol{\alpha}_1, \boldsymbol{\alpha}_2, \cdots, \boldsymbol{\alpha}_n, \boldsymbol{\alpha}$ 线性相关，则 $\boldsymbol{\alpha}$ 可由 $\boldsymbol{\alpha}_1, \boldsymbol{\alpha}_2, \cdots, \boldsymbol{\alpha}_n$ 线性表示，由定义 3.14 可知，$\boldsymbol{\alpha}_1, \boldsymbol{\alpha}_2, \cdots, \boldsymbol{\alpha}_n$ 是 $\mathbf{R}^n$ 的一个基.

定义 3.15 设 $\boldsymbol{\alpha}_1, \boldsymbol{\alpha}_2, \cdots, \boldsymbol{\alpha}_r$ 是向量空间 V 的一个基，向量空间 V 中任一向量 $\boldsymbol{\alpha}$ 可唯一线性表示为

$$\boldsymbol{\alpha} = x_1\boldsymbol{\alpha}_1 + x_2\boldsymbol{\alpha}_2 + \cdots + x_r\boldsymbol{\alpha}_r$$

则 $\boldsymbol{\alpha}_1, \boldsymbol{\alpha}_2, \cdots, \boldsymbol{\alpha}_r$ 的系数构成的有序数组 $(x_1, x_2, \cdots, x_r)^{\mathrm{T}}$ 称为 $\boldsymbol{\alpha}$ 关于基底 $\boldsymbol{\alpha}_1, \boldsymbol{\alpha}_2, \cdots, \boldsymbol{\alpha}_r$ 的坐标.

例 3.29 证明 $\boldsymbol{\alpha}_1 = \begin{pmatrix} 1 \\ 1 \\ 1 \\ 1 \end{pmatrix}$，$\boldsymbol{\alpha}_2 = \begin{pmatrix} 1 \\ 1 \\ -1 \\ -1 \end{pmatrix}$，$\boldsymbol{\alpha}_3 = \begin{pmatrix} 1 \\ -1 \\ 1 \\ -1 \end{pmatrix}$，$\boldsymbol{\alpha}_4 = \begin{pmatrix} 1 \\ -1 \\ -1 \\ 1 \end{pmatrix}$ 是 $\mathbf{R}^4$ 的一个基，并求 $\boldsymbol{\beta} = \begin{pmatrix} 10 \\ -4 \\ -2 \\ 0 \end{pmatrix}$ 在这组基下的坐标.

解　要证明 $\boldsymbol{\alpha}_1, \boldsymbol{\alpha}_2, \boldsymbol{\alpha}_3, \boldsymbol{\alpha}_4$ 是 $\mathbf{R}^4$ 的一组基，只需要证明它们线性无关. 求 $\boldsymbol{\beta}$ 在这组基下的坐标，即用解 $\boldsymbol{\alpha}_1, \boldsymbol{\alpha}_2, \boldsymbol{\alpha}_3, \boldsymbol{\alpha}_4$ 线性表示 $\boldsymbol{\beta}$.

$$(\boldsymbol{\alpha}_1, \boldsymbol{\alpha}_2, \boldsymbol{\alpha}_3, \boldsymbol{\alpha}_4, \boldsymbol{\beta})=\begin{pmatrix}1&1&1&1&10\\1&1&-1&-1&-4\\1&-1&1&-1&-2\\1&-1&-1&1&0\end{pmatrix}\xrightarrow[i=2,3,4]{r_i+(-1)r_1}\begin{pmatrix}1&1&1&1&10\\0&0&-2&-2&-14\\0&-2&0&-2&-12\\0&-2&-2&0&-10\end{pmatrix}$$

$$\xrightarrow[r_4+(-1)r_3]{r_4+(-1)r_2}\begin{pmatrix}1&1&1&1&10\\0&0&-2&-2&-14\\0&-2&0&-2&-12\\0&0&0&4&16\end{pmatrix}$$

$$\xrightarrow[r_4\div 4]{r_2\leftrightarrow r_3}\begin{pmatrix}1&1&1&1&10\\0&-2&0&-2&-12\\0&0&-2&-2&-14\\0&0&0&1&4\end{pmatrix}$$

$$\xrightarrow[\substack{r_2\div(-2)\\r_3\div(-2)}]{r_1+\frac{1}{2}r_2}\begin{pmatrix}1&0&1&0&4\\0&1&0&1&6\\0&0&1&1&7\\0&0&0&1&4\end{pmatrix}\xrightarrow[\substack{r_3+(-1)r_4\\r_1+r_4}]{\substack{r_1+(-1)r_3\\r_2+(-1)r_4}}\begin{pmatrix}1&0&0&0&1\\0&1&0&0&2\\0&0&1&0&3\\0&0&0&1&4\end{pmatrix}$$

由此可知 $R(\boldsymbol{\alpha}_1, \boldsymbol{\alpha}_2, \boldsymbol{\alpha}_3, \boldsymbol{\alpha}_4)=4$，故 $\boldsymbol{\alpha}_1, \boldsymbol{\alpha}_2, \boldsymbol{\alpha}_3, \boldsymbol{\alpha}_4$ 线性无关，它们是 $\mathbf{R}^4$ 的一组基. 且 $\boldsymbol{\beta}=\boldsymbol{\alpha}_1+2\boldsymbol{\alpha}_2+3\boldsymbol{\alpha}_3+4\boldsymbol{\alpha}_4$，所以 $\boldsymbol{\beta}$ 在这组基下的坐标是 $(1, 2, 3, 4)^{\mathrm{T}}$.

例 3.30　设 $\boldsymbol{A}=(\boldsymbol{\alpha}_1, \boldsymbol{\alpha}_2, \boldsymbol{\alpha}_3)=\begin{pmatrix}1&0&1\\0&1&2\\1&0&2\end{pmatrix}$，$\boldsymbol{B}=(\boldsymbol{\beta}_1, \boldsymbol{\beta}_2)=\begin{pmatrix}1&-1\\3&0\\0&3\end{pmatrix}$，验证 $\boldsymbol{\alpha}_1, \boldsymbol{\alpha}_2, \boldsymbol{\alpha}_3$ 是 $\mathbf{R}^3$ 的一个基，并用这个基表示 $\boldsymbol{\beta}_1, \boldsymbol{\beta}_2$.

解　要证明 $\boldsymbol{\alpha}_1, \boldsymbol{\alpha}_2, \boldsymbol{\alpha}_3$ 是 $\mathbf{R}^3$ 的一个基，只要证明 $\boldsymbol{\alpha}_1, \boldsymbol{\alpha}_2, \boldsymbol{\alpha}_3$ 线性无关，即证 $\boldsymbol{A}\sim\boldsymbol{E}$.

设 $\boldsymbol{\beta}_1=x_{11}\boldsymbol{\alpha}_1+x_{21}\boldsymbol{\alpha}_2+x_{31}\boldsymbol{\alpha}_3$，$\boldsymbol{\beta}_2=x_{12}\boldsymbol{\alpha}_1+x_{22}\boldsymbol{\alpha}_2+x_{32}\boldsymbol{\alpha}_3$，即

$$(\boldsymbol{\beta}_1, \boldsymbol{\beta}_2)=(\boldsymbol{\alpha}_1, \boldsymbol{\alpha}_2, \boldsymbol{\alpha}_3)\begin{pmatrix}x_{11}&x_{12}\\x_{21}&x_{22}\\x_{31}&x_{32}\end{pmatrix}$$

记 $\boldsymbol{B}=\boldsymbol{AX}$.

对矩阵 $(\boldsymbol{A}, \boldsymbol{B})$ 进行初等变换，若 $\boldsymbol{A}$ 能变成 $\boldsymbol{E}$，则 $\boldsymbol{\alpha}_1, \boldsymbol{\alpha}_2, \boldsymbol{\alpha}_3$ 是 $\mathbf{R}^3$ 的一个基，且当 $\boldsymbol{A}$ 变成 $\boldsymbol{E}$ 时，$\boldsymbol{B}$ 变成 $\boldsymbol{X}=\boldsymbol{A}^{-1}\boldsymbol{B}$.

$$(\boldsymbol{A}, \boldsymbol{B})=\begin{pmatrix}1&0&1&1&-1\\0&1&2&3&0\\1&0&2&0&3\end{pmatrix}\xrightarrow{r_3-r_1}\begin{pmatrix}1&0&1&1&-1\\0&1&2&3&0\\0&0&1&-1&4\end{pmatrix}$$

$$\xrightarrow[r_2-2r_3]{r_1-r_3}\begin{pmatrix}1&0&0&2&-5\\0&1&0&5&-8\\0&0&1&-1&4\end{pmatrix}$$

因为 $\boldsymbol{A}\sim\boldsymbol{E}$，故 $\boldsymbol{\alpha}_1, \boldsymbol{\alpha}_2, \boldsymbol{\alpha}_3$ 是 $\mathbf{R}^3$ 的一个基，且

$$(\boldsymbol{\beta}_1, \boldsymbol{\beta}_2) = (\boldsymbol{\alpha}_1, \boldsymbol{\alpha}_2, \boldsymbol{\alpha}_3)\begin{pmatrix} 2 & -5 \\ 5 & -8 \\ -1 & 4 \end{pmatrix}$$

$$\boldsymbol{\beta}_1 = 2\boldsymbol{\alpha}_1 + 5\boldsymbol{\alpha}_2 - \boldsymbol{\alpha}_3, \ \boldsymbol{\beta}_2 = -5\boldsymbol{\alpha}_1 - 8\boldsymbol{\alpha}_2 + 4\boldsymbol{\alpha}_3$$

由上式可知，$\boldsymbol{\beta}_1$ 关于基 $\boldsymbol{\alpha}_1$，$\boldsymbol{\alpha}_2$，$\boldsymbol{\alpha}_3$ 的坐标为$(2, 5, -1)^{\mathrm{T}}$，$\boldsymbol{\beta}_2$ 关于基 $\boldsymbol{\alpha}_1$，$\boldsymbol{\alpha}_2$，$\boldsymbol{\alpha}_3$ 的坐标为$(-5, -8, 4)^{\mathrm{T}}$.

3.4.3 基变换与坐标变换

显然，向量空间 V 中的同一个向量可以由不同的基来线性表示，不过该向量在不同基下的坐标是不同的. 在例 3.26 和例 3.27 中，$\boldsymbol{\alpha}$ 在 e_1，e_2，…，e_n 下的坐标是$(a_1, a_2, \cdots, a_n)$；在 $\boldsymbol{\varepsilon}_1$，$\boldsymbol{\varepsilon}_2$，…，$\boldsymbol{\varepsilon}_n$ 下的坐标是$(a_1-a_2, a_2-a_3, \cdots, a_{n-1}-a_n, a_n)$.

下面讨论向量空间 V 中两组不同基之间的关系.

定义 3.16 设 $\boldsymbol{\alpha}_1$，$\boldsymbol{\alpha}_2$，…，$\boldsymbol{\alpha}_n$ 与 $\boldsymbol{\beta}_1$，$\boldsymbol{\beta}_2$，…，$\boldsymbol{\beta}_n$ 是 n 维向量空间 V 的两组不同的基，存在系数矩阵 $\boldsymbol{P}_{n\times n}$，使得$(\boldsymbol{\beta}_1, \boldsymbol{\beta}_2, \cdots, \boldsymbol{\beta}_n) = (\boldsymbol{\alpha}_1, \boldsymbol{\alpha}_2, \cdots, \boldsymbol{\alpha}_n)\boldsymbol{P}$，系数矩阵 $\boldsymbol{P}_{n\times n}$ 称为从基 $\boldsymbol{\alpha}_1$，$\boldsymbol{\alpha}_2$，…，$\boldsymbol{\alpha}_n$ 到基 $\boldsymbol{\beta}_1$，$\boldsymbol{\beta}_2$，…，$\boldsymbol{\beta}_n$ 的过渡矩阵. 由于基 $\boldsymbol{\alpha}_1$，$\boldsymbol{\alpha}_2$，…，$\boldsymbol{\alpha}_n$ 和 $\boldsymbol{\beta}_1$，$\boldsymbol{\beta}_2$，…，$\boldsymbol{\beta}_n$ 都是线性无关的，故系数矩阵 $\boldsymbol{P}_{n\times n}$ 可逆，称$(\boldsymbol{\beta}_1, \boldsymbol{\beta}_2, \cdots, \boldsymbol{\beta}_n) = (\boldsymbol{\alpha}_1, \boldsymbol{\alpha}_2, \cdots, \boldsymbol{\alpha}_n)\boldsymbol{P}$ 为基变换公式.

设 $\boldsymbol{\alpha}_1$，$\boldsymbol{\alpha}_2$，…，$\boldsymbol{\alpha}_n$ 与 $\boldsymbol{\beta}_1$，$\boldsymbol{\beta}_2$，…，$\boldsymbol{\beta}_n$ 是 $\mathbf{R}^n$ 的两组不同的基，任何一个向量 $\boldsymbol{\alpha} \in \mathbf{R}^n$ 在基 $\boldsymbol{\alpha}_1$，$\boldsymbol{\alpha}_2$，…，$\boldsymbol{\alpha}_n$ 与 $\boldsymbol{\beta}_1$，$\boldsymbol{\beta}_2$，…，$\boldsymbol{\beta}_n$ 下的坐标分别为$(x_1, x_2, \cdots, x_n)^{\mathrm{T}}$ 和$(y_1, y_2, \cdots, y_n)^{\mathrm{T}}$，即有 $\boldsymbol{\alpha} = (\boldsymbol{\alpha}_1, \boldsymbol{\alpha}_2, \cdots, \boldsymbol{\alpha}_n)\begin{pmatrix} x_1 \\ x_2 \\ \vdots \\ x_n \end{pmatrix}$，$\boldsymbol{\alpha} = (\boldsymbol{\beta}_1, \boldsymbol{\beta}_2, \cdots, \boldsymbol{\beta}_n)\begin{pmatrix} y_1 \\ y_2 \\ \vdots \\ y_n \end{pmatrix}$，记矩阵 $\boldsymbol{A} = (\boldsymbol{\alpha}_1, \boldsymbol{\alpha}_2, \cdots, \boldsymbol{\alpha}_n)$，$\boldsymbol{B} = (\boldsymbol{\beta}_1, \boldsymbol{\beta}_2, \cdots, \boldsymbol{\beta}_n)$，则有

$$\boldsymbol{A}\begin{pmatrix} x_1 \\ x_2 \\ \vdots \\ x_n \end{pmatrix} = \boldsymbol{B}\begin{pmatrix} y_1 \\ y_2 \\ \vdots \\ y_n \end{pmatrix}$$

于是得到

$$\begin{pmatrix} x_1 \\ x_2 \\ \vdots \\ x_n \end{pmatrix} = \boldsymbol{A}^{-1}\boldsymbol{B}\begin{pmatrix} y_1 \\ y_2 \\ \vdots \\ y_n \end{pmatrix} = \boldsymbol{P}\begin{pmatrix} y_1 \\ y_2 \\ \vdots \\ y_n \end{pmatrix}$$

或

$$\begin{pmatrix} y_1 \\ y_2 \\ \vdots \\ y_n \end{pmatrix} = \boldsymbol{B}^{-1}\boldsymbol{A}\begin{pmatrix} x_1 \\ x_2 \\ \vdots \\ x_n \end{pmatrix} = \boldsymbol{P}^{-1}\begin{pmatrix} x_1 \\ x_2 \\ \vdots \\ x_n \end{pmatrix}$$

其中 $\boldsymbol{P} = \boldsymbol{A}^{-1}\boldsymbol{B}$ 就是从基 $\boldsymbol{\alpha}_1$，$\boldsymbol{\alpha}_2$，$\boldsymbol{\alpha}_3$ 到基 $\boldsymbol{\beta}_1$，$\boldsymbol{\beta}_2$，$\boldsymbol{\beta}_3$ 的过渡矩阵.

定义 3.17　称 $\begin{pmatrix} x_1 \\ x_2 \\ \vdots \\ x_n \end{pmatrix} = \boldsymbol{P} \begin{pmatrix} y_1 \\ y_2 \\ \vdots \\ y_n \end{pmatrix}$ 为从坐标 $(y_1, y_2, \cdots, y_n)^{\mathrm{T}}$ 到坐标 $(x_1, x_2, \cdots, x_n)^{\mathrm{T}}$ 的坐标变换公式，称 $\begin{pmatrix} y_1 \\ y_2 \\ \vdots \\ y_n \end{pmatrix} = \boldsymbol{P}^{-1} \begin{pmatrix} x_1 \\ x_2 \\ \vdots \\ x_n \end{pmatrix}$ 为从坐标 $(x_1, x_2, \cdots, x_n)^{\mathrm{T}}$ 到 $(y_1, y_2, \cdots, y_n)^{\mathrm{T}}$ 的坐标变换公式.

例 3.31　设 $\mathbf{R}^3$ 中的两组基分别为

$$\boldsymbol{\alpha}_1 = \begin{pmatrix} 1 \\ 1 \\ 1 \end{pmatrix}, \boldsymbol{\alpha}_2 = \begin{pmatrix} 1 \\ 0 \\ -1 \end{pmatrix}, \boldsymbol{\alpha}_3 = \begin{pmatrix} 1 \\ 0 \\ 1 \end{pmatrix}$$

$$\boldsymbol{\beta}_1 = \begin{pmatrix} 0 \\ 1 \\ 1 \end{pmatrix}, \boldsymbol{\beta}_2 = \begin{pmatrix} -1 \\ 1 \\ 0 \end{pmatrix}, \boldsymbol{\beta}_3 = \begin{pmatrix} 1 \\ 2 \\ 1 \end{pmatrix}$$

求：(1) 从基 $\boldsymbol{\alpha}_1, \boldsymbol{\alpha}_2, \boldsymbol{\alpha}_3$ 到基 $\boldsymbol{\beta}_1, \boldsymbol{\beta}_2, \boldsymbol{\beta}_3$ 的过渡矩阵 $\boldsymbol{P}$；

(2) 向量 $\boldsymbol{\alpha} = \boldsymbol{\alpha}_1 + 2\boldsymbol{\alpha}_2 - \boldsymbol{\alpha}_3$ 在基 $\boldsymbol{\beta}_1, \boldsymbol{\beta}_2, \boldsymbol{\beta}_3$ 下的坐标.

解　(1) 记矩阵 $\boldsymbol{A} = (\boldsymbol{\alpha}_1, \boldsymbol{\alpha}_2, \boldsymbol{\alpha}_3)$，$\boldsymbol{B} = (\boldsymbol{\beta}_1, \boldsymbol{\beta}_2, \boldsymbol{\beta}_3)$，$\boldsymbol{e}_1, \boldsymbol{e}_2, \boldsymbol{e}_3$ 为 $\mathbf{R}^3$ 的自然基. 则有

$$\boldsymbol{A} = (\boldsymbol{\alpha}_1, \boldsymbol{\alpha}_2, \boldsymbol{\alpha}_3) = (\boldsymbol{e}_1, \boldsymbol{e}_2, \boldsymbol{e}_3)\boldsymbol{A}$$

$$\boldsymbol{B} = (\boldsymbol{\beta}_1, \boldsymbol{\beta}_2, \boldsymbol{\beta}_3) = (\boldsymbol{e}_1, \boldsymbol{e}_2, \boldsymbol{e}_3)\boldsymbol{B}$$

于是有

$$(\boldsymbol{\beta}_1, \boldsymbol{\beta}_2, \boldsymbol{\beta}_3) = (\boldsymbol{e}_1, \boldsymbol{e}_2, \boldsymbol{e}_3)\boldsymbol{B} = (\boldsymbol{\alpha}_1, \boldsymbol{\alpha}_2, \boldsymbol{\alpha}_3)\boldsymbol{A}^{-1}\boldsymbol{B}$$

记 $\boldsymbol{P} = \boldsymbol{A}^{-1}\boldsymbol{B}$ 就是从基 $\boldsymbol{\alpha}_1, \boldsymbol{\alpha}_2, \boldsymbol{\alpha}_3$ 到基 $\boldsymbol{\beta}_1, \boldsymbol{\beta}_2, \boldsymbol{\beta}_3$ 的过渡矩阵.

$$(\boldsymbol{A}, \boldsymbol{B}) = \left(\begin{array}{ccc|ccc} 1 & 1 & 1 & 0 & -1 & 1 \\ 1 & 0 & 0 & 1 & 1 & 2 \\ 1 & -1 & 1 & 1 & 0 & 1 \end{array}\right) \xrightarrow{r} \left(\begin{array}{ccc|ccc} 1 & 0 & 0 & 1 & 1 & 2 \\ 0 & 1 & 0 & -\frac{1}{2} & -\frac{1}{2} & 0 \\ 0 & 0 & 1 & -\frac{1}{2} & -\frac{3}{2} & -1 \end{array}\right)$$

因此

$$\boldsymbol{P} = \boldsymbol{A}^{-1}\boldsymbol{B} = \begin{pmatrix} 1 & 1 & 2 \\ -\frac{1}{2} & -\frac{1}{2} & 0 \\ -\frac{1}{2} & -\frac{3}{2} & -1 \end{pmatrix}$$

(2) 已知向量 $\boldsymbol{\alpha} = \boldsymbol{\alpha}_1 + 2\boldsymbol{\alpha}_2 - \boldsymbol{\alpha}_3$ 在基 $\boldsymbol{\alpha}_1, \boldsymbol{\alpha}_2, \boldsymbol{\alpha}_3$ 下的坐标为 $(1, 2, -1)^{\mathrm{T}}$，由定义 3.15 可得到 $\boldsymbol{\alpha}$ 在基 $\boldsymbol{\beta}_1, \boldsymbol{\beta}_2, \boldsymbol{\beta}_3$ 下的坐标为

$$\begin{pmatrix} y_1 \\ y_2 \\ y_3 \end{pmatrix} = \boldsymbol{P}^{-1}\begin{pmatrix} x_1 \\ x_2 \\ x_3 \end{pmatrix} = \begin{pmatrix} \frac{1}{2} & -2 & 1 \\ -\frac{1}{2} & 0 & -1 \\ \frac{1}{2} & 1 & 0 \end{pmatrix} \begin{pmatrix} 1 \\ 2 \\ -1 \end{pmatrix} = \begin{pmatrix} -\frac{9}{2} \\ \frac{1}{2} \\ \frac{5}{2} \end{pmatrix}$$

习题 3.4

1. 在三维几何空间中，所有通过原点的平面的集合能否形成向量空间？

2. 设 $\boldsymbol{\alpha}$，$\boldsymbol{\beta}$ 是两个已知的 n 维向量，设集合 $V=\{x=\lambda\boldsymbol{\alpha}+\mu\boldsymbol{\beta}\mid\lambda,\ \mu\in\mathbf{R}\}$，证明：$V$ 是一个向量空间(一般称为由向量 $\boldsymbol{\alpha}$，$\boldsymbol{\beta}$ 所生成的向量空间).

3. 证明 $\boldsymbol{\alpha}_1=(1,\ 1,\ 1,\ 1)^{\mathrm{T}}$，$\boldsymbol{\alpha}_2=(1,\ 3,\ 1,\ 0)^{\mathrm{T}}$，$\boldsymbol{\alpha}_3=(1,\ 0,\ 1,\ 0)^{\mathrm{T}}$，$\boldsymbol{\alpha}_4=(1,\ 0,\ 0,\ 1)^{\mathrm{T}}$ 是 $\mathbf{R}^4$ 的一个基.

4. 已知三维向量空间的一组基为 $\boldsymbol{\alpha}_1=(1,\ 1,\ 0)^{\mathrm{T}}$，$\boldsymbol{\alpha}_2=(1,\ 0,\ 1)^{\mathrm{T}}$，$\boldsymbol{\alpha}_3=(0,\ 1,\ 1)^{\mathrm{T}}$，求向量 $\boldsymbol{\beta}=(2,\ 0,\ 0)^{\mathrm{T}}$ 在上述基下的坐标.

5. 证明：$\boldsymbol{\alpha}_1=(1,\ 1,\ 0)^{\mathrm{T}}$，$\boldsymbol{\alpha}_2=(0,\ 0,\ 2)^{\mathrm{T}}$，$\boldsymbol{\alpha}_3=(0,\ 3,\ 2)^{\mathrm{T}}$ 为 $\mathbf{R}^3$ 的基，并求 $\boldsymbol{\beta}=(5,\ 9,\ -2)^{\mathrm{T}}$ 在此基下的坐标.

6. 设 $\boldsymbol{\alpha}_1=\begin{pmatrix} 1 \\ 1 \\ 0 \end{pmatrix}$，$\boldsymbol{\alpha}_2=\begin{pmatrix} 1 \\ 0 \\ 1 \end{pmatrix}$，$\boldsymbol{\alpha}_3=\begin{pmatrix} 0 \\ 1 \\ 1 \end{pmatrix}$ 和 $\boldsymbol{\beta}_1=\begin{pmatrix} 1 \\ 1 \\ -2 \end{pmatrix}$，$\boldsymbol{\beta}_2=\begin{pmatrix} 1 \\ 2 \\ 3 \end{pmatrix}$，$\boldsymbol{\beta}_3=\begin{pmatrix} -1 \\ 2 \\ 1 \end{pmatrix}$ 是 $\mathbf{R}^3$ 中的两组基，求从基 $\boldsymbol{\alpha}_1$，$\boldsymbol{\alpha}_2$，$\boldsymbol{\alpha}_3$ 到基 $\boldsymbol{\beta}_1$，$\boldsymbol{\beta}_2$，$\boldsymbol{\beta}_3$ 的过渡矩阵 $\boldsymbol{P}$.

3.5 线性方程组解的结构

第 1 章利用矩阵的初等变换求解了线性方程组；第 2 章给出了克拉默法则，并且利用矩阵的秩的概念，给出了非齐次线性方程组的解与它的增广矩阵，以及齐次方程组的解与它的系数矩阵之间秩的关系. 本章前面几节讨论了向量与向量空间的理论，这些理论和方法都是围绕着线性方程组求解展开的. 本节进一步讨论线性方程组解的结构，也就是当线性方程组有无穷多个解时，解与解之间的关系，分齐次线性方程组和非齐次线性方程组来讨论.

3.5.1 齐次线性方程组解的结构

设 n 元齐次线性方程组

$$\begin{cases} a_{11}x_1+a_{12}x_2+\cdots+a_{1n}x_n=0 \\ a_{21}x_1+a_{22}x_2+\cdots+a_{2n}x_n=0 \\ \qquad\vdots \\ a_{m1}x_1+a_{m2}x_2+\cdots+a_{mn}x_n=0 \end{cases} \tag{3.1}$$

其矩阵形式是 $\boldsymbol{Ax}=\mathbf{0}$，其中 $\mathbf{A}=(a_{ij})_{m\times n}$ 称为**系数矩阵**，$\boldsymbol{x}=(x_1,\ x_2,\ \cdots,\ x_n)^{\mathrm{T}}$ 为 n 维未

知量，$\mathbf{0}=(0, 0, \cdots, 0)^{\mathrm{T}}$ 为 m 维零向量.

$\boldsymbol{Ax}=\mathbf{0}$ 的解，指的是满足 $\boldsymbol{A\xi}=\mathbf{0}$ 的 n 维列向量 $\boldsymbol{\xi}$. n 维零列向量 $\mathbf{0}$ 显然是 $\boldsymbol{Ax}=\mathbf{0}$ 的解，称为零解. $\boldsymbol{Ax}=\mathbf{0}$ 的不是零列向量 $\mathbf{0}$ 的解称为**非零解**，即其中至少有一个分量不是零.

在第1章中介绍了消元法，并给出了 $\boldsymbol{Ax}=\mathbf{0}$ 非零解的求法，但是并没有介绍为什么求出来的解可以表示所有解，本节将回答这个问题.

先讨论齐次线性方程组解的几个性质.

性质 3.8　如果 $\boldsymbol{\xi}_1$，$\boldsymbol{\xi}_2$ 是齐次线性方程组(3.1)的两个解，则 $\boldsymbol{\xi}_1+\boldsymbol{\xi}_2$ 也是方程组(3.1)的解.

证明　由于 $\boldsymbol{A\xi}_1=\mathbf{0}$，$\boldsymbol{A\xi}_2=\mathbf{0}$，所以

$$\boldsymbol{A}(\boldsymbol{\xi}_1+\boldsymbol{\xi}_2)=\boldsymbol{A\xi}_1+\boldsymbol{A\xi}_2=\mathbf{0}+\mathbf{0}=\mathbf{0}$$

即 $\boldsymbol{\xi}_1+\boldsymbol{\xi}_2$ 是方程组(3.1)的解.

性质 3.9　如果 $\boldsymbol{\xi}$ 是齐次线性方程组(3.1)的解，则 $k\boldsymbol{\xi}$ 也是方程组(3.1)的解.

证明　由于 $\boldsymbol{A\xi}=\mathbf{0}$，所以

$$\boldsymbol{A}(k\boldsymbol{\xi})=k(\boldsymbol{A\xi})=k\mathbf{0}=\mathbf{0}$$

即 $k\boldsymbol{\xi}$ 也是方程组(3.1)的解.

设 $S=\{\boldsymbol{\xi}\mid\boldsymbol{A\xi}=\mathbf{0}\}$ 是齐次线性方程组(3.1)的解向量全体所组成的非空集合. 性质3.8和性质3.9表明：

(1) $\boldsymbol{\xi}_1$，$\boldsymbol{\xi}_2\in S$，则 $\boldsymbol{\xi}_1+\boldsymbol{\xi}_2\in S$；

(2) $\boldsymbol{\xi}_1\in S$，则 $k\boldsymbol{\xi}_1\in S$.

非空集合 S 称为齐次线性方程组(3.1)的**解空间**. 因此，要解齐次线性方程组(3.1)，只要求出解空间 S 的一个极大无关组. 设解空间 S 的一个极大无关组是 $\boldsymbol{\xi}_1$，$\boldsymbol{\xi}_2$，…，$\boldsymbol{\xi}_t$，可知，齐次线性方程组的任意一个解 $\boldsymbol{\xi}$ 均可由这个极大无关组唯一地线性表示，即

$$\boldsymbol{\xi}=k_1\boldsymbol{\xi}_1+k_2\boldsymbol{\xi}_2+\cdots+k_t\boldsymbol{\xi}_t\quad(k_1, k_2, \cdots, k_t \text{ 为任意常数})$$

定义 3.18　如果 $\boldsymbol{\xi}_1$，$\boldsymbol{\xi}_2$，…，$\boldsymbol{\xi}_t$ 是齐次线性方程组(3.1)的解空间 S 的一个基(极大无关组)，则称 $\boldsymbol{\xi}_1$，$\boldsymbol{\xi}_2$，…，$\boldsymbol{\xi}_t$ 是齐次线性方程组(3.1)的一个**基础解系**.

显然，只有当齐次线性方程组(3.1)存在非零解时，才会存在基础解系. 因为极大无关组不唯一，所以基础解系也不唯一，但是它们所含向量个数相同.

定理 3.5　如果 n 元齐次线性方程组(3.1)的系数矩阵 $\boldsymbol{A}$ 的秩 $R(\boldsymbol{A})=r<n$，那么它必有基础解系，并且基础解系所含线性无关解向量的个数等于 $n-r$(这里 $n-r$ 也是方程组(3.1)的自由未知量的个数).

下面给出一种构造性证明，即在证明过程中同时给出了一种求基础解系的方法.

证明　设 $R(\boldsymbol{A})=r$，为讨论方便不妨设系数矩阵 $\boldsymbol{A}$ 的行最简形矩阵为

$$\boldsymbol{A}\to\cdots\to\begin{pmatrix}1 & 0 & \cdots & 0 & b_{1,r+1} & b_{1,r+2} & \cdots & b_{1,n}\\0 & 1 & \cdots & 0 & b_{2,r+1} & b_{2,r+2} & \cdots & b_{2,n}\\0 & 0 & \cdots & 1 & b_{r,r+1} & b_{r,r+2} & \cdots & b_{r,n}\\0 & 0 & \cdots & 0 & 0 & 0 & \cdots & 0\\0 & 0 & \cdots & 0 & 0 & 0 & \cdots & 0\\\vdots & \vdots & & \vdots & \vdots & \vdots & & \vdots\\0 & 0 & \cdots & 0 & 0 & 0 & \cdots & 0\end{pmatrix}$$

由此得到方程组的通解：

$$\begin{cases} x_1 = -b_{1,\,r+1}x_{r+1} - b_{1,\,r+2}x_{r+2} - \cdots - b_{1n}x_n \\ x_2 = -b_{2,\,r+1}x_{r+1} - b_{2,\,r+2}x_{r+2} - \cdots - b_{2n}x_n \\ \qquad\qquad\vdots \\ x_r = -b_{r,\,r+1}x_{r+1} - b_{r,\,r+2}x_{r+2} - \cdots - b_{rn}x_n \end{cases}$$

其中 x_{r+1}，x_{r+2}，…，x_n 为 $n-r$ 个自由未知量．显然，给定 x_{r+1}，x_{r+2}，…，x_n 的一组值 k_1，k_2，…，k_{n-r}，即可得到方程组(3.1)的一个解，特别地，如果将 x_{r+1}，x_{r+2}，…，x_n 分别取下述 $n-r$ 组值：

$$\begin{pmatrix} x_{r+1} \\ x_{r+2} \\ x_{r+3} \\ \vdots \\ x_{r+1} \end{pmatrix} = \begin{pmatrix} 1 \\ 0 \\ 0 \\ \vdots \\ 0 \end{pmatrix},\ \begin{pmatrix} 0 \\ 1 \\ 0 \\ \vdots \\ 0 \end{pmatrix},\ \begin{pmatrix} 0 \\ 0 \\ 1 \\ \vdots \\ 0 \end{pmatrix},\ \cdots,\ \begin{pmatrix} 0 \\ 0 \\ 0 \\ \vdots \\ 1 \end{pmatrix}$$

代入即可得到方程组(3.1)的 $n-r$ 个解：

$$\boldsymbol{\xi}_1 = \begin{pmatrix} -b_{1,\,r+1} \\ -b_{2,\,r+1} \\ \vdots \\ -b_{r,\,r+1} \\ 1 \\ 0 \\ \vdots \\ 0 \end{pmatrix},\ \boldsymbol{\xi}_2 = \begin{pmatrix} -b_{1,\,r+2} \\ -b_{2,\,r+2} \\ \vdots \\ -b_{r,\,r+2} \\ 0 \\ 1 \\ \vdots \\ 0 \end{pmatrix},\ \cdots,\ \boldsymbol{\xi}_{n-r} = \begin{pmatrix} -b_{1n} \\ -b_{2n} \\ \vdots \\ -b_{rn} \\ 0 \\ 0 \\ \vdots \\ 1 \end{pmatrix}$$

下面证明 $\boldsymbol{\xi}_1$，$\boldsymbol{\xi}_2$，…，$\boldsymbol{\xi}_{n-r}$ 就是方程组(3.1)的一个基础解系．先证明 $\boldsymbol{\xi}_1$，$\boldsymbol{\xi}_2$，…，$\boldsymbol{\xi}_{n-r}$ 线性无关，然后证明方程组(3.1)的任意一个解，都能由 $\boldsymbol{\xi}_1$，$\boldsymbol{\xi}_2$，…，$\boldsymbol{\xi}_{n-r}$ 线性表示．

由于 $\boldsymbol{\xi}_1$，$\boldsymbol{\xi}_2$，…，$\boldsymbol{\xi}_{n-r}$ 的后 $n-r$ 个分量组成的 $n-r$ 维向量组

$$\begin{pmatrix} 1 \\ 0 \\ 0 \\ \vdots \\ 0 \end{pmatrix},\ \begin{pmatrix} 0 \\ 1 \\ 0 \\ \vdots \\ 0 \end{pmatrix},\ \cdots,\ \begin{pmatrix} 0 \\ 0 \\ 0 \\ \vdots \\ 1 \end{pmatrix}$$

线性无关，而 $\boldsymbol{\xi}_1$，$\boldsymbol{\xi}_2$，…，$\boldsymbol{\xi}_{n-r}$ 为这个 $n-r$ 维向量组的加长向量组，根据前面的结论可知，$\boldsymbol{\xi}_1$，$\boldsymbol{\xi}_2$，…，$\boldsymbol{\xi}_{n-r}$ 也线性无关．

又设 $\boldsymbol{\xi}=(d_1,\ d_2,\ \cdots,\ d_r,\ d_{r+1},\ d_{r+2},\ \cdots,\ d_n)^{\mathrm{T}}$ 为方程组(3.1)的任意一个解，由于

$$d_{r+1}\boldsymbol{\xi}_1 + d_{r+2}\boldsymbol{\xi}_2 + \cdots + d_n\boldsymbol{\xi}_{n-r} = (*,\ *,\ \cdots,\ *,\ d_{r+1},\ d_{r+2},\ \cdots,\ d_n)^{\mathrm{T}}$$

与 $\boldsymbol{\xi}$ 的后面 $n-r$ 个分量即自由未知量对应的取值完全相同，所以

$$\boldsymbol{\xi} = d_{r+1}\boldsymbol{\xi}_1 + d_{r+2}\boldsymbol{\xi}_2 + \cdots + d_n\boldsymbol{\xi}_{n-r}$$

即方程组(3.1)的任意一个解都可以表示为 $\boldsymbol{\xi}_1$，$\boldsymbol{\xi}_2$，…，$\boldsymbol{\xi}_{n-r}$ 的线性组合．

综上所述，$\boldsymbol{\xi}_1$，$\boldsymbol{\xi}_2$，…，$\boldsymbol{\xi}_{n-r}$ 为齐次线性方程组(3.1)的一个基础解系．

当然，齐次线性方程组(3.1)的基础解系不是唯一的. 实际上，齐次线性方程组(3.1)的任意 $n-R(\mathbf{A})$ 个线性无关的解都是它的一个基础解系. 但是，齐次线性方程组(3.1)的基础解系所含线性无关解向量的个数是唯一确定的，等于 $n-R(\mathbf{A})$，也就是方程组中自由未知量的个数. 由此可见，齐次线性方程组(3.1)的解空间是一个 $n-R(\mathbf{A})$ 维向量空间.

推论 3.10　设矩阵 $\mathbf{A}_{m\times n}$ 的秩 $R(\mathbf{A})=r<n$，则 n 元齐次线性方程组 $\mathbf{Ax}=\mathbf{0}$ 的解空间 S 的秩等于 $n-R(\mathbf{A})$，也就是基础解系的秩等于 $n-R(\mathbf{A})$.

如果 $\boldsymbol{\xi}_1, \boldsymbol{\xi}_2, \cdots, \boldsymbol{\xi}_t$ 是 n 元齐次线性方程组 $\mathbf{Ax}=\mathbf{0}$ 的一个基础解系，应满足两个条件：

(1) $\boldsymbol{\xi}_1, \boldsymbol{\xi}_2, \cdots, \boldsymbol{\xi}_t$ 都是方程组 $\mathbf{Ax}=\mathbf{0}$ 的解；

(2) $\boldsymbol{\xi}_1, \boldsymbol{\xi}_2, \cdots, \boldsymbol{\xi}_t$ 线性无关，且其秩等于 $n-R(\mathbf{A})$.

对给定的齐次线性方程组，当存在非零解时，即可按照定理 3.7 的证明中给出的求基础解系的方法，求出该方程组的一个基础解系 $\boldsymbol{\xi}_1, \boldsymbol{\xi}_2, \cdots, \boldsymbol{\xi}_{n-r}$，从而得到该方程组的通解：

$$\boldsymbol{x}=k_1\boldsymbol{\xi}_1+k_2\boldsymbol{\xi}_2+\cdots+k_{n-r}\boldsymbol{\xi}_{n-r}\quad (k_1, k_2, \cdots, k_{n-r}\in\mathbf{R})$$

例 3.32　求方程组 $\begin{cases}x_1-8x_2+10x_3+2x_4=0\\2x_1+4x_2+5x_3-x_4=0\\3x_1+8x_2+6x_3-2x_4=0\end{cases}$ 的一个基础解系和通解.

解　由于方程组中方程个数少于未知量的个数，因此方程组有非零解. 对方程组的系数矩阵 $\mathbf{A}$ 作初等行变换化为行最简形矩阵.

$$\mathbf{A}=\begin{pmatrix}1&-8&10&2\\2&4&5&-1\\3&8&6&-2\end{pmatrix}\to\cdots\to\begin{bmatrix}1&0&4&0\\0&1&-\dfrac{3}{4}&-\dfrac{1}{4}\\0&0&0&0\end{bmatrix}$$

选取 x_3, x_4 为自由未知量，得到方程组的通解为

$$\begin{cases}x_1=-4x_3\\x_2=\dfrac{3}{4}x_3+\dfrac{1}{4}x_4\end{cases}$$

令 $\begin{pmatrix}x_3\\x_4\end{pmatrix}$ 分别取 $\begin{pmatrix}1\\0\end{pmatrix}$ 和 $\begin{pmatrix}0\\1\end{pmatrix}$，代入上式得到原方程组的一个基础解系：

$$\boldsymbol{\xi}_1=\begin{bmatrix}-4\\\dfrac{3}{4}\\1\\0\end{bmatrix},\ \boldsymbol{\xi}_2=\begin{bmatrix}0\\\dfrac{1}{4}\\0\\1\end{bmatrix}$$

从而方程组的通解为

$$\boldsymbol{x}=k_1\boldsymbol{\xi}_1+k_2\boldsymbol{\xi}_2\quad (k_1, k_2\in\mathbf{R})$$

事实上，当自由未知量 $\begin{pmatrix}x_3\\x_4\end{pmatrix}$ 分别取 $\begin{pmatrix}1\\2\end{pmatrix}$ 和 $\begin{pmatrix}3\\4\end{pmatrix}$，可得到 $\boldsymbol{\xi}_1'=\begin{bmatrix}-4\\\dfrac{5}{4}\\1\\2\end{bmatrix}$，$\boldsymbol{\xi}_2'=\begin{bmatrix}-12\\\dfrac{13}{4}\\3\\4\end{bmatrix}$ 也是该方

程组的一个基础解系，从而得到通解：$\boldsymbol{x}=k_3\boldsymbol{\xi}_1'+k_4\boldsymbol{\xi}_2'(k_3, k_4\in\mathbf{R})$. 显然，$\boldsymbol{\xi}_1$，$\boldsymbol{\xi}_2$ 与 $\boldsymbol{\xi}_1'$，$\boldsymbol{\xi}_2'$ 是等价的，两个通解虽然形式不一样，但都是含两个任意常数，且都可以表示方程组的任意解. 但必须注意的是，绝对不可以取零解，也不可以取线性相关的解，因为基础解系一定是由线性无关的解向量组成的.

例 3.33 设 $\boldsymbol{\alpha}_1$，$\boldsymbol{\alpha}_2$，$\boldsymbol{\alpha}_3$ 是某个齐次线性方程组 $\boldsymbol{Ax}=\boldsymbol{0}$ 的基础解系，证明：$\boldsymbol{\beta}_1=\boldsymbol{\alpha}_2+\boldsymbol{\alpha}_3$，$\boldsymbol{\beta}_2=\boldsymbol{\alpha}_1+\boldsymbol{\alpha}_3$，$\boldsymbol{\beta}_3=\boldsymbol{\alpha}_1+\boldsymbol{\alpha}_2$ 也是 $\boldsymbol{Ax}=\boldsymbol{0}$ 的基础解系.

证明 直接验证 $\boldsymbol{\beta}_1$，$\boldsymbol{\beta}_2$，$\boldsymbol{\beta}_3$ 满足构成基础解系的两个条件. 由于

$$\boldsymbol{A\beta}_1=\boldsymbol{A}(\boldsymbol{\alpha}_2+\boldsymbol{\alpha}_3)=\boldsymbol{0},\ \boldsymbol{A\beta}_2=\boldsymbol{A}(\boldsymbol{\alpha}_1+\boldsymbol{\alpha}_3)=\boldsymbol{0},\ \boldsymbol{A\beta}_3=\boldsymbol{A}(\boldsymbol{\alpha}_1+\boldsymbol{\alpha}_2)=\boldsymbol{0}$$

所以 $\boldsymbol{\beta}_1$，$\boldsymbol{\beta}_2$，$\boldsymbol{\beta}_3$ 都是 $\boldsymbol{Ax}=\boldsymbol{0}$ 的解.

由 $\boldsymbol{\alpha}_1$，$\boldsymbol{\alpha}_2$，$\boldsymbol{\alpha}_3$ 是 $\boldsymbol{Ax}=\boldsymbol{0}$ 的基础解系知，$\boldsymbol{\alpha}_1$，$\boldsymbol{\alpha}_2$，$\boldsymbol{\alpha}_3$ 线性无关，且基础解系含有 3 个解向量. 根据所给条件可以写出矩阵等式：

$$(\boldsymbol{\beta}_1, \boldsymbol{\beta}_2, \boldsymbol{\beta}_3)=(\boldsymbol{\alpha}_1, \boldsymbol{\alpha}_2, \boldsymbol{\alpha}_3)\begin{pmatrix}0 & 1 & 1\\ 1 & 0 & 1\\ 1 & 1 & 0\end{pmatrix}$$

因为 $\begin{vmatrix}0 & 1 & 1\\ 1 & 0 & 1\\ 1 & 1 & 0\end{vmatrix}=2\neq 0$，所以 $\begin{pmatrix}0 & 1 & 1\\ 1 & 0 & 1\\ 1 & 1 & 0\end{pmatrix}$ 可逆，从而 $R(\boldsymbol{\beta}_1, \boldsymbol{\beta}_2, \boldsymbol{\beta}_3)=R(\boldsymbol{\alpha}_1, \boldsymbol{\alpha}_2, \boldsymbol{\alpha}_3)=3$，这说明 $\boldsymbol{\beta}_1$，$\boldsymbol{\beta}_2$，$\boldsymbol{\beta}_3$ 线性无关，所以 $\boldsymbol{\beta}_1$，$\boldsymbol{\beta}_2$，$\boldsymbol{\beta}_3$ 也是 $\boldsymbol{Ax}=\boldsymbol{0}$ 的基础解系.

例 3.34 当 k 为何值时，齐次线性方程组

$$\begin{cases}(k+3)x_1+x_2+2x_3=0\\ kx_1+(k-1)x_2+x_3=0\\ 3(k+1)x_1+kx_2+(k+3)x_3=0\end{cases}$$

有非零解？并求其基础解系.

解 因为方程个数与未知量个数相同，可以用系数矩阵的行列式是否等于零来判断方程组解的情况.

因为
$$|\boldsymbol{A}|=\begin{vmatrix}k+3 & 1 & 2\\ k & k-1 & 1\\ 3(k+1) & k & k+3\end{vmatrix}=k^2(k-1)=0$$

所以，当 $k=0$ 或 $k=1$ 时，方程组有非零解.

当 $k=0$ 时，有

$$\boldsymbol{A}=\begin{pmatrix}3 & 1 & 2\\ 0 & -1 & 1\\ 3 & 0 & 3\end{pmatrix}\to\begin{pmatrix}1 & 0 & 1\\ 0 & 1 & -1\\ 0 & 0 & 0\end{pmatrix}$$

即
$$\begin{cases}x_1=-x_3\\ x_2=x_3\end{cases}$$

故方程组的一个基础解系为 $\boldsymbol{\xi}_1=\begin{pmatrix}-1\\ 1\\ 1\end{pmatrix}$.

当 $k=1$ 时，有

$$A=\begin{pmatrix}4&1&2\\1&0&1\\6&1&4\end{pmatrix}\rightarrow\begin{pmatrix}1&0&1\\0&1&-2\\0&0&0\end{pmatrix}$$

即
$$\begin{cases}x_1=-x_3\\x_2=2x_3\end{cases}$$

故方程组的一个基础解系为 $\boldsymbol{\xi}_2=\begin{pmatrix}-1\\2\\1\end{pmatrix}$.

例 3.35　设四元线性方程组(Ⅰ)为 $\begin{cases}x_1+x_2=0\\x_2-x_4=0\end{cases}$，又已知某线性方程组(Ⅱ)的通解为 $k_1(0,1,1,0)^{\mathrm{T}}+k_2(-1,2,2,1)^{\mathrm{T}}$.

(1) 求线性方程组(Ⅰ)的基础解系.

(2) 问线性方程组(Ⅰ)和(Ⅱ)是否有非零公共解？若有，则求出所有的非零公共解；若没有，则说明理由.

解　(1) 对方程组(Ⅰ)的系数矩阵作初等行变换化为行最简形矩阵：

$$\begin{pmatrix}1&1&0&0\\0&1&0&-1\end{pmatrix}\xrightarrow{r_1-r_2}\begin{pmatrix}1&0&0&1\\0&1&0&-1\end{pmatrix}$$

于是方程组(Ⅰ)的同解方程组为

$$\begin{cases}x_1=-x_4\\x_2=x_4\end{cases}$$

选 x_3，x_4 为自由未知量，得到线性方程组(Ⅰ)的基础解系：

$$\boldsymbol{\xi}_1=\begin{pmatrix}0\\0\\1\\0\end{pmatrix},\ \boldsymbol{\xi}_2=\begin{pmatrix}-1\\1\\0\\1\end{pmatrix}$$

(2) 方程组(Ⅰ)的通解为 $k_3\boldsymbol{\xi}_3+k_4\boldsymbol{\xi}_4=k_3(0,0,1,0)^{\mathrm{T}}+k_4(-1,1,0,1)^{\mathrm{T}}$，$k_3$，$k_4$ 是不全为零的常数. 方程组(Ⅰ)和(Ⅱ)有非零公共解，即

$$k_1(0,1,1,0)^{\mathrm{T}}+k_2(-1,2,2,1)^{\mathrm{T}}=k_3(0,0,1,0)^{\mathrm{T}}+k_4(-1,1,0,1)^{\mathrm{T}}$$

其中，k_1，k_2，k_3，k_4 不能全为零，也就是齐次方程组

$$\begin{cases}-k_2+k_4=0\\k_1+2k_2-k_4=0\\k_1+2k_2-k_3=0\\k_2-k_4=0\end{cases}$$

有非零解. 对其系数矩阵作初等行变换化为行最简形矩阵：

$$\begin{pmatrix}0&-1&0&1\\1&2&0&-1\\1&2&-1&0\\0&1&0&-1\end{pmatrix}\xrightarrow{r}\begin{pmatrix}1&0&0&1\\0&1&0&-1\\0&0&1&-1\\0&0&0&0\end{pmatrix}$$

故上述方程组有非零解，且 $k_2=k_3=k_4=-k_1$，于是方程组(Ⅰ)和(Ⅱ)有非零公共解，取 $k_1=-k_2=k$ 代入 $k_1(0, 1, 1, 0)^{\mathrm{T}}+k_2(-1, 2, 2, 1)^{\mathrm{T}}$ 得到公共解为

$$k(1, -1, -1, -1)^{\mathrm{T}},\ k \text{ 是非零常数}$$

例 3.36 证明：同解的齐次线性方程组的系数矩阵必有相同的秩.

证明 设 $\boldsymbol{Ax}=\boldsymbol{0}$ 与 $\boldsymbol{Bx}=\boldsymbol{0}$ 是两个同解的齐次线性方程组，则它们必有相同的基础解系，其中所含的解向量个数相同，即得

$$n-R(\boldsymbol{A})=n-R(\boldsymbol{B}),\ R(\boldsymbol{A})=R(\boldsymbol{B})$$

3.5.2 非齐次线性方程组解的结构

设有 n 元非齐次线性方程组：

$$\begin{cases} a_{11}x_1+a_{12}x_2+\cdots+a_{1n}x_n=b_1 \\ a_{21}x_1+a_{22}x_2+\cdots+a_{2n}x_n=b_2 \\ \qquad\vdots \\ a_{m1}x_1+a_{m2}x_2+\cdots+a_{mn}x_n=b_m \end{cases} \tag{3.2}$$

将其简写成矩阵形式 $\boldsymbol{Ax}=\boldsymbol{\beta}$. 其中 $\boldsymbol{A}=(a_{ij})_{m\times n}$ 称为**系数矩阵**，$\boldsymbol{x}=(x_1, x_2, \cdots, x_n)^{\mathrm{T}}$ 为 n **维未知量**，$\boldsymbol{\beta}=(b_1, b_2, \cdots, b_m)^{\mathrm{T}}\neq 0$ 为 m **维常向量**. 当 $b_1, b_2, \cdots, b_m$ 全为零时，就得到 n 元齐次线性方程组(3.1)，这时称齐次线性方程组(3.1)是非齐次线性方程组(3.2)的**导出组**.

在第 2.4 节中建立了如下定理：n 元非齐次线性方程组 $\boldsymbol{Ax}=\boldsymbol{\beta}$ 有解的充分必要条件是系数矩阵 $\boldsymbol{A}$ 的秩 $R(\boldsymbol{A})$ 等于增广矩阵 $(\boldsymbol{A}, \boldsymbol{b})$ 的秩 $R(\boldsymbol{A}, \boldsymbol{b})$，且当 $R(\boldsymbol{A})=R(\boldsymbol{A}, \boldsymbol{b})=n$ 时方程组有唯一解，当 $R(\boldsymbol{A})=R(\boldsymbol{A}, \boldsymbol{b})=r<n$ 时方程组有无穷解.

需要特别注意的是，当 $\boldsymbol{\beta}\neq\boldsymbol{0}$ 时，$\boldsymbol{Ax}=\boldsymbol{\beta}$ 的两个解之和不再是它的解. 它的一个解的倍数也不再是它的解. 事实上，若 $\boldsymbol{A\eta}_1=\boldsymbol{\beta}$，$\boldsymbol{A\eta}_2=\boldsymbol{\beta}$，则

$$\boldsymbol{A}(\boldsymbol{\eta}_1+\boldsymbol{\eta}_2)=2\boldsymbol{\beta}\neq\boldsymbol{\beta},\ \boldsymbol{A}(k\boldsymbol{\eta}_1)=k\boldsymbol{\beta}\neq\boldsymbol{\beta}$$

其中 k 为不等于 1 的任意实数. 这也就是说，$\boldsymbol{Ax}=\boldsymbol{b}$ 的若干个解的线性组合不再是它的解了. 所以，对于非齐次线性方程组 $\boldsymbol{Ax}=\boldsymbol{\beta}$ 来说，根本不存在基础解系这个概念.

任意一个非齐次线性方程组 $\boldsymbol{Ax}=\boldsymbol{\beta}$，与它的导出组 $\boldsymbol{Ax}=\boldsymbol{0}$ 有相同的系数矩阵，这是它们之间的桥梁，可以借助 $\boldsymbol{Ax}=\boldsymbol{0}$ 的基础解系求出 $\boldsymbol{Ax}=\boldsymbol{\beta}$ 的通解. 它们之间具有以下性质：

性质 3.10 如果 $\boldsymbol{x}=\boldsymbol{\eta}_1$，$\boldsymbol{x}=\boldsymbol{\eta}_2$ 都是方程组 $\boldsymbol{Ax}=\boldsymbol{\beta}$ 的解，则 $\boldsymbol{x}=\boldsymbol{\eta}_1-\boldsymbol{\eta}_2$ 是导出组 $\boldsymbol{Ax}=\boldsymbol{0}$ 的解.

证明 因为 $\boldsymbol{A}(\boldsymbol{\eta}_1-\boldsymbol{\eta}_2)=\boldsymbol{A\eta}_1-\boldsymbol{A\eta}_2=\boldsymbol{\beta}-\boldsymbol{\beta}=\boldsymbol{0}$，所以 $\boldsymbol{x}=\boldsymbol{\eta}_1-\boldsymbol{\eta}_2$ 是方程组 $\boldsymbol{Ax}=\boldsymbol{0}$ 的解.

性质 3.11 如果 $\boldsymbol{x}=\boldsymbol{\eta}$ 是方程组 $\boldsymbol{Ax}=\boldsymbol{\beta}$ 的一个解，$\boldsymbol{x}=\boldsymbol{\xi}$ 是导出组 $\boldsymbol{Ax}=\boldsymbol{0}$ 的一个解，则 $\boldsymbol{x}=\boldsymbol{\eta}+\boldsymbol{\xi}$ 是方程组 $\boldsymbol{Ax}=\boldsymbol{\beta}$ 的一个解.

证明 因为 $\boldsymbol{A}(\boldsymbol{\eta}+\boldsymbol{\xi})=\boldsymbol{A\eta}+\boldsymbol{A\xi}=\boldsymbol{\beta}+\boldsymbol{0}=\boldsymbol{\beta}$，所以 $\boldsymbol{x}=\boldsymbol{\eta}+\boldsymbol{\xi}$ 是方程组 $\boldsymbol{Ax}=\boldsymbol{\beta}$ 的解.

这就是说，非齐次线性方程组的任意两个解之差必是其导出组的解. 非齐次线性方程组的任意一个解与其导出组的任意一个解之和仍是非齐次线性方程组的解.

由性质 3.10 和性质 3.11 可以得到非齐次线性方程组解的结构定理.

定理 3.6 设非齐次线性方程组(3.2)满足 $R(\boldsymbol{A})=R(\boldsymbol{A}, \boldsymbol{b})=r<n$，并设 $\boldsymbol{\eta}^*$ 为其一个解(一般称 $\boldsymbol{\eta}^*$ 为一个特解)，$\boldsymbol{\xi}$ 为其导出组(3.1)的通解，即

$$\boldsymbol{\xi}=k_1\boldsymbol{\xi}_1+k_2\boldsymbol{\xi}_2+\cdots+k_{n-r}\boldsymbol{\xi}_{n-r}$$

其中，$\boldsymbol{\xi}_1$，$\boldsymbol{\xi}_2$，…，$\boldsymbol{\xi}_{n-r}$ 是导出组(3.1)的一个基础解系，k_1，k_2，…，k_{n-r} 为任意常数. 则方程组(3.2)的通解可以表示为

$$\boldsymbol{x}=\boldsymbol{\eta}^*+\boldsymbol{\xi}=\boldsymbol{\eta}^*+k_1\boldsymbol{\xi}_1+k_2\boldsymbol{\xi}_2+\cdots+k_{n-r}\boldsymbol{\xi}_{n-r} \tag{3.3}$$

即方程组(3.2)的通解可以表示为它的一个特解 $\boldsymbol{\eta}^*$ 加上其导出组(3.1)的基础解系的线性组合.

证明　由性质 3.11，$\boldsymbol{x}=\boldsymbol{\eta}^*+\boldsymbol{\xi}$ 一定是方程组(3.2)的解. 下面证明方程组(3.2)的任意一个解 $\boldsymbol{x}'$ 一定具有式(3.3)的形式.

由于 $\boldsymbol{\eta}^*$ 与 $\boldsymbol{x}'$ 均为方程组(3.2)的解，由性质 3.10 知，$\boldsymbol{x}'-\boldsymbol{\eta}^*$ 为其导出组(3.1)的解. 因此可由方程组(3.2)的基础解系 $\boldsymbol{\xi}_1$，$\boldsymbol{\xi}_2$，…，$\boldsymbol{\xi}_{n-r}$ 线性表示，即存在常数 k_1，k_2，…，k_{n-r}，使

$$\boldsymbol{x}'-\boldsymbol{\eta}^*=k_1\boldsymbol{\xi}_1+k_2\boldsymbol{\xi}_2+\cdots+k_{n-r}\boldsymbol{\xi}_{n-r}$$

即

$$\boldsymbol{x}'=\boldsymbol{\eta}^*+k_1\boldsymbol{\xi}_1+k_2\boldsymbol{\xi}_2+\cdots+k_{n-r}\boldsymbol{\xi}_{n-r}$$

这表明方程组(3.2)的任意一个解都可以表示为式(3.3)的形式.

例 3.37　解线性方程组 $\begin{cases}x_1+x_2-x_3+2x_4=3\\2x_1+x_2-3x_4=1\\-2x_1-2x_3+10x_4=4\end{cases}$.

解　将方程组的增广矩阵作初等行变换化为行最简形矩阵

$$(\boldsymbol{A},\boldsymbol{b})=\begin{pmatrix}1&1&-1&2&3\\2&1&0&-3&1\\-2&0&-2&10&4\end{pmatrix}\rightarrow\cdots\rightarrow\begin{pmatrix}1&0&1&-5&-2\\0&1&-2&7&5\\0&0&0&0&0\end{pmatrix}$$

因为 $R(\boldsymbol{A})=R(\boldsymbol{A},\boldsymbol{b})=2<4$，所以原方程组有无穷解.

选取 x_3，x_4 作为自由未知量，原方程组的同解方程组为

$$\begin{cases}x_1=-x_3+5x_3-2\\x_2=2x_3-7x_3+5\end{cases}$$

令自由未知量 $x_3=0$，$x_4=0$，得到方程组的一个特解 $\boldsymbol{\eta}^*=\begin{pmatrix}-2\\5\\0\\0\end{pmatrix}$.

去掉上述行最简形矩阵的最后一列，可得到导出组的同解方程组为

$$\begin{cases}x_1=-x_3+5x_3\\x_2=2x_3-7x_3\end{cases}$$

分别取 $\begin{pmatrix}x_3\\x_4\end{pmatrix}=\begin{pmatrix}1\\0\end{pmatrix}$ 和 $\begin{pmatrix}0\\1\end{pmatrix}$，得基础解系

$$\boldsymbol{\xi}_1=\begin{pmatrix}-1\\2\\1\\0\end{pmatrix},\ \boldsymbol{\xi}_2=\begin{pmatrix}5\\-7\\0\\1\end{pmatrix}$$

于是得到原方程组的解为

$$x=\boldsymbol{\eta}^*+k_1\boldsymbol{\xi}_1+k_2\boldsymbol{\xi}_2 \quad (k_1, k_2\in\mathbf{R})$$

例 3.38 设 $\boldsymbol{Ax}=\boldsymbol{b}$ 中未知量个数 $n=4$，$R(\boldsymbol{A})=3$，$\boldsymbol{\eta}_1$，$\boldsymbol{\eta}_2$，$\boldsymbol{\eta}_3$ 是 $\boldsymbol{Ax}=\boldsymbol{b}$ 的三个解. 已知

$$\boldsymbol{\eta}_1=\begin{pmatrix}4\\1\\0\\2\end{pmatrix},\ \boldsymbol{\eta}_2+\boldsymbol{\eta}_3=\begin{pmatrix}1\\0\\1\\2\end{pmatrix}$$

求 $\boldsymbol{Ax}=\boldsymbol{b}$ 的通解.

解 因为 $n-R(\boldsymbol{A})=4-3=1$，所以 $\boldsymbol{Ax}=\boldsymbol{0}$ 的任意一个非零解 $\boldsymbol{\xi}$ 都是它的基础解系. 因为 $\boldsymbol{\eta}_1$，$\boldsymbol{\eta}_2$，$\boldsymbol{\eta}_3$ 都是 $\boldsymbol{Ax}=\boldsymbol{b}$ 的解，所以 $\boldsymbol{\eta}_1-\boldsymbol{\eta}_2$ 和 $\boldsymbol{\eta}_1-\boldsymbol{\eta}_3$ 都是 $\boldsymbol{Ax}=\boldsymbol{0}$ 的解，它们的和

$$\boldsymbol{\xi}=(\boldsymbol{\eta}_1-\boldsymbol{\eta}_2)+(\boldsymbol{\eta}_1-\boldsymbol{\eta}_3)=2\boldsymbol{\eta}_1-(\boldsymbol{\eta}_2+\boldsymbol{\eta}_3)=\begin{pmatrix}7\\1\\-1\\2\end{pmatrix}$$

也是 $\boldsymbol{Ax}=\boldsymbol{0}$ 的非零解，它就是 $\boldsymbol{Ax}=\boldsymbol{0}$ 的基础解系. 因此 $\boldsymbol{Ax}=\boldsymbol{b}$ 的通解为

$$x=\boldsymbol{\eta}_1+k\boldsymbol{\xi} \quad (k\neq 0,\ k\in\mathbf{R})$$

例 3.39 已知非线性方程组

$$\begin{cases}x_1+x_2+x_3+x_4=-1\\4x_1+3x_2+5x_3-x_4=-1\\ax_1+x_2+3x_3-bx_4=1\end{cases}$$

有三个线性无关的解，证明：

(1) 方程组系数矩阵 $\boldsymbol{A}$ 的秩 $R(\boldsymbol{A})=2$；

(2) 求 a，b 的值及其方程组的解.

证明 (1) 设 $\boldsymbol{\eta}_1$，$\boldsymbol{\eta}_2$，$\boldsymbol{\eta}_3$ 是 $\boldsymbol{Ax}=\boldsymbol{\beta}$ 方程组的 3 个线性无关的解，其中

$$\boldsymbol{A}=\begin{pmatrix}1&1&1&1\\4&3&5&-1\\a&1&3&-b\end{pmatrix},\ \boldsymbol{\beta}=\begin{pmatrix}-1\\-1\\1\end{pmatrix}$$

则 $\boldsymbol{\eta}_2-\boldsymbol{\eta}_1$，$\boldsymbol{\eta}_3-\boldsymbol{\eta}_1$ 是 $\boldsymbol{Ax}=\boldsymbol{0}$ 的两个线性无关的解(否则，易推出 $\boldsymbol{\eta}_1$，$\boldsymbol{\eta}_2$，$\boldsymbol{\eta}_3$ 线性相关，矛盾). 于是 $\boldsymbol{Ax}=\boldsymbol{0}$ 的基础解系中解的个数不少于 2，即 $4-R(\boldsymbol{A})\geqslant 2$，从而 $R(\boldsymbol{A})\leqslant 2$.

又 $\boldsymbol{A}$ 有一个二阶子式 $\begin{vmatrix}1&1\\4&3\end{vmatrix}=-1\neq 0$，所以 $R(\boldsymbol{A})\geqslant 2$.

故由两个不等式说明 $R(\boldsymbol{A})=2$.

(2) 对方程组的增广矩阵作初等行变换：

$$(\boldsymbol{A},\boldsymbol{\beta})=\begin{pmatrix}1&1&1&1&-1\\4&3&5&-1&-1\\a&1&3&b&1\end{pmatrix}\xrightarrow[r_3-ar_1]{r_2-4r_1}\begin{pmatrix}1&1&1&1&-1\\0&-1&1&-5&3\\0&1-a&3-a&b-a&1+a\end{pmatrix}$$

$$\xrightarrow{r_3+(1-a)r_2}\begin{pmatrix}1&1&1&1&-1\\0&-1&1&-5&3\\0&0&4-2a&4a+b-5&4-2a\end{pmatrix}=\boldsymbol{C}$$

因为 $R(\boldsymbol{A})=2$，所以 $4-2a=0$，$4a+b-5=0$. 从而，$a=2$，$b=-3$.

将 $a=2$，$b=-3$ 代入矩阵 $\boldsymbol{C}$，并作初等行变换化为行最简形矩阵：

$$(\boldsymbol{A},\boldsymbol{\beta})\to\begin{pmatrix}1&1&1&1&-1\\0&-1&1&-5&3\\0&0&0&0&0\end{pmatrix}\xrightarrow[-r_2]{r_1+r_2}\begin{pmatrix}1&0&2&-4&2\\0&1&-1&5&-3\\0&0&0&0&0\end{pmatrix}$$

故原方程组与下面的方程组同解：

$$\begin{cases}x_1=-2x_3+4x_4+2\\x_2=2x_3-5x_4-3\end{cases}$$

选 x_3，x_4 为自由未知量，并分别取 $\begin{pmatrix}x_3\\x_4\end{pmatrix}=\begin{pmatrix}1\\0\end{pmatrix}$ 和 $\begin{pmatrix}0\\1\end{pmatrix}$，得 $\boldsymbol{Ax}=\boldsymbol{0}$ 基础解系：

$$\boldsymbol{\xi}_1=\begin{pmatrix}-2\\2\\1\\0\end{pmatrix},\ \boldsymbol{\xi}_2=\begin{pmatrix}4\\-5\\0\\1\end{pmatrix}$$

令 $x_3=0$，$x_4=0$，得到 $\boldsymbol{Ax}=\boldsymbol{\beta}$ 的一个特解 $\boldsymbol{\eta}^*=\begin{pmatrix}2\\-3\\0\\0\end{pmatrix}$.

于是方程组的通解为 $\boldsymbol{x}=\boldsymbol{\eta}^*+k_1\boldsymbol{\xi}_1+k_2\boldsymbol{\xi}_2$　$(k_1,\ k_2\in\mathbf{R})$.

习题 3.5

1. 当 k 取何值时齐次线性方程组

$$\begin{cases}(k-2)x_1-3x_2-2x_3=0\\-x_1+(k-8)x_2-2x_3=0\\2x_1+14x_2+(k+3)x_3=0\end{cases}$$

有非零解？并且求出它的通解.

2. 求下列齐次线性方程组的通解和一个基础解系.

(1) $\begin{cases}x_1-3x_2+x_3-2x_4=0\\-5x_1+x_2-2x_3+3x_4=0\\-x_1-11x_2+2x_3-5x_4=0\\3x_1+5x_2+x_4=0\end{cases}$；

(2) $\begin{cases}2x_1-5x_2+x_3-3x_4=0\\-3x_1+4x_2-2x_3+x_4=0\\x_1+2x_2-x_3+3x_4=0\\-2x_1+15x_2-6x_3+13x_4=0\end{cases}$.

3. 将非齐次线性方程组

$$\begin{cases} x_1+x_2+x_3=1 \\ x_1-2x_2+x_3=0 \\ 2x_1+x_2-3x_3=2 \end{cases}$$

分别写成矩阵和向量表达式.

4. 当 k 取何值时，线性方程组

$$\begin{cases} kx_1+x_2+x_3=1 \\ x_1+kx_2+x_3=k \\ x_1+x_2+kx_3=k^2 \end{cases}$$

有唯一解、无解、有无穷多解？

5. 当 k 取何值时，线性方程组

$$\begin{cases} (2-k)x_1+2x_2-2x_3=1 \\ 2x_1+(5-k)x_2-4x_3=2 \\ -2x_1-4x_2+(5-k)x_3=-k-1 \end{cases}$$

有唯一解、无解、有无穷多解？并在有无穷多解时求其解.

6. 求线性方程组的通解.

(1) $\begin{cases} 2x_1+x_2-x_3+x_4=1 \\ 3x_1-2x_2+x_3-3x_4=4 \\ x_1+4x_2-3x_3+5x_4=-2 \end{cases}$；

(2) $\begin{cases} 2x_1+x_2-x_3+x_4=1 \\ 4x_1+2x_2-2x_3+2x_4=2 \\ 2x_1+x_2-x_3-x_4=1 \end{cases}$；

(3) $\begin{cases} x_1-5x_2+2x_3-3x_4=11 \\ -3x_1+x_2-4x_3+2x_4=-5 \\ -x_1-9x_2-4x_4=17 \\ 5x_1+3x_2+6x_3-x_4=-1 \end{cases}$.

7. 求一个齐次线性方程组，使它的基础解系为 $\boldsymbol{\xi}_1=\begin{pmatrix}0\\1\\2\\3\end{pmatrix}$，$\boldsymbol{\xi}_2=\begin{pmatrix}3\\2\\1\\0\end{pmatrix}$.

3.6 应用案例

案例 3.1　配料问题

混凝土主要由水泥、水、沙、石和灰五种原料组成，不同的成分会导致混凝土的不同特性. 例如，水与水泥的比例影响混凝土的最终强度，沙与石的比例影响混凝土的易加工性，灰与水泥的比例影响混凝土的耐久性等，所以不同用途的混凝土需要不同的原料配比.

假设一个混凝土生产企业只能生产三种基本类型的混凝土：超硬型、通用型和长寿型. 它们的配方如表 3.1 所示.

表 3.1　三种基本类型混凝土的配方

成分	超硬型 A	通用型 B	长寿型 C
水泥	20	18	12
水	10	10	10
沙	20	25	15
石	10	5	15
灰	0	2	8

厂家希望，客户订购的其他混凝土都可以由这三种基本类型按一定比例混合而成.

(1) 假设某客户要求的混凝土 D 的五种成分分别为 16，10，21，9，4. 问这种混凝土能用 A，B，C 三种类型配成吗？如果可以，这三种类型各占多少比例？

(2) 如果客户要求的混凝土 E 的五种成分分别为 16，12，19，9，4. 问这种混凝土能用 A，B，C 三种类型配成吗？

(3) 问该厂家能否满足所有客户的要求？如果不能，对厂家有什么建议？

一种混凝土的类型由水泥、水、沙、石和灰五种原料的比例确定，因此从数学上看，混凝土的类型对应一个五维向量，其中的 5 个分量分别表示 60 g 这种混凝土中 5 种原料各自的质量，记为

$$\boldsymbol{\alpha}_1=\begin{pmatrix}20\\10\\20\\10\\0\end{pmatrix},\ \boldsymbol{\alpha}_2=\begin{pmatrix}18\\10\\25\\5\\2\end{pmatrix},\ \boldsymbol{\alpha}_3=\begin{pmatrix}12\\10\\15\\15\\8\end{pmatrix},\ \boldsymbol{\beta}=\begin{pmatrix}16\\10\\21\\9\\4\end{pmatrix},\ \boldsymbol{\gamma}=\begin{pmatrix}16\\12\\19\\9\\4\end{pmatrix}$$

则该厂家所能生产的混凝土类型构成的集合为

$$\boldsymbol{L}(\boldsymbol{\alpha}_1,\boldsymbol{\alpha}_2,\boldsymbol{\alpha}_3)=\{k_1\boldsymbol{\alpha}_1+k_2\boldsymbol{\alpha}_2+k_3\boldsymbol{\alpha}_3\mid k_i\geqslant 0,\ k_1+k_2+k_3=1\}$$

因此所求的(1)和(2)其实就是判断 β 和 γ 是否属于集合 $\boldsymbol{L}(\boldsymbol{\alpha}_1,\boldsymbol{\alpha}_2,\boldsymbol{\alpha}_3)$，也就是判断 $\boldsymbol{\beta}$ 和 $\boldsymbol{\gamma}$ 是否可由 $\boldsymbol{\alpha}_1$，$\boldsymbol{\alpha}_2$，$\boldsymbol{\alpha}_3$ 线性表示出来？

设 $\boldsymbol{A}=(\boldsymbol{\alpha}_1,\boldsymbol{\alpha}_2,\boldsymbol{\alpha}_3)$，

$$(\boldsymbol{A},\boldsymbol{\beta})=\left(\begin{array}{ccc:c}20&18&12&16\\10&10&10&10\\20&25&15&21\\10&5&15&9\\0&2&8&4\end{array}\right)\xrightarrow{r}\left(\begin{array}{ccc:c}1&0&0&0.08\\0&1&0&0.56\\0&0&1&0.36\\0&0&0&0\\0&0&0&0\end{array}\right)$$

所以 $\boldsymbol{\beta}$ 可由 $\boldsymbol{\alpha}_1$，$\boldsymbol{\alpha}_2$，$\boldsymbol{\alpha}_3$ 线性表示出来，且 $\boldsymbol{\beta}=0.08\boldsymbol{\alpha}_1+0.56\boldsymbol{\alpha}_2+0.36\boldsymbol{\alpha}_3$.

因此，混凝土 D 可由用 A，B，C 三种类型配成，且三种类型的比例各占 8%，56%，36%.

$$(\boldsymbol{A},\boldsymbol{\gamma})=\left(\begin{array}{ccc:c}20&18&12&16\\10&10&10&12\\20&25&15&19\\10&5&15&9\\0&2&8&4\end{array}\right)\xrightarrow{r}\left(\begin{array}{ccc:c}10&10&10&12\\0&1&4&4\\0&0&-5&-5\\0&0&0&-8\\0&0&0&0\end{array}\right)$$

所以 $\boldsymbol{\gamma}$ 不能由 $\boldsymbol{\alpha}_1$，$\boldsymbol{\alpha}_2$，$\boldsymbol{\alpha}_3$ 线性表示出来，因此，混凝土 E 不可用 A，B，C 三种类型配成.

(3) 由(2)知道，该厂家不能满足所有客户的要求. 故可以建议厂家引进新的技术或者设备，使其能够生产五种基本类型的混凝土. 这里所说的五种基本类型从数学的角度来说是指它们对应的向量是线性无关的，任意类型的混凝土都可以由五种基本类型的混凝土按一定的比例混合而成.

案例 3.2　药方配制

在药方配制问题中，把每种需配制的成药的成分作为一个列向量，通过分析所给列向量构成的向量组的线性相关性来确定是否可以用现有的药来配制所需成药. 若向量组线性无关，则无法配制所需成药，反之则可以配制成药. 新药的配制问题可转换为一个向量能否用一个向量组线性表示的问题，这个问题可通过考察向量组的线性相关性来解决.

设某中药厂用 9 种中草药原料(A～I)根据不同的比例配制了 7 种成药，各成分用量如表 3.2 所示.

表 3.2　7 种成药的成分用量　　单位:g

原料	1 号成药	2 号成药	3 号成药	4 号成药	5 号成药	6 号成药	7 号成药
A	10	14	2	12	38	20	100
B	12	12	0	25	60	35	55
C	5	11	3	0	14	5	0
D	7	25	9	5	47	15	35
E	0	2	1	25	33	5	6
F	25	35	5	5	55	35	50
G	9	17	4	25	39	2	25
H	6	16	5	10	35	10	10
I	8	12	2	0	6	0	20

某医院要购买这 7 种成药，但药厂的 2 号成药和 5 号成药已经售完，问能否用其他成药配制出这两种脱销的药品?

现在该医院想用这 7 种成药再配制 3 种新的成药，这 3 种新的成药的配方如表 3.3 所示，问能否配制? 如何配制?

表 3.3　3 种新的成药的配方　　单位: g

原料	1 号新药	2 号新药	3 号新药
A	26	192	88
B	37	209	67
C	11	25	8
D	30	99	51
E	27	46	7
F	40	210	80
G	22	74	38
H	26	62	21
I	12	36	30

把每一种成药看作一个 9 维列向量，记

$$\boldsymbol{\alpha}_1=\begin{pmatrix}10\\12\\5\\7\\0\\25\\9\\6\\8\end{pmatrix},\boldsymbol{\alpha}_2=\begin{pmatrix}14\\12\\11\\25\\2\\35\\17\\16\\12\end{pmatrix},\boldsymbol{\alpha}_3=\begin{pmatrix}2\\0\\3\\9\\1\\5\\4\\5\\2\end{pmatrix},\boldsymbol{\alpha}_4=\begin{pmatrix}12\\25\\0\\5\\25\\5\\25\\10\\0\end{pmatrix},\boldsymbol{\alpha}_5=\begin{pmatrix}38\\60\\14\\47\\33\\55\\39\\35\\6\end{pmatrix},\boldsymbol{\alpha}_6=\begin{pmatrix}20\\35\\5\\15\\5\\35\\2\\10\\0\end{pmatrix},\boldsymbol{\alpha}_7=\begin{pmatrix}100\\55\\0\\35\\6\\50\\25\\10\\20\end{pmatrix}$$

讨论这 7 个列向量组成的向量组的线性关系．这样问题就转化为 $\boldsymbol{\alpha}_2$，$\boldsymbol{\alpha}_5$ 是否能由 $\boldsymbol{\alpha}_1$，$\boldsymbol{\alpha}_3$，$\boldsymbol{\alpha}_4$，$\boldsymbol{\alpha}_6$，$\boldsymbol{\alpha}_7$ 线性表示．

设

$$\begin{aligned}\boldsymbol{A}&=(\boldsymbol{\alpha}_1,\boldsymbol{\alpha}_2,\boldsymbol{\alpha}_3,\boldsymbol{\alpha}_4,\boldsymbol{\alpha}_5,\boldsymbol{\alpha}_6,\boldsymbol{\alpha}_7)\\&=\begin{pmatrix}10&14&2&12&38&20&100\\12&12&0&25&60&35&55\\5&11&3&0&14&5&0\\7&25&9&5&47&15&35\\0&2&1&25&33&5&6\\25&35&5&5&55&35&50\\9&17&4&25&39&2&25\\6&16&5&10&35&10&10\\8&12&2&0&6&0&20\end{pmatrix}\\&\xrightarrow{r}\begin{pmatrix}1&1&0&0&0&0&0\\0&2&1&0&3&0&0\\0&0&0&1&1&0&0\\0&0&0&0&1&1&0\\0&0&0&0&0&0&1\\0&0&0&0&0&0&0\\0&0&0&0&0&0&0\\0&0&0&0&0&0&0\\0&0&0&0&0&0&0\end{pmatrix}\text{（去掉第 2 列和第 5 列后是行最简形矩阵）}\end{aligned}$$

可见 $R(\boldsymbol{A})=5<7$，所以 $\boldsymbol{A}$ 的列向量组线性相关，且 $\boldsymbol{\alpha}_1$，$\boldsymbol{\alpha}_3$，$\boldsymbol{\alpha}_4$，$\boldsymbol{\alpha}_6$，$\boldsymbol{\alpha}_7$ 是列向量组的一个极大线性无关组．

又 $\boldsymbol{\alpha}_2=\boldsymbol{\alpha}_1+2\boldsymbol{\alpha}_3$，$\boldsymbol{\alpha}_5=3\boldsymbol{\alpha}_3+\boldsymbol{\alpha}_4+\boldsymbol{\alpha}_6$，故可以配制 2 号和 5 号两种脱销药．

设 3 种新的成药用 $\boldsymbol{\beta}_1$，$\boldsymbol{\beta}_2$，$\boldsymbol{\beta}_3$ 表示，问题转化为判断 $\boldsymbol{\beta}_1$，$\boldsymbol{\beta}_2$，$\boldsymbol{\beta}_3$ 能否由向量组 $\boldsymbol{\alpha}_1$，$\boldsymbol{\alpha}_3$，$\boldsymbol{\alpha}_4$，$\boldsymbol{\alpha}_6$，$\boldsymbol{\alpha}_7$ 线性表示，而 $\boldsymbol{\alpha}_1$，$\boldsymbol{\alpha}_3$，$\boldsymbol{\alpha}_4$，$\boldsymbol{\alpha}_6$，$\boldsymbol{\alpha}_7$ 是一个极大线性无关组，故只需判断 $\boldsymbol{\beta}_1$，$\boldsymbol{\beta}_2$，$\boldsymbol{\beta}_3$ 能否由向量组 $\boldsymbol{\alpha}_1$，$\boldsymbol{\alpha}_3$，$\boldsymbol{\alpha}_4$，$\boldsymbol{\alpha}_6$，$\boldsymbol{\alpha}_7$ 线性表示即可。如果能线性表示，就说明这 3 种新的成药可以由原来的 7 种特效药配制，如果不能线性表示，则说明不能配制．

设

$$\boldsymbol{B}=(\boldsymbol{\alpha}_1,\boldsymbol{\alpha}_3,\boldsymbol{\alpha}_4,\boldsymbol{\alpha}_6,\boldsymbol{\alpha}_7,\boldsymbol{\beta}_1,\boldsymbol{\beta}_2,\boldsymbol{\beta}_3)\xrightarrow{r}\begin{pmatrix}1&0&0&0&0&1&2&0\\0&1&0&0&0&2&0&0\\0&0&1&0&0&1&1&0\\0&0&0&1&0&0&3&0\\0&0&0&0&1&0&1&0\\0&0&0&0&0&0&0&1\\0&0&0&0&0&0&0&0\\0&0&0&0&0&0&0&0\\0&0&0&0&0&0&0&0\end{pmatrix}$$

因此，有

$$\boldsymbol{\beta}_1=\boldsymbol{\alpha}_1+2\boldsymbol{\alpha}_3+\boldsymbol{\alpha}_4,\ \boldsymbol{\beta}_2=2\boldsymbol{\alpha}_1+\boldsymbol{\alpha}_4+3\boldsymbol{\alpha}_6+\boldsymbol{\alpha}_7$$

这说明 1、2 号新药可以由原来的 7 种成药配制，其线性组合表达式给出了配制方法；但是 $\boldsymbol{\beta}_3$ 不能由 $\boldsymbol{\alpha}_1,\boldsymbol{\alpha}_3,\boldsymbol{\alpha}_4,\boldsymbol{\alpha}_6,\boldsymbol{\alpha}_7$ 线性表示，所以 3 号新药不能由原来的 7 种成药配制而成.

本案例给出了一个中成药配制问题，涉及向量组的线性相关性、向量组的极大线性无关组、向量的线性表示以及向量空间等线性代数的知识. 当向量的维数较高、个数较多时，用 MATLAB 软件较容易做出解答.

案例 3.3　交通网络流量

网络流模型在众多领域中具有广泛的应用，在交通、通信及城市规划等方面都有所涉及. 在网络流模型中，一个基本假设是网络中流入总量与流出总量相等，而且约定每个连接点的流入和流出总量也相等. 根据这个假设和约定，研究网络中的流量问题时，会涉及多个未知量、多个线性方程构成的方程组的建立与求解问题.

对于一个有多个路口的城市交通模型，由于每一条道路都是单行线，故在某一个时段内考察每一个路口的机动车流量，由进入和离开的车辆数相等，可以列出线性方程组.

某地区单行线如图 3-1 所示，其中的数字表示该路段每小时按箭头方向行驶的车流量(单位：辆). 试解决如下问题：(1) 建立确定每条道路流量的线性方程组. (2) 为了唯一确定未知流量，还需要增添哪几条道路的流量统计？(3) 当 $x_4=350$ 时，确定 x_1、x_2、x_3 的值. (4) 当 $x_4=200$ 时，单行线应该如何改动才合理？

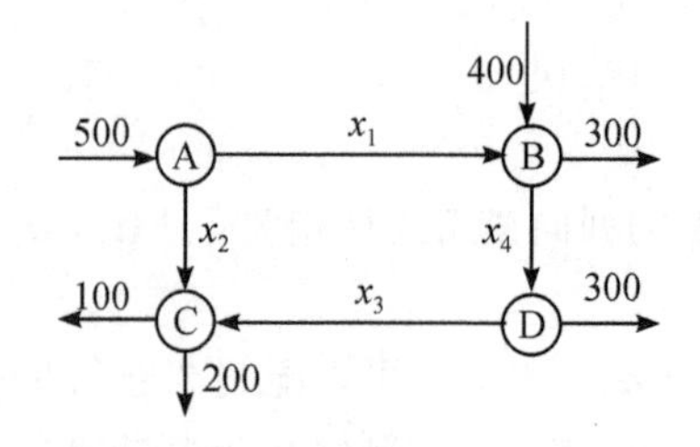

图 3-1　某地区单行线

在每小时内每个节点路口进入的车辆数与离开的车辆数相等，因此有方程组：

$$\begin{cases} x_1+x_2=500 \\ x_1-x_4=-100 \\ x_2+x_3=300 \\ -x_3+x_4=300 \end{cases}$$

对其增广矩阵作初等行变换有

$$(\boldsymbol{A},\boldsymbol{\beta})=\begin{pmatrix} 1 & 1 & 0 & 0 & 500 \\ 1 & 0 & 0 & -1 & -100 \\ 0 & 1 & 1 & 0 & 300 \\ 0 & 0 & -1 & 1 & 300 \end{pmatrix} \to \begin{pmatrix} 1 & 0 & 0 & -1 & -100 \\ 0 & 1 & 0 & 1 & 600 \\ 0 & 0 & 1 & -1 & -300 \\ 0 & 0 & 0 & 0 & 0 \end{pmatrix}$$

由此可得

$$\begin{cases} x_1=x_4-100 \\ x_2=-x_4+600 \\ x_3=x_4-300 \end{cases}$$

为了唯一确定未知流量，只要增添 x_4 统计的值即可.

当 $x_4=350$ 时，$x_1=250$，$x_2=250$，$x_3=50$.

当 $x_4=200$ 时，$x_1=100$，$x_2=400$，$x_3=-100<0$，这表明单行线"D→C"应该改为"C→D"才合理. 若要保持道路现行的单行线路方案，由于所有车流量都为非负，则 x_4 的车流量应保持在 100～600 之间.

交通流问题用方程组模型求解时，方程组可能存在无解、有唯一解和无穷多解的情况. 当方程组无解时，说明路口某一方向上驶入车辆和驶离车辆不相等，从而该方向上产生拥堵；当有无穷多个解时，几个方向上的车流量信息用一个或较少几个方向上的车流量信息表示，根据实际情况给出自由变量的恰当取值，可以估算出各个方向上的车辆数；当出现负流量时，说明行车方向与给定的驶入和驶离方向相反. 因此通过求解线性方程组可对各个路段上的交通状况进行分析，根据实际车流量信息设计流量控制方案，从而对现有的交通进行合理的调配.

案例 3.4　配平化学方程式

对于化学反应方程式的配平，可以根据化学反应前后物质所含元素个数相等的原理，将每种物质所含元素的个数用列向量表示列方程组，通过解对应的方程组的一组不可约正整数解，即可求得各种物质的配平系数.

例如，在用化学方法处理污水的过程中，有时会涉及复杂的化学反应. 这些反应的化学方程式是分析计算和工艺设计的重要依据. 在定性地检测出反应物和生成物之后，可以通过求解线性方程组来配平化学方程式.

某厂生产的废水中含 KCN，其浓度为 650 mg/L，现用氯氧化法处理，发生如下反应：

$$\mathrm{KCN}+2\mathrm{KOH}+\mathrm{Cl_2} \longrightarrow \mathrm{KOCN}+2\mathrm{KCl}+\mathrm{H_2O}$$

投入过量液氯，可将氰酸盐进一步氧化为氮气，请配平下列化学方程式：

$$\underline{\quad}\mathrm{KOCN}+\underline{\quad}\mathrm{KOH}+\underline{\quad}\mathrm{Cl_2} \longrightarrow \underline{\quad}\mathrm{CO_2}+\underline{\quad}\mathrm{N_2}+\underline{\quad}\mathrm{KCl}+\underline{\quad}\mathrm{H_2O}$$

假设

$$x_1\mathrm{KOCN}+x_2\mathrm{KOH}+x_3\mathrm{Cl_2} \longrightarrow x_4\mathrm{CO_2}+x_5\mathrm{N_2}+x_6\mathrm{KCl}+x_7\mathrm{H_2O}$$

配平化学方程式的一个系统的方法，就是建立能描述反应过程中的每种原子数目的向量方程. 上述方程式包含了 6 种不同的原子：氢(H)，碳(C)，氮(N)，氧(O)，氯(Cl)，钾(K)，于是，在 $\mathbf{R}^6$ 中为上述方程式中的每一种反应物和生产物构造如下向量，在其中列出每个分子所包含的不同原子的数目(按照氢，碳，氮，氧，氯，钾的顺序)：

$$KOCN: \begin{pmatrix}0\\1\\1\\1\\0\\1\end{pmatrix},\ KOH: \begin{pmatrix}1\\0\\0\\1\\0\\1\end{pmatrix},\ Cl_2: \begin{pmatrix}0\\0\\0\\0\\2\\0\end{pmatrix},\ CO_2: \begin{pmatrix}0\\1\\0\\2\\0\\0\end{pmatrix},\ N_2: \begin{pmatrix}0\\0\\2\\0\\0\\0\end{pmatrix},\ KCl: \begin{pmatrix}0\\0\\0\\0\\1\\1\end{pmatrix},\ H_2O: \begin{pmatrix}2\\0\\0\\1\\0\\0\end{pmatrix}$$

系数 x_1，x_2，x_3，x_4，x_5，x_6，x_7 必须满足：

$$x_1\begin{pmatrix}0\\1\\1\\1\\0\\1\end{pmatrix}+x_2\begin{pmatrix}1\\0\\0\\1\\0\\1\end{pmatrix}+x_3\begin{pmatrix}0\\0\\0\\0\\2\\0\end{pmatrix}=x_4\begin{pmatrix}0\\1\\0\\2\\0\\0\end{pmatrix}+x_5\begin{pmatrix}0\\0\\2\\0\\0\\0\end{pmatrix}+x_6\begin{pmatrix}0\\0\\0\\0\\1\\1\end{pmatrix}+x_7\begin{pmatrix}2\\0\\0\\1\\0\\0\end{pmatrix}$$

经整理得到齐次线性方程组：

$$\begin{cases}x_2=2x_7\\x_1=x_4\\x_1=2x_5\\x_1+x_2=2x_4+x_7\\2x_3=x_6\\x_1+x_2=x_6\end{cases}$$

其系数矩阵为

$$\boldsymbol{A}=\begin{pmatrix}0&1&0&0&0&0&-2\\1&0&0&-1&0&0&0\\1&0&0&0&-2&0&0\\1&1&0&-2&0&0&-1\\0&0&1&0&0&-1&0\\1&1&0&0&0&-1&0\end{pmatrix}\xrightarrow{r}\begin{pmatrix}1&0&0&0&0&0&-1\\0&1&0&0&0&0&-2\\0&0&1&0&0&0&-\frac{3}{2}\\0&0&0&1&0&0&-1\\0&0&0&0&1&0&-\frac{1}{2}\\0&0&0&0&0&1&-3\end{pmatrix}$$

可得方程组的通解为

$$\boldsymbol{x}=k\left(1,\ 2,\ \frac{3}{2},\ 1,\ \frac{1}{2},\ 3,\ 1\right)^{\mathrm{T}}$$

由于化学方程式的系数必须为整数，所以取 $k=2$，得 $\boldsymbol{x}=(2,4,3,2,1,6,2)^{\mathrm{T}}$，所以配平后的化学方程式为

$$2KOCN+4KOH+3Cl_2\longrightarrow 2CO_2+N_2+6KCl+2H_2O$$

需要注意的是，如果有多组不同的互质的正整数解，从数学角度解释都可以作为该反应的配平系数，从化学角度则可以解释为反应物量的配比差异引起生成物量的差异. 对有多种配比系数的反应，可根据实际情况设置相应的配比系数.

拓展阅读

经济学中的线性模型

哈佛大学教授列昂惕夫(Leontief)把美国经济分解为 500 个部门，如煤炭工业、汽车工业、交通系统等. 对每个部门，他写出了一个描述该部门的产出该如何分配给其他经济部门的线性方程. 在 1949 年，Mark Ⅱ(当时计算能力最强的计算机之一)还不能处理所得到的包含 500 个未知数、500 个方程的方程组，列昂惕夫只好把问题转化为包含 42 个未知数、42 个方程的方程组. 后来，列昂惕夫获得了 1973 年的诺贝尔经济学奖，他打开了研究经济数学模型的新时代的大门. 1949 年他在哈佛的工作标志着应用计算机分析大规模数学模型的开始. 从那以后，许多其他领域中的研究者也开始应用计算机来分析数学模型. 这些数学模型所涉及的数据数量庞大，通常是线性的，即它们可以用线性方程组来描述. 例如石油勘探、大气污染研究、数值天气预报、核物理和流体力学等数学模型，计算机需要解几千个线性方程组.

华西里·列昂惕夫(Wassily Leontief, 1906—1999 年)

俄裔美国人，于 1906 年夏天生于彼得堡. 1921 年考入了彼得堡大学，专修社会学，1925 年取得了社会学硕士学位，毕业后被校方留任为助教. 当苏维埃政权建立起来的时候，急需恢复和发展经济，列昂惕夫的父亲参加了编制 1923—1924 年苏联国民经济平衡表的工作，社会与家庭各方面的影响以及时代的需要，使这位还在攻读硕士学位的年轻人，对经济学问题发生了浓厚的兴趣，开始了对这方面的探索. 他一边担负繁重的教学工作，一边阅读有关经济学理论的书籍. 他于 1927 年来到马克思的故乡德国，进入柏林大学博士研究生班继续深造，1928 年取得了柏林大学的博士学位.

列昂惕夫的学术成果主要集中在两个方面：其一，列昂惕夫创建了投入产出分析法. 投入产出分析法是一种研究经济问题的方法论，它的理论基础是一般均衡理论，主要基于线性代数的方法分析经济系统中各种部门之间的商品和资金流动的方法，并构建投入产出表分析一个部门的需求波动对其他部门和整个经济体系产生的影响. 投入产出分析法以数量关系反映经济系统中不同部门要素的变化，它最主要的作用是进行经济预测，同时还能研究环境污染、人口、世界经济贸易等社会问题. 其二，列昂惕夫在国际贸易领域的研究对后来学者有重要启发. 列昂惕夫在 1953—1956 年研究了美国的国际贸易. 根据李嘉图的比较优势理论和赫克歇尔-俄林的资源禀赋理论，美国的出口并不符合比较优势. 美国拥有世界上最昂贵的劳动力和最密集的资本，所以美国应出口资本密集型产品，进口劳动密集型产品. 但列昂惕夫利用投入产出分析法对战后美国对外贸易发展状况进行分析后却发现，美国进口的是资本密集型产品，出口的是劳动密集型产品. 这被经济学界称为“列昂惕夫之谜”. 该谜题引发了经济学界的广泛讨论和研究，产生了劳动熟练说、人力资本说、技术差距说、产品周期说等一系列解释和讨论.

列昂惕夫力图利用投入产出分析法来帮助实现联合国的国际发展战略和建立国际经济新秩序，调整不平等和不公正的国际经济关系，缩小发达国家和发展中国家之间的差距，保证稳定地促进现代和未来的社会经济发展，并帮助联合国的会员国制定减轻贫困和失业的措施，同时，又保持甚至改善全球环境免受污染，达到既定经济目标. 由于列昂惕夫创建的投入产出分析法在经济领域所产生的重大作用，1973 年他被授予了诺贝尔经济学奖. 除诺贝尔经济学奖外，列昂惕夫获得的奖励及荣誉还包括：1953 年，比萨大学授予他查理-包姆勋章；1967 年，美国纽约大学授予他终身教授称号；1968 年，法国全国退伍军人协会授予他名誉会员称号；他曾任日本经济研究中心、英国皇家统计学会的名誉会员.

自测题三

(A)

一、填空题

1. 若 $\boldsymbol{\alpha}=(2,1,-2)^{\mathrm{T}}$，$\boldsymbol{\beta}=(0,3,1)^{\mathrm{T}}$，$\boldsymbol{\gamma}=(0,0,k-2)^{\mathrm{T}}$ 是 $\mathbf{R}^3$ 的基，则 k 满足关系式为________.

2. n 维向量组 $\boldsymbol{\alpha}_1=(1,1,\cdots,1)$，$\boldsymbol{\alpha}_2=(2,2,\cdots,2)$，$\cdots$，$\boldsymbol{\alpha}_m=(m,m,\cdots,m)$的秩为________.

3. 向量组 $\boldsymbol{\alpha}_1$，$\boldsymbol{\alpha}_2$，$\boldsymbol{\alpha}_3$，$\boldsymbol{\alpha}_4$，$\boldsymbol{\alpha}_5$ 中的向量都是四维的，则它们一定是________(填线性相关性).

二、单项选择题

1. 设向量组 $\boldsymbol{\alpha}_1=\begin{pmatrix}1+\lambda\\1\\1\end{pmatrix}$，$\boldsymbol{\alpha}_2=\begin{pmatrix}1\\1+\lambda\\1\end{pmatrix}$，$\boldsymbol{\alpha}_3=\begin{pmatrix}1\\1\\1+\lambda\end{pmatrix}$的秩为 2，则 $\lambda=$(　　).

A. 0　　B. 3　　C. 0 或-3　　D. -3

2. 设向量 $\boldsymbol{\alpha}_1=(-8,8,5)$，$\boldsymbol{\alpha}_2=(-4,2,3)$，$\boldsymbol{\alpha}_3=(2,1,-2)$，数 k 使得 $\boldsymbol{\alpha}_1-k\boldsymbol{\alpha}_2-2\boldsymbol{\alpha}_3=\mathbf{0}$，则 $k=$(　　).

A. 1　　B. 2　　C. 3　　D. 4

3. 若 $\boldsymbol{\alpha}_1$，$\boldsymbol{\alpha}_2$，$\boldsymbol{\alpha}_3$ 线性无关，那么下列线性相关的向量组是(　　).

A. $\boldsymbol{\alpha}_1,\boldsymbol{\alpha}_1+\boldsymbol{\alpha}_2,\boldsymbol{\alpha}_1+\boldsymbol{\alpha}_2+\boldsymbol{\alpha}_3$　　B. $\boldsymbol{\alpha}_1+\boldsymbol{\alpha}_2,\boldsymbol{\alpha}_1-\boldsymbol{\alpha}_2,-\boldsymbol{\alpha}_3$

C. $\boldsymbol{\alpha}_1-\boldsymbol{\alpha}_2,\boldsymbol{\alpha}_2-\boldsymbol{\alpha}_3,\boldsymbol{\alpha}_3-\boldsymbol{\alpha}_1$　　D. $-\boldsymbol{\alpha}_1+\boldsymbol{\alpha}_2,\boldsymbol{\alpha}_2+\boldsymbol{\alpha}_3,\boldsymbol{\alpha}_3-\boldsymbol{\alpha}_1$

三、解答题

1. 求下列矩阵的秩.

(1) $\begin{pmatrix}1&2&1&3\\3&4&-3&2\\5&7&-1&9\\2&3&2&7\end{pmatrix}$；　　(2) $\begin{pmatrix}1&-1&-1&1&2\\2&3&8&-3&-1\\2&1&2&1&2\\1&2&5&-2&8\end{pmatrix}$.

2. $\boldsymbol{A}=\begin{pmatrix}1&2&1&2\\1&3&-2&b\\2&5&a&3\\3&4&9&8\end{pmatrix}$，对不同的 a，b 值，求 $\boldsymbol{A}$ 的秩.

3. 已知向量组 $\boldsymbol{\beta}_1=(0,1,-1)^{\mathrm{T}}$，$\boldsymbol{\beta}_2=(a,2,1)^{\mathrm{T}}$，$\boldsymbol{\beta}_3=(b,1,0)^{\mathrm{T}}$，与向量组 $\boldsymbol{\alpha}_1=(1,2,-3)^{\mathrm{T}}$，$\boldsymbol{\alpha}_2=(3,0,1)^{\mathrm{T}}$，$\boldsymbol{\alpha}_3=(9,6,-7)^{\mathrm{T}}$ 具有相同的秩，且 $\boldsymbol{\beta}_3$ 可由 $\boldsymbol{\alpha}_1$，$\boldsymbol{\alpha}_2$，$\boldsymbol{\alpha}_3$ 线性表示，求 a，b 的值.

4. 判定下列向量组的线性相关性.

(1) $\boldsymbol{\alpha}=(1,1,0)$，$\boldsymbol{\beta}=(0,1,1)$，$\boldsymbol{\gamma}=(1,0,1)$；

(2) $\boldsymbol{\alpha}=(1,3,0)$，$\boldsymbol{\beta}=(1,1,2)$，$\boldsymbol{\gamma}=(3,-1,10)$；

(3) $\boldsymbol{\alpha}=(1,3,0)$，$\boldsymbol{\beta}=\left(-\dfrac{1}{3},-1,0\right)$.

5. 设向量组 $\boldsymbol{\alpha}_1$，$\boldsymbol{\alpha}_2$，$\boldsymbol{\alpha}_3$ 线性无关，判定以下向量组的线性相关性.

(1) $\boldsymbol{\beta}_1=\boldsymbol{\alpha}_1+2\boldsymbol{\alpha}_2+3\boldsymbol{\alpha}_3$，$\boldsymbol{\beta}_2=3\boldsymbol{\alpha}_1-\boldsymbol{\alpha}_2+4\boldsymbol{\alpha}_3$，$\boldsymbol{\beta}_3=\boldsymbol{\alpha}_2+\boldsymbol{\alpha}_3$；

(2) $\boldsymbol{\beta}_1=\boldsymbol{\alpha}_1+2\boldsymbol{\alpha}_2$，$\boldsymbol{\beta}_2=\boldsymbol{\alpha}_2+2\boldsymbol{\alpha}_3$，$\boldsymbol{\beta}_3=\boldsymbol{\alpha}_3-\boldsymbol{\alpha}_1$.

6. 设三维向量组 $\boldsymbol{\alpha}_1=\begin{pmatrix}1\\2\\1\end{pmatrix}$，$\boldsymbol{\alpha}_2=\begin{pmatrix}0\\-1\\1\end{pmatrix}$，$\boldsymbol{\alpha}_3=\begin{pmatrix}2\\-2\\3\end{pmatrix}$，$\boldsymbol{\beta}=\begin{pmatrix}4\\3\\4\end{pmatrix}$，问 $\boldsymbol{\beta}$ 是否为 $\boldsymbol{\alpha}_1$，$\boldsymbol{\alpha}_2$，$\boldsymbol{\alpha}_3$ 的线性组合？若是，求出表达式.

7. 判断下列集合是否为向量空间，并说明理由：

(1) $V_1=\{\boldsymbol{x}=(x_1,x_2,\cdots,x_n)\mid x_1+x_2+\cdots+x_n=0,\ x_1,x_2,\cdots,x_n\in\mathbf{R}\}$；

(2) $V_2=\{\boldsymbol{x}=(x_1,x_2,\cdots,x_n)\mid x_1+x_2+\cdots+x_n=1,\ x_1,x_2,\cdots,x_n\in\mathbf{R}\}$.

8. 设向量组 $\boldsymbol{\alpha}_1=(1,2,1)^{\mathrm{T}}$，$\boldsymbol{\alpha}_2=(1,3,2)^{\mathrm{T}}$，$\boldsymbol{\alpha}_3=(1,a,3)^{\mathrm{T}}$ 为 $\mathbf{R}^3$ 的一个基，$\boldsymbol{\beta}=(1,1,1)^{\mathrm{T}}$ 在基下的坐标为 $(b,c,1)^{\mathrm{T}}$.

(1) 求 a，b，c；

(2) 证明：$\boldsymbol{\alpha}_1$，$\boldsymbol{\alpha}_2$，$\boldsymbol{\beta}$ 为 $\mathbf{R}^3$ 的一个基.

9. 设向量组 Ⅰ：$\boldsymbol{\alpha}_1=\begin{pmatrix}1\\1\\4\end{pmatrix}$，$\boldsymbol{\alpha}_2=\begin{pmatrix}1\\0\\4\end{pmatrix}$，$\boldsymbol{\alpha}_3=\begin{pmatrix}1\\2\\a^2+3\end{pmatrix}$；向量组 Ⅱ：$\boldsymbol{\beta}_1=\begin{pmatrix}1\\1\\a+3\end{pmatrix}$，$\boldsymbol{\beta}_2=\begin{pmatrix}0\\2\\1-a\end{pmatrix}$，$\boldsymbol{\beta}_3=\begin{pmatrix}1\\3\\a^2+3\end{pmatrix}$，若向量组 Ⅰ 与 Ⅱ 等价，求 a，并将 $\boldsymbol{\beta}_3$ 用 $\boldsymbol{\alpha}_1$，$\boldsymbol{\alpha}_2$，$\boldsymbol{\alpha}_3$ 线性表示.

10. 已知齐次线性方程组

$$\begin{cases}x_1+2x_2+3x_3=0\\2x_1+3x_2+5x_3=0\\x_1+x_2+ax_3=0\end{cases}\quad 和 \quad \begin{cases}x_1+bx_2+cx_3=0\\2x_1+b^2x_2+(c+1)x_3=0\end{cases}$$

同解，求 a，b，c 的值.

四、证明题

1. 设 $\boldsymbol{A}$ 是秩为 r 的 $m\times n$ 矩阵，证明 $\boldsymbol{A}$ 必可表示成 r 个秩为 1 的 $m\times n$ 的矩阵之和.

2. 设向量组 $\boldsymbol{\alpha}_1, \boldsymbol{\alpha}_2, \cdots, \boldsymbol{\alpha}_m$ 与 $\boldsymbol{\beta}_1, \boldsymbol{\beta}_2, \cdots, \boldsymbol{\beta}_m$ 有如下关系式：

$$\boldsymbol{\beta}_1=\boldsymbol{\alpha}_1$$
$$\boldsymbol{\beta}_2=\boldsymbol{\alpha}_1+\boldsymbol{\alpha}_2$$
$$\boldsymbol{\beta}_m=\boldsymbol{\alpha}_1+\boldsymbol{\alpha}_2+\cdots+\boldsymbol{\alpha}_m$$

证明：向量组 $\boldsymbol{\alpha}_1, \boldsymbol{\alpha}_2, \cdots, \boldsymbol{\alpha}_m$ 与向量组 $\boldsymbol{\beta}_1, \boldsymbol{\beta}_2, \cdots, \boldsymbol{\beta}_m$ 等价.

(B)

一、填空题

1. 设矩阵 $\boldsymbol{A}=\begin{pmatrix}1&0&1\\1&1&2\\0&1&1\end{pmatrix}$，$\boldsymbol{\alpha}_1, \boldsymbol{\alpha}_2, \boldsymbol{\alpha}_3$ 为线性无关的三维列向量组，则向量组 $\boldsymbol{A\alpha}_1$，$\boldsymbol{A\alpha}_2$，$\boldsymbol{A\alpha}_3$ 的秩为________.

2. 已知两个向量组

$\boldsymbol{\alpha}_1=\begin{pmatrix}1\\0\\1\end{pmatrix}$，$\boldsymbol{\alpha}_2=\begin{pmatrix}0\\1\\1\end{pmatrix}$，$\boldsymbol{\alpha}_3=\begin{pmatrix}1\\3\\5\end{pmatrix}$，与 $\boldsymbol{\beta}_1=\begin{pmatrix}1\\1\\1\end{pmatrix}$，$\boldsymbol{\beta}_2=\begin{pmatrix}1\\2\\3\end{pmatrix}$，$\boldsymbol{\beta}_3=\begin{pmatrix}3\\4\\a\end{pmatrix}$，并且向量组 $\boldsymbol{\alpha}_1$，$\boldsymbol{\alpha}_2$，$\boldsymbol{\alpha}_3$ 不能由向量组 $\boldsymbol{\beta}_1$，$\boldsymbol{\beta}_2$，$\boldsymbol{\beta}_3$ 线性表示，则 $a=$________.

3. 设 $\boldsymbol{\alpha}_1=(1, 2, -1, 0)^{\mathrm{T}}$，$\boldsymbol{\alpha}_2=(1, 1, 0, 2)^{\mathrm{T}}$，$\boldsymbol{\alpha}_3=(2, 1, 1, a)^{\mathrm{T}}$. 若由 $\boldsymbol{\alpha}_1$，$\boldsymbol{\alpha}_2$，$\boldsymbol{\alpha}_3$ 生成的向量空间的维数为 2，则 $a=$________.

4. 已知方程组 $\begin{pmatrix}1&2&1\\2&3&a+2\\1&a&-2\end{pmatrix}\begin{pmatrix}x_1\\x_2\\x_3\end{pmatrix}=\begin{pmatrix}1\\3\\0\end{pmatrix}$ 无解，则 $a=$________.

二、单项选择题

1. 设 $\boldsymbol{A}$，$\boldsymbol{B}$，$\boldsymbol{C}$ 均为 n 阶矩阵，若 $\boldsymbol{AB}=\boldsymbol{C}$，且 $\boldsymbol{B}$ 可逆，则(　　).

A. 矩阵 $\boldsymbol{C}$ 的行向量组与矩阵 $\boldsymbol{A}$ 的行向量组等价

B. 矩阵 $\boldsymbol{C}$ 的列向量组与矩阵 $\boldsymbol{A}$ 的列向量组等价

C. 矩阵 $\boldsymbol{C}$ 的行向量组与矩阵 $\boldsymbol{B}$ 的行向量组等价

D. 矩阵 $\boldsymbol{C}$ 的列向量组与矩阵 $\boldsymbol{B}$ 的列向量组等价

2. 设 $\boldsymbol{\alpha}_1, \boldsymbol{\alpha}_2, \cdots, \boldsymbol{\alpha}_s$ 均为 n 维列向量，$\boldsymbol{A}$ 是 $m\times n$ 矩阵，下列选项正确的是(　　).

A. 若 $\boldsymbol{\alpha}_1, \boldsymbol{\alpha}_2, \cdots, \boldsymbol{\alpha}_s$ 线性相关，则 $\boldsymbol{A\alpha}_1, \boldsymbol{A\alpha}_2, \cdots, \boldsymbol{A\alpha}_s$ 线性相关

B. 若 $\boldsymbol{\alpha}_1, \boldsymbol{\alpha}_2, \cdots, \boldsymbol{\alpha}_s$ 线性相关，则 $\boldsymbol{A\alpha}_1, \boldsymbol{A\alpha}_2, \cdots, \boldsymbol{A\alpha}_s$ 线性无关

C. 若 $\boldsymbol{\alpha}_1, \boldsymbol{\alpha}_2, \cdots, \boldsymbol{\alpha}_s$ 线性无关，则 $\boldsymbol{A\alpha}_1, \boldsymbol{A\alpha}_2, \cdots, \boldsymbol{A\alpha}_s$ 线性相关

D. 若 $\boldsymbol{\alpha}_1, \boldsymbol{\alpha}_2, \cdots, \boldsymbol{\alpha}_s$ 线性无关，则 $\boldsymbol{A\alpha}_1, \boldsymbol{A\alpha}_2, \cdots, \boldsymbol{A\alpha}_s$ 线性无关

3. 设向量组 $\boldsymbol{\alpha}_1, \boldsymbol{\alpha}_2, \boldsymbol{\alpha}_3$ 线性无关，则下列向量组线性相关的是(　　).

A. $\boldsymbol{\alpha}_1-\boldsymbol{\alpha}_2, \boldsymbol{\alpha}_2-\boldsymbol{\alpha}_3, \boldsymbol{\alpha}_3-\boldsymbol{\alpha}_1$

B. $\boldsymbol{\alpha}_1+\boldsymbol{\alpha}_2, \boldsymbol{\alpha}_2+\boldsymbol{\alpha}_3, \boldsymbol{\alpha}_3+\boldsymbol{\alpha}_1$

C. $\boldsymbol{\alpha}_1-2\boldsymbol{\alpha}_2, \boldsymbol{\alpha}_2-2\boldsymbol{\alpha}_3, \boldsymbol{\alpha}_3-2\boldsymbol{\alpha}_1$

D. $\boldsymbol{\alpha}_1+2\boldsymbol{\alpha}_2, \boldsymbol{\alpha}_2+2\boldsymbol{\alpha}_3, \boldsymbol{\alpha}_3+\boldsymbol{\alpha}_1$

4. 若向量组 $\boldsymbol{\alpha}, \boldsymbol{\beta}, \boldsymbol{\gamma}$ 线性无关，$\boldsymbol{\alpha}, \boldsymbol{\beta}, \boldsymbol{\delta}$ 线性相关，则(　　).

A. $\boldsymbol{\alpha}$ 必可由 $\boldsymbol{\beta}, \boldsymbol{\gamma}, \boldsymbol{\delta}$ 线性表示

B. $\boldsymbol{\beta}$ 必不可由 $\boldsymbol{\alpha}, \boldsymbol{\gamma}, \boldsymbol{\delta}$ 线性表示

C. $\boldsymbol{\delta}$ 必可由 $\boldsymbol{\alpha}, \boldsymbol{\beta}, \boldsymbol{\gamma}$ 线性表示

D. $\boldsymbol{\delta}$ 必不可由 $\boldsymbol{\alpha}, \boldsymbol{\beta}, \boldsymbol{\gamma}$ 线性表示

5. 设$\boldsymbol{\alpha}_1=\begin{pmatrix}0\\0\\c_1\end{pmatrix}$，$\boldsymbol{\alpha}_2=\begin{pmatrix}0\\1\\c_2\end{pmatrix}$，$\boldsymbol{\alpha}_3=\begin{pmatrix}1\\-1\\c_3\end{pmatrix}$，$\boldsymbol{\alpha}_4=\begin{pmatrix}-1\\1\\c_4\end{pmatrix}$，其中 c_1，c_2，c_3，c_4 为任意常数，则下列向量组线性相关的为(　　).

A. $\boldsymbol{\alpha}_1$，$\boldsymbol{\alpha}_2$，$\boldsymbol{\alpha}_3$　　B. $\boldsymbol{\alpha}_1$，$\boldsymbol{\alpha}_2$，$\boldsymbol{\alpha}_4$

C. $\boldsymbol{\alpha}_1$，$\boldsymbol{\alpha}_3$，$\boldsymbol{\alpha}_4$　　D. $\boldsymbol{\alpha}_2$，$\boldsymbol{\alpha}_3$，$\boldsymbol{\alpha}_4$

6. 设 $\boldsymbol{\alpha}_1$，$\boldsymbol{\alpha}_2$，$\boldsymbol{\alpha}_3$ 均为三维向量，则对任意常数 k，l，向量组 $\boldsymbol{\alpha}_1+k\boldsymbol{\alpha}_3$，$\boldsymbol{\alpha}_2+l\boldsymbol{\alpha}_3$ 线性无关是向量组 $\boldsymbol{\alpha}_1$，$\boldsymbol{\alpha}_2$，$\boldsymbol{\alpha}_3$ 线性无关的(　　).

A. 必要非充分条件　　B. 充分非必要条件

C. 充分必要条件　　D. 既非充分也非必要

7. 设向量组 Ⅰ：$\boldsymbol{\alpha}_1$，$\boldsymbol{\alpha}_2$，…，$\boldsymbol{\alpha}_r$ 可由向量组 Ⅱ：$\boldsymbol{\beta}_1$，$\boldsymbol{\beta}_2$，…，$\boldsymbol{\beta}_s$ 线性表示. 下列命题正确的是(　　).

A. 若向量组 Ⅰ：$\boldsymbol{\alpha}_1$，$\boldsymbol{\alpha}_2$，…，$\boldsymbol{\alpha}_r$ 线性无关，则 $r\leqslant s$

B. 若向量组 Ⅰ：$\boldsymbol{\alpha}_1$，$\boldsymbol{\alpha}_2$，…，$\boldsymbol{\alpha}_r$ 线性相关，则 $r>s$

C. 若向量组 Ⅱ：$\boldsymbol{\beta}_1$，$\boldsymbol{\beta}_2$，…，$\boldsymbol{\beta}_s$ 线性无关，则 $r\leqslant s$

D. 若向量组 Ⅱ：$\boldsymbol{\beta}_1$，$\boldsymbol{\beta}_2$，…，$\boldsymbol{\beta}_s$ 线性相关，则 $r>s$

8. 设 $\boldsymbol{\alpha}_1$，$\boldsymbol{\alpha}_2$，$\boldsymbol{\alpha}_3$ 是三维向量空间 $\mathbf{R}^3$ 的一组基，则由基 $\boldsymbol{\alpha}_1$，$\frac{1}{2}\boldsymbol{\alpha}_2$，$\frac{1}{3}\boldsymbol{\alpha}_3$ 到基 $\boldsymbol{\alpha}_1+\boldsymbol{\alpha}_2$，$\boldsymbol{\alpha}_2+\boldsymbol{\alpha}_3$，$\boldsymbol{\alpha}_3+\boldsymbol{\alpha}_1$ 的过渡矩阵为(　　).

A. $\begin{pmatrix}1&0&1\\2&2&0\\0&3&3\end{pmatrix}$　　B. $\begin{pmatrix}1&2&0\\0&2&3\\1&0&3\end{pmatrix}$

C. $\begin{pmatrix}\frac{1}{2}&\frac{1}{4}&-\frac{1}{6}\\-\frac{1}{2}&\frac{1}{4}&\frac{1}{6}\\\frac{1}{2}&-\frac{1}{4}&\frac{1}{6}\end{pmatrix}$　　D. $\begin{pmatrix}\frac{1}{2}&-\frac{1}{2}&\frac{1}{2}\\\frac{1}{4}&\frac{1}{4}&-\frac{1}{4}\\-\frac{1}{6}&\frac{1}{6}&\frac{1}{6}\end{pmatrix}$

9. 设 $\boldsymbol{A}=(\boldsymbol{\alpha}_1,\boldsymbol{\alpha}_2,\boldsymbol{\alpha}_3,\boldsymbol{\alpha}_4)$是四阶矩阵，$\boldsymbol{A}^*$ 为 $\boldsymbol{A}$ 的伴随矩阵，若$(1,0,1,0)^{\mathrm{T}}$ 是方程组 $\boldsymbol{Ax}=\boldsymbol{0}$ 的一个基础解系，则 $\boldsymbol{A}^*\boldsymbol{x}=\boldsymbol{0}$ 的基础解系可为(　　).

A. $\boldsymbol{\alpha}_1$，$\boldsymbol{\alpha}_3$　　B. $\boldsymbol{\alpha}_1$，$\boldsymbol{\alpha}_2$

C. $\boldsymbol{\alpha}_1$，$\boldsymbol{\alpha}_2$，$\boldsymbol{\alpha}_3$　　D. $\boldsymbol{\alpha}_2$，$\boldsymbol{\alpha}_3$，$\boldsymbol{\alpha}_4$

10. 设矩阵 $\boldsymbol{A}=\begin{pmatrix}1&1&1\\1&2&a\\1&4&a^2\end{pmatrix}$，$\boldsymbol{B}=\begin{pmatrix}1\\d\\d^2\end{pmatrix}$，若集合 $\Omega=\{1,2\}$，则线性方程组 $\boldsymbol{Ax}=\boldsymbol{B}$ 有无穷多解的充分必要条件是(　　).

A. $a\notin\Omega$，$d\notin\Omega$　　B. $a\notin\Omega$，$d\in\Omega$

C. $a\in\Omega$，$d\notin\Omega$　　D. $a\in\Omega$，$d\in\Omega$

三、解答题

1. 设$\boldsymbol{\alpha}_1=\begin{pmatrix}\lambda\\1\\1\end{pmatrix}$，$\boldsymbol{\alpha}_2=\begin{pmatrix}1\\\lambda\\1\end{pmatrix}$，$\boldsymbol{\alpha}_3=\begin{pmatrix}1\\1\\\lambda\end{pmatrix}$，$\boldsymbol{\alpha}_4=\begin{pmatrix}1\\\lambda\\\lambda^2\end{pmatrix}$，当$\lambda$满足什么条件时，向量组$\boldsymbol{\alpha}_1$，$\boldsymbol{\alpha}_2$，$\boldsymbol{\alpha}_3$与向量组$\boldsymbol{\alpha}_1$，$\boldsymbol{\alpha}_2$，$\boldsymbol{\alpha}_4$等价？

2. 已知向量$\boldsymbol{\alpha}_1=\begin{pmatrix}1\\2\\3\end{pmatrix}$，$\boldsymbol{\alpha}_2=\begin{pmatrix}2\\1\\1\end{pmatrix}$，$\boldsymbol{\beta}_1=\begin{pmatrix}2\\5\\9\end{pmatrix}$，$\boldsymbol{\beta}_2=\begin{pmatrix}1\\0\\1\end{pmatrix}$，当$\gamma$满足什么条件时，$\gamma$既可由$\boldsymbol{\alpha}_1$，$\boldsymbol{\alpha}_2$线性表示，也可由$\boldsymbol{\beta}_1$，$\boldsymbol{\beta}_2$线性表示？

3. $\boldsymbol{\alpha}_1=\begin{pmatrix}a\\1\\-1\\1\end{pmatrix}$，$\boldsymbol{\alpha}_2=\begin{pmatrix}1\\1\\b\\a\end{pmatrix}$，$\boldsymbol{\alpha}_3=\begin{pmatrix}1\\a\\-1\\1\end{pmatrix}$，当$a$，$b$满足什么条件时，$\boldsymbol{\alpha}_1$，$\boldsymbol{\alpha}_2$，$\boldsymbol{\alpha}_3$线性相关，且其中任意两个向量均线性无关？

4. 设向量组$\boldsymbol{\alpha}_1$，$\boldsymbol{\alpha}_2$，$\boldsymbol{\alpha}_3$是$\mathbf{R}^3$内的一个基，$\boldsymbol{\beta}_1=2\boldsymbol{\alpha}_1+2k\boldsymbol{\alpha}_3$，$\boldsymbol{\beta}_2=2\boldsymbol{\alpha}_2$，$\boldsymbol{\beta}_3=\boldsymbol{\alpha}_1+(k+1)\boldsymbol{\alpha}_3$，

(1) 证明向量组$\boldsymbol{\beta}_1$，$\boldsymbol{\beta}_2$，$\boldsymbol{\beta}_3$为$\mathbf{R}^3$内的一个基；

(2) 当k为何值时，存在非零向量$\boldsymbol{\xi}$在基$\boldsymbol{\alpha}_1$，$\boldsymbol{\alpha}_2$，$\boldsymbol{\alpha}_3$与基$\boldsymbol{\beta}_1$，$\boldsymbol{\beta}_2$，$\boldsymbol{\beta}_3$下的坐标相同，并求所有的$\boldsymbol{\xi}$.

5. 设矩阵$\boldsymbol{A}=\begin{pmatrix}1&-1&-1\\2&a&1\\-1&1&a\end{pmatrix}$，$\boldsymbol{B}=\begin{pmatrix}2&2\\1&a\\-a-1&-2\end{pmatrix}$，当$a$为何值时，方程$\boldsymbol{A}\boldsymbol{x}=\boldsymbol{B}$无解、有无穷多解？在有解时，求解此方程.

第 4 章

相似矩阵与二次型

在自然科学、工程技术等领域，特征值和特征向量有着广泛的应用. 例如，工程技术中的振动问题和稳定性问题可归结为方阵的特征值和特征向量问题. 本章将结合线性方程组的相关理论，介绍方阵的特征值、特征向量和相似矩阵的相关内容，以及二次型等相关问题.

4.1　特征值与特征向量

4.1.1　特征值与特征向量的定义

定义 4.1　设 $\boldsymbol{A}=(a_{ij})$ 为 n 阶实方阵，如果存在某个数 λ 和某个 n 维非零列向量 $\boldsymbol{p}$，满足

$$\boldsymbol{A}\boldsymbol{p}=\lambda\boldsymbol{p}$$

则称 λ 是方阵 $\boldsymbol{A}$ 的一个**特征值**，称 $\boldsymbol{p}$ 是方阵 $\boldsymbol{A}$ **属于这个特征值 λ 的一个特征向量**.

例如，方阵 $\boldsymbol{A}=\begin{pmatrix}1 & 2\\2 & 1\end{pmatrix}$，$\boldsymbol{p}=\begin{pmatrix}1\\1\end{pmatrix}$，则有 $\boldsymbol{A}\boldsymbol{p}=\begin{pmatrix}1 & 2\\2 & 1\end{pmatrix}\begin{pmatrix}1\\1\end{pmatrix}=\begin{pmatrix}3\\3\end{pmatrix}=3\begin{pmatrix}1\\1\end{pmatrix}$. 其中 3 是方阵 $\boldsymbol{A}$ 的特征值，向量 $\begin{pmatrix}1\\1\end{pmatrix}$ 就是 $\boldsymbol{A}$ 的对应于特征值 3 的特征向量.

由上面例子不难看出在求特征值和特征向量时，可以将 $\boldsymbol{A}\boldsymbol{p}=\lambda\boldsymbol{p}$ 改写成 $(\boldsymbol{A}-\lambda\boldsymbol{E})\boldsymbol{p}=\boldsymbol{0}$，再把 λ 看成待定参数，那么 $\boldsymbol{p}$ 就是齐次线性方程组 $(\boldsymbol{A}-\lambda\boldsymbol{E})\boldsymbol{x}=\boldsymbol{0}$ 的任意一个非零解；反过来，该齐次线性方程组的任一非零解也是 $\boldsymbol{A}$ 的对应于特征值 λ 的特征向量. 根据齐次线性方程组解的理论，它有非零解当且仅当它的系数行列式为零，即 $|\boldsymbol{A}-\lambda\boldsymbol{E}|=0$.

注意　(1) 上面的 $\boldsymbol{E}$ 是与方阵 $\boldsymbol{A}$ 同阶的单位矩阵.

(2) 本章讨论的特征值与特征向量，都是针对方阵而言的.

定义 4.2　带参数 λ 的 n 阶方阵 $\boldsymbol{A}-\lambda\boldsymbol{E}$ 称为 $\boldsymbol{A}$ 的**特征方阵**，对应的行列式 $|\boldsymbol{A}-\lambda\boldsymbol{E}|$ 称为矩阵 $\boldsymbol{A}$ 的**特征多项式**，$|\boldsymbol{A}-\lambda\boldsymbol{E}|=0$ 称为矩阵 $\boldsymbol{A}$ 的**特征方程**.

根据行列式的定义可得到以下等式：

$$|\boldsymbol{A}-\lambda\boldsymbol{E}|=\begin{vmatrix}a_{11}-\lambda & a_{12} & \cdots & a_{1n}\\a_{21} & a_{22}-\lambda & \cdots & a_{2n}\\\vdots & \vdots & & \vdots\\a_{n1} & a_{n2} & \cdots & a_{nn}-\lambda\end{vmatrix}=0 \tag{4.1}$$

显然，n 阶方阵 $\boldsymbol{A}$ 的特征多项式一定是 λ 的 n 次多项式. $\boldsymbol{A}$ 的特征方程的 n 个根(复根，包括实根或虚根，r 重根按 r 个计算)就是 $\boldsymbol{A}$ 的 n 个特征值. 因此在复数范围内，n 阶方阵一定有 n 个特征值.

综上所述，对于给定的 n 阶实方阵 $\boldsymbol{A}=(a_{ij})$，求它的特征值就是求它的特征方程(4.1)的 n 个根. 对于任意取定的一个特征值 λ_0 的特征向量(若根为实数，则特征向量取实向量；若根为复数，则特征向量取复向量)，就是对应的齐次线性方程组 $(\boldsymbol{A}-\lambda_0\boldsymbol{E})\boldsymbol{x}=\boldsymbol{0}$ 的所有的非零解.

注意 (1) 虽然零向量也是 $(\boldsymbol{A}-\lambda_0\boldsymbol{E})\boldsymbol{x}=\boldsymbol{0}$ 的解，但零向量 $\boldsymbol{0}$ 不是 $\boldsymbol{A}$ 的特征向量.

(2) $\boldsymbol{Ap}=\lambda\boldsymbol{p}$ 也可改写成 $(\lambda\boldsymbol{E}-\boldsymbol{A})\boldsymbol{p}=\boldsymbol{0}$，所以还可通过计算 $|\lambda\boldsymbol{E}-\boldsymbol{A}|=0$ 得到特征值，通过解齐次线性方程组 $(\lambda\boldsymbol{E}-\boldsymbol{A})\boldsymbol{x}=\boldsymbol{0}$ 得到特征值 λ 对应的特征向量.

例 4.1 设 $\boldsymbol{A}=\begin{pmatrix}1 & 2\\ 2 & 4\end{pmatrix}$，求出 $\boldsymbol{A}$ 对应的特征值和特征向量.

解 矩阵 $\boldsymbol{A}$ 的特征方程为

$$|\boldsymbol{A}-\lambda\boldsymbol{E}|=\begin{vmatrix}1-\lambda & 2\\ 2 & 4-\lambda\end{vmatrix}=0$$

得 $\lambda(\lambda-5)=0$，由此得出 $\boldsymbol{A}$ 的两个特征值分别是 $\lambda_1=0$，$\lambda_2=5$.

当 $\lambda_1=0$ 时，解齐次线性方程组 $(\boldsymbol{A}-\lambda_1\boldsymbol{E})\boldsymbol{x}=\boldsymbol{0}$，有

$$\boldsymbol{A}-\lambda_1\boldsymbol{E}=\begin{pmatrix}1 & 2\\ 2 & 4\end{pmatrix}\xrightarrow{r_2+(-2)r_1}\begin{pmatrix}1 & 2\\ 0 & 0\end{pmatrix}$$

即 $x_1+2x_2=0$，基础解系为 $\boldsymbol{\xi}_1=\begin{pmatrix}-2\\ 1\end{pmatrix}$，所以属于 $\lambda_1=0$ 的特征向量为 $\boldsymbol{\xi}_1=\begin{pmatrix}-2\\ 1\end{pmatrix}$. 于是 $k_1\boldsymbol{\xi}_1$ 是对应于特征值 $\lambda_1=0$ 的全部特征向量，其中 k_1 为任意非零常数.

同理，当 $\lambda_2=5$ 时，解齐次线性方程组 $(\boldsymbol{A}-\lambda_2\boldsymbol{E})\boldsymbol{x}=\boldsymbol{0}$，可得属于 $\lambda_2=5$ 的特征向量为 $\boldsymbol{\xi}_2=\begin{pmatrix}1\\ 2\end{pmatrix}$. 于是 $k_2\boldsymbol{\xi}_2$ 是对应于特征值 $\lambda_2=5$ 的全部特征向量，其中 k_2 为任意非零常数.

例 4.2 求 $\boldsymbol{A}=\begin{pmatrix}3 & 1 & 0\\ -4 & -1 & 0\\ 1 & 0 & 2\end{pmatrix}$ 的特征值和特征向量.

解 矩阵 $\boldsymbol{A}$ 的特征方程为

$$|\boldsymbol{A}-\lambda\boldsymbol{E}|=\begin{vmatrix}3-\lambda & 1 & 0\\ -4 & -1-\lambda & 0\\ 1 & 0 & 2-\lambda\end{vmatrix}=(2-\lambda)(1-\lambda)^2=0$$

解得特征值为 $\lambda_1=2$，$\lambda_2=\lambda_3=1$.

当 $\lambda_1=2$ 时，解齐次线性方程组 $(\boldsymbol{A}-\lambda_1\boldsymbol{E})\boldsymbol{x}=\boldsymbol{0}$，有

$$\boldsymbol{A}-2\boldsymbol{E}=\begin{pmatrix}1 & 1 & 0\\ -4 & -3 & 0\\ 1 & 0 & 0\end{pmatrix}\xrightarrow{r}\begin{pmatrix}1 & 0 & 0\\ 0 & 1 & 0\\ 0 & 0 & 0\end{pmatrix}$$

解得基础解系为 $\boldsymbol{\xi}_1=\begin{pmatrix}0\\ 0\\ 1\end{pmatrix}$. 于是 $k_1\boldsymbol{\xi}_1$ 是对应于特征值 $\lambda_1=2$ 的全部特征向量，其中 k_1 为任意

非零常数.

同理，当 $\lambda_2=\lambda_3=1$ 时，解对应的齐次线性方程组，有

$$\boldsymbol{A}-\boldsymbol{E}=\begin{pmatrix}2 & 1 & 0\\ -4 & -2 & 0\\ 1 & 0 & 1\end{pmatrix}\xrightarrow{r}\begin{pmatrix}1 & 0 & 1\\ 0 & 1 & -2\\ 0 & 0 & 0\end{pmatrix}$$

解得基础解系为 $\boldsymbol{\xi}_2=\begin{pmatrix}-1\\ 2\\ 1\end{pmatrix}$. 于是 $k_2\boldsymbol{\xi}_2$ 是对应于特征值 $\lambda_2=\lambda_3=1$ 的全部特征向量，其中 k_2 为任意非零常数.

例 4.3　求 $\boldsymbol{A}=\begin{pmatrix}1 & 0 & 2\\ 0 & 3 & 0\\ 2 & 0 & 1\end{pmatrix}$ 的特征值和特征向量.

解　矩阵 $\boldsymbol{A}$ 的特征方程为

$$|\boldsymbol{A}-\lambda\boldsymbol{E}|=\begin{vmatrix}1-\lambda & 0 & 2\\ 0 & 3-\lambda & 0\\ 2 & 0 & 1-\lambda\end{vmatrix}=(3-\lambda)(1-\lambda)^2-4(3-\lambda)=-(3-\lambda)^2(\lambda+1)$$

解得特征值为 $\lambda_1=-1$，$\lambda_2=\lambda_3=3$.

当 $\lambda_1=-1$ 时，解齐次线性方程组 $(\boldsymbol{A}-\lambda_1\boldsymbol{E})\boldsymbol{x}=\boldsymbol{0}$，有

$$\boldsymbol{A}+\boldsymbol{E}=\begin{pmatrix}2 & 0 & 2\\ 0 & 4 & 0\\ 2 & 0 & 2\end{pmatrix}\xrightarrow[\text{行变换}]{\text{初等}}\begin{pmatrix}1 & 0 & 1\\ 0 & 1 & 0\\ 0 & 0 & 0\end{pmatrix}$$

解得基础解系为 $\boldsymbol{\xi}_1=\begin{pmatrix}1\\ 0\\ -1\end{pmatrix}$. 于是 $k_1\boldsymbol{\xi}_1$ 是对应于特征值 $\lambda_1=-1$ 的全部特征向量，其中 k_1 为任意非零常数.

同理，当 $\lambda_2=\lambda_3=3$ 时，解对应的齐次线性方程组，有

$$\boldsymbol{A}-3\boldsymbol{E}=\begin{pmatrix}-2 & 0 & 2\\ 0 & 0 & 0\\ 2 & 0 & -2\end{pmatrix}\xrightarrow[\text{行变换}]{\text{初等}}\begin{pmatrix}1 & 0 & -1\\ 0 & 0 & 0\\ 0 & 0 & 0\end{pmatrix}$$

解得基础解系为 $\boldsymbol{\xi}_2=\begin{pmatrix}0\\ 1\\ 0\end{pmatrix}$，$\boldsymbol{\xi}_3=\begin{pmatrix}1\\ 0\\ 1\end{pmatrix}$. 不难判断出 $\boldsymbol{\xi}_2=\begin{pmatrix}0\\ 1\\ 0\end{pmatrix}$ 与 $\boldsymbol{\xi}_3=\begin{pmatrix}1\\ 0\\ 1\end{pmatrix}$ 线性无关，并且都是对应于 $\lambda_2=\lambda_3=3$ 的特征向量. 于是在这种情况下，$k_2\boldsymbol{\xi}_2+k_3\boldsymbol{\xi}_3$ 为对应于特征值 $\lambda_2=\lambda_3=3$ 的全部特征向量，其中 k_2，k_3 不同时为零. 由此可以得出下面一个重要结论.

定理 4.1　任意取定矩阵 $\boldsymbol{A}$ 的一个特征值 λ_0. 如果 $\boldsymbol{p}_1$ 和 $\boldsymbol{p}_2$ 都是 $\boldsymbol{A}$ 的属于特征值 λ_0 的特征向量，则对任何使 $k_1\boldsymbol{p}_1+k_2\boldsymbol{p}_2\neq\boldsymbol{0}$ 的实数 k_1 和 k_2，$\boldsymbol{p}=k_1\boldsymbol{p}_1+k_2\boldsymbol{p}_2$ 必是矩阵 $\boldsymbol{A}$ 的属于特征值 λ_0 的特征向量.

证明　由条件知 $\boldsymbol{A}\boldsymbol{p}_1=\lambda_0\boldsymbol{p}_1$，$\boldsymbol{A}\boldsymbol{p}_2=\lambda_0\boldsymbol{p}_2$，要证 $\boldsymbol{A}\boldsymbol{p}=\lambda_0\boldsymbol{p}$.

因为

$$\begin{aligned}\boldsymbol{A}\boldsymbol{p}&=\boldsymbol{A}(k_1\boldsymbol{p}_1+k_2\boldsymbol{p}_2)=k_1\boldsymbol{A}\boldsymbol{p}_1+k_2\boldsymbol{A}\boldsymbol{p}_2\\&=k_1\lambda_0\boldsymbol{p}_1+k_2\lambda_0\boldsymbol{p}_2=\lambda_0(k_1\boldsymbol{p}_1+k_2\boldsymbol{p}_2)=\lambda_0\boldsymbol{p}\end{aligned}$$

所以，$\boldsymbol{A}$ 的属于同一个特征值 λ_0 的若干个特征向量的任意非零线性组合必是 $\boldsymbol{A}$ 的属于特征值 λ_0 的特征向量.

4.1.2　关于特征值和特征向量的重要结论

下面介绍特征值与特征向量的一些性质和结论.

性质 4.1　设 $\lambda_1, \lambda_2, \cdots, \lambda_n$ 是 n 阶方阵 $\boldsymbol{A}=(a_{ij})_{n\times n}$ 的全体特征值，则必有

(1) $\lambda_1+\lambda_2+\cdots+\lambda_n=\sum\limits_{i=1}^{n}\lambda_i=\sum\limits_{i=1}^{n}a_{ii}=\mathrm{tr}(\boldsymbol{A})$；

(2) $\lambda_1\lambda_2\cdots\lambda_n=\prod\limits_{i=1}^{n}\lambda_i=|\boldsymbol{A}|$.

这里，$\mathrm{tr}(\boldsymbol{A})$为 $\boldsymbol{A}=(a_{ij})_{n\times n}$ 中的 n 个主对角元之和，称为 $\boldsymbol{A}$ 的**迹**(trace). $|\boldsymbol{A}|$为 $\boldsymbol{A}$ 的行列式.

证明　在关于变量 λ 的恒等式

$$\begin{aligned}|\boldsymbol{A}-\lambda\boldsymbol{E}|&=(\lambda-\lambda_1)(\lambda-\lambda_2)\cdots(\lambda-\lambda_n)\\&=\lambda^n-\left(\sum_{i=1}^{n}\lambda_i\right)\lambda^{n-1}+\cdots+(-1)^n\prod_{i=1}^{n}\lambda_i\end{aligned}$$

中取 $\lambda=0$，可得 $|-\boldsymbol{A}|=(-1)^n\prod\limits_{i=1}^{n}\lambda_i$，所以必有

$$|\boldsymbol{A}|=\prod_{i=1}^{n}\lambda_i$$

再根据行列式定义可得

$$\begin{aligned}|\boldsymbol{A}-\lambda\boldsymbol{E}|&=(\lambda-a_{11})(\lambda-a_{22})\cdots(\lambda-a_{nn})+\{(n!-1)\text{ 个不含 }\lambda^n\text{ 和 }\lambda^{n-1}\text{ 的项}\}\\&=\lambda^n-\left(\sum_{i=1}^{n}a_{ii}\right)\lambda^{n-1}+\cdots+\{(n!-1)\text{ 个不含 }\lambda^n\text{ 和 }\lambda^{n-1}\text{ 的项}\}\end{aligned}$$

比较上面两个$|\boldsymbol{A}-\lambda\boldsymbol{E}|$展开式中 λ^{n-1} 项的系数，即得

$$\sum_{i=1}^{n}\lambda_i=\sum_{i=1}^{n}a_{ii}$$

将上述证明思路以二阶方阵为例说明如下.

设 $\boldsymbol{A}=\begin{pmatrix}a_{11}&a_{12}\\a_{21}&a_{22}\end{pmatrix}$，则它的特征方程为

$$|\boldsymbol{A}-\lambda\boldsymbol{E}|=\begin{vmatrix}a_{11}-\lambda&a_{12}\\a_{21}&a_{22}-\lambda\end{vmatrix}=\lambda^2-(a_{11}+a_{22})\lambda+(a_{11}a_{22}-a_{12}a_{21})=0$$

又 $\boldsymbol{A}$ 的两个特征值 λ_1, λ_2 满足

$$|\boldsymbol{A}-\lambda\boldsymbol{E}|=(\lambda-\lambda_1)(\lambda-\lambda_2)=\lambda^2-(\lambda_1+\lambda_2)\lambda+\lambda_1\lambda_2=0$$

比较这两个方程的系数，即得

$$\lambda_1+\lambda_2=a_{11}+a_{22}=\mathrm{tr}(\boldsymbol{A}),\ \lambda_1\lambda_2=a_{11}a_{22}-a_{12}a_{21}=|\boldsymbol{A}|$$

性质 4.2　三角形矩阵、对角矩阵的特征值就是主对角线上的元素.

以上三角矩阵为例，设

$$A=\begin{pmatrix} a_{11} & a_{12} & \cdots & a_{1n} \\ 0 & a_{22} & \cdots & a_{2n} \\ \vdots & \vdots & & \vdots \\ 0 & 0 & \cdots & a_{nn} \end{pmatrix}$$

则

$$|A-\lambda E|=\begin{vmatrix} a_{11}-\lambda & a_{12} & \cdots & a_{1n} \\ 0 & a_{22}-\lambda & \cdots & a_{2n} \\ \vdots & \vdots & & \vdots \\ 0 & 0 & \cdots & a_{nn}-\lambda \end{vmatrix}=\prod_{i=1}^{n}(a_{ii}-\lambda)=0$$

所以 $\lambda_1=a_{11}$，$\lambda_2=a_{22}$，…，$\lambda_n=a_{nn}$.

性质 4.3　n 阶方阵 A 与转置矩阵 A^T 有相同的特征值.

注意　A 和 A^T 未必有相同的特征向量，即 $Ap=\lambda p$ 时未必有 $A^T p=\lambda p$.

例如，取 $A=\begin{pmatrix} 1 & 1 \\ 0 & 1 \end{pmatrix}$，$p=\begin{pmatrix} 1 \\ 0 \end{pmatrix}$，$\lambda=1$，则有

$$Ap=\begin{pmatrix} 1 & 1 \\ 0 & 1 \end{pmatrix}\begin{pmatrix} 1 \\ 0 \end{pmatrix}=1\times\begin{pmatrix} 1 \\ 0 \end{pmatrix}$$

但是

$$A^T p=\begin{pmatrix} 1 & 0 \\ 1 & 1 \end{pmatrix}\begin{pmatrix} 1 \\ 0 \end{pmatrix}=\begin{pmatrix} 1 \\ 1 \end{pmatrix}\neq 1\times\begin{pmatrix} 1 \\ 0 \end{pmatrix}$$

这说明 A 和 A^T 的属于同一个特征值的特征向量可以是不相同的.

性质 4.4　一个非零向量 p 不可能是属于同一个方阵 A 的不同特征值的特征向量.

证明　(反证法)如果 λ，$\mu(\lambda\neq\mu)$是方阵 A 的特征值，假设 p 是 λ，μ 的特征向量，即

$$Ap=\lambda p，Ap=\mu p$$

则$(\lambda-\mu)p=0$. 因为特征向量 $p\neq 0$，所以必有 $\lambda=\mu$，与条件 $\lambda\neq\mu$ 矛盾，故假设不成立，因此，一个特征向量不可能对应两个不同的特征值.

性质 4.5　n 阶方阵 A 的互不相同的特征值对应的特征向量线性无关.

性质 4.6　n 阶实方阵的特征值未必是实数，特征向量也未必是实向量.

例 4.4　求 $A=\begin{pmatrix} 0 & 1 \\ -1 & 0 \end{pmatrix}$的特征值和特征向量.

解　矩阵 A 的特征方程为

$$|A-\lambda E|=\begin{vmatrix} -\lambda & 1 \\ -1 & -\lambda \end{vmatrix}=\lambda^2+1=0$$

解得特征值为 $\lambda_1=\mathrm{i}$，$\lambda_2=-\mathrm{i}$，这里，$\mathrm{i}=\sqrt{-1}$是纯虚数.

当 $\lambda_1=\mathrm{i}$ 时，解齐次线性方程组$(A-\mathrm{i}E)x=0$，有

$$\begin{pmatrix} -\mathrm{i} & 1 \\ -1 & -\mathrm{i} \end{pmatrix}\xrightarrow{r_1-\mathrm{i}r_2}\begin{pmatrix} 0 & 0 \\ -1 & -\mathrm{i} \end{pmatrix}\xrightarrow[r_1\leftrightarrow r_2]{-r_2}\begin{pmatrix} 1 & \mathrm{i} \\ 0 & 0 \end{pmatrix}$$

特征值 $\lambda_1=\mathrm{i}$ 的特征向量 $\xi_1=\begin{pmatrix} -i \\ 1 \end{pmatrix}$. 同理可得特征值 $\lambda_2=-\mathrm{i}$ 的特征向量 $\xi_2=\begin{pmatrix} \mathrm{i} \\ 1 \end{pmatrix}$.

此例说明，虽然 $\boldsymbol{A}$ 是实方阵，但是它的特征值和特征向量都不是实的.

定理 4.2 设 $\boldsymbol{A}$ 为 n 阶方阵，$f(\boldsymbol{A})=a_m\boldsymbol{A}^m+a_{m-1}\boldsymbol{A}^{m-1}+\cdots+a_1\boldsymbol{A}+a_0\boldsymbol{E}$ 为 $\boldsymbol{A}$ 的方阵多项式. 如果 $\boldsymbol{A}\boldsymbol{p}=\lambda\boldsymbol{p}$，则必有 $f(\boldsymbol{A})\boldsymbol{p}=f(\lambda)\boldsymbol{p}$. 这说明 **$f(\lambda)$ 是 $f(\boldsymbol{A})$ 的特征值**. 特别地，当 $f(\boldsymbol{A})=\boldsymbol{0}$ 时，必有 $f(\lambda)=0$，即当 $f(\boldsymbol{A})=\boldsymbol{0}$ 时，$\boldsymbol{A}$ 的特征值是 m 次多项式 $f(x)=a_mx^m+a_{m-1}x^{m-1}+\cdots+a_1x+a_0$ 对应的方程 $f(x)=0$ 的根.

证明 先用数学归纳法证明，对于任何自然数 k，都有 $\boldsymbol{A}^k\boldsymbol{p}=\lambda^k\boldsymbol{p}$.

当 $k=1$ 时，显然有 $\boldsymbol{A}\boldsymbol{p}=\lambda\boldsymbol{p}$. 假设 $\boldsymbol{A}^k\boldsymbol{p}=\lambda^k\boldsymbol{p}$ 成立，则必有

$$\boldsymbol{A}^{k+1}\boldsymbol{p}=\boldsymbol{A}(\boldsymbol{A}^k\boldsymbol{p})=\boldsymbol{A}(\lambda^k\boldsymbol{p})=\lambda^k\boldsymbol{A}\boldsymbol{p}=\lambda^k\lambda\boldsymbol{p}=\lambda^{k+1}\boldsymbol{p}$$

因此，对于任何自然数 k，都有 $\boldsymbol{A}^k\boldsymbol{p}=\lambda^k\boldsymbol{p}$.

于是，必有

$$\begin{aligned}f(\boldsymbol{A})\boldsymbol{p}&=(a_m\boldsymbol{A}^m+a_{m-1}\boldsymbol{A}^{m-1}+\cdots+a_1\boldsymbol{A}+a_0\boldsymbol{E})\boldsymbol{p}\\&=a_m(\boldsymbol{A}^m\boldsymbol{p})+a_{m-1}(\boldsymbol{A}^{m-1}\boldsymbol{p})+\cdots+a_1(\boldsymbol{A}\boldsymbol{p})+a_0(\boldsymbol{E}\boldsymbol{p})\\&=a_m(\lambda^m\boldsymbol{p})+a_{m-1}(\lambda^{m-1}\boldsymbol{p})+\cdots+a_1(\lambda\boldsymbol{p})+a_0(1\cdot\boldsymbol{p})\\&=(a_m\lambda^m+a_{m-1}\lambda^{m-1}+\cdots+a_1\lambda+a_0)\boldsymbol{p}\\&=f(\lambda)\boldsymbol{p}\end{aligned}$$

当 $f(\boldsymbol{A})=\boldsymbol{0}$ 时，因为 $f(\boldsymbol{A})\boldsymbol{p}=f(\lambda)\boldsymbol{p}$，并且 $\boldsymbol{p}\neq\boldsymbol{0}$，所以 $f(\lambda)=0$.

定理 4.2 给出了求方阵多项式的特征值非常简便的计算方法：只要 λ 是 $\boldsymbol{A}$ 的一个特征值，$f(\lambda)$ 就一定是 $f(\boldsymbol{A})$ 的特征值.

推论 4.1 设 $\boldsymbol{A}$ 为 n 阶可逆方阵，如果 $\boldsymbol{A}$ 的特征值为 $\lambda_1, \lambda_2, \cdots, \lambda_n$，则 $\boldsymbol{A}^{-1}$ 的特征值为

$$\frac{1}{\lambda_1},\ \frac{1}{\lambda_2},\ \cdots,\ \frac{1}{\lambda_n}$$

推论 4.2 设 $\boldsymbol{A}$ 为 n 阶方阵，$\boldsymbol{A}^*$ 是 $\boldsymbol{A}$ 的伴随矩阵. 若 $\boldsymbol{A}$ 的非零特征值为 $\lambda_1, \lambda_2, \cdots, \lambda_n$，则 $\boldsymbol{A}^*$ 的特征值 λ_i^* 为 $\dfrac{|\boldsymbol{A}|}{\lambda_i}$，据此可得到

$$\lambda_i^*=\frac{1}{\lambda_i}\lambda_1\cdot\lambda_2\cdot\cdots\cdot\lambda_n\quad(i=1, 2, \cdots, n-1, n)$$

即

$$\begin{aligned}\lambda_1^*&=\lambda_2\cdot\lambda_3\cdot\cdots\cdot\lambda_{n-1}\cdot\lambda_n\\\lambda_2^*&=\lambda_1\cdot\lambda_3\cdot\cdots\cdot\lambda_{n-1}\cdot\lambda_n\\&\vdots\\\lambda_n^*&=\lambda_1\cdot\lambda_2\cdot\lambda_3\cdot\cdots\cdot\lambda_{n-1}\end{aligned}$$

对于推论 4.2，以三阶矩阵为例，进行说明. 设 $\boldsymbol{A}$ 为三阶方阵，它的特征值为 $\lambda_1, \lambda_2, \lambda_3$. 根据推论 4.1，可知 $\boldsymbol{A}^{-1}$ 的特征值为 $\dfrac{1}{\lambda_1}, \dfrac{1}{\lambda_2}, \dfrac{1}{\lambda_3}$.

由 $\boldsymbol{A}^{-1}=\dfrac{1}{|\boldsymbol{A}|}\boldsymbol{A}^*$，得 $\boldsymbol{A}^*=|\boldsymbol{A}|\boldsymbol{A}^{-1}=\lambda_1\lambda_2\lambda_3\boldsymbol{A}^{-1}$，根据推论 4.2，可得 $\boldsymbol{A}^*$ 的特征值为

$$\lambda_1^*=\lambda_1\lambda_2\lambda_3\cdot\frac{1}{\lambda_1}=\lambda_2\lambda_3$$

$$\lambda_2^*=\lambda_1\lambda_2\lambda_3\cdot\frac{1}{\lambda_2}=\lambda_1\lambda_3$$

$$\lambda_3^* = \lambda_1\lambda_2\lambda_3 \cdot \frac{1}{\lambda_3} = \lambda_1\lambda_2$$

注意　根据伴随矩阵的定义，由推论 4.2 可得

$$\mathrm{tr}(\boldsymbol{A}^*) = A_{11} + A_{22} + A_{33} = \lambda_1^* + \lambda_2^* + \lambda_3^* = \lambda_1\lambda_3 + \lambda_2\lambda_3 + \lambda_1\lambda_2$$

其中 $A_{ii}(i=1, 2, 3)$是矩阵 $\boldsymbol{A}$ 中元素 $a_{ii}(i=1, 2, 3)$的代数余子式.

例 4.5　设 $\boldsymbol{A} = \begin{pmatrix} 1 & 2 \\ 0 & 3 \end{pmatrix}$，求 $\boldsymbol{B} = \boldsymbol{A}^2 - 2\boldsymbol{A} + 3\boldsymbol{E}$ 的所有特征值，其中 $\boldsymbol{E}$ 是二阶单位矩阵.

解　因为 $\boldsymbol{A}$ 是上三角矩阵，所以它的特征值就是它的主对角元 1 和 3. 由 $\boldsymbol{B} = \boldsymbol{A}^2 - 2\boldsymbol{A} + 3\boldsymbol{E}$ 得到对应的多项式为 $f(x) = x^2 - 2x + 3$，所以 $\boldsymbol{B}$ 的特征值为

$$f(1) = 1^2 - 2 \cdot 1 + 3 = 2, \ f(3) = 3^2 - 2 \cdot 3 + 3 = 6$$

注意　本题也可以先根据 $\boldsymbol{B} = \boldsymbol{A}^2 - 2\boldsymbol{A} + 3\boldsymbol{E}$ 求出 $\boldsymbol{B} = \begin{pmatrix} 2 & 4 \\ 0 & 6 \end{pmatrix}$，再计算 $|\boldsymbol{B} - \lambda\boldsymbol{E}| = 0$，得到 $\boldsymbol{B}$ 的特征值. 但是对于更高阶的方阵 $\boldsymbol{A}$ 来说，求出 $\boldsymbol{B} = f(\boldsymbol{A})$并非易事，所以定理 4.2 的好处还是显而易见的.

例 4.6　求出以下特殊的 n 阶方阵 $\boldsymbol{A}$ 的所有可能的特征值(m 是某个正整数)：

(1) $\boldsymbol{A}^m = \boldsymbol{0}$；　(2) $\boldsymbol{A}^2 = \boldsymbol{E}$($\boldsymbol{E}$ 是 n 阶单位矩阵).

解　设 $\boldsymbol{A}\boldsymbol{p} = \lambda\boldsymbol{p}$，则 $\boldsymbol{A}^m\boldsymbol{p} = \lambda^m\boldsymbol{p}$，$\boldsymbol{p} \neq \boldsymbol{0}$.

(1) 由 $\lambda^m\boldsymbol{p} = \boldsymbol{A}^m\boldsymbol{p} = \boldsymbol{0}\boldsymbol{p} = \boldsymbol{0}$ 和 $\boldsymbol{p} \neq \boldsymbol{0}$，可得 $\lambda = 0$；

(2) 由 $\lambda^2\boldsymbol{p} = \boldsymbol{A}^2\boldsymbol{p} = \boldsymbol{E}\boldsymbol{p} = \boldsymbol{p} = 1 \cdot \boldsymbol{p}$ 和 $\boldsymbol{p} \neq \boldsymbol{0}$，可得 $\lambda^2 = 1$，即 $\lambda = \pm 1$.

注意　上述两个特殊的方阵分别称为**幂零矩阵**与**对合矩阵**. 幂零矩阵的特征值必为 0，对合矩阵的特征值必为 ± 1.

例 4.7　设二阶方阵 $\boldsymbol{A}$ 满足 $\boldsymbol{A}^3 - 3\boldsymbol{A}^2 + 2\boldsymbol{A} = \boldsymbol{O}$，求 $\boldsymbol{A}$ 的特征值.

解　设 $\boldsymbol{A}\boldsymbol{\xi} = \lambda\boldsymbol{\xi}$，$\boldsymbol{\xi} \neq \boldsymbol{0}$，则 $\boldsymbol{A}^3\boldsymbol{\xi} - 3\boldsymbol{A}^2\boldsymbol{\xi} + 2\boldsymbol{A}\boldsymbol{\xi} = (\lambda^3 - 3\lambda^2 + 2\lambda)\boldsymbol{\xi} = \boldsymbol{0}$，因为 $\boldsymbol{\xi} \neq \boldsymbol{0}$，所以 $\lambda^3 - 3\lambda^2 + 2\lambda = 0$. 由此可以得出方阵 $\boldsymbol{A}$ 的特征值分别为 0，1，2.

习题 4.1

1. 已知 0 是三阶方阵 $\begin{pmatrix} 1 & 0 & 1 \\ 0 & 2 & 0 \\ 1 & 0 & t \end{pmatrix}$ 的特征值，求 t.

2. 已知三阶矩阵 $\boldsymbol{A}$ 的特征值为 0，-1 和 2，$\boldsymbol{E}$ 是三阶单位矩阵，求行列式 $|2\boldsymbol{A}^3 - 5\boldsymbol{A}^2 + 3\boldsymbol{E}|$ 的值.

3. 设 $\boldsymbol{A}$ 是三阶方阵，$\boldsymbol{E}$ 是三阶单位矩阵，如果已知 $|\boldsymbol{E} + \boldsymbol{A}| = 0$，$|2\boldsymbol{E} + \boldsymbol{A}| = 0$，$|\boldsymbol{E} - \boldsymbol{A}| = 0$，求行列式 $|\boldsymbol{A}^2 + \boldsymbol{A} + \boldsymbol{E}|$ 的值.

4. 设 n 阶矩阵 $\boldsymbol{A}$ 满足 $\boldsymbol{A}^2 = \boldsymbol{A}$，求出 $\boldsymbol{A}$ 的所有可能的特征值.

5. 求出以下方阵的特征值和线性无关的特征向量.

(1) $\boldsymbol{A} = \begin{pmatrix} 1 & -3 & 3 \\ 3 & -5 & 3 \\ 6 & -6 & 4 \end{pmatrix}$；　　(2) $\boldsymbol{A} = \begin{pmatrix} 1 & 1 & 1 & 1 \\ 1 & 1 & -1 & -1 \\ 1 & -1 & 1 & -1 \\ 1 & -1 & -1 & 1 \end{pmatrix}$；

(3) $\boldsymbol{A}=\begin{pmatrix}-1 & 2 & 0\\ 0 & 3 & 0\\ 2 & 1 & -1\end{pmatrix}$； (4) $\boldsymbol{A}=\begin{pmatrix}1 & 2 & 4 & 1\\ 0 & 2 & 0 & 7\\ 0 & 0 & 3 & 4\\ 0 & 0 & 0 & 2\end{pmatrix}$.

6. 设 n 阶特征矩阵 $\boldsymbol{A}$ 满足 $\boldsymbol{A}^2-4\boldsymbol{A}+3\boldsymbol{E}=\boldsymbol{O}$，求出 $\boldsymbol{A}$ 的所有特征值.

7. 设 n 阶特征矩阵 $\boldsymbol{A}$ 满足 $\boldsymbol{A}^2+4\boldsymbol{A}+4\boldsymbol{E}=\boldsymbol{O}$，求出 $\boldsymbol{A}$ 的所有特征值.

8. 求出 k 的值，使得 $\boldsymbol{p}=\begin{pmatrix}1\\ k\\ 1\end{pmatrix}$ 是 $\boldsymbol{A}=\begin{pmatrix}2 & 1 & 1\\ 1 & 2 & 1\\ 1 & 1 & 2\end{pmatrix}$ 的逆矩阵 $\boldsymbol{A}^{-1}$ 的特征向量.

9. 设三阶矩阵 $\boldsymbol{A}$ 满足 $|\boldsymbol{A}|=0$，$|\boldsymbol{A}+2\boldsymbol{E}|=0$，$|\boldsymbol{A}-2\boldsymbol{E}|=0$，求 $|\boldsymbol{A}+\boldsymbol{E}|$.

4.2 相似矩阵与矩阵可对角化的条件

对角矩阵是最简单的一类矩阵. 对于任意一个 n 阶方阵 $\boldsymbol{A}$，如果能将它化为对角矩阵，就会保持 $\boldsymbol{A}$ 的许多原有性质，这在理论和应用方面都具有重要意义. 本节将深入讨论把方阵化成对角矩阵的问题.

4.2.1 相似矩阵及其性质

定义 4.3 设 $\boldsymbol{A}$, $\boldsymbol{B}$ 为 n 阶方阵，如果存在一个 n 阶可逆矩阵 $\boldsymbol{P}$，使得

$$\boldsymbol{P}^{-1}\boldsymbol{A}\boldsymbol{P}=\boldsymbol{B} \tag{4.2}$$

则称矩阵 $\boldsymbol{A}$ 与 $\boldsymbol{B}$ 相似，记作 $\boldsymbol{A}\sim\boldsymbol{B}$.

例 4.8 已知 $\boldsymbol{A}=\begin{pmatrix}3 & 4\\ 5 & 2\end{pmatrix}$，$\boldsymbol{P}=\begin{pmatrix}1 & -1\\ -1 & 2\end{pmatrix}$，$\boldsymbol{Q}=\begin{pmatrix}4 & 1\\ -5 & 1\end{pmatrix}$，求与 $\boldsymbol{A}$ 相似的矩阵.

解 矩阵 $\boldsymbol{P}$, $\boldsymbol{Q}$ 都可逆. 由

$$\boldsymbol{P}^{-1}\boldsymbol{A}\boldsymbol{P}=\begin{pmatrix}1 & -1\\ -1 & 2\end{pmatrix}^{-1}\begin{pmatrix}3 & 4\\ 5 & 2\end{pmatrix}\begin{pmatrix}1 & -1\\ -1 & 2\end{pmatrix}=\begin{pmatrix}1 & 9\\ 2 & 4\end{pmatrix}$$

可得 $\boldsymbol{A}\sim\begin{pmatrix}1 & 9\\ 2 & 4\end{pmatrix}$.

又由

$$\boldsymbol{Q}^{-1}\boldsymbol{A}\boldsymbol{Q}=\begin{pmatrix}4 & 1\\ -5 & 1\end{pmatrix}^{-1}\begin{pmatrix}3 & 4\\ 5 & 2\end{pmatrix}\begin{pmatrix}4 & 1\\ -5 & 1\end{pmatrix}=\begin{pmatrix}-2 & 0\\ 0 & 7\end{pmatrix}$$

可得 $\boldsymbol{A}\sim\begin{pmatrix}-2 & 0\\ 0 & 7\end{pmatrix}$.

由此可见，与 $\boldsymbol{A}$ 相似的矩阵不是唯一的，也未必是对角矩阵. 然而，对某些矩阵，如果选取适当的可逆矩阵 $\boldsymbol{P}$，就有可能使 $\boldsymbol{P}^{-1}\boldsymbol{A}\boldsymbol{P}$ 成为对角矩阵.

相似是同阶矩阵之间的一种重要关系，且具有下述基本性质.

设 $\boldsymbol{A}$, $\boldsymbol{B}$, $\boldsymbol{C}$ 为 n 阶矩阵，则

(1) **反身性**：对任意 n 阶矩阵 $\boldsymbol{A}$，有 $\boldsymbol{A}\sim\boldsymbol{A}$.

(2) **对称性**：若 $\boldsymbol{A}\sim\boldsymbol{B}$，则 $\boldsymbol{B}\sim\boldsymbol{A}$.

(3) **传递性**：如果 $\boldsymbol{A}\sim\boldsymbol{B}$，$\boldsymbol{B}\sim\boldsymbol{C}$，则 $\boldsymbol{A}\sim\boldsymbol{C}$.

证明　(1) 因为 $\boldsymbol{E}^{-1}\boldsymbol{AE}=\boldsymbol{A}$，所以 $\boldsymbol{A}\sim\boldsymbol{A}$.

(2) 由 $\boldsymbol{A}\sim\boldsymbol{B}$ 可知，必存在可逆矩阵 $\boldsymbol{P}$，使得 $\boldsymbol{P}^{-1}\boldsymbol{AP}=\boldsymbol{B}$. 于是

$$\boldsymbol{A}=\boldsymbol{PBP}^{-1}=(\boldsymbol{P}^{-1})^{-1}\boldsymbol{BP}^{-1}$$

所以 $\boldsymbol{B}\sim\boldsymbol{A}$.

(3) 由 $\boldsymbol{A}\sim\boldsymbol{B}$，$\boldsymbol{B}\sim\boldsymbol{C}$ 可知，必存在 n 阶可逆矩阵 $\boldsymbol{P}$，$\boldsymbol{Q}$，使得

$$\boldsymbol{P}^{-1}\boldsymbol{AP}=\boldsymbol{B},\ \boldsymbol{Q}^{-1}\boldsymbol{BQ}=\boldsymbol{C}$$

于是 $\boldsymbol{Q}^{-1}(\boldsymbol{P}^{-1}\boldsymbol{AP})\boldsymbol{Q}=\boldsymbol{C}$，即$(\boldsymbol{PQ})^{-1}\boldsymbol{A}(\boldsymbol{PQ})=\boldsymbol{C}$，由此可得 $\boldsymbol{A}\sim\boldsymbol{C}$.

相似的两个矩阵之间，还存在以下一些共同的性质.

设 n 阶方阵 $\boldsymbol{A}$，$\boldsymbol{B}$，如果 $\boldsymbol{A}\sim\boldsymbol{B}$，则有

(1) $|\boldsymbol{A}|=|\boldsymbol{B}|$，即相似矩阵的行列式相等；

(2) $\boldsymbol{A}$，$\boldsymbol{B}$ 有相同的特征值，并且 $\mathrm{tr}(\boldsymbol{A})=\mathrm{tr}(\boldsymbol{B})$；

(3) $R(\boldsymbol{A})=R(\boldsymbol{B})$；

(4) $\boldsymbol{A}^{\mathrm{T}}\sim\boldsymbol{B}^{\mathrm{T}}$，即相似矩阵的转置矩阵也相似；

(5) 若 $\boldsymbol{A}$，$\boldsymbol{B}$ 都可逆，则 $\boldsymbol{A}^{-1}\sim\boldsymbol{B}^{-1}$，即相似矩阵或都可逆或都不可逆，当它们都可逆时，它们的逆矩阵也相似；

(6) $\boldsymbol{A}$ 的多项式 $f(\boldsymbol{A})$与 $\boldsymbol{B}$ 的多项式 $f(\boldsymbol{B})$也相似，即 $f(\boldsymbol{A})\sim f(\boldsymbol{B})$.

下面给出(2)的证明，其他由读者自己完成.

证明　由 $\boldsymbol{A}\sim\boldsymbol{B}$ 可知，必存在可逆矩阵 $\boldsymbol{P}$，使得 $\boldsymbol{P}^{-1}\boldsymbol{AP}=\boldsymbol{B}$. 于是

$$\begin{aligned}|\boldsymbol{B}-\lambda\boldsymbol{E}|&=|\boldsymbol{P}^{-1}\boldsymbol{AP}-\lambda\boldsymbol{E}|=|\boldsymbol{P}^{-1}(\boldsymbol{A}-\lambda\boldsymbol{E})\boldsymbol{P}|\\&=|\boldsymbol{P}^{-1}||\boldsymbol{A}-\lambda\boldsymbol{E}||\boldsymbol{P}|=|\boldsymbol{A}-\lambda\boldsymbol{E}|\end{aligned}$$

所以 $\boldsymbol{A}$ 与 $\boldsymbol{B}$ 的特征多项式相同，从而有相同的特征值，因此二者的迹相等.

例 4.9　已知$\begin{pmatrix}1&0&0\\0&x&2\\0&1&0\end{pmatrix}\sim\begin{pmatrix}2&1&0\\1&0&0\\0&0&y\end{pmatrix}$，求 x，y.

解　根据相似矩阵的性质(1)可以得出 $-2=-y$，根据相似矩阵的性质(2)可以得出 $1+x=2+y$，所以 $x=3$，$y=2$.

定理 4.3　设矩阵 $\boldsymbol{A}\sim\boldsymbol{B}$，则 $\boldsymbol{A}^m\sim\boldsymbol{B}^m$，其中 m 为正整数.

证明　由 $\boldsymbol{A}\sim\boldsymbol{B}$ 可知，必存在可逆矩阵 $\boldsymbol{P}$，使得 $\boldsymbol{P}^{-1}\boldsymbol{AP}=\boldsymbol{B}$. 于是

$$\begin{aligned}\boldsymbol{B}^m&=(\boldsymbol{P}^{-1}\boldsymbol{AP})^m=\underbrace{(\boldsymbol{P}^{-1}\boldsymbol{AP})(\boldsymbol{P}^{-1}\boldsymbol{AP})(\boldsymbol{P}^{-1}\boldsymbol{AP})\cdots(\boldsymbol{P}^{-1}\boldsymbol{AP})}_{m\text{个}}\\&=\boldsymbol{P}^{-1}\boldsymbol{A}(\boldsymbol{PP}^{-1})\boldsymbol{A}(\boldsymbol{PP}^{-1})\boldsymbol{A}(\boldsymbol{PP}^{-1}\cdots\boldsymbol{A}(\boldsymbol{PP}^{-1})\mathrm{AP}\\&=\boldsymbol{P}^{-1}\boldsymbol{AEAEAE}\cdots\boldsymbol{AEAP}\\&=\boldsymbol{P}^{-1}\boldsymbol{A}^m\boldsymbol{P}\end{aligned}$$

所以 $\boldsymbol{A}^m\sim\boldsymbol{B}^m$.

4.2.2　矩阵可对角化的条件

由于相似矩阵有着诸多共同的性质，如果矩阵 $\boldsymbol{A}$ 能够相似于一个对角矩阵，就可凭借对

角矩阵来研究矩阵 $\boldsymbol{A}$.

定义 4.4 如果 n 阶矩阵 $\boldsymbol{A}$ 可以相似于一个 n 阶对角矩阵 $\boldsymbol{\Lambda}$，则称 $\boldsymbol{A}$ **可对角化**，$\boldsymbol{\Lambda}$ 称为方阵 $\boldsymbol{A}$ 的**相似标准形矩阵**.

例 4.8 说明，如果选取适当的可逆矩阵 $\boldsymbol{P}$，则可以使 $\boldsymbol{P}^{-1}\boldsymbol{AP}$ 成为对角矩阵. 但并非所有的 n 阶矩阵都能对角化. 下面将讨论矩阵可对角化的充分必要条件.

定理 4.4 n 阶矩阵 $\boldsymbol{A}$ 相似于 n 阶对角矩阵的**充分必要条件**是 $\boldsymbol{A}$ 有 n 个线性无关的特征向量.

证明 必要性：设 $\boldsymbol{A}\sim\boldsymbol{\Lambda}$，其中 $\boldsymbol{\Lambda}=\mathrm{diag}(\lambda_1, \lambda_2, \cdots, \lambda_n)$，则存在可逆矩阵 $\boldsymbol{P}$，使得

$$\boldsymbol{P}^{-1}\boldsymbol{AP}=\boldsymbol{\Lambda} \text{ 或 } \boldsymbol{AP}=\boldsymbol{P\Lambda} \tag{4.3}$$

把矩阵 $\boldsymbol{P}$ 按列分块，记 $\boldsymbol{P}=(\boldsymbol{p}_1, \boldsymbol{p}_2, \cdots, \boldsymbol{p}_n)$，其中 $\boldsymbol{p}_i$ 是矩阵 $\boldsymbol{P}$ 的第 i 列($i=1, 2, \cdots, n$)，则式(4.3)可写成

$$\boldsymbol{A}(\boldsymbol{p}_1, \boldsymbol{p}_2, \cdots, \boldsymbol{p}_n)=(\boldsymbol{p}_1, \boldsymbol{p}_2, \cdots, \boldsymbol{p}_n)\begin{pmatrix}\lambda_1 & & & \\ & \lambda_2 & & \\ & & \ddots & \\ & & & \lambda_n\end{pmatrix}$$

由此可得 $\boldsymbol{Ap}_i=\lambda_i\boldsymbol{p}_i(i=1, 2, \cdots, n)$. 因为 $\boldsymbol{P}$ 可逆，所以 $\boldsymbol{P}$ 必不含零列，即 $\boldsymbol{p}_i\neq 0(i=1, 2, \cdots, n)$. 因此，$\boldsymbol{p}_i$ 是 A 的属于特征值 λ_i 的特征向量，并且 $\boldsymbol{p}_1, \boldsymbol{p}_2, \cdots, \boldsymbol{p}_n$ 线性无关.

充分性：设 $\boldsymbol{p}_1, \boldsymbol{p}_2, \cdots, \boldsymbol{p}_n$ 是 $\boldsymbol{A}$ 的 n 个线性无关向量，它们对应的特征值依次为 $\lambda_1, \lambda_2, \cdots, \lambda_n$. 记矩阵 $\boldsymbol{P}=(\boldsymbol{p}_1, \boldsymbol{p}_2, \cdots, \boldsymbol{p}_n)$，则 $\boldsymbol{P}$ 可逆. 而

$$\begin{aligned}\boldsymbol{AP}&=\boldsymbol{A}(\boldsymbol{p}_1, \boldsymbol{p}_2, \cdots, \boldsymbol{p}_n)=(\boldsymbol{Ap}_1, \boldsymbol{Ap}_2, \cdots, \boldsymbol{Ap}_n)=(\lambda_1\boldsymbol{p}_1, \lambda_2\boldsymbol{p}_2, \cdots, \lambda_n\boldsymbol{p}_n)\\ &=(\boldsymbol{p}_1, \boldsymbol{p}_2, \cdots, \boldsymbol{p}_n)\begin{pmatrix}\lambda_1 & & & \\ & \lambda_2 & & \\ & & \ddots & \\ & & & \lambda_n\end{pmatrix}\end{aligned}$$

两边左乘 $\boldsymbol{P}^{-1}$，得 $\boldsymbol{P}^{-1}\boldsymbol{AP}=\boldsymbol{\Lambda}$，即矩阵 $\boldsymbol{A}$ 与对角矩阵 $\boldsymbol{\Lambda}$ 相似.

推论 4.3 如果 n 阶矩阵 $\boldsymbol{A}$ 有 n 个互不相同的特征值 $\lambda_1, \lambda_2, \cdots, \lambda_n$，则 $\boldsymbol{A}$ 与对角矩阵 $\boldsymbol{\Lambda}$ 相似，$\boldsymbol{\Lambda}$ 为 $\begin{pmatrix}\lambda_1 & 0 & \cdots & 0\\ 0 & \lambda_2 & \cdots & 0\\ \vdots & \vdots & & \vdots\\ 0 & 0 & \cdots & \lambda_n\end{pmatrix}$.

注意 由 n 阶矩阵 $\boldsymbol{A}$ 可对角化，并不能断定 $\boldsymbol{A}$ 必有 n 个互不相同的特征值. 例如，数量矩阵 $a\boldsymbol{E}$ 是可对角化的，但它只有特征值 a(n 重根).

推论 4.4 n 阶矩阵 $\boldsymbol{A}$ 与对角矩阵 $\boldsymbol{\Lambda}$ 相似的充分必要条件是对于 $\boldsymbol{A}$ 的每一重特征值对应的线性无关的特征向量个数等于其重数.

例 4.10 判断矩阵 $\boldsymbol{A}=\begin{pmatrix}3 & 2 & 4\\ 2 & 0 & 2\\ 4 & 2 & 3\end{pmatrix}$ 能否相似对角化.

解 由

$$|\boldsymbol{A}-\lambda\boldsymbol{E}|=\begin{vmatrix}3-\lambda & 2 & 4\\ 2 & -\lambda & 2\\ 4 & 2 & 3-\lambda\end{vmatrix}\xlongequal{r_3-2r_2}\begin{vmatrix}3-\lambda & 2 & 4\\ 2 & -\lambda & 2\\ 0 & 2+2\lambda & -1-\lambda\end{vmatrix}$$

$$\xlongequal{c_2+2c_3}\begin{vmatrix}3-\lambda & 10 & 4\\ 2 & 4-\lambda & 2\\ 0 & 0 & -1-\lambda\end{vmatrix}=-(1+\lambda)^2(\lambda-8)=0$$

得矩阵 $\boldsymbol{A}$ 的特征值为 $\lambda_1=\lambda_2=-1$(二重根)和 $\lambda_3=8$.

当 $\lambda_1=\lambda_2=-1$ 时，解 $(\boldsymbol{A}+\boldsymbol{E})\boldsymbol{x}=\boldsymbol{0}$，得线性无关特征向量：

$$\boldsymbol{p}_1=(-1,\ 2,\ 0)^{\mathrm{T}},\ \boldsymbol{p}_2=(-1,\ 0,\ 1)^{\mathrm{T}}$$

当 $\lambda_3=8$ 时，解 $(\boldsymbol{A}-8\boldsymbol{E})\boldsymbol{x}=\boldsymbol{0}$，得特征向量：

$$\boldsymbol{p}_3=(2,\ 1,\ 2)^{\mathrm{T}}$$

由定理 4.4 可知，矩阵 $\boldsymbol{A}$ 可相似对角化.

实际上，令

$$\boldsymbol{P}=(\boldsymbol{p}_1,\ \boldsymbol{p}_2,\ \boldsymbol{p}_3)=\begin{pmatrix}-1 & -1 & 2\\ 2 & 0 & 1\\ 0 & 1 & 2\end{pmatrix},\ \boldsymbol{\Lambda}=\begin{pmatrix}-1 & & \\ & -1 & \\ & & 8\end{pmatrix}$$

则有 $\boldsymbol{P}^{-1}\boldsymbol{A}\boldsymbol{P}=\boldsymbol{\Lambda}$.

例 4.11　判断矩阵 $\boldsymbol{A}=\begin{pmatrix}1 & -1 & 1\\ 0 & 2 & -3\\ 0 & 0 & 1\end{pmatrix}$ 能否相似对角化.

解　由

$$|\boldsymbol{A}-\lambda\boldsymbol{E}|=\begin{vmatrix}1-\lambda & -1 & 1\\ 0 & 2-\lambda & -3\\ 0 & 0 & 1-\lambda\end{vmatrix}=(1-\lambda)^2(2-\lambda)=0$$

得矩阵 $\boldsymbol{A}$ 的特征值为 $\lambda_1=\lambda_2=1$(二重根)和 $\lambda_3=2$.

当 $\lambda_1=\lambda_2=1$ 时，解 $(\boldsymbol{A}-\boldsymbol{E})\boldsymbol{x}=\boldsymbol{0}$，得线性无关特征向量：

$$\boldsymbol{p}_1=(1,\ 0,\ 0)^{\mathrm{T}}$$

显然矩阵 $\boldsymbol{A}$ 的线性无关的特征向量个数小于 3. 由定理 4.4 可知，矩阵 $\boldsymbol{A}$ 不能相似对角化.

例 4.12　设矩阵 $\boldsymbol{A}=\begin{pmatrix}1 & 1 & -1\\ -2 & 4 & -2\\ -2 & 2 & 0\end{pmatrix}$，判断 $\boldsymbol{A}$ 是否可相似于一个对角矩阵，并求 $\boldsymbol{A}^5$.

解　由

$$|\boldsymbol{A}-\lambda\boldsymbol{E}|=\begin{vmatrix}1-\lambda & 1 & -1\\ -2 & 4-\lambda & -2\\ -2 & 2 & -\lambda\end{vmatrix}\xlongequal{r_3+(-1)r_2}\begin{vmatrix}1-\lambda & 1 & -1\\ -2 & 4-\lambda & -2\\ 0 & \lambda-2 & 2-\lambda\end{vmatrix}$$

$$\xlongequal{c_2+c_3}\begin{vmatrix}1-\lambda & 0 & -1\\ -2 & 2-\lambda & -2\\ 0 & 0 & 2-\lambda\end{vmatrix}=(1-\lambda)(2-\lambda)^2=0$$

得矩阵 $\boldsymbol{A}$ 的特征值为 $\lambda_1=1$ 和 $\lambda_2=\lambda_3=2$(二重根).

当 $\lambda_1=1$ 时，解对应的齐次线性方程组 $(\boldsymbol{A}-\boldsymbol{E})\boldsymbol{x}=\boldsymbol{0}$，得基础解系 $\boldsymbol{p}_1=(1, 2, 2)^{\mathrm{T}}$.

当 $\lambda_2=\lambda_3=2$ 时，解对应的齐次线性方程组 $(\boldsymbol{A}-2\boldsymbol{E})\boldsymbol{x}=\boldsymbol{0}$，得基础解系：

$$\boldsymbol{p}_2=(1, 1, 0)^{\mathrm{T}}, \boldsymbol{p}_3=(-1, 0, 1)^{\mathrm{T}}$$

由于矩阵 $\boldsymbol{A}$ 有三个线性无关的特征向量，故 $\boldsymbol{A}$ 可与对角矩阵相似.

令
$$\boldsymbol{P}=(\boldsymbol{p}_1, \boldsymbol{p}_2, \boldsymbol{p}_3)=\begin{pmatrix}1 & 1 & -1\\ 2 & 1 & 0\\ 2 & 0 & 1\end{pmatrix}, \boldsymbol{\Lambda}=\begin{pmatrix}1 & & \\ & 2 & \\ & & 2\end{pmatrix}$$

则有 $\boldsymbol{P}^{-1}\boldsymbol{A}\boldsymbol{P}=\boldsymbol{\Lambda}$，于是 $\boldsymbol{A}=\boldsymbol{P}\boldsymbol{\Lambda}\boldsymbol{P}^{-1}$，所以

$$\boldsymbol{A}^5=\underbrace{\boldsymbol{P\Lambda P}^{-1}\boldsymbol{P\Lambda P}^{-1}\boldsymbol{P\Lambda P}^{-1}\boldsymbol{P\Lambda P}^{-1}\boldsymbol{P\Lambda}P^{-1}}_{5\text{个}}=\boldsymbol{P\Lambda}^5\boldsymbol{P}^{-1}$$

由于

$$\boldsymbol{P}^{-1}=\begin{pmatrix}1 & -1 & 1\\ -2 & 3 & -2\\ -2 & 2 & -1\end{pmatrix}, \boldsymbol{\Lambda}^5=\begin{pmatrix}1 & & \\ & 2^5 & \\ & & 2^5\end{pmatrix}$$

因此

$$\boldsymbol{A}^5=\begin{pmatrix}1 & 1 & -1\\ 2 & 1 & 0\\ 2 & 0 & 1\end{pmatrix}\begin{pmatrix}1 & & \\ & 2^5 & \\ & & 2^5\end{pmatrix}\begin{pmatrix}1 & -1 & 1\\ -2 & 3 & -2\\ -2 & 2 & -1\end{pmatrix}=\begin{pmatrix}1 & 31 & -31\\ -62 & 94 & -62\\ -62 & 62 & -30\end{pmatrix}$$

习题 4.2

1. 证明相似矩阵的下述性质.

(1) 如果矩阵 $\boldsymbol{A}$ 与 $\boldsymbol{B}$ 相似，则 $|\boldsymbol{A}|=|\boldsymbol{B}|$；

(2) 如果矩阵 $\boldsymbol{A}$ 与 $\boldsymbol{B}$ 相似，且 $\boldsymbol{A}$, $\boldsymbol{B}$ 都可逆，则 $\boldsymbol{A}^{-1}\sim\boldsymbol{B}^{-1}$.

2. 设 n 阶矩阵 $\boldsymbol{A}$ 与 $\boldsymbol{B}$ 相似，m 阶矩阵 $\boldsymbol{C}$ 与 $\boldsymbol{D}$ 相似，证明分块矩阵 $\begin{pmatrix}\boldsymbol{A} & \boldsymbol{O}\\ \boldsymbol{O} & \boldsymbol{C}\end{pmatrix}$ 与 $\begin{pmatrix}\boldsymbol{B} & \boldsymbol{O}\\ \boldsymbol{O} & \boldsymbol{D}\end{pmatrix}$ 相似.

3. 下列矩阵是否可对角化？若可对角化，试求可逆矩阵 $\boldsymbol{P}$，使 $\boldsymbol{P}^{-1}\boldsymbol{A}\boldsymbol{P}$ 为对角矩阵.

(1) $\boldsymbol{A}=\begin{pmatrix}1 & 1\\ -1 & 3\end{pmatrix}$；

(2) $\boldsymbol{A}=\begin{pmatrix}3 & -2 & 0\\ -2 & 2 & -2\\ 0 & -2 & 1\end{pmatrix}$；

(3) $\boldsymbol{A}=\begin{pmatrix}6 & -5 & -3\\ 3 & -2 & -2\\ 2 & -2 & 0\end{pmatrix}$；

(4) $\boldsymbol{A}=\begin{pmatrix}3 & -1 & 0 & 0\\ 1 & 1 & 0 & 0\\ -2 & 4 & 5 & -3\\ 7 & 5 & 3 & -1\end{pmatrix}$.

4. 设矩阵 $\boldsymbol{\Lambda}=\begin{pmatrix}2&&\\&2&\\&&3\end{pmatrix}$(未写出的元素都是 0)，判断下述矩阵是否与 $\boldsymbol{\Lambda}$ 相似.

(1) $\boldsymbol{A}=\begin{pmatrix}3&&\\&2&\\&&3\end{pmatrix}$；　　(2) $\boldsymbol{A}=\begin{pmatrix}2&1&0\\0&2&0\\0&0&3\end{pmatrix}$；

(3) $\boldsymbol{A}=\begin{pmatrix}2&0&1\\0&2&0\\0&0&3\end{pmatrix}$；　　(4) $\boldsymbol{A}=\begin{pmatrix}2&1&0\\0&2&1\\0&0&3\end{pmatrix}$.

5. 已知矩阵 $\boldsymbol{A}=\begin{pmatrix}1&-2&-4\\-2&x&-2\\-4&-2&1\end{pmatrix}$ 与 $\boldsymbol{\Lambda}=\begin{pmatrix}5&0&0\\0&y&0\\0&0&-4\end{pmatrix}$ 相似，求 x，y 的值.

6. 设三阶矩阵 $\boldsymbol{A}=\begin{pmatrix}2&1&2\\1&2&2\\2&2&1\end{pmatrix}$，求 $\varphi(\boldsymbol{A})=\boldsymbol{A}^{10}-6\boldsymbol{A}^{9}+5\boldsymbol{A}^{8}$.

7. 设三阶矩阵 $\boldsymbol{A}$ 的特征值为 1，0，−1，其对应的特征向量分别为 $\boldsymbol{\alpha}_1=(1, 2, 2)^{\mathrm{T}}$，$\boldsymbol{\alpha}_2=(2, -2, 1)^{\mathrm{T}}$，$\boldsymbol{\alpha}_3=(-2, -1, 2)^{\mathrm{T}}$，求矩阵 $\boldsymbol{A}$.

4.3　向量的内积与正交矩阵

在解析几何中，定义两个向量的数量积(内积)为 $\boldsymbol{a}\cdot\boldsymbol{b}=|\boldsymbol{a}||\boldsymbol{b}|\cos(\boldsymbol{ab})$；在空间直角坐标系中，定义两个向量的数量积为$(x_1, y_1, z_1)\cdot(x_2, y_2, z_2)=x_1x_2+y_1y_2+z_1z_2$. 本节将在 $\mathbf{R}^n$ 中引入向量的内积、长度、夹角等概念，并讨论正交向量组和正交矩阵等内容.

4.3.1　向量的内积

定义 4.5　设 n 维向量 $\boldsymbol{\alpha}=\begin{pmatrix}a_1\\a_2\\\vdots\\a_n\end{pmatrix}$，$\boldsymbol{\beta}=\begin{pmatrix}b_1\\b_2\\\vdots\\b_n\end{pmatrix}$，称数 $a_1b_1+a_2b_2+\cdots+a_nb_n$ 为向量 $\boldsymbol{\alpha}$ 与 $\boldsymbol{\beta}$ 的**内积**，记为$[\boldsymbol{\alpha}, \boldsymbol{\beta}]$或$(\boldsymbol{\alpha}, \boldsymbol{\beta})$. 即

$$[\boldsymbol{\alpha}, \boldsymbol{\beta}]=a_1b_1+a_2b_2+\cdots+a_nb_n=\boldsymbol{\alpha}^{\mathrm{T}}\boldsymbol{\beta}$$

例如设 $\boldsymbol{\alpha}=(1, 2, 1, 3)^{\mathrm{T}}$，$\boldsymbol{\beta}=(1, 0, 1, -2)^{\mathrm{T}}$，则$[\boldsymbol{\alpha}, \boldsymbol{\beta}]=-4$.

若 $\boldsymbol{\alpha}$，$\boldsymbol{\beta}$，$\boldsymbol{\gamma}$ 均为 n 维向量，则由定义 4.5 可得下列性质：

(1) $[\boldsymbol{\alpha}, \boldsymbol{\beta}]=[\boldsymbol{\beta}, \boldsymbol{\alpha}]$.

(2) $[\lambda\boldsymbol{\alpha}, \boldsymbol{\beta}]=\lambda[\boldsymbol{\alpha}, \boldsymbol{\beta}]$($\lambda$ 为常数).

(3) $[\boldsymbol{\alpha}+\boldsymbol{\beta}, \boldsymbol{\gamma}]=[\boldsymbol{\alpha}, \boldsymbol{\gamma}]+[\boldsymbol{\beta}, \boldsymbol{\gamma}]$.

(4) 当 $\boldsymbol{\alpha}=\mathbf{0}$ 时，$[\boldsymbol{\alpha}, \boldsymbol{\alpha}]=0$；当 $\boldsymbol{\alpha}\neq\mathbf{0}$ 时，$[\boldsymbol{\alpha}, \boldsymbol{\alpha}]>0$.

定理 4.5(施瓦茨不等式)　设 $\boldsymbol{\alpha}$, $\boldsymbol{\beta}$ 为任意的 n 维向量，则

$$[\boldsymbol{\alpha}, \boldsymbol{\beta}]^2 \leqslant [\boldsymbol{\alpha}, \boldsymbol{\alpha}] \cdot [\boldsymbol{\beta}, \boldsymbol{\beta}]$$

证明　作辅助向量 $\boldsymbol{x}=[\boldsymbol{\beta}, \boldsymbol{\beta}]\boldsymbol{\alpha}-[\boldsymbol{\alpha}, \boldsymbol{\beta}]\boldsymbol{\beta}$，由上述性质(4)知$[\boldsymbol{x}, \boldsymbol{x}]\geqslant 0$，即

$$\begin{aligned}[\boldsymbol{x}, \boldsymbol{x}] &= [([\boldsymbol{\beta}, \boldsymbol{\beta}]\boldsymbol{\alpha}-[\boldsymbol{\alpha}, \boldsymbol{\beta}]\boldsymbol{\beta}), ([\boldsymbol{\beta}, \boldsymbol{\beta}]\boldsymbol{\alpha}-[\boldsymbol{\alpha}, \boldsymbol{\beta}]\boldsymbol{\beta})] \\ &= [\boldsymbol{\beta}, \boldsymbol{\beta}]^2[\boldsymbol{\alpha}, \boldsymbol{\alpha}]-[\boldsymbol{\beta}, \boldsymbol{\beta}][\boldsymbol{\alpha}, \boldsymbol{\beta}]^2-[\boldsymbol{\alpha}, \boldsymbol{\beta}]^2[\boldsymbol{\beta}, \boldsymbol{\beta}]+[\boldsymbol{\alpha}, \boldsymbol{\beta}]^2[\boldsymbol{\beta}, \boldsymbol{\beta}] \\ &= [\boldsymbol{\beta}, \boldsymbol{\beta}]^2[\boldsymbol{\alpha}, \boldsymbol{\alpha}]-[\boldsymbol{\beta}, \boldsymbol{\beta}][\boldsymbol{\alpha}, \boldsymbol{\beta}]^2 \geqslant 0\end{aligned}$$

所以当 $\boldsymbol{\beta}\neq\boldsymbol{0}$ 时，$[\boldsymbol{\beta}, \boldsymbol{\beta}]>0$，则$[\boldsymbol{\alpha}, \boldsymbol{\beta}]^2\leqslant[\boldsymbol{\alpha}, \boldsymbol{\alpha}]\cdot[\boldsymbol{\beta}, \boldsymbol{\beta}]$；当 $\boldsymbol{\beta}=\boldsymbol{0}$ 时，不等式取等号.

定义 4.6　设向量 $\boldsymbol{\alpha}=(a_1, a_2, \cdots, a_n)^{\mathrm{T}}$，称$\sqrt{[\boldsymbol{\alpha}, \boldsymbol{\alpha}]}$为向量 $\boldsymbol{\alpha}$ 的**长度**(或**范数**)，记为 $\|\boldsymbol{\alpha}\|$，即 $\|\boldsymbol{\alpha}\|=\sqrt{[\boldsymbol{\alpha}, \boldsymbol{\alpha}]}=\sqrt{\boldsymbol{\alpha}^{\mathrm{T}}\boldsymbol{\alpha}}=\sqrt{a_1^2+a_2^2+\cdots+a_n^2}$.

向量的长度有下列性质(留给读者自己证明)：

(1) $\boldsymbol{\alpha}\neq\boldsymbol{0}$ 时，$\|\boldsymbol{\alpha}\|>0$. $\|\boldsymbol{\alpha}\|=0$ 的充分必要条件是 $\boldsymbol{\alpha}=\boldsymbol{0}$.

(2) $\|\lambda\boldsymbol{\alpha}\|=|\lambda|\,\|\boldsymbol{\alpha}\|$.

(3) $\|\boldsymbol{\alpha}+\boldsymbol{\beta}\|\leqslant\|\boldsymbol{\alpha}\|+\|\boldsymbol{\beta}\|$(称为**三角不等式**).

若 $\|\boldsymbol{\alpha}\|=1$，则称 $\boldsymbol{\alpha}$ 为**单位向量**；一般地，若 $\boldsymbol{\alpha}\neq\boldsymbol{0}$，则称$\dfrac{\boldsymbol{\alpha}}{\|\boldsymbol{\alpha}\|}$为把向量 $\boldsymbol{\alpha}$ **单位化**(或**标准化**). 例如 $\boldsymbol{\alpha}=(1, 2, 3, 0)^{\mathrm{T}}$，则 $\boldsymbol{\alpha}$ 的长度为 $\|\boldsymbol{\alpha}\|=\sqrt{14}$，单位化后向量为 $\dfrac{\boldsymbol{\alpha}}{\|\boldsymbol{\alpha}\|}=\left(\dfrac{1}{\sqrt{14}}, \dfrac{2}{\sqrt{14}}, \dfrac{3}{\sqrt{14}}, 0\right)^{\mathrm{T}}$.

将定理 4.5 中的结论$[\boldsymbol{\alpha}, \boldsymbol{\beta}]^2\leqslant[\boldsymbol{\alpha}, \boldsymbol{\alpha}]\cdot[\boldsymbol{\beta}, \boldsymbol{\beta}]$改写为$[\boldsymbol{\alpha}, \boldsymbol{\beta}]^2\leqslant\|\boldsymbol{\alpha}\|^2\cdot\|\boldsymbol{\beta}\|^2$，若 $\boldsymbol{\alpha}$, $\boldsymbol{\beta}$ 均为非零向量，则有$\left|\dfrac{[\boldsymbol{\alpha}, \boldsymbol{\beta}]}{\|\boldsymbol{\alpha}\|\cdot\|\boldsymbol{\beta}\|}\right|\leqslant 1$.

4.3.2　向量组的正交化方法

下面先给出两向量夹角的定义.

定义 4.7　设 $\boldsymbol{\alpha}$, $\boldsymbol{\beta}$ 为两个非零的 n 维向量，称 $\theta=\arccos\dfrac{[\boldsymbol{\alpha}, \boldsymbol{\beta}]}{\|\boldsymbol{\alpha}\|\cdot\|\boldsymbol{\beta}\|}$为向量 $\boldsymbol{\alpha}$ 与 $\boldsymbol{\beta}$ 的**夹角**.

例 4.13　设 $\boldsymbol{\alpha}=\begin{pmatrix}0\\1\\2\\1\end{pmatrix}$, $\boldsymbol{\beta}=\begin{pmatrix}1\\2\\0\\1\end{pmatrix}$，求向量 $\boldsymbol{\alpha}$ 与 $\boldsymbol{\beta}$ 的夹角.

解　因为$[\boldsymbol{\alpha}, \boldsymbol{\beta}]=3$，$\|\boldsymbol{\alpha}\|=\sqrt{6}$，$\|\boldsymbol{\beta}\|=\sqrt{6}$，所以 $\boldsymbol{\alpha}$ 与 $\boldsymbol{\beta}$ 的夹角为

$$\theta=\arccos\frac{3}{\sqrt{6}\cdot\sqrt{6}}=\arccos\frac{1}{2}=\frac{\pi}{3}$$

定义 4.8　若$[\boldsymbol{\alpha}, \boldsymbol{\beta}]=0$ 时，则称向量 $\boldsymbol{\alpha}$ 与 $\boldsymbol{\beta}$ **正交**.

显然，若 $\boldsymbol{\alpha}=\boldsymbol{0}$，则 $\boldsymbol{\alpha}$ 与任何向量都正交.

定义 4.9　由非零向量组成的两两正交的向量组称为**正交向量组**.

定理 4.6　若向量组 $\boldsymbol{\alpha}_1, \boldsymbol{\alpha}_2, \cdots, \boldsymbol{\alpha}_r$ 是正交向量组，则 $\boldsymbol{\alpha}_1, \boldsymbol{\alpha}_2, \cdots, \boldsymbol{\alpha}_r$ 线性无关.

证明　设有 $k_1, k_2, \cdots, k_r$ 使

$$k_1\boldsymbol{\alpha}_1+k_2\boldsymbol{\alpha}_2+\cdots+k_r\boldsymbol{\alpha}_r=\mathbf{0}$$

把此式两边与 $\boldsymbol{\alpha}_1$ 作内积，得

$$k_1[\boldsymbol{\alpha}_1, \boldsymbol{\alpha}_1]+k_2[\boldsymbol{\alpha}_1, \boldsymbol{\alpha}_2]+\cdots+k_r[\boldsymbol{\alpha}_1, \boldsymbol{\alpha}_r]=[\boldsymbol{\alpha}_1, \mathbf{0}]=0$$

因为 $\boldsymbol{\alpha}_1$ 与 $\boldsymbol{\alpha}_2, \cdots, \boldsymbol{\alpha}_r$ 正交，所以

$$[\boldsymbol{\alpha}_1, \boldsymbol{\alpha}_i]=0 \quad (i=2, 3, \cdots, r)$$

因此

$$k_1[\boldsymbol{\alpha}_1, \boldsymbol{\alpha}_1]=k_1\|\boldsymbol{\alpha}_1\|^2=0$$

又因 $\boldsymbol{\alpha}_1\neq\mathbf{0}$，故得 $k_1=0$. 类似可得

$$k_2=k_3=\cdots=k_r=0$$

所以，$\boldsymbol{\alpha}_1, \boldsymbol{\alpha}_2, \cdots, \boldsymbol{\alpha}_r$ 线性无关.

定义 4.10　若单位向量 $\boldsymbol{e}_1, \boldsymbol{e}_2, \cdots, \boldsymbol{e}_r$ 是向量空间 V 的一个基，且 $\boldsymbol{e}_1, \boldsymbol{e}_2, \cdots, \boldsymbol{e}_r$ 两两正交，则称 $\boldsymbol{e}_1, \boldsymbol{e}_2, \cdots, \boldsymbol{e}_r$ 是 V 的一个**规范正交基**(或**单位正交基**).

例如，$\boldsymbol{e}_1=\begin{pmatrix}1\\0\\0\end{pmatrix}$，$\boldsymbol{e}_2=\begin{pmatrix}0\\1\\0\end{pmatrix}$，$\boldsymbol{e}_3=\begin{pmatrix}0\\0\\1\end{pmatrix}$是 $\mathbf{R}^3$ 的一个规范正交基；$\boldsymbol{\varepsilon}_1=\begin{pmatrix}\frac{1}{\sqrt{2}}\\0\\\frac{1}{\sqrt{2}}\\0\end{pmatrix}$，$\boldsymbol{\varepsilon}_2=\begin{pmatrix}0\\\frac{1}{\sqrt{2}}\\0\\\frac{1}{\sqrt{2}}\end{pmatrix}$，

$\boldsymbol{\varepsilon}_3=\begin{pmatrix}\frac{1}{\sqrt{2}}\\0\\-\frac{1}{\sqrt{2}}\\0\end{pmatrix}$，$\boldsymbol{\varepsilon}_4=\begin{pmatrix}0\\\frac{1}{\sqrt{2}}\\0\\-\frac{1}{\sqrt{2}}\end{pmatrix}$是 $\mathbf{R}^4$ 的一个规范正交基.

定理 4.7　向量空间 V 中任何线性无关向量组 $\boldsymbol{\alpha}_1, \boldsymbol{\alpha}_2, \cdots, \boldsymbol{\alpha}_r$，都可以找到一个正交向量组 $\boldsymbol{\beta}_1, \boldsymbol{\beta}_2, \cdots, \boldsymbol{\beta}_r$ 与之等价，其中

$$\begin{aligned}
\boldsymbol{\beta}_1 &= \boldsymbol{\alpha}_1\\
\boldsymbol{\beta}_2 &= \boldsymbol{\alpha}_2-\frac{[\boldsymbol{\alpha}_2, \boldsymbol{\beta}_1]}{[\boldsymbol{\beta}_1, \boldsymbol{\beta}_1]}\boldsymbol{\beta}_1\\
\boldsymbol{\beta}_3 &= \boldsymbol{\alpha}_3-\frac{[\boldsymbol{\alpha}_3, \boldsymbol{\beta}_1]}{[\boldsymbol{\beta}_1, \boldsymbol{\beta}_1]}\boldsymbol{\beta}_1-\frac{[\boldsymbol{\alpha}_3, \boldsymbol{\beta}_2]}{[\boldsymbol{\beta}_2, \boldsymbol{\beta}_2]}\boldsymbol{\beta}_2\\
&\ \ \vdots\\
\boldsymbol{\beta}_r &= \boldsymbol{\alpha}_r-\frac{[\boldsymbol{\alpha}_r, \boldsymbol{\beta}_1]}{[\boldsymbol{\beta}_1, \boldsymbol{\beta}_1]}\boldsymbol{\beta}_1-\frac{[\boldsymbol{\alpha}_r, \boldsymbol{\beta}_2]}{[\boldsymbol{\beta}_2, \boldsymbol{\beta}_2]}\boldsymbol{\beta}_2-\cdots-\frac{[\boldsymbol{\alpha}_r, \boldsymbol{\beta}_{r-1}]}{[\boldsymbol{\beta}_{r-1}, \boldsymbol{\beta}_{r-1}]}\boldsymbol{\beta}_{r-1}
\end{aligned}$$

证明　用数学归纳法证明 $\boldsymbol{\beta}_1, \boldsymbol{\beta}_2, \cdots, \boldsymbol{\beta}_r$ 两两正交.

由

$$[\boldsymbol{\beta}_1, \boldsymbol{\beta}_2]=\left[\boldsymbol{\beta}_1, \boldsymbol{\alpha}_2-\frac{[\boldsymbol{\alpha}_2, \boldsymbol{\beta}_1]}{[\boldsymbol{\beta}_1, \boldsymbol{\beta}_1]}\boldsymbol{\beta}_1\right]=[\boldsymbol{\beta}_1, \boldsymbol{\alpha}_2]-\frac{[\boldsymbol{\alpha}_2, \boldsymbol{\beta}_1]}{[\boldsymbol{\beta}_1, \boldsymbol{\beta}_1]}[\boldsymbol{\beta}_1, \boldsymbol{\beta}_1]=[\boldsymbol{\beta}_1, \boldsymbol{\alpha}_2]-[\boldsymbol{\alpha}_2, \boldsymbol{\beta}_1]=0$$

得 $\boldsymbol{\beta}_1$ 与 $\boldsymbol{\beta}_2$ 正交.

假设 $\boldsymbol{\beta}_1, \boldsymbol{\beta}_2, \cdots, \boldsymbol{\beta}_{r-1}$ 两两正交. 下面只需验证 $\boldsymbol{\beta}_1, \boldsymbol{\beta}_2, \cdots, \boldsymbol{\beta}_{r-1}$ 均与 $\boldsymbol{\beta}_r$ 正交，即可得 $\boldsymbol{\beta}_1, \boldsymbol{\beta}_2, \cdots, \boldsymbol{\beta}_r$ 是正交向量组.

$$
\begin{aligned}
[\boldsymbol{\beta}_1, \boldsymbol{\beta}_r] &= \left[\boldsymbol{\beta}_1, \boldsymbol{\alpha}_r - \frac{[\boldsymbol{\alpha}_r, \boldsymbol{\beta}_1]}{[\boldsymbol{\beta}_1, \boldsymbol{\beta}_1]}\boldsymbol{\beta}_1 - \frac{[\boldsymbol{\alpha}_r, \boldsymbol{\beta}_2]}{[\boldsymbol{\beta}_2, \boldsymbol{\beta}_2]}\boldsymbol{\beta}_2 - \cdots - \frac{[\boldsymbol{\alpha}_r, \boldsymbol{\beta}_{r-1}]}{[\boldsymbol{\beta}_{r-1}, \boldsymbol{\beta}_{r-1}]}\boldsymbol{\beta}_{r-1}\right] \\
&= [\boldsymbol{\beta}_1, \boldsymbol{\alpha}_r] - \frac{[\boldsymbol{\alpha}_r, \boldsymbol{\beta}_1]}{[\boldsymbol{\beta}_1, \boldsymbol{\beta}_1]}[\boldsymbol{\beta}_1, \boldsymbol{\beta}_1] - \frac{[\boldsymbol{\alpha}_r, \boldsymbol{\beta}_2]}{[\boldsymbol{\beta}_2, \boldsymbol{\beta}_2]}[\boldsymbol{\beta}_1, \boldsymbol{\beta}_2] - \cdots - \frac{[\boldsymbol{\alpha}_r, \boldsymbol{\beta}_{r-1}]}{[\boldsymbol{\beta}_{r-1}, \boldsymbol{\beta}_{r-1}]}[\boldsymbol{\beta}_1, \boldsymbol{\beta}_{r-1}] \\
&= -\frac{[\boldsymbol{\alpha}_r, \boldsymbol{\beta}_2]}{[\boldsymbol{\beta}_2, \boldsymbol{\beta}_2]}[\boldsymbol{\beta}_1, \boldsymbol{\beta}_2] - \cdots - \frac{[\boldsymbol{\alpha}_r, \boldsymbol{\beta}_{r-1}]}{[\boldsymbol{\beta}_{r-1}, \boldsymbol{\beta}_{r-1}]}[\boldsymbol{\beta}_1, \boldsymbol{\beta}_{r-1}]
\end{aligned}
$$

由归纳假设知 $\boldsymbol{\beta}_1, \boldsymbol{\beta}_2, \cdots, \boldsymbol{\beta}_{r-1}$ 两两正交，即

$$
[\boldsymbol{\beta}_2, \boldsymbol{\beta}_1]=0, [\boldsymbol{\beta}_3, \boldsymbol{\beta}_1]=0, \cdots, [\boldsymbol{\beta}_{r-1}, \boldsymbol{\beta}_1]=0
$$

故 $[\boldsymbol{\beta}_1, \boldsymbol{\beta}_r]=0$，即 $\boldsymbol{\beta}_1$ 与 $\boldsymbol{\beta}_r$ 正交.

类似可证 $\boldsymbol{\beta}_2, \boldsymbol{\beta}_3, \cdots, \boldsymbol{\beta}_{r-1}$ 均与 $\boldsymbol{\beta}_r$ 正交，所以 $\boldsymbol{\beta}_1, \boldsymbol{\beta}_2, \cdots, \boldsymbol{\beta}_r$ 是正交向量组.

由 $\boldsymbol{\beta}_1, \boldsymbol{\beta}_2, \cdots, \boldsymbol{\beta}_r$ 的表达式知，$\boldsymbol{\beta}_1, \boldsymbol{\beta}_2, \cdots, \boldsymbol{\beta}_r$ 可由 $\boldsymbol{\alpha}_1, \boldsymbol{\alpha}_2, \cdots, \boldsymbol{\alpha}_r$ 线性表示，同时也可导出：

$$
\begin{aligned}
\boldsymbol{\alpha}_1 &= \boldsymbol{\beta}_1 \\
\boldsymbol{\alpha}_2 &= \boldsymbol{\beta}_2 + \frac{[\boldsymbol{\alpha}_2, \boldsymbol{\beta}_1]}{[\boldsymbol{\beta}_1, \boldsymbol{\beta}_1]}\boldsymbol{\beta}_1 \\
&\vdots \\
\boldsymbol{\alpha}_r &= \boldsymbol{\beta}_r + \frac{[\boldsymbol{\alpha}_r, \boldsymbol{\beta}_1]}{[\boldsymbol{\beta}_1, \boldsymbol{\beta}_1]}\boldsymbol{\beta}_1 + \frac{[\boldsymbol{\alpha}_r, \boldsymbol{\beta}_2]}{[\boldsymbol{\beta}_2, \boldsymbol{\beta}_2]}\boldsymbol{\beta}_2 + \cdots + \frac{[\boldsymbol{\alpha}_r, \boldsymbol{\beta}_{r-1}]}{[\boldsymbol{\beta}_{r-1}, \boldsymbol{\beta}_{r-1}]}\boldsymbol{\beta}_{r-1}
\end{aligned}
$$

于是得 $\boldsymbol{\alpha}_1, \boldsymbol{\alpha}_2, \cdots, \boldsymbol{\alpha}_r$ 与 $\boldsymbol{\beta}_1, \boldsymbol{\beta}_2, \cdots, \boldsymbol{\beta}_r$ 等价.

若再将 $\boldsymbol{\beta}_1, \boldsymbol{\beta}_2, \cdots, \boldsymbol{\beta}_r$ 单位化，并记为

$$
p_i = \frac{\boldsymbol{\beta}_i}{\|\boldsymbol{\beta}_i\|} \quad (i=1, 2, \cdots, r)
$$

则又可得 $\boldsymbol{\alpha}_1, \boldsymbol{\alpha}_2, \cdots, \boldsymbol{\alpha}_r$ 与 $\boldsymbol{\beta}_1, \boldsymbol{\beta}_2, \cdots, \boldsymbol{\beta}_r$ 等价.

定理 4.7 中确定正交向量组的方法称为**施密特**(Schmidt)**正交化方法**.

定理 4.7 表明向量空间 V 的任何一个基均可用施密特正交化方法把它正交化. 若再将正交向量组 $\boldsymbol{\beta}_1, \boldsymbol{\beta}_2, \cdots, \boldsymbol{\beta}_r$ 单位化，则可得向量空间 V 的一个规范正交基.

例 4.14 已知 $\boldsymbol{\alpha}_1=\begin{pmatrix}1\\1\\-1\end{pmatrix}$，$\boldsymbol{\alpha}_2=\begin{pmatrix}0\\4\\1\end{pmatrix}$，$\boldsymbol{\alpha}_3=\begin{pmatrix}-2\\1\\1\end{pmatrix}$ 是 $\mathbf{R}^3$ 的一个基，求 $\mathbf{R}^3$ 的一个规范正交基.

解 正交化：

$$
\boldsymbol{\beta}_1=\boldsymbol{\alpha}_1=\begin{pmatrix}1\\1\\-1\end{pmatrix}
$$

$$
\boldsymbol{\beta}_2=\boldsymbol{\alpha}_2-\frac{[\boldsymbol{\alpha}_2, \boldsymbol{\beta}_1]}{[\boldsymbol{\beta}_1, \boldsymbol{\beta}_1]}\boldsymbol{\beta}_1=\begin{pmatrix}0\\4\\1\end{pmatrix}-\frac{3}{3}\begin{pmatrix}1\\1\\-1\end{pmatrix}=\begin{pmatrix}-1\\3\\2\end{pmatrix}
$$

$$\boldsymbol{\beta}_3=\boldsymbol{\alpha}_3-\frac{[\boldsymbol{\alpha}_3,\boldsymbol{\beta}_1]}{[\boldsymbol{\beta}_1,\boldsymbol{\beta}_1]}\boldsymbol{\beta}_1-\frac{[\boldsymbol{\alpha}_3,\boldsymbol{\beta}_2]}{[\boldsymbol{\beta}_2,\boldsymbol{\beta}_2]}\boldsymbol{\beta}_2=\begin{pmatrix}-2\\1\\1\end{pmatrix}-\frac{-2}{3}\begin{pmatrix}1\\1\\-1\end{pmatrix}-\frac{7}{14}\begin{pmatrix}-1\\3\\2\end{pmatrix}=\begin{pmatrix}-\frac{5}{6}\\\frac{1}{6}\\-\frac{2}{3}\end{pmatrix}$$

单位化：

$$\boldsymbol{p}_1=\frac{\boldsymbol{\beta}_1}{|\boldsymbol{\beta}_1|}=\frac{1}{\sqrt{3}}\begin{pmatrix}1\\1\\-1\end{pmatrix},\ \boldsymbol{p}_2=\frac{\boldsymbol{\beta}_2}{|\boldsymbol{\beta}_2|}=\frac{1}{\sqrt{14}}\begin{pmatrix}-1\\3\\2\end{pmatrix},\ \boldsymbol{p}_3=\frac{\boldsymbol{\beta}_3}{|\boldsymbol{\beta}_3|}=\frac{1}{\sqrt{42}}\begin{pmatrix}-5\\1\\-4\end{pmatrix}$$

则 $\boldsymbol{p}_1$，$\boldsymbol{p}_2$，$\boldsymbol{p}_3$ 为所求 $\mathbf{R}^3$ 的一个规范正交基.

例 4.15　设 $\boldsymbol{\alpha}_1=\begin{pmatrix}1\\-1\\1\\-1\end{pmatrix}$，$\boldsymbol{\alpha}_2=\begin{pmatrix}1\\0\\0\\1\end{pmatrix}$，求 $\boldsymbol{\alpha}_3$，$\boldsymbol{\alpha}_4$ 使 $\boldsymbol{\alpha}_1$，$\boldsymbol{\alpha}_2$，$\boldsymbol{\alpha}_3$，$\boldsymbol{\alpha}_4$ 为正交向量组.

解　经计算得到$[\boldsymbol{\alpha}_1,\boldsymbol{\alpha}_2]=0$，所以 $\boldsymbol{\alpha}_1$ 与 $\boldsymbol{\alpha}_2$ 正交. 设 $\boldsymbol{x}=\begin{pmatrix}x_1\\x_2\\x_3\\x_4\end{pmatrix}$ 与 $\boldsymbol{\alpha}_1$、$\boldsymbol{\alpha}_2$ 正交，则有

$[\boldsymbol{x},\boldsymbol{\alpha}_1]=0$，$[\boldsymbol{x},\boldsymbol{\alpha}_2]=0$，即

$$\begin{cases}x_1-x_2+x_3-x_4=0\\x_1+x_4=0\end{cases}$$

所求的 $\boldsymbol{\alpha}_3$，$\boldsymbol{\alpha}_4$ 应是该方程组的解，而方程组的基础解系为

$$\boldsymbol{\xi}_1=\begin{pmatrix}0\\1\\1\\0\end{pmatrix},\ \boldsymbol{\xi}_2=\begin{pmatrix}-1\\-2\\0\\1\end{pmatrix}$$

将 $\boldsymbol{\xi}_1$ 与 $\boldsymbol{\xi}_2$ 正交化，令

$$\boldsymbol{\alpha}_3=\boldsymbol{\xi}_1=\begin{pmatrix}0\\1\\1\\0\end{pmatrix}$$

$$\boldsymbol{\alpha}_4=\boldsymbol{\xi}_2-\frac{[\boldsymbol{\xi}_2,\boldsymbol{\alpha}_3]}{[\boldsymbol{\alpha}_3,\boldsymbol{\alpha}_3]}\boldsymbol{\alpha}_3=\begin{pmatrix}-1\\-2\\0\\1\end{pmatrix}-\frac{-2}{2}\begin{pmatrix}0\\1\\1\\0\end{pmatrix}=\begin{pmatrix}-1\\-1\\1\\1\end{pmatrix}$$

因为 $\boldsymbol{\alpha}_3$，$\boldsymbol{\alpha}_4$ 与 $\boldsymbol{\xi}_1$，$\boldsymbol{\xi}_2$ 等价并且是上述方程组的解，且都与 $\boldsymbol{\alpha}_1$，$\boldsymbol{\alpha}_2$ 正交，故 $\boldsymbol{\alpha}_1$，$\boldsymbol{\alpha}_2$，$\boldsymbol{\alpha}_3$，$\boldsymbol{\alpha}_4$ 为正交向量组.

4.3.3 正交矩阵

定义 4.11 若 n 阶方阵 $\boldsymbol{A}$ 满足 $\boldsymbol{A}^{\mathrm{T}}\boldsymbol{A}=\boldsymbol{E}$(即 $\boldsymbol{A}^{-1}=\boldsymbol{A}^{\mathrm{T}}$)，则称 $\boldsymbol{A}$ 为**正交矩阵**，简称**正交阵**.

例如，$\boldsymbol{A}=\begin{pmatrix}\cos\theta & -\sin\theta\\ \sin\theta & \cos\theta\end{pmatrix}$，$\boldsymbol{B}=\begin{pmatrix}\frac{1}{\sqrt{2}} & -\frac{1}{\sqrt{2}}\\ \frac{1}{\sqrt{2}} & \frac{1}{\sqrt{2}}\end{pmatrix}$，$\boldsymbol{C}=\begin{pmatrix}0 & 1 & 0\\ \frac{1}{\sqrt{2}} & 0 & \frac{1}{\sqrt{2}}\\ -\frac{1}{\sqrt{2}} & 0 & \frac{1}{\sqrt{2}}\end{pmatrix}$均为正交阵.

定理 4.8 正交矩阵具有下列性质：

(1) 若 $\boldsymbol{A}$ 为正交矩阵，则 $\boldsymbol{A}^{-1}$，$\boldsymbol{A}^{\mathrm{T}}$，$\boldsymbol{A}^{*}$ 也都为正交矩阵；

(2) 若 $\boldsymbol{A}$，$\boldsymbol{B}$ 都为正交矩阵，则 $\boldsymbol{AB}$ 也为正交矩阵；

(3) 若 $\boldsymbol{A}$ 为正交矩阵，则 $|\boldsymbol{A}|=1$ 或 -1；

(4) 若 $\boldsymbol{A}$ 为正交矩阵，则 $\boldsymbol{A}$ 的列(或行)向量都是单位向量，且两两正交，反之也成立.

例如，$\boldsymbol{A}=\begin{pmatrix}0 & 1 & 0\\ -\frac{1}{\sqrt{2}} & 0 & \frac{1}{\sqrt{2}}\\ \frac{1}{\sqrt{2}} & 0 & \frac{1}{\sqrt{2}}\end{pmatrix}$的列向量或行向量都是单位向量，且两两正交，所以 $\boldsymbol{A}$ 是正交矩阵.

定义 4.12 若 $\boldsymbol{P}$ 为正交矩阵，则称线性变换 $\boldsymbol{y}=\boldsymbol{Px}$ 为正交变换.

若 $\boldsymbol{y}=\boldsymbol{Px}$ 为正交变换，则 $\|\boldsymbol{y}\|=\sqrt{\boldsymbol{y}^{\mathrm{T}}\boldsymbol{y}}=\sqrt{(\boldsymbol{Px})^{\mathrm{T}}\boldsymbol{Px}}=\sqrt{\boldsymbol{x}^{\mathrm{T}}\boldsymbol{P}^{\mathrm{T}}\boldsymbol{Px}}=\sqrt{\boldsymbol{x}^{\mathrm{T}}\boldsymbol{x}}=\|\boldsymbol{x}\|$. 因此正交变换具有保持向量长度不变的特性.

习题 4.3

1. 已知 $\boldsymbol{\alpha}=(1,\ -2,\ 3)^{\mathrm{T}}$，$\boldsymbol{\beta}=(2,\ 1,\ 1)^{\mathrm{T}}$，计算向量 $\boldsymbol{\alpha}$ 与 $\boldsymbol{\beta}$ 的内积.

2. 已知 $\boldsymbol{\alpha}=(3,\ 0,\ -4)^{\mathrm{T}}$，求其单位向量.

3. 设 $\boldsymbol{\alpha}_1=\begin{pmatrix}-1\\0\\1\end{pmatrix}$，$\boldsymbol{\alpha}_2=\begin{pmatrix}2\\1\\0\end{pmatrix}$，$\boldsymbol{\alpha}_3=\begin{pmatrix}1\\-1\\0\end{pmatrix}$是 $\mathbf{R}^3$ 的一个基，求 $\mathbf{R}^3$ 的一个规范正交基.

4. 求出 $\boldsymbol{\alpha}=\left(0,\ x,\ -\frac{1}{\sqrt{2}}\right)$与 $\boldsymbol{\beta}=\left(y,\ \frac{1}{2},\ \frac{1}{2}\right)$构成标准正交向量组的充分必要条件.

5. 在 $\mathbf{R}^3$ 中求出与 $\boldsymbol{\alpha}=(1,\ -1,\ 0)$正交的向量组.

6. 在 $\mathbf{R}^4$ 中求出一个单位向量，使它与向量 $\boldsymbol{\alpha}_1=(1,\ 1,\ -1,\ 1)$，$\boldsymbol{\alpha}_2=(1,\ -1,\ -1,\ 1)$，$\boldsymbol{\alpha}_3=(2,\ 1,\ 1,\ 3)$都正交.

7. 已知某个非零向量同时垂直于三个向量 $\boldsymbol{\alpha}_1=(1,\ 0,\ 2)$，$\boldsymbol{\alpha}_2=(-1,\ 1,\ -3)$，$\boldsymbol{\alpha}_3=$

(2，−1，λ)，试求参数λ的值.

8. 判定以下方阵是否为正交矩阵.

(1) $\boldsymbol{A}=\begin{pmatrix}1 & -2 & 0\\ -2 & 2 & -2\\ 0 & -2 & 3\end{pmatrix}$；(2) $\boldsymbol{A}=\begin{pmatrix}2 & 4 & 3\\ 4 & 2 & -2\\ 3 & -2 & 3\end{pmatrix}$；(3) $\boldsymbol{A}=\begin{pmatrix}1 & -\frac{1}{2} & \frac{1}{3}\\ -\frac{1}{2} & 1 & \frac{1}{2}\\ \frac{1}{3} & \frac{1}{2} & -1\end{pmatrix}$.

9. 设$\boldsymbol{A}$、$\boldsymbol{B}$和$\boldsymbol{A}+\boldsymbol{B}$都是$n$阶正交矩阵，证明：$(\boldsymbol{A}+\boldsymbol{B})^{-1}=\boldsymbol{A}^{-1}+\boldsymbol{B}^{-1}$.

4.4 实对称矩阵的相似标准形

在第1章矩阵中已经介绍过对称矩阵：

$$n\text{ 阶实矩阵 }\boldsymbol{A}=(a_{ij})_{n\times n}\text{ 是对称矩阵}\Leftrightarrow \boldsymbol{A}^{\mathrm{T}}=\boldsymbol{A}\text{，即}$$

$$a_{ij}=a_{ji}\quad (i，j=1，2，\cdots，n)$$

一个n阶方阵能够对角化的充分必要条件是必须含有n个线性无关的特征向量，但这往往并不容易. 然而实对称矩阵总是可以对角化的. 本节主要介绍实对称矩阵的相似标准形问题. 首先介绍几个重要的结论.

定理 4.9　实对称矩阵的特征值一定是实数，其特征向量一定是实向量.

证明略.

定理 4.10　实对称矩阵$\boldsymbol{A}$的不同特征值对应的特征向量一定正交.

证明　设$\boldsymbol{A}\boldsymbol{p}_1=\lambda_1\boldsymbol{p}_1$，$\boldsymbol{A}\boldsymbol{p}_2=\lambda_2\boldsymbol{p}_2$，$\lambda_1\neq\lambda_2$. 因为

$$\boldsymbol{p}_1^{\mathrm{T}}(\boldsymbol{A}\boldsymbol{p}_2)=\boldsymbol{p}_1^{\mathrm{T}}(\lambda_2\boldsymbol{p}_2)=\lambda_2\boldsymbol{p}_1^{\mathrm{T}}\boldsymbol{p}_2$$

$$(\boldsymbol{p}_1^{\mathrm{T}}\boldsymbol{A})\boldsymbol{p}_2=(\boldsymbol{p}_1^{\mathrm{T}}\boldsymbol{A}^{\mathrm{T}})\boldsymbol{p}_2=(\boldsymbol{A}\boldsymbol{p}_1)^{\mathrm{T}}\boldsymbol{p}_2=(\lambda_1\boldsymbol{p}_1)^{\mathrm{T}}\boldsymbol{p}_2=\lambda_1\boldsymbol{p}_1^{\mathrm{T}}\boldsymbol{p}_2$$

又$\boldsymbol{p}_1^{\mathrm{T}}(\boldsymbol{A}\boldsymbol{p}_2)=(\boldsymbol{p}_1^{\mathrm{T}}\boldsymbol{A})\boldsymbol{p}_2$，所以$\lambda_2\boldsymbol{p}_1^{\mathrm{T}}\boldsymbol{p}_2=\lambda_1\boldsymbol{p}_1^{\mathrm{T}}\boldsymbol{p}_2$，即

$$(\lambda_1-\lambda_2)\boldsymbol{p}_1^{\mathrm{T}}\boldsymbol{p}_2=0$$

由$\lambda_1\neq\lambda_2$可知$\boldsymbol{p}_1^{\mathrm{T}}\boldsymbol{p}_2=0$，即$(\boldsymbol{p}_1，\boldsymbol{p}_2)=\boldsymbol{0}$，故$\boldsymbol{p}_1\perp\boldsymbol{p}_2$.

若存在正交矩阵$\boldsymbol{P}$，使得$\boldsymbol{P}^{-1}\boldsymbol{A}\boldsymbol{P}=\boldsymbol{B}$，则称**矩阵$\boldsymbol{A}$正交相似于矩阵$\boldsymbol{B}$**.

定理 4.11(对称矩阵基本定理)　对于任意一个n阶实对称矩阵$\boldsymbol{A}$，一定存在n阶正交矩阵$\boldsymbol{P}$，使得

$$\boldsymbol{P}^{-1}\boldsymbol{A}\boldsymbol{P}=\boldsymbol{P}^{\mathrm{T}}\boldsymbol{A}\boldsymbol{P}=\begin{pmatrix}\lambda_1 & & & \\ & \lambda_2 & & \\ & & \ddots & \\ & & & \lambda_n\end{pmatrix}=\boldsymbol{\Lambda}\quad\text{（空白未写出的元素都是0）}$$

对角矩阵$\boldsymbol{\Lambda}$中的n个对角元λ_1，λ_2，$\cdots$，λ_n就是$\boldsymbol{A}$的n个特征值. 反之，凡是正交相似于对角矩阵的实方阵一定是对称矩阵.

定理4.11说明，n阶矩阵$\boldsymbol{A}$正交相似于对角矩阵当且仅当$\boldsymbol{A}$是对称矩阵.

定理4.11中所得到的对角矩阵$\boldsymbol{\Lambda}$称为对称矩阵$\boldsymbol{A}$的**正交相似标准形**.

这里略去定理4.11的严格证明，而仅仅作以下说明.

(1) 当 $\boldsymbol{P}$ 是可逆矩阵时，称 $\boldsymbol{B}=\boldsymbol{P}^{-1}\boldsymbol{A}\boldsymbol{P}$ 与 $\boldsymbol{A}$ 相似. 当 $\boldsymbol{P}$ 是正交矩阵时，称 $\boldsymbol{B}=\boldsymbol{P}^{-1}\boldsymbol{A}\boldsymbol{P}$ 与 $\boldsymbol{A}$ 正交相似.

(2) 因为对角矩阵 $\boldsymbol{\Lambda}$ 必是对称矩阵，所以，当 $\boldsymbol{A}$ 正交相似于对角矩阵 $\boldsymbol{\Lambda}$ 时，根据 $\boldsymbol{P}^{\mathrm{T}}\boldsymbol{A}\boldsymbol{P}=\boldsymbol{\Lambda}$ 就可推出 $\boldsymbol{A}=(\boldsymbol{P}^{\mathrm{T}})^{-1}\boldsymbol{\Lambda}\boldsymbol{P}^{-1}=(\boldsymbol{P}^{-1})^{\mathrm{T}}\boldsymbol{\Lambda}\boldsymbol{P}^{-1}$，于是必有

$$\boldsymbol{A}^{\mathrm{T}}=[(\boldsymbol{P}^{-1})^{\mathrm{T}}\boldsymbol{\Lambda}\boldsymbol{P}^{-1}]^{\mathrm{T}}=(\boldsymbol{P}^{-1})^{\mathrm{T}}\boldsymbol{\Lambda}^{\mathrm{T}}[(\boldsymbol{P}^{-1})^{\mathrm{T}}]^{\mathrm{T}}=(\boldsymbol{P}^{-1})^{\mathrm{T}}\boldsymbol{\Lambda}^{\mathrm{T}}\boldsymbol{P}^{-1}=\boldsymbol{A}$$

这就证明了 $\boldsymbol{A}$ 必是对称矩阵.

(3) n 阶实对称矩阵 $\boldsymbol{A}$ 一定相似于对角矩阵，说明 $\boldsymbol{A}$ 一定有 n 个线性无关的特征向量，属于每一个特征值的线性无关的特征向量个数一定与此特征值的重数相等，它就是用来求特征向量的齐次线性方程组的自由未知量个数. 这一事实，在求线性无关的特征向量时必须随时检查. 例如，当 λ 是 $\boldsymbol{A}$ 的三重特征值时，一定要找出三个线性无关的属于 λ 的特征向量.

两个相似的矩阵一定有相同的特征值，而有相同的特征值的两个同阶矩阵却未必相似. 然而，对于对称矩阵来说，有相同特征值的两个同阶矩阵一定相似，并且可以进一步证明它们一定正交相似.

定理 4.12 两个有相同特征值的同阶对称矩阵一定是正交相似矩阵.

证明 设 n 阶对称矩阵 $\boldsymbol{A}$，$\boldsymbol{B}$ 有相同的特征值 λ_1，λ_2，…，λ_n，则根据定理4.11，一定存在 n 阶正交矩阵 $\boldsymbol{P}$ 和 $\boldsymbol{Q}$，使得

$$\boldsymbol{P}^{-1}\boldsymbol{A}\boldsymbol{P}=\begin{pmatrix}\lambda_1 & & & \\ & \lambda_2 & & \\ & & \ddots & \\ & & & \lambda_n\end{pmatrix},\ \boldsymbol{Q}^{-1}\boldsymbol{B}\boldsymbol{Q}=\begin{pmatrix}\lambda_1 & & & \\ & \lambda_2 & & \\ & & \ddots & \\ & & & \lambda_n\end{pmatrix}$$

于是必有

$$\boldsymbol{P}^{-1}\boldsymbol{A}\boldsymbol{P}=\boldsymbol{Q}^{-1}\boldsymbol{B}\boldsymbol{Q},\ \boldsymbol{B}=\boldsymbol{Q}\boldsymbol{P}^{-1}\boldsymbol{A}\boldsymbol{P}\boldsymbol{Q}^{-1}=(\boldsymbol{P}\boldsymbol{Q}^{-1})^{-1}\boldsymbol{A}(\boldsymbol{P}\boldsymbol{Q}^{-1})$$

因为 $\boldsymbol{P}$，$\boldsymbol{Q}$，$\boldsymbol{Q}^{-1}$ 都是正交矩阵，所以 $\boldsymbol{P}\boldsymbol{Q}^{-1}$ 也是正交矩阵，这就证明了 $\boldsymbol{A}$ 与 $\boldsymbol{B}$ 正交相似.

以下用实例说明如何求出所需要的正交矩阵 $\boldsymbol{P}$.

例 4.16 求出 $\boldsymbol{A}=\begin{pmatrix}\frac{3}{2} & -\frac{1}{2} & 0\\ -\frac{1}{2} & \frac{3}{2} & 0\\ 0 & 0 & 3\end{pmatrix}$ 的正交相似标准形.

解 容易计算出 $\mathrm{tr}(\boldsymbol{A})=|\boldsymbol{A}|=6$. 由特征方程

$$|\boldsymbol{A}-\lambda\boldsymbol{E}|=\begin{vmatrix}\frac{3}{2}-\lambda & -\frac{1}{2} & 0\\ -\frac{1}{2} & \frac{3}{2}-\lambda & 0\\ 0 & 0 & 3-\lambda\end{vmatrix}=(\lambda-1)(\lambda-2)(3-\lambda)=0$$

得特征值为 $\lambda_1=1$，$\lambda_2=2$，$\lambda_3=3$.

当 $\lambda_1=1$ 时，解 $(\boldsymbol{A}-\boldsymbol{E})x=\boldsymbol{0}$，得

$$\begin{pmatrix} \frac{1}{2} & -\frac{1}{2} & 0 \\ -\frac{1}{2} & \frac{1}{2} & 0 \\ 0 & 0 & 2 \end{pmatrix} \to \begin{pmatrix} 1 & -1 & 0 \\ 0 & 0 & 1 \\ 0 & 0 & 0 \end{pmatrix}$$

于是特征向量为 $\boldsymbol{\xi}_1=\begin{pmatrix}1\\1\\0\end{pmatrix}$，单位化后可得 $\boldsymbol{p}_1=\frac{1}{\sqrt{2}}\begin{pmatrix}1\\1\\0\end{pmatrix}$.

同理可得 $\lambda_2=2$ 时的特征向量为 $\boldsymbol{\xi}_2=\begin{pmatrix}1\\-1\\0\end{pmatrix}$，单位化后可得 $\boldsymbol{p}_2=\frac{1}{\sqrt{2}}\begin{pmatrix}1\\-1\\0\end{pmatrix}$；$\lambda_3=3$ 时的特征向量为 $\boldsymbol{\xi}_3=\begin{pmatrix}0\\0\\1\end{pmatrix}$，取 $\boldsymbol{p}_3=\begin{pmatrix}0\\0\\1\end{pmatrix}$.

令

$$\boldsymbol{P}=(\boldsymbol{p}_1,\ \boldsymbol{p}_2,\ \boldsymbol{p}_3)=\begin{pmatrix} \frac{1}{\sqrt{2}} & \frac{1}{\sqrt{2}} & 0 \\ \frac{1}{\sqrt{2}} & -\frac{1}{\sqrt{2}} & 0 \\ 0 & 0 & 1 \end{pmatrix}$$

因为三个特征值两两互异，所以根据定理 4.10 和定理 4.11 知道，$\boldsymbol{P}$ 必为正交矩阵，而且有

$$\boldsymbol{P}^{-1}\boldsymbol{AP}=\boldsymbol{P}^{\mathrm{T}}\boldsymbol{AP}=\begin{pmatrix} 1 & & \\ & 2 & \\ & & 3 \end{pmatrix}=\boldsymbol{\Lambda}$$

可以验证：

$$\boldsymbol{AP}=\begin{pmatrix} \frac{3}{2} & -\frac{1}{2} & 0 \\ -\frac{1}{2} & \frac{3}{2} & 0 \\ 0 & 0 & 3 \end{pmatrix}\begin{pmatrix} \frac{1}{\sqrt{2}} & \frac{1}{\sqrt{2}} & 0 \\ \frac{1}{\sqrt{2}} & -\frac{1}{\sqrt{2}} & 0 \\ 0 & 0 & 1 \end{pmatrix}=\begin{pmatrix} \frac{1}{\sqrt{2}} & \frac{2}{\sqrt{2}} & 0 \\ \frac{1}{\sqrt{2}} & -\frac{2}{\sqrt{2}} & 0 \\ 0 & 0 & 3 \end{pmatrix}=\boldsymbol{P\Lambda}$$

注意　在求矩阵的正交相似标准形时，在正交矩阵 $\boldsymbol{P}$ 中的特征向量 $\boldsymbol{p}_i$ 的排列次序和对角矩阵 $\boldsymbol{\Lambda}$ 中的特征值 λ_i 的排列次序一致，其排列方法不是唯一的. 但是 $\boldsymbol{p}_i$ 必须与 λ_i 互相对应，即 $\boldsymbol{P}$ 的各列的排列次序与特征值的排列次序必须一致.

因为例 4.16 中给出的三阶对称矩阵的三个特征值都是单根，所以分别求出的三个特征向量一定是正交向量组. 只要把它们逐个单位化，就可拼成所需的正交矩阵. 如果某个对称矩阵的特征值有一些是重根，则需要先用施密特正交化将特征向量变成两两正交，再单位化.

例 4.17　求出 $\boldsymbol{A}=\begin{pmatrix}4&2&2\\2&4&2\\2&2&4\end{pmatrix}$的相似标准形.

解 由特征方程

$$|\boldsymbol{A}-\lambda\boldsymbol{E}|=\begin{vmatrix}4-\lambda & 2 & 2\\ 2 & 4-\lambda & 2\\ 2 & 2 & 4-\lambda\end{vmatrix}=(8-\lambda)\begin{vmatrix}1 & 2 & 2\\ 1 & 4-\lambda & 2\\ 1 & 2 & 4-\lambda\end{vmatrix}$$

$$=(8-\lambda)\begin{vmatrix}1 & 2 & 2\\ 0 & 2-\lambda & 0\\ 0 & 0 & 2-\lambda\end{vmatrix}=(8-\lambda)(2-\lambda)^2=0$$

得特征值为 $\lambda_1=8$，$\lambda_2=\lambda_3=2$.

当 $\lambda_1=8$ 时，解 $(\boldsymbol{A}-8\boldsymbol{E})\boldsymbol{x}=\boldsymbol{0}$，得

$$\begin{pmatrix}-4 & 2 & 2\\ 2 & -4 & 2\\ 2 & 2 & -4\end{pmatrix}\xrightarrow[r_2-r_3]{r_1+2r_3}\begin{pmatrix}0 & 6 & -6\\ 0 & -6 & 6\\ 2 & 2 & -4\end{pmatrix}\xrightarrow[\substack{r_1\div 6\\ r_3\div 2}]{r_2+r_1}\begin{pmatrix}0 & 1 & -1\\ 0 & 0 & 0\\ 1 & 1 & -2\end{pmatrix}\xrightarrow[\substack{r_1\leftrightarrow r_3\\ r_2\leftrightarrow r_3}]{r_3-r_1}\begin{pmatrix}1 & 0 & -1\\ 0 & 1 & -1\\ 0 & 0 & 0\end{pmatrix}$$

于是特征向量为 $\boldsymbol{p}_1=\begin{pmatrix}1\\1\\1\end{pmatrix}$.

同理可得 $\lambda_2=\lambda_3=2$ 时的特征向量为

$$\boldsymbol{p}_2=\begin{pmatrix}1\\0\\-1\end{pmatrix},\ \boldsymbol{p}_3=\begin{pmatrix}0\\1\\-1\end{pmatrix}$$

将特征向量拼成可逆矩阵：

$$\boldsymbol{P}=(\boldsymbol{p}_1,\ \boldsymbol{p}_2,\ \boldsymbol{p}_3)=\begin{pmatrix}1 & 1 & 0\\ 1 & 0 & 1\\ 1 & -1 & -1\end{pmatrix}$$

则

$$\boldsymbol{P}^{-1}\boldsymbol{A}\boldsymbol{P}=\boldsymbol{\Lambda}=\begin{pmatrix}8 & & \\ & 2 & \\ & & 2\end{pmatrix}$$

注意 如此产生的 $\boldsymbol{P}$ 是可逆矩阵，它未必是正交矩阵，即未必有 $\boldsymbol{P}^{-1}\boldsymbol{A}\boldsymbol{P}=\boldsymbol{P}^{\mathrm{T}}\boldsymbol{A}\boldsymbol{P}$.

例 4.18 求出 $\boldsymbol{A}=\begin{pmatrix}4 & 2 & 2\\ 2 & 4 & 2\\ 2 & 2 & 4\end{pmatrix}$ 的正交相似标准形.

分析 此例中的矩阵与例 4.17 中的矩阵相同，只是问题不同. 将例 4.17 中的特征向量进行标准正交化，即可得到正交相似标准形. 下面介绍三种求出所需正交矩阵的方法.

解法一 根据定理 4.10，属于不同特征值的特征向量一定是正交向量. 根据例 4.17 的结论，可知 $\boldsymbol{p}_1$ 与 $\boldsymbol{p}_2$、$\boldsymbol{p}_1$ 与 $\boldsymbol{p}_3$ 是正交的. 只需用施密特正交化公式将 $\boldsymbol{p}_2$、$\boldsymbol{p}_3$ 进行正交化，再将它们单位化，即可组成正交矩阵.

① 正交化：

$$\boldsymbol{\beta}_1=\boldsymbol{p}_2=\begin{pmatrix}1\\0\\-1\end{pmatrix}$$

$$\boldsymbol{\beta}_2=\boldsymbol{p}_3-\frac{[\boldsymbol{p}_3,\boldsymbol{\beta}_1]}{[\boldsymbol{\beta}_1,\boldsymbol{\beta}_1]}\boldsymbol{\beta}_1=\begin{pmatrix}0\\1\\-1\end{pmatrix}-\frac{1}{2}\begin{pmatrix}1\\0\\-1\end{pmatrix}=-\frac{1}{2}\begin{pmatrix}1\\-2\\1\end{pmatrix}$$

② 单位化：将 $\boldsymbol{p}_1=\begin{pmatrix}1\\1\\1\end{pmatrix}$单位化，得 $\boldsymbol{\eta}_1=\frac{1}{\sqrt{3}}\begin{pmatrix}1\\1\\1\end{pmatrix}$；将 $\boldsymbol{\beta}_1=\boldsymbol{p}_2=\begin{pmatrix}1\\0\\-1\end{pmatrix}$单位化，得 $\boldsymbol{\eta}_2=\frac{1}{\sqrt{2}}\begin{pmatrix}1\\0\\-1\end{pmatrix}$；将 $\boldsymbol{\beta}_2=-\frac{1}{2}\begin{pmatrix}1\\-2\\1\end{pmatrix}$单位化，得 $\boldsymbol{\eta}_3=\frac{-1}{\sqrt{6}}\begin{pmatrix}1\\-2\\1\end{pmatrix}$.

于是得到正交矩阵：

$$\boldsymbol{P}=(\boldsymbol{\eta}_1,\boldsymbol{\eta}_2,\boldsymbol{\eta}_3)=\begin{pmatrix}\frac{1}{\sqrt{3}} & \frac{1}{\sqrt{2}} & -\frac{1}{\sqrt{6}}\\ \frac{1}{\sqrt{3}} & 0 & \frac{2}{\sqrt{6}}\\ \frac{1}{\sqrt{3}} & -\frac{1}{\sqrt{2}} & -\frac{1}{\sqrt{6}}\end{pmatrix}$$

使得

$$\boldsymbol{P}^{-1}\boldsymbol{A}\boldsymbol{P}=\boldsymbol{\Lambda}=\begin{pmatrix}8 & & \\ & 2 & \\ & & 2\end{pmatrix}$$

解法二　将例 4.17 中已求出的三个线性无关的特征向量 $\boldsymbol{p}_1$，$\boldsymbol{p}_2$，$\boldsymbol{p}_3$ 全部用施密特正交化公式进行正交化，再标准化.

① 正交化：

$$\boldsymbol{\beta}_1=\boldsymbol{p}_1=\begin{pmatrix}1\\1\\1\end{pmatrix}$$

$$\boldsymbol{\beta}_2=\boldsymbol{p}_2-\frac{[\boldsymbol{p}_2,\boldsymbol{\beta}_1]}{[\boldsymbol{\beta}_1,\boldsymbol{\beta}_1]}\boldsymbol{\beta}_1=\boldsymbol{p}_2=\begin{pmatrix}1\\0\\-1\end{pmatrix}$$

$$\boldsymbol{\beta}_3=\boldsymbol{p}_3-\frac{[\boldsymbol{p}_3,\boldsymbol{\beta}_1]}{[\boldsymbol{\beta}_1,\boldsymbol{\beta}_1]}\boldsymbol{\beta}_1-\frac{[\boldsymbol{p}_3,\boldsymbol{\beta}_2]}{[\boldsymbol{\beta}_2,\boldsymbol{\beta}_2]}\boldsymbol{\beta}_2=\begin{pmatrix}0\\1\\-1\end{pmatrix}-\frac{1}{2}\begin{pmatrix}1\\0\\-1\end{pmatrix}=-\frac{1}{2}\begin{pmatrix}1\\-2\\1\end{pmatrix}$$

② 单位化：将 $\boldsymbol{\beta}_1=\begin{pmatrix}1\\1\\1\end{pmatrix}$单位化，得 $\boldsymbol{\eta}_1=\frac{1}{\sqrt{3}}\begin{pmatrix}1\\1\\1\end{pmatrix}$；将 $\boldsymbol{\beta}_2=\begin{pmatrix}1\\0\\-1\end{pmatrix}$单位化，得 $\boldsymbol{\eta}_2=\frac{1}{\sqrt{2}}\begin{pmatrix}1\\0\\-1\end{pmatrix}$；将 $\boldsymbol{\beta}_3=-\frac{1}{2}\begin{pmatrix}1\\-2\\1\end{pmatrix}$单位化，得 $\boldsymbol{\eta}_3=\frac{-1}{\sqrt{6}}\begin{pmatrix}1\\-2\\1\end{pmatrix}$.

于是得到正交矩阵：

$$P=(\boldsymbol{\eta}_1,\boldsymbol{\eta}_2,\boldsymbol{\eta}_3)=\begin{pmatrix}\frac{1}{\sqrt{3}} & \frac{1}{\sqrt{2}} & -\frac{1}{\sqrt{6}}\\ \frac{1}{\sqrt{3}} & 0 & \frac{2}{\sqrt{6}}\\ \frac{1}{\sqrt{3}} & -\frac{1}{\sqrt{2}} & -\frac{1}{\sqrt{6}}\end{pmatrix}$$

使得

$$P^{-1}AP=\Lambda=\begin{pmatrix}8 & & \\ & 2 & \\ & & 2\end{pmatrix}$$

注意 解法二与解法一在本质上是一样的，因为在解法二使用施密特正交化公式的过程中，虽然将三个特征向量一起正交化，但因为$[\boldsymbol{p}_2,\boldsymbol{\beta}_1]=0$，$[\boldsymbol{p}_3,\boldsymbol{\beta}_1]=0$，所以实质上只是将$\boldsymbol{p}_2$、$\boldsymbol{p}_3$进行了正交化.

解法三 由例4.17知$\boldsymbol{p}_1$与$\boldsymbol{p}_2$，$\boldsymbol{p}_1$与$\boldsymbol{p}_3$是正交的. 在计算特征向量$\boldsymbol{p}_2$、$\boldsymbol{p}_3$时，为了保证特征向量之间正交，可以直观地进行取值. 由例4.17的结论知，当$\lambda_1=8$时，特征向量为$\boldsymbol{p}_1=\begin{pmatrix}1\\1\\1\end{pmatrix}$；现计算特征值$\lambda_2=\lambda_3=2$时的特征向量$\boldsymbol{p}_2$、$\boldsymbol{p}_3$.

解线性方程组$(\boldsymbol{A}-2\boldsymbol{E})\boldsymbol{x}=\boldsymbol{0}$，得

$$\begin{pmatrix}2&2&2\\2&2&2\\2&2&2\end{pmatrix}\xrightarrow[\substack{r_3-r_1\\ r_1\div 2}]{r_2-r_1}\begin{pmatrix}1&1&1\\0&0&0\\0&0&0\end{pmatrix}$$

即$x_1+x_2+x_3=0$. 可用直观方法，取两个正交的特征向量：

$$\boldsymbol{p}_2=\begin{pmatrix}1\\0\\-1\end{pmatrix},\ \boldsymbol{p}_3=\begin{pmatrix}1\\-2\\1\end{pmatrix}$$

其取法如下：先在$\boldsymbol{p}_2$中任取一个分量为0，如取$x_2=0$，再根据$x_1+x_2+x_3=0$取$x_1=1$，$x_3=-1$；对于$\boldsymbol{p}_3=(y_1,y_2,y_3)^{\mathrm{T}}$，由于要求$\boldsymbol{p}_3$与$\boldsymbol{p}_2$正交，且在$\boldsymbol{p}_2$中已经有$x_1=1$，$x_2=0$，$x_3=-1$，因此为了保证正交性，只需取$y_1=y_3=1$即可，再根据$y_1+y_2+y_3=0$确定$y_2=-2$.

再将这三个两两正交的特征向量$\boldsymbol{p}_1$，$\boldsymbol{p}_2$，$\boldsymbol{p}_3$单位化后拼成所需的正交矩阵：

$$P=(\boldsymbol{\eta}_1,\boldsymbol{\eta}_2,\boldsymbol{\eta}_3)=\begin{pmatrix}\frac{1}{\sqrt{3}} & \frac{1}{\sqrt{2}} & \frac{1}{\sqrt{6}}\\ \frac{1}{\sqrt{3}} & 0 & \frac{-2}{\sqrt{6}}\\ \frac{1}{\sqrt{3}} & -\frac{1}{\sqrt{2}} & \frac{1}{\sqrt{6}}\end{pmatrix}$$

使得

$$P^{-1}AP=P^{T}AP=\Lambda=\begin{pmatrix}8&&\\&2&\\&&2\end{pmatrix}$$

注意　用直观方法取得的特征向量不是唯一的，例如此题也可以取

$$p_2=\begin{pmatrix}1\\-1\\0\end{pmatrix},\ p_3=\begin{pmatrix}1\\1\\-2\end{pmatrix}\quad 或\quad p_2=\begin{pmatrix}0\\1\\-1\end{pmatrix},\ p_3=\begin{pmatrix}-2\\1\\1\end{pmatrix}$$

把它们单位化以后，连同属于 $\lambda_1=8$ 的特征向量 p_1，就可以得到另外两个所需要的正交矩阵.

说明　(1) 在不计对角矩阵中主对角元排列次序的情况下，对称矩阵的正交相似标准形是唯一的，但是所用的正交矩阵却不是唯一的.

(2) 用施密特正交化方法把属于 $\lambda_2=\lambda_3=2$ 的两个线性无关的特征向量 p_2 和 p_3 改造成两个正交的向量 β_2 和 β_3，因为 β_2 和 β_3 都是 p_2 和 p_3 的线性组合，而 p_2 和 p_3 是属于同一个特征值的特征向量，所以 β_2 和 β_3 仍然是属于 $\lambda_2=\lambda_3=2$ 的特征向量.

(3) 对于一般的齐次线性方程，很容易直接验证以下公式的正确性.

当 $abc\neq0$ 时，$ax+by+cz=0$ 的两个正交解为

$$(-b,\ a,\ 0)^{T},\ (ac,\ bc,\ -a^2-b^2)^{T}$$

当 $abcd\neq0$ 时，$ax+by+cz+dw=0$ 的三个两两正交解为

$$(-b,\ a,\ 0,\ 0)^{T},\ (0,\ 0,\ -d,\ c)^{T},\ (a(c^2+d^2),\ b(c^2+d^2),\ -c(a^2+b^2),\ -d(a^2+b^2))^{T}$$

例 4.19　求出 $x_1-x_2-x_3+x_4=0$ 的两两正交的非零解向量组.

解法一　(直观方法)根据上面介绍的方法，可立即求出两两正交解：

$$p_1=\begin{pmatrix}1\\1\\0\\0\end{pmatrix},\ p_2=\begin{pmatrix}0\\0\\1\\1\end{pmatrix},\ p_3=\begin{pmatrix}1\\-1\\1\\-1\end{pmatrix}$$

取法如下：在 p_1 中任意取定两个分量为 0，例如 $x_3=x_4=0$，$x_1=x_2=1$；在 p_2 中取剩下的两个分量为 0，即 $x_1=x_2=0$，$x_3=x_4=1$；根据向量的正交性和必须满足的方程式求出第三个解向量 p_3.

解法二　(施密特正交化方法)取 x_2，x_3，x_4 为自由未知量，先求出三个线性无关解：

$$\alpha_1=\begin{pmatrix}1\\1\\0\\0\end{pmatrix},\ \alpha_2=\begin{pmatrix}1\\0\\1\\0\end{pmatrix},\ \alpha_3=\begin{pmatrix}-1\\0\\0\\1\end{pmatrix}$$

再正交化(用施密特正交化公式)：

$$\beta_1=\alpha_1=\begin{pmatrix}1\\1\\0\\0\end{pmatrix}$$

$$\boldsymbol{\beta}_2=\boldsymbol{\alpha}_2-\frac{[\boldsymbol{\alpha}_2,\boldsymbol{\beta}_1]}{[\boldsymbol{\beta}_1,\boldsymbol{\beta}_1]}\boldsymbol{\beta}_1=\begin{pmatrix}1\\0\\1\\0\end{pmatrix}-\frac{1}{2}\begin{pmatrix}1\\1\\0\\0\end{pmatrix}=\frac{1}{2}\begin{pmatrix}1\\-1\\2\\0\end{pmatrix}$$

$$\boldsymbol{\beta}_3=\boldsymbol{\alpha}_3-\frac{[\boldsymbol{\alpha}_3,\boldsymbol{\beta}_1]}{[\boldsymbol{\beta}_1,\boldsymbol{\beta}_1]}\boldsymbol{\beta}_1-\frac{[\boldsymbol{\alpha}_3,\boldsymbol{\beta}_2]}{[\boldsymbol{\beta}_2,\boldsymbol{\beta}_2]}\boldsymbol{\beta}_2=\begin{pmatrix}-1\\0\\0\\1\end{pmatrix}-\frac{-1}{2}\begin{pmatrix}1\\1\\0\\0\end{pmatrix}-\frac{-\frac{1}{2}}{\frac{6}{4}}\times\frac{1}{2}\begin{pmatrix}1\\-1\\2\\0\end{pmatrix}=\frac{1}{3}\begin{pmatrix}-1\\1\\1\\3\end{pmatrix}$$

这里用直观方法求单个方程的两两正交解有一定的局限性，基本方法仍是施密特正交化方法.

例 4.20　设三阶实对称矩阵 $\boldsymbol{A}$ 的特征值为 $\lambda_1=-1$，$\lambda_2=\lambda_3=1$. 已知 $\boldsymbol{A}$ 的属于 $\lambda_1=-1$ 的特征向量为

$$\boldsymbol{p}_1=\begin{pmatrix}0\\1\\1\end{pmatrix}$$

求出矩阵 $\boldsymbol{A}$ 的属于特征值 $\lambda_2=\lambda_3=1$ 的特征向量，并求出对称矩阵 $\boldsymbol{A}$.

解　因为属于对称矩阵的不同特征值的特征向量必互相正交，所以属于 $\lambda_2=\lambda_3=1$ 的特征向量

$$\boldsymbol{x}=\begin{pmatrix}x_1\\x_2\\x_3\end{pmatrix}$$

必与 $\boldsymbol{p}_1$ 正交，即它们一定满足 $x_2+x_3=0$，x_1 可以取任何值.

对此可取线性无关的解向量：

$$\boldsymbol{p}_2=\begin{pmatrix}1\\0\\0\end{pmatrix},\ \boldsymbol{p}_3=\begin{pmatrix}0\\1\\-1\end{pmatrix}$$

将 $\boldsymbol{p}_1$，$\boldsymbol{p}_2$，$\boldsymbol{p}_3$ 拼成变换矩阵 $\boldsymbol{P}$：

$$\boldsymbol{P}=\begin{pmatrix}0&1&0\\1&0&1\\1&0&-1\end{pmatrix}$$

使得 $\boldsymbol{P}^{-1}\boldsymbol{A}\boldsymbol{P}=\boldsymbol{\Lambda}=\begin{pmatrix}-1&&\\&1&\\&&1\end{pmatrix}$. 由此可计算出 $\boldsymbol{A}=\boldsymbol{P}\boldsymbol{\Lambda}\boldsymbol{P}^{-1}$.

因为

$$\boldsymbol{P}^{-1}=\frac{1}{|\boldsymbol{P}|}\boldsymbol{P}^*=\frac{1}{2}\begin{pmatrix}0&1&1\\2&0&0\\0&1&-1\end{pmatrix}$$

所以

$$A=\begin{pmatrix}0&1&0\\1&0&1\\1&0&-1\end{pmatrix}\begin{pmatrix}-1&&\\&1&\\&&1\end{pmatrix}\begin{pmatrix}0&1&1\\2&0&0\\0&1&-1\end{pmatrix}\frac{1}{2}=\begin{pmatrix}1&0&0\\0&0&-1\\0&-1&0\end{pmatrix}$$

注意　这里不要求变换矩阵 P 是正交矩阵，所以没有必要把求出的特征向量组标准正交化.

习题 4.4

1. 设 $A=\begin{pmatrix}1&0&1\\0&2&0\\1&0&1\end{pmatrix}$，求出正交矩阵 P，使得 $P^{-1}AP$ 为对角矩阵.

2. 已知 $A=\begin{pmatrix}1&-2&-4\\-2&x&-2\\-4&-2&1\end{pmatrix}$ 与 $\Lambda=\begin{pmatrix}5&&\\&y&\\&&-4\end{pmatrix}$ 相似，求出参数 x，y 的值，并求出可逆矩阵 P，使得 $P^{-1}AP=\Lambda$.

3. 设 $A=\begin{pmatrix}2&1&1\\1&2&1\\1&1&2\end{pmatrix}$，求 A^{10}.

4. 用施密特正交化方法把下列向量组标准正交化.

(1) $\alpha_1=\begin{pmatrix}2\\0\end{pmatrix}$，$\alpha_2=\begin{pmatrix}1\\1\end{pmatrix}$；　　(2) $\alpha_1=\begin{pmatrix}2\\0\\0\end{pmatrix}$，$\alpha_2=\begin{pmatrix}0\\1\\-1\end{pmatrix}$，$\alpha_3=\begin{pmatrix}3\\4\\0\end{pmatrix}$；

(3) $\alpha_1=\begin{pmatrix}1\\1\\1\end{pmatrix}$，$\alpha_2=\begin{pmatrix}1\\2\\2\end{pmatrix}$，$\alpha_3=\begin{pmatrix}1\\2\\3\end{pmatrix}$.

5. 设三阶实对称矩阵 A 的特征值为 $\lambda_1=3$，$\lambda_2=-3$，$\lambda_3=0$，对应 λ_1，λ_2 的特征向量依次为 $p_1=\begin{pmatrix}1\\2\\2\end{pmatrix}$，$p_2=\begin{pmatrix}2\\1\\-2\end{pmatrix}$，求矩阵 A.

6. 设三阶实对称矩阵 A 的特征值为 $\lambda_1=1$，$\lambda_2=2$，$\lambda_3=3$，已知 A 的属于 λ_1，λ_2 的特征向量分别为 $p_1=\begin{pmatrix}-1\\-1\\1\end{pmatrix}$，$p_2=\begin{pmatrix}1\\-2\\-1\end{pmatrix}$，求出 A 的属于 λ_3 的特征向量.

4.5　二次型及其标准形

形如 $ax^2+2bxy+cy^2=d$ 这种仅含有平方项和两个变量交叉项的多项式为二次型. 二次型相关理论起源于解析几何中的二次曲线和二次曲面的化简问题，它也经常出现在物理学、微分几何、经济学和统计学等领域中.

4.5.1 二次型的基本概念

定义 4.13 含有 n 个变量 $x_1, x_2, \cdots, x_n$ 的二次齐次多项式

$$f(x_1, x_2, \cdots, x_n)=a_{11}x_1^2+2a_{12}x_1x_2+2a_{13}x_1x_3+\cdots+2a_{1n}x_1x_n+ \\ a_{22}x_2^2+2a_{23}x_2x_3+\cdots+2a_{2n}x_2x_n+\cdots+a_{nn}x_n^2 \tag{4.4}$$

称为一个 n 元**二次型**，简称二次型，记为 $f(x_1, x_2, \cdots, x_n)$ 或 f.

若式(4.4)中的系数 $\boldsymbol{\alpha}_{ij}$ 为复数，称 f 为复二次型；若 $\boldsymbol{\alpha}_{ij}$ 全为实数，称 f 为实二次型. 本章只讨论实二次型，也简称为二次型.

为了用矩阵表示二次型，若记 $\boldsymbol{\alpha}_{ij}=\boldsymbol{\alpha}_{ji}$，则

$$2\boldsymbol{\alpha}_{ij}x_ix_j=\boldsymbol{\alpha}_{ij}x_ix_j+\boldsymbol{\alpha}_{ij}x_jx_i$$

式(4.4)可改写为

$$\begin{aligned} f &= \sum_{i,j=1}^{n}\boldsymbol{\alpha}_{ij}x_ix_j=\sum_{i=1}^{n}\sum_{j=1}^{n}\boldsymbol{\alpha}_{ij}x_ix_j \\ &= x_1(a_{11}x_1+a_{12}x_2+\cdots+a_{1n}x_n)+x_2(a_{21}x_1+a_{22}x_2+\cdots+a_{2n}x_n)+ \\ &\quad \cdots+x_n(a_{n1}x_n+a_{n2}x_2+\cdots+a_{nn}x_n) \\ &= (x_1, x_2, \cdots, x_n)\begin{pmatrix} a_{11}x_1+a_{12}x_2+\cdots+a_{1n}x_n \\ a_{21}x_1+a_{22}x_2+\cdots+a_{2n}x_n \\ \vdots \\ a_{n1}x_n+a_{n2}x_2+\cdots+a_{nn}x_n \end{pmatrix} \\ &= (x_1, x_2, \cdots, x_n)\begin{pmatrix} a_{11} & a_{12} & \cdots & a_{1n} \\ a_{21} & a_{22} & \cdots & a_{2n} \\ \vdots & \vdots & & \vdots \\ a_{n1} & a_{n2} & \cdots & a_{nn} \end{pmatrix}\begin{pmatrix} x_1 \\ x_2 \\ \vdots \\ x_n \end{pmatrix} \end{aligned}$$

令 $\boldsymbol{A}=\begin{pmatrix} a_{11} & a_{12} & \cdots & a_{1n} \\ a_{21} & a_{22} & \cdots & a_{2n} \\ \vdots & \vdots & & \vdots \\ a_{n1} & a_{n2} & \cdots & a_{nn} \end{pmatrix}$，$\boldsymbol{x}=\begin{pmatrix} x_1 \\ x_2 \\ \vdots \\ x_n \end{pmatrix}$，其中 $\boldsymbol{\alpha}_{ij}=\boldsymbol{\alpha}_{ji}(i, j=1, 2, \cdots, n)$，即 $\boldsymbol{A}$ 为实对称矩阵，二次型(4.4)用矩阵表示为

$$f=\boldsymbol{x}^{\mathrm{T}}\boldsymbol{A}\boldsymbol{x} \tag{4.5}$$

称 $\boldsymbol{A}$ 为**二次型 f 的矩阵**，对称矩阵 $\boldsymbol{A}$ 的秩称为**二次型 f 的秩**.

显然，二次型与对称阵之间存在一一对应的关系. 任给一个二次型，能唯一确定一个对称阵；反之，任给一个对称阵，也能唯一确定一个二次型. 如果给定了二次型 f 就可以确定其对应的实对称矩阵 $\boldsymbol{A}$，其中 $\boldsymbol{A}$ 对角线上的元素 $\boldsymbol{\alpha}_{ii}$ 为 $x_i^2(i=1, 2, \cdots, n)$ 的系数；当 $i\neq j$ 时，$\boldsymbol{\alpha}_{ij}=\boldsymbol{\alpha}_{ji}$ 为 $x_ix_j(i, j=1, 2, \cdots, n)$ 系数的 $\frac{1}{2}$.

例 4.21 设二次型 $f(x_1, x_2, x_3)=x_1^2-2x_2^2+6x_3^2-4x_1x_2+2x_1x_3$，写出其矩阵形式.

解　由题意得二次型的矩阵为

$$A=\begin{pmatrix}1 & -2 & 1\\ -2 & -2 & 0\\ 1 & 0 & 6\end{pmatrix}$$

二次型的矩阵形式为

$$f(x_1, x_2, x_3)=(x_1, x_2, x_3)\begin{pmatrix}1 & -2 & 1\\ -2 & -2 & 0\\ 1 & 0 & 6\end{pmatrix}\begin{pmatrix}x_1\\ x_2\\ x_3\end{pmatrix}$$

例 4.22　设 $A=\begin{pmatrix}1 & 0 & 0 & 0\\ 0 & 2 & 0 & 0\\ 0 & 0 & 4 & 0\\ 0 & 0 & 0 & 0\end{pmatrix}$，写出矩阵 A 所对应的二次型.

解　矩阵 A 所对应的二次型为 $f(x_1, x_2, x_3, x_4)=x_1^2+2x_2^2+4x_3^2$.

例 4.23　设二次型 $f=x^{\mathrm{T}}\begin{pmatrix}2 & 1\\ 3 & 1\end{pmatrix}x$，写出它的矩阵.

解　题中所给出的矩阵 $\begin{pmatrix}2 & 1\\ 3 & 1\end{pmatrix}$ 不是对称矩阵，不能直接当二次型的矩阵. 所以先按照矩阵乘法计算出二次型的多项式形式，再写出对应的矩阵.

$$f=(x_1, x_2)\begin{pmatrix}2 & 1\\ 3 & 1\end{pmatrix}\begin{pmatrix}x_1\\ x_2\end{pmatrix}=(2x_1+3x_2, x_1+x_2)\begin{pmatrix}x_1\\ x_2\end{pmatrix}=2x_1^2+4x_1x_2+x_2^2$$

所以二次型的矩阵是 $A=\begin{pmatrix}2 & 2\\ 2 & 1\end{pmatrix}$.

4.5.2　可逆变换

设由变量 $y_1, y_2, \cdots, y_n$ 到 $x_1, x_2, \cdots, x_n$ 的一个线性变换为

$$\begin{cases}x_1=c_{11}y_1+c_{12}y_2+\cdots+c_{1n}y_n\\ x_2=c_{21}y_1+c_{22}y_2+\cdots+c_{2n}y_n\\ \quad\vdots\\ x_n=c_{n1}y_1+c_{n2}y_2+\cdots+c_{nn}y_n\end{cases}\tag{4.6}$$

称矩阵 $C=\begin{pmatrix}c_{11} & c_{12} & \cdots & c_{1n}\\ c_{21} & c_{22} & \cdots & c_{2n}\\ \vdots & \vdots & & \vdots\\ c_{n1} & c_{n2} & \cdots & c_{nn}\end{pmatrix}$ 为线性变换(4.6)的矩阵，记 $x=\begin{pmatrix}x_1\\ x_2\\ \vdots\\ x_n\end{pmatrix}$，$y=\begin{pmatrix}y_1\\ y_2\\ \vdots\\ y_n\end{pmatrix}$，则式(4.6)可简记为 $x=Cy$.

若 C 是可逆矩阵($|C|\neq 0$)，称 $x=Cy$ 为**可逆(非退化)线性变换**，简称**可逆变换**；当 C 为正交矩阵，称 $x=Cy$ 为**正交变换**.

定义 4.14　设 A，B 均为 n 阶方阵，若存在可逆矩阵 $C_{n\times n}$，使 $C^{\mathrm{T}}AC=B$，称 A 与 B **合同**，记为 $A\simeq B$.

合同矩阵具有下列性质：

(1) **反身性**：$\boldsymbol{A}$ 与自身合同. 因为 $\boldsymbol{A}=\boldsymbol{E}^{\mathrm{T}}\boldsymbol{A}\boldsymbol{E}$；

(2) **对称性**：若 $\boldsymbol{A}$ 与 $\boldsymbol{B}$ 合同，则 $\boldsymbol{B}$ 与 $\boldsymbol{A}$ 合同；

(3) **传递性**：若 $\boldsymbol{A}$ 与 $\boldsymbol{B}$ 合同，$\boldsymbol{B}$ 与 $\boldsymbol{C}$ 合同，则 $\boldsymbol{A}$ 与 $\boldsymbol{C}$ 合同；

(4) 设 $\boldsymbol{A}$ 为对称矩阵，若 $\boldsymbol{A}$ 与 $\boldsymbol{B}$ 合同，则 $\boldsymbol{B}$ 也为对称矩阵；

(5) 若 $\boldsymbol{A}$ 与 $\boldsymbol{B}$ 合同，则 $R(\boldsymbol{A})=R(\boldsymbol{B})$.

注意　合同与相似是两个不同的概念. 矩阵 $\boldsymbol{A}$ 与 $\boldsymbol{B}$ 相似，是指存在可逆矩阵 $\boldsymbol{C}$，使得 $\boldsymbol{C}^{-1}\boldsymbol{A}\boldsymbol{C}=\boldsymbol{B}$.

例如，$\boldsymbol{A}=\begin{pmatrix}-1 & 0\\ 0 & 2\end{pmatrix}$，$\boldsymbol{B}=\begin{pmatrix}-4 & 0\\ 0 & 2\end{pmatrix}$，取 $\boldsymbol{C}=\begin{pmatrix}2 & 0\\ 0 & 1\end{pmatrix}$，则 $\boldsymbol{B}=\boldsymbol{C}^{\mathrm{T}}\boldsymbol{A}\boldsymbol{C}$，即 $\boldsymbol{A}$ 与 $\boldsymbol{B}$ 合同，但 $\boldsymbol{A}$ 与 $\boldsymbol{B}$ 不相似(它们的特征值不同).

4.5.3　二次型的标准形

定义 4.15　如果二次型 $f(x_1, x_2, \cdots, x_n)$经可逆变换 $\boldsymbol{x}=\boldsymbol{C}\boldsymbol{y}$ 变为 $b_1y_1^2+b_2y_2^2+\cdots+b_ny_n^2$，则称这种只含平方项的二次型为**二次型的标准形**. 例如：

$$f(x_1, x_2, x_3, x_4)=x_1^2-2x_2^2+3x_3^2-4x_4^2$$

是一个四元二次型的标准形.

要使二次型 $f=\boldsymbol{x}^{\mathrm{T}}\boldsymbol{A}\boldsymbol{x}$ 在线性变换 $\boldsymbol{x}=\boldsymbol{C}\boldsymbol{y}$ 下变成标准形，就是要使 $\boldsymbol{y}^{\mathrm{T}}(\boldsymbol{C}^{\mathrm{T}}\boldsymbol{A}\boldsymbol{C})\boldsymbol{y}$ 中的 $\boldsymbol{C}^{\mathrm{T}}\boldsymbol{A}\boldsymbol{C}$ 为对角阵. 此类问题称为矩阵合同对角化.

因任意一个实对称矩阵 $\boldsymbol{A}$，总存在正交矩阵 $\boldsymbol{P}$，使得

$$\boldsymbol{P}^{-1}\boldsymbol{A}\boldsymbol{P}=\boldsymbol{P}^{\mathrm{T}}\boldsymbol{A}\boldsymbol{P}=\boldsymbol{\Lambda}=\begin{pmatrix}\lambda_1 & & & \\ & \lambda_2 & & \\ & & \ddots & \\ & & & \lambda_n\end{pmatrix}$$

其中 $\lambda_1, \lambda_2, \cdots, \lambda_n$ 是 $\boldsymbol{A}$ 的全部特征值，所以对任意的二次型 $f=\boldsymbol{x}^{\mathrm{T}}\boldsymbol{A}\boldsymbol{x}$，必存在一个正交变换 $\boldsymbol{x}=\boldsymbol{P}\boldsymbol{y}$，将 f 标准化，即

$$f(y_1, y_2, \cdots, y_n)=\lambda_1y_1^2+\lambda_2y_2^2+\cdots+\lambda_ny_n^2 \tag{4.7}$$

其中 $\lambda_1, \lambda_2, \cdots, \lambda_n$ 为 $\boldsymbol{A}$ 的特征值.

用正交变换法化二次型为标准形的步骤如下：

(1) 写出二次型的矩阵 $\boldsymbol{A}$，求其特征值 $\lambda_1, \lambda_2, \cdots, \lambda_n$；

(2) 求出所有特征值对应的特征向量，并将它们正交单位化；

(3) 以正交单位化后的特征向量依次作为列向量构成正交矩阵 $\boldsymbol{P}$，则

$$\boldsymbol{P}^{\mathrm{T}}\boldsymbol{A}\boldsymbol{P}=\boldsymbol{\Lambda}=\begin{pmatrix}\lambda_1 & & & \\ & \lambda_2 & & \\ & & \ddots & \\ & & & \lambda_n\end{pmatrix}$$

(4) 作正交变换 $\boldsymbol{x}=\boldsymbol{P}\boldsymbol{y}$，可得

$$\begin{aligned}f&=\boldsymbol{x}^{\mathrm{T}}\boldsymbol{A}\boldsymbol{x}=(\boldsymbol{P}\boldsymbol{y})^{\mathrm{T}}\boldsymbol{A}(\boldsymbol{P}\boldsymbol{y})=\boldsymbol{y}^{\mathrm{T}}(\boldsymbol{P}^{\mathrm{T}}\boldsymbol{A}\boldsymbol{P})\boldsymbol{y}=\boldsymbol{y}^{\mathrm{T}}\boldsymbol{\Lambda}\boldsymbol{y}\\&=\lambda_1y_1^2+\lambda_2y_2^2+\cdots+\lambda_ny_n^2\end{aligned}$$

例 4.24　用正交变换将 $f(x_1, x_2)=x_1^2-8x_1x_2-5x_2^2$ 化为标准形.

解　二次型的矩阵为 $\boldsymbol{A}=\begin{pmatrix}1 & -4\\ -4 & -5\end{pmatrix}$，由 $|\boldsymbol{A}-\lambda\boldsymbol{E}|=(\lambda-3)(\lambda+7)=0$，得到 $\boldsymbol{A}$ 的特征值为：$\lambda_1=3$，$\lambda_2=-7$.

$\lambda_1=3$ 对应的特征向量为 $\boldsymbol{\xi}_1=\begin{pmatrix}2\\ -1\end{pmatrix}$；$\lambda_2=-7$ 对应的特征向量为 $\boldsymbol{\xi}_2=\begin{pmatrix}1\\ 2\end{pmatrix}$.

因 $\boldsymbol{\xi}_1$，$\boldsymbol{\xi}_2$ 对应不同的特征值，所以它们正交，只需要将它们单位化，即

$$\boldsymbol{p}_1=\begin{pmatrix}\dfrac{2}{\sqrt{5}}\\ -\dfrac{1}{\sqrt{5}}\end{pmatrix},\quad \boldsymbol{p}_2=\begin{pmatrix}\dfrac{1}{\sqrt{5}}\\ \dfrac{2}{\sqrt{5}}\end{pmatrix}$$

令 $\boldsymbol{P}=(\boldsymbol{p}_1, \boldsymbol{p}_2)=\begin{pmatrix}2/\sqrt{5} & 1/\sqrt{5}\\ -1/\sqrt{5} & 2/\sqrt{5}\end{pmatrix}$，$\boldsymbol{\Lambda}=\begin{pmatrix}3 & 0\\ 0 & -7\end{pmatrix}$，得 $\boldsymbol{P}^{-1}\boldsymbol{A}\boldsymbol{P}=\boldsymbol{P}^{\mathrm{T}}\boldsymbol{A}\boldsymbol{P}=\boldsymbol{\Lambda}$.

由所求的正交变换 $\boldsymbol{x}=\boldsymbol{P}\boldsymbol{y}$，有

$$f=\boldsymbol{x}^{\mathrm{T}}\boldsymbol{A}\boldsymbol{x}=\boldsymbol{y}^{\mathrm{T}}\boldsymbol{\Lambda}\boldsymbol{y}=3y_1^2-7y_2^2$$

例 4.25　设二次型 $f(x_1, x_2, x_3)=x_1^2-2x_2^2+x_3^2+2x_1x_2-4x_1x_3+2x_2x_3$，求一个正交变换 $\boldsymbol{x}=\boldsymbol{P}\boldsymbol{y}$，将它化为标准形.

解　二次型的矩阵为 $\boldsymbol{A}=\begin{pmatrix}1 & 1 & -2\\ 1 & -2 & 1\\ -2 & 1 & 1\end{pmatrix}$，由 $|\boldsymbol{A}-\lambda\boldsymbol{E}|=\lambda(3-\lambda)(3+\lambda)=0$，得到 $\boldsymbol{A}$ 的特征值为：$\lambda_1=0$，$\lambda_2=3$，$\lambda_3=-3$.

当 $\lambda_1=0$ 时对应的特征向量为 $\boldsymbol{\xi}_1=\begin{pmatrix}1\\ 1\\ 1\end{pmatrix}$；$\lambda_2=3$ 对应的特征向量为 $\boldsymbol{\xi}_2=\begin{pmatrix}1\\ 0\\ -1\end{pmatrix}$；$\lambda_3=-3$ 时对应的特征向量为 $\boldsymbol{\xi}_3=\begin{pmatrix}1\\ -2\\ 1\end{pmatrix}$.

因为每一个特征值只有一个相应的特征向量，所以它们俩俩正交，只需要将它们单位化，即

$$\boldsymbol{p}_1=\frac{1}{\sqrt{3}}\begin{pmatrix}1\\ 1\\ 1\end{pmatrix},\quad \boldsymbol{p}_2=\frac{1}{\sqrt{2}}\begin{pmatrix}1\\ 0\\ -1\end{pmatrix},\quad \boldsymbol{p}_3=\frac{1}{\sqrt{6}}\begin{pmatrix}1\\ -2\\ 1\end{pmatrix}$$

令 $\boldsymbol{P}=(\boldsymbol{p}_1, \boldsymbol{p}_2, \boldsymbol{p}_3)=\begin{pmatrix}\dfrac{1}{\sqrt{3}} & \dfrac{1}{\sqrt{2}} & \dfrac{1}{\sqrt{6}}\\ \dfrac{1}{\sqrt{3}} & 0 & -\dfrac{2}{\sqrt{6}}\\ \dfrac{1}{\sqrt{3}} & -\dfrac{1}{\sqrt{2}} & \dfrac{1}{\sqrt{6}}\end{pmatrix}$，使 $\boldsymbol{P}^{\mathrm{T}}\boldsymbol{A}\boldsymbol{P}=\begin{pmatrix}0 & & \\ & 3 & \\ & & -3\end{pmatrix}$. 于是，所求的正交变换为 $\boldsymbol{x}=\boldsymbol{P}\boldsymbol{y}$，所化二次型的标准形为 $f(y_1, y_2, y_3)=0y_1^2+3y_2^2-3y_3^2$.

例 4.26 设二次型 $f(x_1, x_2, x_3)=2x_1^2+3x_2^2+3x_3^2+4x_2x_3$，求一个正交变换 $\boldsymbol{x}=\boldsymbol{Py}$，将它化为标准形.

解 二次型的矩阵为 $\boldsymbol{A}=\begin{pmatrix}2&0&0\\0&3&2\\0&2&3\end{pmatrix}$.

由 $|\boldsymbol{A}-\lambda\boldsymbol{E}|=\begin{vmatrix}2-\lambda&0&0\\0&3-\lambda&2\\0&2&3-\lambda\end{vmatrix}=-(\lambda-1)(\lambda-2)(\lambda-5)=0$，得特征值 $\lambda_1=1$，$\lambda_2=2$，$\lambda_3=5$.

$\lambda_1=1$ 对应的特征向量为 $\boldsymbol{\xi}_1=\begin{pmatrix}0\\1\\-1\end{pmatrix}$；

$\lambda_2=2$ 对应的特征向量为 $\boldsymbol{\xi}_2=\begin{pmatrix}1\\0\\0\end{pmatrix}$；

$\lambda_3=5$ 对应的特征向量为 $\boldsymbol{\xi}_3=\begin{pmatrix}0\\1\\1\end{pmatrix}$.

因为三个特征值均不相等，所以 $\boldsymbol{\xi}_1$，$\boldsymbol{\xi}_2$，$\boldsymbol{\xi}_3$ 是俩俩正交的，只需将其单位化即可，于是得

$$\boldsymbol{p}_1=\frac{1}{\sqrt{2}}\begin{pmatrix}0\\1\\-1\end{pmatrix},\ \boldsymbol{p}_2=\begin{pmatrix}1\\0\\0\end{pmatrix},\ \boldsymbol{p}_3=\frac{1}{\sqrt{2}}\begin{pmatrix}0\\1\\1\end{pmatrix}$$

令

$$\boldsymbol{P}=(\boldsymbol{p}_1,\ \boldsymbol{p}_2,\ \boldsymbol{p}_3)=\frac{1}{\sqrt{2}}\begin{pmatrix}0&\sqrt{2}&0\\1&0&1\\-1&0&1\end{pmatrix}$$

故所求的正交变换为 $\boldsymbol{x}=\boldsymbol{Py}$，有 $f(y_1, y_2, y_3)=y_1^2+2y_2^2+5y_3^2$.

习题 4.5

1. 写出下列二次型的矩阵.

(1) $f(x_1, x_2, x_3)=x_1^2-x_2^2+4x_3^2$；

(2) $f(x_1, x_2, x_3)=x_1^2+4x_1x_2+x_1x_3+4x_3^2$；

(3) $f(x_1, x_2, x_3)=4x_1x_2+6x_1x_3-8x_2x_3$；

(4) $f(x_1, x_2, x_3, x_4)=2x_1^2+4x_1x_2+2x_1x_3+4x_2x_4+x_3^2+6x_4^2$.

2. 写出二次型 $f=\boldsymbol{x}^{\mathrm{T}}\begin{pmatrix}2&1\\3&1\end{pmatrix}\boldsymbol{x}$ 的矩阵.

3. 写出下列矩阵对应的二次型.

(1) $\boldsymbol{A}=\begin{pmatrix} m_1 & n \\ n & m_2 \end{pmatrix}$；　(2) $\boldsymbol{A}=\begin{pmatrix} 2 & 2 & 1 \\ 2 & -6 & 0 \\ 1 & 0 & 7 \end{pmatrix}$；　(3) $\boldsymbol{A}=\begin{pmatrix} 1 & -1 & 2 & -1 \\ -1 & 1 & 3 & -2 \\ 2 & 3 & 1 & 0 \\ -1 & -2 & 0 & 1 \end{pmatrix}$.

4. 用正交变换化二次型为标准形，并求所用的正交矩阵.

(1) $f(x_1, x_2, x_3)=6x_1^2+5x_2^2+7x_3^2-4x_1x_2+4x_1x_3$；

(2) $f(x_1, x_2, x_3, x_4)=2x_1^2+2x_2^2+2x_3^2+2x_1x_2+2x_1x_3+2x_2x_3$.

4.6　用配方法及初等变换法化二次型为标准形

4.6.1　用配方法化二次型为标准形

配方法即将二次多项式配成完全平方的方法，类似于初等数学中的配完全平方. 主要处理变量较少的情况.

例 4.27　化二次型 $f(x_1, x_2, x_3)=x_1^2+2x_2^2+5x_3^2+2x_1x_2+2x_1x_3+6x_2x_3$ 为标准形，并求所用的变换矩阵.

解　由于 f 中含有 x_1 的平方项，首先将 x_1 的项放在一起配成完全平方，即

$f=x_1^2+2x_1x_2+2x_1x_3+2x_2^2+5x_3^2+6x_2x_3=(x_1+x_2+x_3)^2+x_2^2+4x_3^2+4x_2x_3$

上式除$(x_1+x_2+x_3)^2$ 外已无 x_1，将含有 x_2 的项放在一起继续配方，得

$$f=(x_1+x_2+x_3)^2+(x_2+2x_3)^2$$

令

$$\begin{cases} y_1=x_1+x_2+x_3 \\ y_2=x_2+2x_3 \\ y_3=x_3 \end{cases}$$

即

$$\begin{cases} x_1=y_1-y_2+y_3 \\ x_2=y_2-2y_3 \\ x_3=y_3 \end{cases}$$

就把 f 化成标准形 $f(y_1, y_2, y_3)=y_1^2+y_2^2$. 所用的变换矩阵为$\begin{pmatrix} 1 & -1 & 1 \\ 0 & 1 & -2 \\ 0 & 0 & 1 \end{pmatrix}$.

例 4.28　化二次型 $f(x_1, x_2, x_3)=x_1^2-4x_1x_2+2x_1x_3+x_2^2+2x_2x_3-2x_3^2$ 为标准形，并求所用的变换矩阵.

解　首先将 x_1 的项放在一起配成完全平方.

$$\begin{aligned} f &=(x_1^2-4x_1x_2+2x_1x_3)+x_2^2+2x_2x_3-2x_3^2 \\ &=[(x_1-2x_2+x_3)^2-4x_2^2-x_3^2+4x_2x_3]+x_2^2+2x_2x_3-2x_3^2 \\ &=(x_1-2x_2+x_3)^2-3x_2^2+6x_2x_3-3x_3^2 \\ &=(x_1-2x_2+x_3)^2-3(x_2-x_3)^2 \end{aligned}$$

令

$$\begin{cases}y_1=x_1-2x_2+x_3\\y_2=x_2-x_3\\y_3=x_3\end{cases}$$

即

$$\begin{cases}x_1=y_1+2y_2+y_3\\x_2=y_2+y_3\\x_3=y_3\end{cases}$$

将 f 化为标准形 $f(y_1, y_2, y_3)=y_1^2-3y_2^2$，所用变换矩阵为 $\boldsymbol{P}=\begin{pmatrix}1&2&1\\0&1&1\\0&0&1\end{pmatrix}$.

例 4.29 用配方法求二次型 $f(x_1, x_2, x_3)=x_1x_2-x_2x_3$ 的标准形，并写出相应的可逆线性变换.

解 当 f 中没有平方项，不能直接配方，但因为有 x_1x_2 项，为了出现平方项，一般令

$$\begin{cases}x_1=y_1+y_2\\x_2=y_1-y_2\\x_3=y_3\end{cases}$$

即

$$\begin{pmatrix}x_1\\x_2\\x_3\end{pmatrix}=\begin{pmatrix}1&1&0\\1&-1&0\\0&0&1\end{pmatrix}\begin{pmatrix}y_1\\y_2\\y_3\end{pmatrix}$$

得

$$\begin{aligned}f&=(y_1+y_2)(y_1-y_2)-(y_1-y_2)y_3=y_1^2-y_2^2-y_1y_3+y_2y_3\\&=\left(y_1-\frac{1}{2}y_3\right)^2-y_2^2-\frac{1}{4}y_3^2+y_2y_3\\&=\left(y_1-\frac{1}{2}y_3\right)^2-\left(y_2-\frac{1}{2}y_3\right)^2\end{aligned}$$

令

$$\begin{cases}z_1=y_1-\dfrac{1}{2}y_3\\z_2=y_2-\dfrac{1}{2}y_3\\z_3=y_3\end{cases}$$

即

$$\begin{pmatrix}y_1\\y_2\\y_3\end{pmatrix}=\begin{pmatrix}1&0&\frac{1}{2}\\0&1&\frac{1}{2}\\0&0&1\end{pmatrix}\begin{pmatrix}z_1\\z_2\\z_3\end{pmatrix}$$

得 f 的标准形为 $f(z_1, z_2, z_3)=z_1^2-z_2^2$，所用的可逆线性变换为

$$\begin{pmatrix}x_1\\x_2\\x_3\end{pmatrix}=\begin{pmatrix}1&1&0\\1&-1&0\\0&0&1\end{pmatrix}\begin{pmatrix}1&0&\frac{1}{2}\\0&1&\frac{1}{2}\\0&0&1\end{pmatrix}\begin{pmatrix}z_1\\z_2\\z_3\end{pmatrix}=\begin{pmatrix}1&1&1\\1&-1&0\\0&0&1\end{pmatrix}\begin{pmatrix}z_1\\z_2\\z_3\end{pmatrix}$$

注意　若 f 中没有平方项，但含有交叉项 $x_ix_j(i\neq j)$，可令 $x_i=y_i+y_j$，$x_j=y_i-y_j$，其余 $x_k=y_k(k\neq i, j)$，在此变换下出现平方项，之后再按照配方法即可.

4.6.2　用初等变换法化二次型为标准形

二次型化为标准形的问题，实质上就是寻找一个可逆矩阵 $\boldsymbol{P}$，使 $\boldsymbol{A}$ 合同于对角阵 $\boldsymbol{B}$，于是有下面定理.

定理 4.13　对任何实对称矩阵 $\boldsymbol{A}$，一定存在初等矩阵 $\boldsymbol{P}_1$，$\boldsymbol{P}_2$，…，$\boldsymbol{P}_s$ 使 $\boldsymbol{P}_s^{\mathrm{T}}\cdots\boldsymbol{P}_2^{\mathrm{T}}\boldsymbol{P}_1^{\mathrm{T}}\boldsymbol{A}\boldsymbol{P}_1\boldsymbol{P}_2\cdots\boldsymbol{P}_s=\boldsymbol{B}$，其中 $\boldsymbol{B}$ 为对角矩阵.

证明　因为 $\boldsymbol{A}$ 是对称阵，对二次型 $\boldsymbol{x}^{\mathrm{T}}\boldsymbol{A}\boldsymbol{x}$，一定存在可逆变换 $\boldsymbol{x}=\boldsymbol{P}\boldsymbol{y}$，使

$$\boldsymbol{x}^{\mathrm{T}}\boldsymbol{A}\boldsymbol{x}=(\boldsymbol{P}\boldsymbol{y})^{\mathrm{T}}\boldsymbol{A}(\boldsymbol{P}\boldsymbol{y})=\boldsymbol{y}^{\mathrm{T}}\boldsymbol{P}^{\mathrm{T}}\boldsymbol{A}\boldsymbol{P}\boldsymbol{y}=\boldsymbol{y}^{\mathrm{T}}\boldsymbol{B}\boldsymbol{y}$$

其中 $\boldsymbol{B}=\boldsymbol{P}^{\mathrm{T}}\boldsymbol{A}\boldsymbol{P}$ 为对角矩阵.

因为 $\boldsymbol{P}$ 可逆，所以可以写成初等矩阵 $\boldsymbol{P}_1$，$\boldsymbol{P}_2$，…，$\boldsymbol{P}_s$ 的乘积，即 $\boldsymbol{P}=\boldsymbol{P}_1\boldsymbol{P}_2\cdots\boldsymbol{P}_s$. 所以

$$\begin{aligned}\boldsymbol{P}^{\mathrm{T}}\boldsymbol{A}\boldsymbol{P}&=(\boldsymbol{P}_1\boldsymbol{P}_2\cdots\boldsymbol{P}_s)^{\mathrm{T}}\boldsymbol{A}\boldsymbol{P}_1\boldsymbol{P}_2\cdots\boldsymbol{P}_s\\&=\boldsymbol{P}_s^{\mathrm{T}}\cdots\boldsymbol{P}_2^{\mathrm{T}}\boldsymbol{P}_1^{\mathrm{T}}\boldsymbol{A}\boldsymbol{P}_1\boldsymbol{P}_2\cdots\boldsymbol{P}_s\\&=\boldsymbol{P}_s^{\mathrm{T}}(\cdots(\boldsymbol{P}_2^{\mathrm{T}}(\boldsymbol{P}_1^{\mathrm{T}}\boldsymbol{A}\boldsymbol{P}_1)\boldsymbol{P}_2)\cdots)\boldsymbol{P}_s=\boldsymbol{B}\end{aligned}$$

故 $\boldsymbol{x}^{\mathrm{T}}\boldsymbol{A}\boldsymbol{x}=\boldsymbol{y}^{\mathrm{T}}\boldsymbol{P}^{\mathrm{T}}\boldsymbol{A}\boldsymbol{P}\boldsymbol{y}=\boldsymbol{y}^{\mathrm{T}}\boldsymbol{B}\boldsymbol{y}$，其中 $\boldsymbol{B}=\boldsymbol{P}^{\mathrm{T}}\boldsymbol{A}\boldsymbol{P}$ 为对角矩阵.

为了在初等变换过程中获得可逆矩阵 $\boldsymbol{P}$，应构造一个 $n\times 2n$ 矩阵$(\boldsymbol{A}, \boldsymbol{E})$，$\boldsymbol{E}$ 为 n 阶单位矩阵，然后对$(\boldsymbol{A}, \boldsymbol{E})$作初等行变换，接着作相同的初等列变换，当经过若干次这样的初等变换把 $\boldsymbol{A}$ 变成对角阵 $\boldsymbol{B}$ 时，$\boldsymbol{E}$ 就变成了使 $\boldsymbol{A}$ 化成对角阵的可逆矩阵 $\boldsymbol{P}^{\mathrm{T}}$，即

$$(\boldsymbol{A}, \boldsymbol{E})\xrightarrow{\text{作相同的初等行、列变化}}(\boldsymbol{B}, \boldsymbol{P}^{\mathrm{T}})$$

其中 $\boldsymbol{B}$ 为对角矩阵，从而得到 $\boldsymbol{P}=(\boldsymbol{P}^{\mathrm{T}})^{\mathrm{T}}$.

同理，也可按照下面的初等变换将实对称矩阵对角化：

$$\begin{pmatrix}\boldsymbol{A}\\\boldsymbol{E}\end{pmatrix}\xrightarrow{\text{作相同的初等行、列变化}}\begin{pmatrix}\boldsymbol{B}\\\boldsymbol{P}^{\mathrm{T}}\end{pmatrix}$$

例 4.30　将例 4.28 中二次型 $f(x_1, x_2, x_3)=x_1^2-4x_1x_2+2x_1x_3+x_2^2+2x_2x_3-2x_3^2$ 用初等变换法化为标准形.

解　$$(\boldsymbol{A}, \boldsymbol{E})=\left(\begin{array}{ccc:ccc}1&-2&1&1&0&0\\-2&1&1&0&1&0\\1&1&-2&0&0&1\end{array}\right)\xrightarrow[r_3-r_1]{r_2+2r_1}\left(\begin{array}{ccc:ccc}1&-2&1&1&0&0\\0&-3&3&2&1&0\\0&3&-3&-1&0&1\end{array}\right)$$

$$\xrightarrow[c_3-c_1]{c_2+2c_1}\left(\begin{array}{ccc:ccc}1&0&0&1&0&0\\0&-3&3&2&1&0\\0&3&-3&-1&0&1\end{array}\right)\xrightarrow{r_3+r_2}\left(\begin{array}{ccc:ccc}1&0&0&1&0&0\\0&-3&3&2&1&0\\0&0&0&1&1&1\end{array}\right)$$

$$\xrightarrow{c_3+c_2}\left(\begin{array}{ccc:ccc}1&0&0&1&0&0\\0&-3&0&2&1&0\\0&0&0&1&1&1\end{array}\right)$$

得 $\boldsymbol{P}^{\mathrm{T}}=\begin{pmatrix}1&0&0\\2&1&0\\1&1&1\end{pmatrix}$，则 $\boldsymbol{P}=\begin{pmatrix}1&2&1\\0&1&1\\0&0&1\end{pmatrix}$，所用可逆变换为 $\boldsymbol{x}=\boldsymbol{P}\boldsymbol{y}$，即

$$\begin{cases} x_1 = y_1 + 2y_2 + y_3 \\ x_2 = y_2 + y_3 \\ x_3 = y_3 \end{cases}$$

将 f 化为标准形 $f(y_1, y_2, y_3) = y_1^2 - 3y_2^2$.

4.6.3 标准二次型化为规范二次型

由上面的例子可以看到二次型的标准形与所作的可逆变换有关，一般二次型的标准形是不唯一的，但标准二次型中所含系数不为 0 的平方项的个数是唯一的.

例如，在例 4.30 中，$f(y_1, y_2, y_3) = y_1^2 - 3y_2^2$，令

$$\begin{cases} y_1 = z_2 \\ y_2 = z_1 \\ y_3 = z_3 \end{cases}$$

$\boldsymbol{C} = \begin{pmatrix} 0 & 1 & 0 \\ 1 & 0 & 0 \\ 0 & 0 & 1 \end{pmatrix}$是可逆变换，将原二次型化为

$$f(z_1, z_2, z_3) = -3z_1^2 + z_2^2$$

定义 4.16 若标准二次型中的平方项系数只有 0、-1 和 1，则称其为**规范二次型**.

设二次型

$$f = d_1 x_1^2 + \cdots + d_p x_p^2 - d_{p+1} x_{p+1}^2 - \cdots - d_r x_r^2 \tag{4.8}$$

其中 $d_i > 0 (i = 1, 2, \cdots, r)$，$r$ 是 f 的秩.

作可逆线性变换

$$\begin{cases} x_i = \dfrac{1}{\sqrt{d_i}} y_i & (i = 1, 2, \cdots, r) \\ x_j = y_j & (j = r+1, \cdots, n) \end{cases}$$

可将式(4.8)化为规范二次型：

$$f = y_1^2 + \cdots + y_p^2 - y_{p+1}^2 - \cdots - y_r^2 \tag{4.9}$$

定义 4.17 规范二次型 $f = y_1^2 + \cdots + y_p^2 - y_{p+1}^2 - \cdots - y_r^2$ 中的正项个数 p 称为二次型的**正惯性指数**，负项个数 $r - p$ 称为**负惯性指数**，其中 r 为 f 的秩.

下面不加证明地给出关于规范二次型的定理.

定理 4.14(惯性定理) 任意二次型 $f = \boldsymbol{x}^{\mathrm{T}} \boldsymbol{A} \boldsymbol{x}$ 都可经可逆变换化为规范形：

$$f = y_1^2 + \cdots + y_p^2 - y_{p+1}^2 - \cdots - y_r^2$$

其中 r 为 f 的秩，且规范形是唯一的.

例 4.31 将例 4.25 中求得的标准二次型 $f(y_1, y_2, y_3) = 0y_1^2 + 3y_2^2 - 3y_3^2$ 化为规范形，并求其正惯性指数.

解 标准二次型 $f(y_1, y_2, y_3) = 0y_1^2 + 3y_2^2 - 3y_3^2$ 作可逆变换：

$$\begin{cases} y_1 = u_3 \\ y_2 = u_1 \\ y_3 = u_2 \end{cases}$$

即
$$\boldsymbol{y}=\begin{pmatrix}0&0&1\\1&0&0\\0&1&0\end{pmatrix}\boldsymbol{u}$$

得 $f(u_1, u_2, u_3)=3u_1^2-3u_2^2$，再作可逆变换：

$$\begin{cases}u_1=\dfrac{1}{\sqrt{3}}z_1\\u_2=\dfrac{1}{\sqrt{3}}z_2\\u_3=z_3\end{cases}$$

即
$$\boldsymbol{u}=\begin{pmatrix}\frac{1}{\sqrt{3}}&&\\&\frac{1}{\sqrt{3}}&\\&&1\end{pmatrix}\boldsymbol{z}$$

则 $f(z_1, z_2, z_3)=z_1^2-z_2^2$，其正惯性指数 $p=1$.

习题 4.6

1. 用配方法将下列二次型化为标准形.

(1) $f(x_1, x_2, x_3)=x_1^2+2x_1x_2-2x_2x_3$；

(2) $f(x_1, x_2, x_3)=x_1^2+2x_2^2+2x_1x_2-2x_1x_3$；

(3) $f(x_1, x_2, x_3)=2x_1x_2+2x_1x_3-6x_2x_3$；

(4) $f(x_1, x_2, x_3)=x_1x_2+x_1x_3-3x_2x_3$.

2. 分别用初等变换和配方法将下列二次型化成规范形，并指出其正惯性指数.

(1) $f(x_1, x_2, x_3)=x_1^2-x_3^2+2x_1x_2+2x_2x_3$；

(2) $f(x_1, x_2, x_3)=2x_1x_2+4x_1x_3-4x_2x_3$.

4.7　正定二次型和正定矩阵

在科学技术中用得较多的是正定二次型或负定二次型，本节先给出它们的定义，然后再讨论其判别方法.

4.7.1　二次型的分类

定义 4.18　n 元实二次型可分为以下五类：

(1) 若对任意的非零向量 $\boldsymbol{x}$，都有 $\boldsymbol{x}^{\mathrm{T}}\boldsymbol{A}\boldsymbol{x}>0$，则称 f 为**正定二次型**，对应的矩阵 $\boldsymbol{A}$ 称为**正定矩阵**；

(2) 若对任意的非零向量 $\boldsymbol{x}$，都有 $\boldsymbol{x}^{\mathrm{T}}\boldsymbol{A}\boldsymbol{x}\geqslant 0$，则称 f 为**半正定二次型**，对应的矩阵 $\boldsymbol{A}$ 称为**半正定矩阵**；

(3) 若对任意的非零向量 $\boldsymbol{x}$，都有 $\boldsymbol{x}^{\mathrm{T}}\boldsymbol{A}\boldsymbol{x}<0$，则称 f 为**负定二次型**，对应的矩阵 $\boldsymbol{A}$ 称为**负定矩阵**；

(4) 若对任意的非零向量 $\boldsymbol{x}$，都有 $\boldsymbol{x}^{\mathrm{T}}\boldsymbol{A}\boldsymbol{x}\leqslant 0$，则称 f 为**半负定二次型**，对应的矩阵 $\boldsymbol{A}$ 称为**半负定矩阵**；

(5) 其他的二次型称为**不定二次型**，对应的矩阵 $\boldsymbol{A}$ 称为**不定矩阵**.

例 4.32 判断下列二次型的正定性.

(1) $f(x_1, x_2, x_3)=x_1^2+2x_2^2+3x_3^2$；

(2) $f(x_1, x_2, x_3)=-x_1^2-2x_2^2-3x_3^2$；

(3) $f(x_1, x_2, x_3, x_4)=x_1^2+x_2^2+x_3^2$.

解 (1) 由定义 4.18，对任意的非零向量 $\boldsymbol{x}$，有

$$f(x_1, x_2, x_3)=x_1^2+2x_2^2+3x_3^2>0$$

所以 f 是正定二次型，对应的 $\boldsymbol{A}=\begin{pmatrix}1 & 0 & 0\\ 0 & 2 & 0\\ 0 & 0 & 3\end{pmatrix}$ 为正定矩阵.

(2) 对任意的非零向量 $\boldsymbol{x}$，有

$$f(x_1, x_2, x_3)=-x_1^2-2x_2^2-3x_3^2<0$$

所以 f 是负定二次型，对应的 $\boldsymbol{A}=\begin{pmatrix}-1 & 0 & 0\\ 0 & -2 & 0\\ 0 & 0 & -3\end{pmatrix}$ 为负定矩阵.

(3) 当 $\boldsymbol{x}=(x_1, x_2, x_3, x_4)=(0, 0, 0, k)(k\neq 0)$ 时，$f(x_1, x_2, x_3, x_4)=x_1^2+x_2^2+x_3^2=0$；当 $\boldsymbol{x}=(x_1, x_2, x_3, x_4)=(a, b, c, d)(abc\neq 0)$ 时，$f(x_1, x_2, x_3, x_4)=x_1^2+x_2^2+x_3^2>0$. 所以 $f(x_1, x_2, x_3, x_4)\geqslant 0$，故 f 是半正定二次型，对应的 $\boldsymbol{A}=\begin{pmatrix}1 & & & \\ & 1 & & \\ & & 1 & \\ & & & 0\end{pmatrix}$ 为半正定矩阵.

对于一个表达式较复杂的二次型来说，如果直接由定义 4.18 来判断它的正定性，一般来说是比较麻烦的. 下面给出其他的判定方法.

4.7.2 二次型正定性的判别方法

定理 4.15 n 元二次型 $f=\boldsymbol{x}^{\mathrm{T}}\boldsymbol{A}\boldsymbol{x}$ 正定的充分必要条件是：它的标准形的 n 个系数全为正，即它的正惯性指数为 n.

证明 设 f 在可逆变换 $\boldsymbol{x}=\boldsymbol{P}\boldsymbol{y}$ 下的标准形为 $f=k_1y_1^2+k_2y_2^2+\cdots+k_ny_n^2$.

充分性：设 $k_i>0(i=1, 2, \cdots, n)$，对任意的 $\boldsymbol{x}\neq\boldsymbol{0}$ 有，$\boldsymbol{y}=\boldsymbol{P}^{-1}\boldsymbol{x}\neq\boldsymbol{0}$，故 $f=k_1y_1^2+k_2y_2^2+\cdots+k_ny_n^2>0$，即 f 正定.

必要性：设 f 是正定的. 假设存在某个 $k_i \leqslant 0(i=1, 2, \cdots, n)$，取 $\boldsymbol{y}=\boldsymbol{e}_i=(0, \cdots, 0, 1, 0, \cdots, 0)^{\mathrm{T}} \neq \boldsymbol{0}$，代入 f 的标准形中，这与 f 正定矛盾.

故有 $k_i>0(i=1, 2, \cdots, n)$.

由定理 4.15 很容易得到下面的结论：

推论 4.5　二次型 $f=\boldsymbol{x}^{\mathrm{T}}\boldsymbol{A}\boldsymbol{x}$ 正定的充分必要条件是它的矩阵 $\boldsymbol{A}$ 的特征值都是正数.

推论 4.6　对称矩阵 $\boldsymbol{A}$ 正定的充分必要条件是它的特征值都是正数.

例如：$f(x_1, x_2, x_3)=x_1^2+2x_2^2+3_3^2$ 是正定的，因为其矩阵 $\boldsymbol{A}=\begin{pmatrix}1 & 0 & 0\\ 0 & 2 & 0\\ 0 & 0 & 3\end{pmatrix}$，特征值均为正数，所以 $\boldsymbol{A}$ 也是正定的.

推论 4.7　对称矩阵 $\boldsymbol{A}$ 正定的充分必要条件是 $\boldsymbol{A}$ 与单位矩阵 $\boldsymbol{E}$ 合同.

定理 4.16(霍尔维茨定理)

(1) 实对称矩阵 $\boldsymbol{A}=(a_{ij})_{n\times n}$ 正定的必要条件是 $\boldsymbol{A}$ 的各阶顺序主子式都大于 0，即

$$a_{11}>0,\ \begin{vmatrix}a_{11} & a_{12}\\ a_{21} & a_{22}\end{vmatrix}>0,\ \cdots,\ \begin{vmatrix}a_{11} & a_{12} & \cdots & a_{1n}\\ a_{21} & a_{22} & \cdots & a_{2n}\\ \vdots & \vdots & & \vdots\\ a_{n1} & a_{n2} & \cdots & a_{nn}\end{vmatrix}>0$$

(2) 对称矩阵 $\boldsymbol{A}$ 为负定的充分必要条件是奇数阶顺序主子式小于 0，而偶数阶顺序主子式大于 0.

例 4.33　判别二次型 $f(x_1, x_2, x_3)=3x_1^2+4x_2^2+5x_3^2+4x_1x_2-4x_2x_3$ 是否是正定的.

解　二次型的矩阵为

$$\boldsymbol{A}=\begin{pmatrix}3 & 2 & 0\\ 2 & 4 & -2\\ 0 & -2 & 5\end{pmatrix}$$

$\boldsymbol{A}$ 的顺序主子式：

$$D_1=3>0,\ D_2=\begin{vmatrix}3 & 2\\ 2 & 4\end{vmatrix}=8>0,\ D_3=\begin{vmatrix}3 & 2 & 0\\ 2 & 4 & -2\\ 0 & -2 & 5\end{vmatrix}=28>0$$

所以 $\boldsymbol{A}$ 是正定矩阵.

例 4.34　设二次型为 $f(x_1, x_2, x_3)=-3x_1^2-2x_2^2-5x_3^2+4x_1x_2+4x_1x_3$，判断 f 的正定性.

解　二次型 f 的矩阵 $\boldsymbol{A}=\begin{pmatrix}-3 & 2 & 2\\ 2 & -2 & 0\\ 2 & 0 & -5\end{pmatrix}$，各阶顺序主子式为

$$D_1=-3<0,\ D_2=\begin{vmatrix}-3 & 2\\ 2 & -2\end{vmatrix}=2>0,\ D_3=\begin{vmatrix}-3 & 2 & 2\\ 2 & -2 & 0\\ 2 & 0 & -5\end{vmatrix}=-2<0$$

由定理 4.16 知，f 是负定二次型.

例 4.35 设二次型 $f(x_1, x_2, x_3)=x_1^2+2x_1x_2+x_2^2-4x_2x_3-4x_1x_3+4x_3^2$，判断 f 的正定性.

解 $f(x_1, x_2, x_3)=(x_1+x_2-2x_3)^2\geqslant 0$

当 $x_1+x_2-2x_3=0$ 时，$f=0$，所以 f 是半正定二次型，对应的矩阵是半正定矩阵.

例 4.36 设二次型 $f(x_1, x_2, x_3)=x_1^2+4x_1x_2+3x_2^2-2x_2x_3-x_3^2$，判断 f 的正定性.

解 因为 $f(1, 1, 0)=8>0$，$f(1, 0, 2)=-3<0$，所以 f 为不定二次型，其相应的矩阵也是不定矩阵.

习题 4.7

1. 判断下列二次型是否为正定二次型.

(1) $f(x_1, x_2, x_3)=5x_1^2+x_2^2+5x_3^2+4x_1x_2-8x_1x_3-4x_2x_3$；

(2) $f(x_1, x_2, x_3)=-x_1^2-6x_2^2-4x_3^2+2x_1x_2+2x_1x_3$；

(3) $f(x_1, x_2, x_3)=5x_1^2+6x_2^2+4x_3^2-4x_1x_2-4x_1x_3$；

(4) $f(x, y, z)=-5x^2-6y^2-4z^2+4xy+4xz$.

2. 当 k 取何值时，二次型 $f=x_1^2+2x_2^2+kx_3^2+2x_1x_2+4x_1x_3+6x_2x_3$ 为正定的？

3. 设二次型 $f(x_1, x_2, x_3)=x_1^2+x_2^2+x_3^2+2ax_1x_2+2bx_2x_3$ $(a, b\in\mathbf{R})$，判断 f 的正定性.

4.8 应用案例

案例 4.1 工业发展与污染问题

考虑一个发展中国家有关污染和工业发展的工业增长模型. 设 p 是现在污染的程度，d 是现在工业发展的水平(二者都可以由各种适当指标组成的单位来度量. 如对于污染来说，空气中一氧化碳的含量、河流中的污染物等均可作为指标).

p_1，d_1 分别表示 5 年后的污染程度和工业发展水平. 根据发展中国家类似的经验，得到一个简单的线性模型，即 5 年后污染程度和工业发展水平的预测公式：

$$\begin{cases} p_{n+1}=p_n+2d_n \\ d_{n+1}=2p_n+d_n \end{cases} \tag{4.10}$$

假设现在状况是 $p_0=4$，$d_0=2$，推测未来 50 年污染程度和工业发展水平. 记

$$\boldsymbol{X}_n=\begin{pmatrix} p_n \\ d_n \end{pmatrix},\ \boldsymbol{A}=\begin{pmatrix} 1 & 2 \\ 2 & 1 \end{pmatrix},\ \boldsymbol{X}_0=\begin{pmatrix} 4 \\ 2 \end{pmatrix}$$

其中 $\boldsymbol{A}$ 为系数矩阵(迁移矩阵)，$\boldsymbol{X}_0$，$\boldsymbol{X}_n$ 分别表示初始和几年后的污染程度及工业发展水平向量. 则式(4.10)可以改写成

$$X_{n+1}=AX_n=\begin{pmatrix}1&2\\2&1\end{pmatrix}\begin{pmatrix}p_n\\d_n\end{pmatrix} \tag{4.11}$$

式(4.11)相当于一个递推公式，有

$$X_{n+1}=AAX_{n-1}=A^2X_{n-1}=A^2AX_{n-2}=A^3X_{n-2}=\cdots=A^{n+1}X_0$$

求得矩阵 A 的全部特征值为 3，－1，对应的特征向量分别为

$$\alpha=\begin{pmatrix}1\\1\end{pmatrix},\ \beta=\begin{pmatrix}-1\\1\end{pmatrix}$$

初始向量 X_0 可以改写为 $X_0=3\alpha-\beta$，代入上式，得

$$X_{n+1}=A^{n+1}(3\alpha-\beta)=3A^{n+1}\alpha-A^{n+1}\beta$$

根据特征值与特征向量的性质，有

$$X_{n+1}=3\cdot 3^{n+1}\alpha-(-1)^{n+1}\beta$$

由此可得如下预测结果：

	目前	5 年	10 年	15 年	20 年	25 年	30 年	…	50 年
p_n	4	8	28	80	244	728	2188	…	177 148
d_n	2	10	26	82	242	730	2186	…	177 146

案例 4.2　预测行业发展趋势

设某城市共有 30 万人从事农工商各行业的工作. 假定这个总人数在若干年内保持不变，而社会调查表明：

(1) 在这 30 万就业人员中，目前约有 15 万人从事农业，9 万人从事工业，还有 6 万人经商；

(2) 在从事农业的人员中，每年约有 20%改为从事工业，10%改为经商；

(3) 在从事工业的人员中，每年约有 20%改为从事农业，10%改为经商；

(4) 在经商人员中，每年约有 10%改为从事农业，10%改为从事工业.

现欲预测一两年后从事各行业人员的人数，以及经过多年之后从事各业人员总数的发展趋势.

用 3 维列向量 x_i 表示第 i 年后从事这三种行业的人员总数(单位：万)，则已知

$$x_0=\begin{pmatrix}15\\9\\6\end{pmatrix},\ x_i=\begin{pmatrix}x_{i1}\\x_{i2}\\x_{i3}\end{pmatrix}\quad(i=1,\ 2)$$

据社会调查结果有

$$\begin{cases}x_{11}=15\times0.7+9\times0.2+6\times0.1=12.9\\x_{12}=15\times0.2+9\times0.7+6\times0.1=9.9\\x_{13}=15\times0.1+9\times0.1+6\times0.8=7.2\end{cases}$$

记

$$A=\begin{pmatrix}0.7&0.2&0.1\\0.2&0.7&0.1\\0.1&0.1&0.8\end{pmatrix},\ x_1=\begin{pmatrix}12.9\\9.9\\7.2\end{pmatrix}$$

上述线性方程组可写成矩阵形式：

$$Ax_0=x_1$$

显然，有

$$x_2=Ax_1=A^2x_0=\begin{pmatrix}11.73\\10.23\\8.04\end{pmatrix}$$

所以，一年后从事农业、工业、商业的人数分别为12.9万、9.9万、7.2万；两年后从事农业、工业、商业的人数分别为11.73万、10.23万、8.04万.

经若干年后，设n年后，则

$$x_n=Ax_{n-1}=A^nx_0$$

要分析x_n就需要计算A^n. 因为A是实对称矩阵，故可以对角化. 用Matlab软件求解(见第5.2节内容)，可以得到对应的对角矩阵和可逆变换矩阵分别为

$$\Lambda=\begin{pmatrix}1.0&0&0\\0&0.7&0\\0&0&0.5\end{pmatrix},\ P=\begin{pmatrix}0.5774&0.4082&0.7071\\0.5774&0.4082&-0.7071\\0.5774&-0.8165&0\end{pmatrix}$$

因为$A=P\Lambda P^{-1}$，所以

$$A^n=P\Lambda^nP^{-1}=P\begin{pmatrix}1.0&0&0\\0&0.7&0\\0&0&0.5\end{pmatrix}^nP^{-1}=P\begin{pmatrix}1&0&0\\0&0.7^n&0\\0&0&0.5^n\end{pmatrix}P^{-1}$$

当$n\to\infty$时，

$$\lim_{n\to\infty}A^n=\lim_{n\to\infty}P\Lambda^nP^{-1}=P\begin{pmatrix}1&0&0\\0&0&0\\0&0&0\end{pmatrix}P^{-1}=\frac{1}{3}\begin{pmatrix}1&1&1\\1&1&1\\1&1&1\end{pmatrix}$$

此时，

$$\lim_{n\to\infty}x_n=\lim_{n\to\infty}A^nx_0=\frac{1}{3}\begin{pmatrix}1&1&1\\1&1&1\\1&1&1\end{pmatrix}\begin{pmatrix}15\\9\\6\end{pmatrix}=\begin{pmatrix}10\\10\\10\end{pmatrix}$$

即按此规律转移，n年后从事这三种行业的人数将趋于相等，均为10万人.

案例4.3 受教育程度的预测

社会学的某些调查成果表明，儿童受教育的水平依赖于他们父母受教育的水平. 调查过程将人受教育的程度划分为三类. E类：这类人具有初中或高中以下程度；S类：这类人具有高中文化程度；C类：这类人受过高等教育. 当父母(指文化程度较高者)是这三类人中的一类时，其子女将属于这三类人中任一类的概率(占总数的百分比)如表4.1所示.

表 4.1　子女属于三类人中任一类的概率

父母	子女		
	E	S	C
E	0.6	0.3	0.1
S	0.4	0.4	0.2
C	0.1	0.2	0.7

问题：属于 S 类的人口中，其第三代将接受高等教育的百分比是多少？假设不同的调查结果表明，如果父母之一受过高等教育，那么他们的子女总是可以进入大学，修改上面的概率转移矩阵；根据上一假设，每一类人口的后代平均要经过多少代，最终都可以接受高等教育？

根据调查表可得概率转移矩阵

$$\boldsymbol{A}=\begin{pmatrix}0.6 & 0.3 & 0.1\\ 0.4 & 0.4 & 0.2\\ 0.1 & 0.2 & 0.7\end{pmatrix}$$

表示当父母是这三类人中的某一类时，其子女将属于这三类中的任一类的概率，经过两次转移得

$$\boldsymbol{A}^2=\begin{pmatrix}0.49 & 0.32 & 0.19\\ 0.42 & 0.32 & 0.26\\ 0.21 & 0.25 & 0.54\end{pmatrix}$$

即反映当祖父母是这三类人中的某一类时第三代的受教育程度，$\boldsymbol{A}^3$，$\boldsymbol{A}^4$，…，依次类推. 所以，属于 S 类的人口中，其第三代将接受高等教育的概率是 26%.

$\boldsymbol{A}$ 的三个特征值分别为 $\lambda_1=1$，$\lambda_2=\dfrac{7+\sqrt{21}}{20}=0.5791$，$\lambda_3=\dfrac{7-\sqrt{21}}{20}=0.1209$，$\boldsymbol{A}$ 可以对角化.

当 $n\to\infty$ 时，$\lambda_1^n\to 1$，$\lambda_2^n\to 0$，$\lambda_3^n\to 0$，$\boldsymbol{A}^n\to\begin{pmatrix}0.3784 & 0.2973 & 0.3243\\ 0.3784 & 0.2973 & 0.3243\\ 0.3784 & 0.2973 & 0.3243\end{pmatrix}$.

不论现在的受教育水平的比例如何，按照这种趋势发展下去，其最终属于 E、S、C 类人口的比例分别为 37.84%、29.73%、33.43%.

假设父母之一受过高等教育，那么他们的子女总是可以进入大学，则上面的概率转移矩阵可修改为 $\boldsymbol{A}=\begin{pmatrix}0.6 & 0.3 & 0.1\\ 0.4 & 0.4 & 0.2\\ 0 & 0 & 1\end{pmatrix}$.

根据该假设，可以计算

$$\boldsymbol{A}^2=\begin{pmatrix}0.48 & 0.30 & 0.22\\ 0.40 & 0.28 & 0.32\\ 0 & 0 & 1\end{pmatrix}$$

$$\boldsymbol{A}^{10}=\begin{pmatrix}0.1423 & 0.0927 & 0.7651\\ 0.1236 & 0.0805 & 0.7960\\ 0 & 0 & 1\end{pmatrix}$$

$$\boldsymbol{A}^{30}=\begin{pmatrix}0.0071 & 0.0046 & 0.9883\\ 0.0061 & 0.0040 & 0.9899\\ 0 & 0 & 1\end{pmatrix}$$

$$\boldsymbol{A}^{60}=\begin{pmatrix}0.00008 & 0.00005 & 0.99987\\ 0.00007 & 0.00004 & 0.99989\\ 0 & 0 & 1\end{pmatrix},\ \cdots$$

$\boldsymbol{A}$ 的三个特征值分别为 $\lambda_1=\dfrac{10+\sqrt{52}}{20}=0.8606$，$\lambda_2=\dfrac{10-\sqrt{52}}{20}=0.1394$，$\lambda_3=1$，特征值均不相同，故可以对角化.

当 $n\to\infty$ 时，$\lambda_1^n\to0$，$\lambda_2^n\to0$，$\lambda_3^n\to1$，$\boldsymbol{A}^n\to\begin{pmatrix}0 & 0 & 1\\ 0 & 0 & 1\\ 0 & 0 & 1\end{pmatrix}$.

所以，如果父母之一接受过高等教育，那么他们的子女总是可以进入大学的，不论现在的受教育水平的比例如何，按照这种趋势发展下去，其最终属于 E、S、C 类人口的比例分别为 0、0、100%. 由此可以看出，按照这种趋势发展下去，其最终趋势是所有人都可以接受高等教育.

案例 4.4　化二次曲面方程为标准方程

已知二次曲面方程：

$$x^2-2y^2+10z^2+28xy-8yz+20zx-26x+32y+28z-38=0$$

将其化为只含有纯平方项和常数项的标准方程.

化为标准方程需要先将二次齐次部分通过线性变换化为只含平方项，然后再结合一次项进行配方，最终化为标准方程.

第一步，将方程中的二次型部分

$$x^2-2y^2+10z^2+28xy-8yz+20zx$$

化为标准形. 写出该二次型对应的矩阵：

$$\boldsymbol{A}=\begin{pmatrix}1 & 14 & 10\\ 14 & -2 & -4\\ 10 & -4 & 10\end{pmatrix}$$

求出特征值为 $\lambda_1=9$，$\lambda_2=18$，$\lambda_3=-18$，对应的特征向量分别为 $\boldsymbol{\xi}_1=\begin{pmatrix}1\\2\\-2\end{pmatrix}$，$\boldsymbol{\xi}_2=\begin{pmatrix}2\\1\\2\end{pmatrix}$，$\boldsymbol{\xi}_3=\begin{pmatrix}2\\-2\\-1\end{pmatrix}$. 因其特征值均不相等，所以它们正交，只需要将它们单位化后得到正交矩阵：

$$P=\begin{pmatrix} \frac{1}{3} & \frac{2}{3} & \frac{2}{3} \\ \frac{2}{3} & \frac{1}{3} & -\frac{2}{3} \\ -\frac{2}{3} & \frac{2}{3} & -\frac{1}{3} \end{pmatrix}$$

做正交变换 $\boldsymbol{x}=\boldsymbol{P}\boldsymbol{y}$，$\boldsymbol{x}=\begin{pmatrix} x \\ y \\ z \end{pmatrix}$，$\boldsymbol{y}=\begin{pmatrix} x' \\ y' \\ z' \end{pmatrix}$，代入二次型部分得到其标准形为

$$9x'^2+18y'^2-18z'^2$$

将

$$\begin{cases} x=\frac{1}{3}x'+\frac{2}{3}y'+\frac{2}{3}z' \\ y=\frac{2}{3}x'+\frac{1}{3}y'-\frac{2}{3}z' \\ z=-\frac{2}{3}x'+\frac{2}{3}y'-\frac{1}{3}z' \end{cases} \tag{4.12}$$

代入原曲面方程，整个曲面方程化为

$$9x'^2+18y'^2-18z'^2-6x'+12y'-48z'-38=0$$

配方得

$$\left(x'-\frac{1}{3}\right)^2+2\left(y'+\frac{1}{3}\right)^2-2\left(z'+\frac{4}{3}\right)^2=1 \tag{4.13}$$

故令

$$\begin{cases} x''=x'-\frac{1}{3} \\ y''=y'+\frac{1}{3} \\ z''=z'+\frac{4}{3} \end{cases} \tag{4.14}$$

可得曲面的标准方程：

$$x''^2+2y''^2-2z''^2=1 \tag{4.15}$$

由此可见，该方程的图形为单页双曲面.

本案例中原曲面是在空间直角坐标系 $Oxyz$ 下的方程，方程中的 x，y，z 是空间向量在自然基 $\boldsymbol{e}_1$，$\boldsymbol{e}_2$，$\boldsymbol{e}_3$ 下的坐标，当自然基转变为 $\boldsymbol{\varepsilon}_1$，$\boldsymbol{\varepsilon}_2$，$\boldsymbol{\varepsilon}_3$，即

$$\boldsymbol{\varepsilon}_1=\begin{pmatrix} \frac{1}{3} \\ \frac{2}{3} \\ -\frac{2}{3} \end{pmatrix}，\boldsymbol{\varepsilon}_2=\begin{pmatrix} \frac{2}{3} \\ \frac{1}{3} \\ \frac{2}{3} \end{pmatrix}，\boldsymbol{\varepsilon}_3=\begin{pmatrix} \frac{2}{3} \\ -\frac{2}{3} \\ -\frac{1}{3} \end{pmatrix}$$

时，坐标向量由 $\boldsymbol{x}=\begin{pmatrix}x\\y\\z\end{pmatrix}$ 变换为 $\boldsymbol{y}=\begin{pmatrix}x'\\y'\\z'\end{pmatrix}$。两者的关系即为正交变换 $\boldsymbol{x}=\boldsymbol{P}\boldsymbol{y}$. 因此方程组(4.12)表示通过正交变换得到曲面在基 $\boldsymbol{\varepsilon}_1$，$\boldsymbol{\varepsilon}_2$，$\boldsymbol{\varepsilon}_3$ 下的坐标方程(4.13). 再通过平移变换方程组(4.14)就得到曲面在空间坐标系 $O''x''y''z''$下的标准方程(4.15)，新坐标系的原点 O'' 在坐标系 $O'x'y'z'$下的坐标为$\left(\frac{1}{3}, -\frac{1}{3}, -\frac{4}{3}\right)^{\mathrm{T}}$.

从本案例中可以看出，当二次曲面的中心与坐标原点重合时，总可以通过正交变换将其化为标准形，对中心不在坐标原点的二次曲面，可以通过一个正交变换和一个平移变换使其成为标准形.

拓展阅读

二次型理论发展简介

二次型理论来源于解析几何中的化二次曲线及二次曲面方程为标准方程问题. 对二次型理论的研究始于 18 世纪中期. 1748 年，瑞士数学家欧拉(Euler，1707—1783)讨论了三元二次型的化简问题. 1826 年，法国数学家柯西(Cauchy，1789—1857)开始研究化三元二次型为标准形问题，他利用特征根概念解决了 n 元二次型化简问题，并且证明了两个 n 元二次型可用非退化线性替换同时化成标准形. 1801 年，德国数学家高斯(Gauss，1777—1855)在他的《算术研究》中引进了正定二次型等有关概念. 1852 年，西尔维斯特提出了惯性定律，即任何 n 元二次型经过非退线性替换总可以化成标规范型，但是当时他没有给出证明. 1857 年，德国数学家雅克比(Jacobi，1804—1851)证明了这个结果. 1858 年，德国数学家魏尔斯特拉斯对同时化两个二次型成平方和给出了一般方法，并证明了若二次型之一是正定的，即使某些特征值相等，这个化简也是可能的. 1868 年，他已完成二次型的理论体系，并将这些结果推广到了双线性型.

卡尔·特奥多尔·威廉·魏尔斯特拉斯(Karl Theodor Wilhelm Weierstrass，1815—1897)

德国数学家，1815 年 10 月 31 日生于德国威斯特伐利亚地区的奥斯登费尔特，1897 年 2 月 19 日卒于柏林。魏尔斯特拉斯作为现代分析之父，工作涵盖：幂级数理论、实分析、复变函数、阿贝尔函数、无穷乘积、变分学、双线型与二次型、整函数等。他的论文与教学影响了整个 20 世纪分析学(甚至整个数学)的风貌.

魏尔斯特拉斯中学毕业时成绩优秀，共获 7 项奖，其中包括数学，但他的父亲却把他送到波恩大学去学习法律和商业，希望他将来在普鲁士民政部当一名文官. 魏尔斯特拉斯对商业和法律毫无兴趣. 在波恩大学他把相当一部分时间花在自学他所喜欢的数学上，攻读了包括拉普拉斯的《天体力学》在内的一些名著. 在波恩大学度过四年之后，魏尔斯特拉斯没有得到他父亲所希望的法

律博士学位，连硕士学位也没有得到. 这使他父亲勃然大怒，最终魏尔斯特拉斯被送到明斯特去准备教师资格考试. 1841 年，他正式通过了教师资格考试. 魏尔斯特拉斯在获得中学教师资格后开始了一种双重的生活. 他白天教课，晚上攻读研究阿贝尔等人的数学著作，并写了许多论文. 其中有少数发表在当时德国中学发行的一种不定期刊物《教学简介》上，但正如魏尔斯特拉斯后来的学生、瑞典数学家米塔·列夫勒所说的那样："没有人会到中学的《教学简介》中去寻找有划时代意义的数学论文." 不过魏尔斯特拉斯这一段时间的业余研究，却奠定了他一生数学创造的基础. 而且，这一段当时看起来默默无闻的生活，其实蕴含着巨大的力量——这就不得不提到魏尔斯特拉斯一个最大的特点：他不仅是一位伟大的数学家，而且是一位杰出的教育家！在这偏僻的中学当预科班的数学老师的时候，他为了能够让自己的学生们更好地理解微积分中最重要的极限概念，而改变了柯西等人当时对极限的定义，创造了著名的、在大学数学分析教科书中一直沿用的极限的 ε-δ 定义，以及完整的一套类似的表示法，使得数学分析的叙述终于达到了真正的精确化. 一直到 1853 年，魏尔斯特拉斯将一篇关于阿贝尔函数的论文寄给了德国数学家克雷尔(August Leopold Crelle，1780.3.11—1855.10.6)主办的《纯粹与应用数学杂志》(常常简称《数学杂志》)，这才使他时来运转. 克雷尔的杂志素以向有创造力的青年数学家开放而著称. 他接受了魏尔斯特拉斯的论文并在第二年就发表出来，随即引起了轰动. 哥尼斯堡大学一位数学教授亲自到魏尔斯特拉斯当时任教的布伦斯堡中学向他颁发了哥尼斯堡大学博士学位证书. 普鲁士教育部宣布晋升魏尔斯特拉斯，并给了他一年假期带职从事研究. 此后，他再也没有回到布伦斯堡. 1856 年，也就是他当了 15 年中学教师后，魏尔斯特拉斯被任命为柏林工业大学数学教授，同年被选进柏林科学院. 他后来又转到柏林大学任教授直到去世.

自测题四

(A)

一、填空题

1. 设三阶矩阵 $\boldsymbol{A}$ 的特征值为 $\lambda_1=-1$(二重)，$\lambda_2=4$，则 $|\boldsymbol{A}|=$_______，$\mathrm{tr}\boldsymbol{A}=$_______.

2. 若 $\boldsymbol{A}=\begin{pmatrix}1 & a\\ 0 & 1\end{pmatrix}$，且 $\boldsymbol{A}^{-1}=\boldsymbol{A}^{\mathrm{T}}$，则 $a=$________.

3. (2015 年数二 14)设三阶矩阵 $\boldsymbol{A}$ 的特征值为 2，-2，1，$\boldsymbol{B}=\boldsymbol{A}^2-\boldsymbol{A}+\boldsymbol{E}$，其中 $\boldsymbol{E}$ 为三阶单位矩阵，则行列式 $|\boldsymbol{B}|=$________.

4. $x^2+2y^2+2xy+6yz+3$______二次型；$2x_1x_2+2x_1x_3-6x_2x_3=0$________二次型. (填"是"或者"不是")

5. 二次型 $f(x_1, x_2, x_3)=-x_1^2+2x_1x_2-4x_2x_3+2x_3^2$ 用矩阵记号表示为_________.

二、单项选择题

1. 下列矩阵可对角化的是(　　).

A. $\begin{pmatrix}1&2&0\\0&1&0\\0&0&2\end{pmatrix}$　B. $\begin{pmatrix}1&0&2\\0&2&0\\0&0&1\end{pmatrix}$　C. $\begin{pmatrix}1&2&0\\0&2&0\\0&0&1\end{pmatrix}$　D. $\begin{pmatrix}1&1&1\\0&1&0\\0&0&2\end{pmatrix}$

2. 设方阵 $\boldsymbol{A}$ 与 $\boldsymbol{B}$ 相似，则(　　).

A. $\boldsymbol{A}-\lambda\boldsymbol{E}=\boldsymbol{B}-\lambda\boldsymbol{E}$　B. $\boldsymbol{A}$ 与 $\boldsymbol{B}$ 有相同的特征值和特征向量

C. $\boldsymbol{A}$ 与 $\boldsymbol{B}$ 都相似于一个对角阵　D. 对任意常数 t，$\boldsymbol{A}-t\boldsymbol{E}$ 与 $\boldsymbol{B}-t\boldsymbol{E}$ 相似

3. 设 $\lambda=2$ 是可逆矩阵 $\boldsymbol{A}$ 的一个特征值，则矩阵 $\left(\frac{1}{3}\boldsymbol{A}^2\right)^{-1}$ 的特征值可以等于(　　).

A. $\frac{4}{9}$　B. $\frac{3}{4}$　C. $\frac{9}{16}$　D. $\frac{16}{9}$

4. 若二次曲面的方程 $x^2+3y^2+z^2+2axy+2xz+2yz=4$ 经正交变换化为 $y_1^2+4z_1^2=4$，则 $a=$(　　).

A. -1　B. 0　C. 1　D. 2

5. 设矩阵 $\boldsymbol{A}=\begin{pmatrix}2&-1&-1\\-1&2&-1\\-1&-1&2\end{pmatrix}$，$\boldsymbol{B}=\begin{pmatrix}1&0&0\\0&1&0\\0&0&0\end{pmatrix}$，则 $\boldsymbol{A}$ 与 $\boldsymbol{B}$(　　).

A. 合同，且相似　B. 合同，但不相似

C. 不合同，但相似　D. 既不合同，也不相似

三、解答题

1. 求矩阵 $\boldsymbol{A}=\begin{pmatrix}1&-1&1\\1&3&-1\\1&1&1\end{pmatrix}$ 的特征值与特征向量.

2. 用施密特正交化方法，将向量组正交规范化.

$$\boldsymbol{\alpha}_1=(1,1,1,1),\ \boldsymbol{\alpha}_2=(1,-1,0,4),\ \boldsymbol{\alpha}_3=(3,5,1,-1)$$

3. 矩阵 $\boldsymbol{A}=\begin{pmatrix}1&-1&1\\2&4&-2\\-3&-3&5\end{pmatrix}$ 是否能对角化？若可对角化，试求可逆矩阵 $\boldsymbol{P}$，使 $\boldsymbol{P}^{-1}\boldsymbol{A}\boldsymbol{P}$ 为对角阵.

4. 设三阶矩阵 $\boldsymbol{A}=\begin{pmatrix}2&1&1\\0&2&0\\0&-1&1\end{pmatrix}$，求 $\boldsymbol{A}^n$(n 为正整数).

5. 已知三阶矩阵 $\boldsymbol{A}$ 的特征值为 -1，1，2，矩阵 $\boldsymbol{B}=\boldsymbol{A}-3\boldsymbol{A}^2$. 试求 $\boldsymbol{B}$ 的特征值和 $|\boldsymbol{B}|$.

6. 设矩阵 $\boldsymbol{A}$ 与 $\boldsymbol{B}$ 相似，其中 $\boldsymbol{A}=\begin{pmatrix}1&-1&1\\2&4&-2\\-3&-3&a\end{pmatrix}$，$\boldsymbol{B}=\begin{pmatrix}2&&\\&2&\\&&b\end{pmatrix}$，(1) 求 a，b 的值；(2) 求可逆矩阵 $\boldsymbol{P}$，使 $\boldsymbol{P}^{-1}\boldsymbol{A}\boldsymbol{P}=\boldsymbol{B}$.

7. 写出对称矩阵$\begin{pmatrix} 1 & -\frac{1}{2} & \frac{1}{2} \\ -\frac{1}{2} & 0 & -2 \\ \frac{1}{2} & -2 & 2 \end{pmatrix}$所对应的二次型.

8. 用配方法化二次型 $f=x_1^2+x_2^2+x_3^2+2x_1x_2+2x_2x_3+2x_1x_3$ 为标准形，并求所用的可逆线性变换.

9. 设 $f=2x_1x_2+2x_1x_3-2x_1x_4-2x_2x_3+2x_2x_4+2x_3x_4$，求一个正交变换 $\boldsymbol{x}=\boldsymbol{P}\boldsymbol{y}$，把该二次型化为标准形.

10. 判别下列二次型是否为正定二次型：

(1) $f(x_1, x_2, x_3)=5x_1^2+6x_2^2+4x_3^2-4x_1x_2-4x_2x_3$;

(2) $f(x_1, x_2, x_3)=10x_1^2+2x_2^2+x_3^2+8x_1x_2+24x_1x_3-28x_2x_3$.

11. 设 $\boldsymbol{A}$，$\boldsymbol{B}$ 是两个实对称矩阵，试证：存在正交矩阵 $\boldsymbol{Q}$，使 $\boldsymbol{Q}^{-1}\boldsymbol{A}\boldsymbol{Q}=\boldsymbol{B}$ 的充分必要条件是 $\boldsymbol{A}$，$\boldsymbol{B}$ 有相同的特征值.

12. 如果 $\boldsymbol{A}$，$\boldsymbol{B}$ 为 n 阶正定矩阵，则 $\boldsymbol{A}+\boldsymbol{B}$ 也为正定矩阵.

13. 设 $\boldsymbol{A}$ 是一个实对称矩阵，试证：对于实数 t，当 t 充分大时，$t\boldsymbol{E}+\boldsymbol{A}$ 为正定矩阵.

(B)

一、填空题

1. 设 n 阶矩阵 $\boldsymbol{A}$ 的元素全为 1，则 $\boldsymbol{A}$ 的 n 个特征值为________.

2. 设阶矩阵 $\boldsymbol{A}$ 为正交阵，则 $|\boldsymbol{A}=|$ ________.

3. 二次型 $f(x_1, x_2, x_3)=2x_1^2+x_2^2+x_3^2+2x_1x_2+tx_2x_3$ 是正定的，则 t 的取值范围是________.

4. 如果 $\boldsymbol{A}=\begin{pmatrix} 1 & 2 & 3 \\ 2 & x & 6 \\ 3 & 6 & x \end{pmatrix}$ 正定，则 x 的取值范围是____________.

5. 二次型 $f(x_1, x_2)=20x_1^2+14x_1x_2-10x_2^2$ 对应的矩阵是____________.

二、单项选择题

1. 设 $\boldsymbol{A}$，$\boldsymbol{B}$ 均为 n 阶矩阵，且 $\boldsymbol{A}$ 与 $\boldsymbol{B}$ 合同，下列选项中正确的是(　　).

A. $\boldsymbol{A}$ 与 $\boldsymbol{B}$ 相似　　B. $|\boldsymbol{A}|=|\boldsymbol{B}|$

C. $\boldsymbol{A}$ 与 $\boldsymbol{B}$ 有相同的特征值　　D. $R(\boldsymbol{A})=R(\boldsymbol{B})$

2. 如果 $\boldsymbol{A}$ 是正定矩阵，则(　　).

A. $\boldsymbol{A}^{\mathrm{T}}$ 和 $\boldsymbol{A}^{-1}$ 也正定，但 $\boldsymbol{A}^*$ 不一定　　B. $\boldsymbol{A}^{-1}$和 $\boldsymbol{A}^*$ 也正定，但 $\boldsymbol{A}^{\mathrm{T}}$ 不一定

C. $\boldsymbol{A}^{\mathrm{T}}$，$\boldsymbol{A}^{-1}$，$\boldsymbol{A}^*$ 都正定矩阵　　D. 无法确定

3. 二次型 $\boldsymbol{x}^{\mathrm{T}}\boldsymbol{A}\boldsymbol{x}$ 正定的充要条件是(　　).

A. 负惯性指数为零　　B. 存在可逆阵 $\boldsymbol{P}$，使 $\boldsymbol{P}^{-1}\boldsymbol{A}\boldsymbol{P}=\boldsymbol{E}$

C. $\boldsymbol{A}$ 的特征值全大于零　　D. 存在 n 阶矩阵 $\boldsymbol{C}$，使 $\boldsymbol{A}=\boldsymbol{C}^{\mathrm{T}}\boldsymbol{C}$

4. 二次型 $f(x_1, x_2, x_3)=(x_1+ax_2-2x_3)^2+(2x_2+3x_3)^2+(x_1+3x_2+ax_3)^2$ 是正定二次型的充分必要条件是(   ).

A. $a>1$　　B. $a<1$　　C. $a\neq 1$　　D. $a=1$

5. 设二次型 $f(x_1, x_2, x_3)=a(x_1^2+x_2^2+x_3^2)+2x_1x_2+2x_2x_3+2x_1x_3$ 的正、负惯性指数分别为 1，2，则(   ).

A. $a>1$　　B. $a<-2$　　C. $-2<a<1$　　D. $a=1$ 与 $a=-2$

三、解答题

1. 求 n 阶数量矩阵 $\boldsymbol{A}=\begin{pmatrix} a & 0 & \cdots & 0 \\ 0 & a & \cdots & 0 \\ \vdots & \vdots & & \vdots \\ 0 & 0 & \cdots & a \end{pmatrix}$ 的特征值与特征向量.

2. 设有对称矩阵 $\boldsymbol{A}=\begin{pmatrix} 4 & 0 & 0 \\ 0 & 3 & 1 \\ 0 & 1 & 3 \end{pmatrix}$，试求出正交矩阵 $\boldsymbol{P}$，使 $\boldsymbol{P}^{-1}\boldsymbol{AP}$ 为对角阵.

3. 证明：如果正交矩阵有实特征根，则该特征根只能是 1 和 -1.

4. $\boldsymbol{A}$ 为三阶矩阵，$\boldsymbol{A}$ 的特征值为 1，3，5. 试求行列式 $|\boldsymbol{A}^*-2\boldsymbol{E}|$ 的值.

5. 写出二次型 $f(x, y, z)=3x^2+2xy+\sqrt{2}xz-y^2-4yz+5z^2$ 相应的对称阵.

6. 用正交变换法将二次型 $f(x_1, x_2, x_3)=2x_1^2+x_2^2-4x_1x_2-4x_2x_3$ 化为标准形，并写出所作的线性变换.

7. 求把二次型

$$f(x_1, x_2, x_3)=2x_1^2+9x_2^2+3x_3^2+8x_1x_2-4x_1x_3-10x_2x_3$$

化为

$$g(y_1, y_2, y_3)=2y_1^2+3y_2^2+6y_3^2-4y_1y_2-4y_1y_3+8y_2y_3$$

的可逆线性变换.

8. 当 t 为何值时，二次型

$$f(x_1, x_2, x_3)=x_1^2+x_2^2+5x_3^2+2tx_1x_2-2x_1x_3+4x_2x_3$$

为正定二次型.

9. 设 $\boldsymbol{A}$、$\boldsymbol{B}$ 为 n 阶正定矩阵，证明 $\boldsymbol{BAB}$ 也是正定矩阵.

10. 已知矩阵 $\boldsymbol{A}=\begin{pmatrix} -2 & -2 & 1 \\ 2 & x & -2 \\ 0 & 0 & -2 \end{pmatrix}$ 与 $\boldsymbol{B}=\begin{pmatrix} 2 & 1 & 0 \\ 0 & -1 & 0 \\ 0 & 0 & y \end{pmatrix}$ 相似.

(1) 求 x，y；

(2) 求可逆矩阵 $\boldsymbol{P}$，使得 $\boldsymbol{P}^{-1}\boldsymbol{AP}=\boldsymbol{B}$.

11. 证明：正定矩阵主对角线上的元素都是正的.

12. 证明：二次型 $f(x_1, x_2, \cdots, x_n)=2\sum\limits_{i=1}^{n}x_i^2+2\sum\limits_{1\leqslant i<j\leqslant n}x_ix_j$ 为正定二次型.

第 5 章 线性代数综合案例与软件实践

线性代数在实际生活中有着极其广泛的应用，本章通过几个常见的应用实例，使读者了解线性代数在自然科学与社会科学等方面的实际应用，并利用 MATLAB 软件实现线性代数中的运算.

5.1 线性数学模型

5.1.1 投入产出模型

列昂惕夫(Leontief)因为用计算机解出了投入产出模型而获得了 1973 年诺贝尔经济学奖. 这里主要介绍他用线性方程组理论创建并求解这个经济模型的思路.

假定一个国家的经济被分解为 n 个产业，它们都有生产产品或服务的功能. 用 n 维列向量 $\boldsymbol{x}$ 表示这些产业的总产出. 该国生产的产品首先要满足自身需求，即各产业之间的交叉需求，同时还要有一些产品能够出口到国外. 用列向量 $\boldsymbol{d}$ 表示出口数量，其中各个分量分别表示各产业的出口数量.

列昂惕夫提出的问题是：各产业应该维持怎样的生产水平，即各产业的产出 $\boldsymbol{x}$ 应该是多少，才既能满足内部需求，又能满足外部需求？

为使问题简化，我们采用以下假设：

(1) 每个产业用固定的投入比例或要素组合生产其产品；

(2) 每个产业的生产服从常数规模报酬，即所有投入增加 k 倍，产出也将恰好增加 k 倍.

一般地，技术工业水平在短时间内是相对稳定的. 因此根据上述假设，为产出一个单位的 j 产品，需要投入的第 i 种商品的数量为固定值 a_{ij}. 例如 $a_{31}=0.1$，就表示如果第 1 个产业产生 100 个单位的产品，需要向第 3 个产业生产购买 10 个单位的产品. 我们称这样的矩阵 $\boldsymbol{A}=(a_{ij})$ 为该国经济的直接消耗矩阵(Consumption Matrix).

假定直接消耗矩阵 $\boldsymbol{A}=(\boldsymbol{\alpha}_1, \boldsymbol{\alpha}_2, \cdots, \boldsymbol{\alpha}_n)$，那么 $x_1\boldsymbol{\alpha}_1$ 就表示第一个产业若生产出 x_1 份产品，所分别需要的 n 个产业产品的数量；$x_2\boldsymbol{\alpha}_2$ 就表示第二个产业，若生产出 x_2 份产品，所分别需要的 n 个产业产品的数量，其他以此类推. 因此该国内部总需求为

$$x_1\boldsymbol{\alpha}_1+x_2\boldsymbol{\alpha}_2+\cdots+x_n\boldsymbol{\alpha}_n=\boldsymbol{A}\boldsymbol{x}$$

由于 $\boldsymbol{x}$={内部需求}+{外部需求}，这样我们就得到了列昂惕夫的投入产出模型：

$$\boldsymbol{x}=\boldsymbol{A}\boldsymbol{x}+\boldsymbol{d}$$

此即线性方程组

$$(\boldsymbol{E}-\boldsymbol{A})\boldsymbol{x}=\boldsymbol{d}$$

5.1.2 人口迁徙模型

设某小城市共有 30 万人，从事农、工、商三业，假定这个总人数始终保持不变，社会调查显示：

(1) 目前有 15 万人务农，9 万人务工，6 万人经商；

(2) 在务农人员中，每年约有 20%改为务工，10%改为经商；

(3) 在务工人员中，每年约有 20%改为务农，10%改为经商；

(4) 在经商人员中，每年约有 10%改为务农，10%改为务工.

试分析从事这三种职业的人员总数的变化趋势.

若用向量 $\boldsymbol{\alpha}_i=(x_i, y_i, z_i)^{\mathrm{T}}$ 表示第 i 年后从事这三种职业的人员总数，则初始向量为 $\boldsymbol{\alpha}_0=(15, 9, 6)^{\mathrm{T}}$. 根据题意，1 年后从事这三种职业的人员总数应为

$$\begin{cases} x_1=0.7x_0+0.2y_0+0.1z_0 \\ y_1=0.2x_0+0.7y_0+0.1z_0 \\ z_1=0.1x_0+0.1y_0+0.8z_0 \end{cases}$$

写成矩阵形式，即 $\boldsymbol{\alpha}_1=\boldsymbol{A}\boldsymbol{\alpha}_0=(12.9, 9.9, 7.2)^{\mathrm{T}}$，这里 $\boldsymbol{A}=\begin{pmatrix} 0.7 & 0.2 & 0.1 \\ 0.2 & 0.7 & 0.1 \\ 0.1 & 0.1 & 0.8 \end{pmatrix}$ 称为迁移矩阵.

同理可知，$\boldsymbol{\alpha}_2=\boldsymbol{A}\boldsymbol{\alpha}_1=(11.73, 10.23, 8.04)^{\mathrm{T}}$，$\boldsymbol{\alpha}_3=\boldsymbol{A}\boldsymbol{\alpha}_2=(11.06, 10.31, 8.63)^{\mathrm{T}}$，$\boldsymbol{\alpha}_4=\boldsymbol{A}\boldsymbol{\alpha}_3=(10.07, 10.30, 9.04)^{\mathrm{T}}$，以此类推，一般地，我们可以得到如下马尔科夫链：

$$\boldsymbol{\alpha}_{k+1}=\boldsymbol{A}\boldsymbol{\alpha}_k \quad (k=0, 1, 2, \cdots)$$

可以证明，极限 $\lim\limits_{k\to\infty}\boldsymbol{\alpha}_k$ 存在. 若令 $\lim\limits_{k\to\infty}\boldsymbol{\alpha}_k=\boldsymbol{\alpha}$，则 $\boldsymbol{\alpha}=\lim\limits_{k\to\infty}\boldsymbol{\alpha}_k=\boldsymbol{A}\lim\limits_{k\to\infty}\boldsymbol{\alpha}_k=\boldsymbol{A}\boldsymbol{\alpha}$，即得齐次线性方程组：

$$(\boldsymbol{A}-\boldsymbol{E})\boldsymbol{\alpha}=\boldsymbol{0}$$

解之得通解 $\boldsymbol{\alpha}=c(1, 1, 1)^{\mathrm{T}}$. 本题中 $c=10$，因此极限值 $\boldsymbol{\alpha}=(10, 10, 10)^{\mathrm{T}}$. 这说明若干年后从事这三种职业的人数总数趋于相同，真正实现了“职业无贵贱，劳动最光荣”.

5.1.3 搜索引擎的网页排名问题

随着互联网的高速发展，网络已经成为现代人生活的一个重要组成部分. 从网络上搜索信息，已成为继电子邮件后的第二大互联网应用. 百度搜索引擎是我国最大的免费搜索引擎. 当我们在百度搜索引擎中输入一些关键字后，百度会在很短的时间内从数以亿计的网页中搜索与关键词匹配的网页，并给出网页的显示顺序，搜索引擎排名有各自专门的算法.

下面先介绍一下数学中“图”的概念. 数学中所谓的“图”是指某类具体事物和这些事物

之间的联系. 如果我们用点表示这些具体事物，用连接两点的线段(直的或曲的)表示两个事物的特定联系，就得到了描述这个“图”的几何形象.

记这些点为 $\boldsymbol{v}_i(i=1, 2, \cdots, n)^{\mathrm{T}}$，而它们的连线用 $(\boldsymbol{v}_i, \boldsymbol{v}_j)$ 表示，即为 $\boldsymbol{e}_k$，那么一个图 G 是指一个二元组 $(V(G), E(G))$，其中：

(1) $V(G)=\{\boldsymbol{v}_1, \boldsymbol{v}_2, \cdots, \boldsymbol{v}_n\}$ 是非空有限集，称为顶点集，其中元素称为图 G 的顶点.

(2) $E(G)=\{\boldsymbol{e}_1, \boldsymbol{e}_2, \cdots, \boldsymbol{e}_n\}$ 是顶点集 $V(G)$ 中的无序或有序元素对 $(\boldsymbol{v}_i, \boldsymbol{v}_j)$ 组成的集合，称为边集，其中的元素称为边.

若图 G 中的边均为无序对，则称 G 为无向图；若图集中的边均为有序对，则称 G 为有向图.

这样，假定某个网络包含 n 个网页，每个网页用一个数字 k 标记，$1\leqslant k\leqslant n$，则该网络可以用一个有向图来表示，其中每个顶点可以看成是一个网页，顶点之间的边(箭头)表示从一个网页到另一个网页的链接. 当网页 j 上有连到网页 i 的链接，则网页 j 称为网页 i 的导入链接，而网页 i 称为网页 j 的导出链接.

有向图 G 的邻接矩阵为 $\boldsymbol{G}=(g_{ij})$，其中

$$g_{ij}=\begin{cases}1, & \text{若存在从元素 } j \text{ 到 } i \text{ 的连线}\\ 0, & \text{若不存在从元素 } j \text{ 到 } i \text{ 的连线}\end{cases}$$

用 x_k 表示某个网络中第 k 个网页的重要性，x_k 是一个非负的整数，若 $x_i>x_j$ 则表示第 i 个网页的重要性大于第 j 个网页的重要性.

一个简单的衡量某个网页重要性的方法是看谁的导入链接最多. 但这种算法显然不能令人满意，因为在网络中可能存在多个网页导入链接数量相同的情况. 一种改进的做法是除考虑导入链接的数量外，还应考虑导入链接的质量，即来自一个重要性相对较高网页的链接可以增加该网页的重要性. 用数学语言可表达如下：

若网页 j 包含 n_j 个导出链接，其中的某个链接到了网页 k(即第 k 个网页)，则该链接赋给网页 k 的重要性为 $\dfrac{x_j}{n_j}$，网页 j 的重要性被评分到其每个导出链接上. 令 $L_k\subset\{1,2, \cdots, n\}$(注意这里的数字表示网页的标记)为链接到网页 k 的那些网页的集合，则网页 k 的重要性可以由下式得到：

$$x_k=\sum_{j\in L_k}\frac{x_j}{n_j} \tag{5.1}$$

如果引进链接矩阵 $\boldsymbol{A}$，其元素

$$a_{ij}=\begin{cases}\dfrac{1}{n_j}, & \text{从网页 } j \text{ 链接到网页 } i\\ 0, & \text{其他}\end{cases}$$

那么式(5.1)等价于 $x_k=\sum\limits_{j=1}^{n}a_{kj}x_j$，也即等价于矩阵方程：

$$\boldsymbol{x}=\boldsymbol{A}\boldsymbol{x} \tag{5.2}$$

其中 $\boldsymbol{x}=(x_1, x_2, \cdots, x_n)^{\mathrm{T}}$.

不难验证：

$$\boldsymbol{A}=\boldsymbol{G}\boldsymbol{D}$$

其中 $\boldsymbol{G}$ 为邻接矩阵；$\boldsymbol{D}=\mathrm{diag}\left(\dfrac{1}{n_1}, \dfrac{1}{n_2}, \cdots, \dfrac{1}{n_n}\right)$，为对角矩阵.

注意到方程(5.2)的解就是矩阵 **A** 对应于特征根 1 的特征向量，若规定 $\sum_{i=1}^{n} x_i = 1$，则对应的解就是矩阵 **A** 对应于特征根 1 的归一化特征向量. 对此特征向量的分量进行排序就可以得到该网络的网页排名结果.

5.2 线性代数软件实践

MATLAB 是一个具有广泛应用前景的科技应用软件. 通过对本节的学习，读者可掌握利用该软件进行线性代数中有关运算的方法.

5.2.1 运用数学软件计算行列式

例 5.1 计算行列式 $A=\begin{vmatrix} 1 & 0 & 2 & 5 \\ -1 & 2 & 1 & 3 \\ 2 & 1 & 0 & 1 \\ 1 & 3 & 4 & 2 \end{vmatrix}$ 的值.

解 在 MATLAB 命令窗口中输入：

```
>>A=[1, 0, 2, 5; -1, 2, 1, 3; 2, 1, 0, 1; 1, 3, 4, 2];
>>det(A)
ans=
   100
```

det(A)用于计算行列式 A 的值。

例 5.2 计算行列式 $A=\begin{vmatrix} a & 0 & 0 & 1 \\ 0 & a & 0 & 0 \\ 0 & 0 & a & 0 \\ 1 & 0 & 0 & a \end{vmatrix}$ 的值.

解 在 MATLAB 命令窗口中输入：

```
>>syms a;
>>A=[a, 0, 0, 1; 0, a, 0, 0; 0, 0, a, 0; 1, 0, 0, a];
>>det(A)
ans=
  a^2 * (a^2 - 1)
```

5.2.2 运用数学软件判断向量组的线性相关性

将向量组按列排列构成矩阵 **A**，通过求矩阵 **A** 的秩与向量个数比较大小，可以判断该向量组的线性相关性. 利用以下命令来求矩阵 **A** 的秩：

```
rank(A)
```

如果矩阵的秩小于向量的个数，这时向量组是线性无关的. 当向量组线性无关时，我们可以用以下命令将矩阵 **A** 化成行最简形矩阵：

```
rref(A)
```

利用行最简形矩阵，我们可以求得向量组的极大线性无关组.

例 5.3　求向量组 $\boldsymbol{\alpha}_1=(2,1,4,3)^T$，$\boldsymbol{\alpha}_2=(-1,1,-6,6)^T$，$\boldsymbol{\alpha}_3=(-1,-2,2,-9)^T$，$\boldsymbol{\alpha}_4=(1,1,-2,7)^T$，$\boldsymbol{\alpha}_5=(2,4,4,9)^T$ 的一个极大无关组，并把不属于极大无关组的向量用极大无关组线性表示.

解　在 MATLAB 命令窗口中输入：

```
>>  A=[2,-1,-1,1,2;1,1,-2,1,4;4,-6,2,-2,4;3,6,-9,7,9]
A =
     2    -1    -1     1     2
     1     1    -2     1     4
     4    -6     2    -2     4
     3     6    -9     7     9
>>rank(A)
ans =
     3                    % 矩阵的秩 3 小于向量的个数 5，线性无关
>>rref(A)
ans =
     1     0    -1     0     4
     0     1    -1     0     3
     0     0     0     1    -3
     0     0     0     0     0
```

即 $\boldsymbol{\alpha}_1$，$\boldsymbol{\alpha}_2$，$\boldsymbol{\alpha}_4$ 构成了向量组的一个极大无关组，且 $\boldsymbol{\alpha}_3=-\boldsymbol{\alpha}_1-\boldsymbol{\alpha}_2$，$\boldsymbol{\alpha}_5=4\boldsymbol{\alpha}_1+\boldsymbol{\alpha}_2-3\boldsymbol{\alpha}_4$.

5.2.3　运用数学软件求解线性方程组

1. 利用矩阵除法求线性方程组的特解

对于线性方程组 $\boldsymbol{AX}=\boldsymbol{b}$，MATLAB 给出了一个求解命令：

```
X=A\b
```

如果 $\boldsymbol{A}$ 是一个 $n\times n$ 的矩阵，$\boldsymbol{b}$ 是一个具有 n 个元素的列向量或具有多个此类列向量的矩阵，则 X=A\b 为用高斯消元法得到的方程 $\boldsymbol{AX}=\boldsymbol{b}$ 的解. 如果 $\boldsymbol{A}$ 为奇异矩阵，则会给出警告信息.

如果 $\boldsymbol{A}$ 是一个 $m\times n(m\neq n)$ 的矩阵，$\boldsymbol{b}$ 是一个具有 m 个元素的列向量或具有多个此类列向量的矩阵，则 X=A\b 为等式系统 $\boldsymbol{AX}=\boldsymbol{b}$ 的最小二乘意义上的解. 不管线性方程组是否有解，此指令运行后都会得到一个解，有异常时一般会给出一个警告信息，此时需要验证解的优劣.

例 5.4　求方程组的解：

$$
\begin{cases}
5x_1+6x_2=1\\
x_1+5x_2+6x_3=0\\
x_2+5x_3+6x_4=0\\
x_3+5x_4+6x_5=0\\
x_4+5x_5=1
\end{cases}
$$

解 在MATLAB命令窗口中输入：

```
>>A=[5, 6, 0, 0, 0; 1, 5, 6, 0, 0; 0, 1, 5, 6, 0; 0, 0, 1, 5, 6; 0, 0, 0, 1, 5];
>>b=[1, 0, 0, 0, 1]';
>>R_A=rank(A);
>>R_A
R_A=
     5
>>X=A\b
X=

  2.2662
-1.7218
  1.0571
-0.5940
  0.3188
```

这就是方程组的解.

例 5.5 求方程组的一个特解：

$$\begin{cases} x_1+x_2-3x_3-x_4=1 \\ 3x_1-x_2-3x_3+4x_4=4 \\ x_1+5x_2-9x_3-8x_4=0 \end{cases}$$

解 在MATLAB命令窗口中输入：

```
>>A=[1, 1, -3, -1; 3, -1, -3, 4; 1, 5, -9, -8];
>>  b=[1, 4, 0]';
>>X=A\b
警告：秩不足，秩=2，tol=   8.837264e-15.

X=
        0
        0
  -0.5333
   0.6000
```

2. 求齐次线性方程组的通解

在MATLAB中，函数null用来求解空间，即满足$\boldsymbol{AX}=\boldsymbol{0}$的解空间，实际上是求出解的基础解系. 使用的命令有

z=null(A)　　　　　%z的列向量为方程组的正交规范基，满足$z^{\mathrm{T}}z=\boldsymbol{E}$

z=null(A, 'r')　　　%z的列向量为方程组$\boldsymbol{AX}=\boldsymbol{0}$的一组基

例 5.6 求方程组的通解：

$$\begin{cases} x_1+2x_2+2x_3+x_4=0 \\ 2x_1+x_2-2x_3-2x_4=0 \\ x_1-x_2-4x_3-3x_4=0 \end{cases}$$

解 在MATLAB命令窗口中输入：

```
>>A=[1, 2, 2, 1; 2, 1, -2, -2; 1, -1, -4, -3];
>>format rat
>>B=null(A, 'r')

B=
      2           5/3
     -2          -4/3
      1           0
      0           1
```

写出通解：

```
>>syms  k1  k2
>>x=k1*B(:, 1)+k2*B(:, 2)
x=
   2*k1 +(5*k2)/3
  -2*k1 -(4*k2)/3
                k1
                k2
```

3. 求非齐次线性方程组的通解

非齐次线性方程组需要先判断方程组是否有解，若有解，再去求通解. 因此步骤如下：

(1) 判断 $\boldsymbol{AX}=\boldsymbol{b}$ 是否有解，若有解则进行第(2)步；

(2) 求 $\boldsymbol{AX}=\boldsymbol{b}$ 得到一个特解；

(3) 求 $\boldsymbol{AX}=\boldsymbol{0}$ 得到通解；

(4) $\boldsymbol{AX}=\boldsymbol{b}$ 的通解 $=\boldsymbol{AX}=\boldsymbol{0}$ 的通解 $+\boldsymbol{AX}=\boldsymbol{b}$ 的一个特解.

例 5.7　求解方程组：

$$\begin{cases}x_1-2x_2+3x_3-x_4=1\\3x_1-x_2+5x_3-3x_4=2\\2x_1+x_2+2x_3-2x_4=3\end{cases}$$

解　在 MATLAB 命令窗口中输入：

```
>>A=[1, -2, 3, -1; 3, -1, 5, -3; 2, 1, 2, -2];
>>b=[1, 2, 3]';
>>B=[A b];
>>R_A=rank(A)
R_A=
     2
>>R_B=rank(B)
R_B=
     3
```

因为 R_A ≠ R_B，所以无解.

例 5.8　求解方程组：

$$\begin{cases}x_1+x_2-3x_3-x_4=1\\3x_1-x_2-3x_3+4x_4=4\\x_1+5x_2-9x_3-8x_4=0\end{cases}$$

解 在MATLAB命令窗口中输入：

```
>>A=[1, 1, -3, -1; 3, -1, -3, 4; 1, 5, -9, -8];
>>b=[1, 4, 0]';
>>B=[A b];
>>R_A=rank(A)
R_A=
     2
>>R_B=rank(B)
R_B=
     2     % R_A=R_B<4，有无穷多个解
>>format rat
>>X=A\b
X=
          0
          0
        -8/15
          3/5
>>  C=null(A, 'r')
C=
          3/2           -3/4
          3/2            7/4
          1              0
          0              1
>>syms k1 k2
X=k1 * C(:, 1)+k2 * C(:, 2)+X
X=
    (3 * k1)/2 -(3 * k2)/4
    (3 * k1)/2 +(7 * k2)/4
           k1 - 8/15
           k2 + 3/5
```

5.2.4 运用数学软件求矩阵的特征值与特征向量

用MATLAB计算方阵$\boldsymbol{A}$的特征值和特征向量很方便，求矩阵$\boldsymbol{A}$的特征值可调用函数$d=\mathrm{eig}(\boldsymbol{A})$，如要求特征值和特征向量，则调用函数$[\boldsymbol{V}, \boldsymbol{D}]=\mathrm{eig}(\boldsymbol{A})$，$\boldsymbol{V}$为方阵，$\boldsymbol{D}$为特征值构成的对角矩阵，$\boldsymbol{V}$的第$i$列向量就是$\boldsymbol{D}$的第$i$个对角元，即第$i$个特征值所对应的特征向量.

例5.9 求矩阵$\boldsymbol{A}=\begin{pmatrix}-2 & 1 & 1\\ 0 & 2 & 0\\ -4 & 1 & 3\end{pmatrix}$的特征值和特征向量.

解 在MATLAB命令窗口中输入：

```
>>A=[-2, 1, 1; 0, 2, 0; -4, 1, 3];;
```

```
>>[V, D]=eig(A)
V=
    -985/1393      -528/2177      379/1257
        0              0          379/419
    -985/1393      -2112/2177     379/1257
D=
    -1              0              0
     0              2              0
     0              0              2
```

即特征值$\lambda_1=-1$，$\lambda_2=\lambda_3=2$，且特征值-1对应的特征向量为$\left(-\frac{985}{1393}, -\frac{528}{2177}, \frac{379}{1257}\right)^{\mathrm{T}}$，特征值2对应的特征向量为$\left(0, 0, \frac{379}{419}\right)^{\mathrm{T}}$和$\left(-\frac{985}{1393}, -\frac{2112}{2177}, \frac{379}{1257}\right)^{\mathrm{T}}$.

习题及自测题参考答案

第 1 章

习题 1.1

1. $\boldsymbol{A}+\boldsymbol{B}=\begin{pmatrix}3 & -5 & -1\\ 8 & 0 & 2\end{pmatrix}$，$\boldsymbol{A}-\boldsymbol{B}=\begin{pmatrix}1 & -1 & -1\\ 2 & 2 & -2\end{pmatrix}$，$2\boldsymbol{A}-3\boldsymbol{B}=\begin{pmatrix}1 & 0 & -2\\ 1 & 5 & -6\end{pmatrix}$.

2. $a=7$，$b=0$，$c=-2$，$d=-2$.

3. $\boldsymbol{X}=\begin{pmatrix}2 & -2\\ -2 & 2\end{pmatrix}$.

4. (1) $\begin{pmatrix}0 & 11\\ 0 & 0\end{pmatrix}$； (2) $\begin{pmatrix}0 & 0\\ 0 & 0\end{pmatrix}$； (3) $a+2b+3c$； (4) $\begin{pmatrix}a & b & c\\ 2a & 2b & 2c\\ 3a & 3b & 3c\end{pmatrix}$；

(5) $\begin{pmatrix}35\\ 6\\ 49\end{pmatrix}$； (6) $\begin{pmatrix}6 & -7 & 8\\ 20 & -5 & -6\end{pmatrix}$； (7) $(a_{11}x_1^2+a_{21}x_1x_2 \quad a_{12}x_1x_2+a_{22}x_2^2)$.

5. $(\boldsymbol{AB})^{\mathrm{T}}=\begin{pmatrix}0 & 17\\ 14 & 13\\ -3 & 10\end{pmatrix}$.

6. (1) $\begin{pmatrix}0 & 0\\ 0 & 0\end{pmatrix}$； (2) $\begin{pmatrix}1 & 3n\\ 0 & 1\end{pmatrix}$； (3) $\begin{pmatrix}a^n & 0 & 0\\ 0 & b^n & 0\\ 0 & 0 & c^n\end{pmatrix}$； (4) $\begin{pmatrix}\lambda^3 & 3\lambda^2 & 3\lambda\\ 0 & \lambda^3 & 3\lambda^2\\ 0 & 0 & \lambda^3\end{pmatrix}$.

习题 1.2

1. $\boldsymbol{AB}=\begin{pmatrix}1 & 0 & 1 & 0\\ -1 & 2 & 0 & 1\\ -2 & 4 & 3 & 3\\ -1 & 1 & 3 & 1\end{pmatrix}$.

2. $\boldsymbol{ABA}=\begin{pmatrix} a^3+a & 2a^2+1 & 0 & 0 \\ a^2 & a^3+a & 0 & 0 \\ 0 & 0 & b^3+2b & 2b^2+1 \\ 0 & 0 & 3b^2 & b^3+2b \end{pmatrix}$.

习题 1.3

1. (1) $\begin{pmatrix} 1 & 0 & \frac{1}{2} & 1 \\ 0 & 1 & 1 & 1 \\ 0 & 0 & 0 & 0 \end{pmatrix}$；　　(2) $\begin{pmatrix} 1 & 0 & 0 \\ 0 & 1 & 0 \\ 0 & 0 & 1 \\ 0 & 0 & 0 \end{pmatrix}$；

(3) $\begin{pmatrix} 1 & 0 & 3 & 0 \\ 0 & 1 & 0 & 2 \\ 0 & 0 & 0 & 0 \\ 0 & 0 & 0 & 0 \end{pmatrix}$；　　(4) $\begin{pmatrix} 1 & 0 & 0 & 0 \\ 0 & 0 & 1 & 0 \\ 0 & 0 & 0 & 1 \end{pmatrix}$；

(5) $\begin{pmatrix} 1 & 0 & 2 & 0 & -2 \\ 0 & 1 & -1 & 0 & 3 \\ 0 & 0 & 0 & 1 & 4 \\ 0 & 0 & 0 & 0 & 0 \end{pmatrix}$；　　(6) $\begin{pmatrix} 1 & -1 & 0 & 2 & -3 \\ 0 & 0 & 1 & -2 & 2 \\ 0 & 0 & 0 & 0 & 0 \\ 0 & 0 & 0 & 0 & 0 \end{pmatrix}$.

2. (1) $\begin{cases} x_1=2c_1+\frac{2}{7}c_2 \\ x_2=c_1 \\ x_3=-\frac{5}{7}c_2 \\ x_4=c_2 \end{cases}$ （c_1，c_2 为任意实数）；

(2) $\begin{cases} x_1=\frac{4}{3}c \\ x_2=-3c \\ x_3=\frac{4}{3}c \\ x_4=c \end{cases}$ （c 为任意实数）；

(3) $x_1=x_2=x_3=x_4=0$；

(4) $\begin{cases} x_1=-2c_1+c_2 \\ x_2=c_1 \\ x_3=0 \\ x_4=c_2 \end{cases}$ （c_1，c_2 为任意实数）.

3. (1) 无解；

(2) $\begin{cases} x_1=0 \\ x_2=\frac{3}{2} \\ x_3=1 \end{cases}$；

(3) $\begin{cases} x_1=-\frac{5}{8}c_1-c_2+\frac{15}{4} \\ x_2=-\frac{1}{8}c_1-\frac{1}{4} \\ x_3=c_1 \\ x_4=c_2 \end{cases}$ （c_1，c_2 为任意实数）；

(4) $\begin{cases} x_1=-6c+2 \\ x_2=c+4 \\ x_3=-c+3 \\ x_4=c \end{cases}$ （c 为任意实数）.

习题 1.4

1. (1) 不可逆；

(2) $\begin{pmatrix} -\frac{1}{4} & \frac{1}{4} & \frac{1}{4} \\ \frac{5}{8} & -\frac{1}{8} & -\frac{1}{8} \\ \frac{1}{8} & -\frac{5}{8} & \frac{3}{8} \end{pmatrix}$；　(3) $\begin{pmatrix} \frac{7}{6} & \frac{2}{3} & -\frac{3}{2} \\ -1 & -1 & 2 \\ -\frac{1}{2} & 0 & \frac{1}{2} \end{pmatrix}$；

(4) $\begin{pmatrix} 1 & 1 & 3 \\ 2 & 3 & 7 \\ 3 & 4 & 9 \end{pmatrix}$；　(5) $\begin{pmatrix} 22 & -6 & -26 & 17 \\ -17 & 5 & 20 & -13 \\ -1 & 0 & 2 & -1 \\ 4 & -1 & -5 & 3 \end{pmatrix}$；

(6) $\begin{pmatrix} 1 & 1 & -2 & -4 \\ 0 & 1 & 0 & -1 \\ -1 & -1 & 3 & 6 \\ 2 & 1 & -6 & -10 \end{pmatrix}$.

2. (1) $\boldsymbol{X}=\begin{pmatrix} 1 & \frac{1}{3} \\ -1 & -\frac{1}{6} \\ -3 & -\frac{5}{6} \end{pmatrix}$；　(2) $\boldsymbol{X}=\begin{pmatrix} -2 & 2 & 1 \\ -\frac{8}{3} & 5 & -\frac{2}{3} \end{pmatrix}$；

(3) $\boldsymbol{X}=\begin{pmatrix} 2 & 0 & -1 \\ -7 & -4 & 3 \\ -4 & -2 & 1 \end{pmatrix}$；　(4) $\boldsymbol{X}=\begin{pmatrix} 1 & 1 \\ 2 & 0 \\ 1 & -1 \end{pmatrix}$；

(5) $\boldsymbol{X}=\begin{pmatrix} -2 & 2 & 6 \\ 2 & 0 & -3 \\ 2 & -1 & -3 \end{pmatrix}$；　(6) $\boldsymbol{X}=\begin{pmatrix} 3 & -8 & -6 \\ 2 & -9 & -6 \\ -2 & 12 & 9 \end{pmatrix}$.

3. $\boldsymbol{P}^{-1}=\begin{pmatrix} 3 & -2 \\ -1 & 1 \end{pmatrix}$；$\boldsymbol{P}^{-1}\boldsymbol{AP}=\begin{pmatrix} 3 & 0 \\ 0 & 2 \end{pmatrix}$；

$$A^{10}=\begin{pmatrix} 3^{11}-2^{11} & -2\cdot 3^{10}+2^{11} \\ 3^{11}-3\cdot 2^{10} & -2\cdot 3^{10}+3\cdot 2^{10} \end{pmatrix}.$$

自测题一

（A）

一、1. (4　−2　1).

2. $\boldsymbol{AB}=\boldsymbol{BA}$.

3. 5.

4. $\begin{pmatrix} 0 & 0 & 0 \\ 0 & 27 & -27 \\ 0 & -54 & 54 \end{pmatrix}$.

5. $\begin{pmatrix} 1 & 0 & 0 \\ -\frac{1}{2} & \frac{1}{2} & 0 \\ 0 & 0 & 1 \end{pmatrix}$.

二、1. D.　2. C.　3. B.　4. C.　5. D.

三、1. $\begin{pmatrix} 30 & 7 \\ -18 & 45 \\ 23 & -2 \end{pmatrix}$.

2. $\begin{pmatrix} \frac{8}{7} & \frac{1}{7} & \frac{3}{7} \\ \frac{1}{7} & \frac{1}{7} & \frac{3}{7} \\ \frac{6}{7} & -\frac{1}{7} & \frac{4}{7} \end{pmatrix}$.

3. $\boldsymbol{A}=\begin{pmatrix} 2 & 0 & 0 \\ 0 & 2 & 0 \\ 0 & 0 & 2 \end{pmatrix}$, $\boldsymbol{B}=\begin{pmatrix} \frac{1}{2} & 0 & 0 \\ 0 & \frac{1}{2} & 0 \\ 0 & 0 & \frac{1}{2} \end{pmatrix}$.

4. $\begin{cases} x_1=-2c_1-c_2 \\ x_2=-c_2 \\ x_3=c_1 \\ x_4=c_2 \\ x_5=0 \end{cases}$ （其中 c_1，c_2 为任意实数）.

5. $\begin{cases} x_1=-\dfrac{3}{2}c+1 \\ x_2=\dfrac{3}{2}c \\ x_3=-\dfrac{1}{2}c+1 \\ x_4=c. \end{cases}$ （其中 c 为任意实数）

6. (1) $\begin{pmatrix} 820 & 655 & 335 \\ 82 & 76 & 33.8 \\ 840 & 770 & 346 \end{pmatrix}$，其中第一、二、三列分别表示北美、欧洲、非洲；第一、二、三行分别表示价值、重量、体积.

(2) $\begin{pmatrix} 1810 \\ 191.8 \\ 1956 \end{pmatrix}$，其中第一、二、三行分别表示总价值、总重量、总体积.

四、略.

(B)

1. -4.

2. $\boldsymbol{AB}=\boldsymbol{BA}$.

3. 3，$\begin{pmatrix} 1 & \frac{1}{2} & \frac{1}{3} \\ 2 & 1 & \frac{2}{3} \\ 3 & \frac{3}{2} & 1 \end{pmatrix}$，$3^{k-1}\begin{pmatrix} 1 & \frac{1}{2} & \frac{1}{3} \\ 2 & 1 & \frac{2}{3} \\ 3 & \frac{3}{2} & 1 \end{pmatrix}$.

4. $-\dfrac{1}{8}(\boldsymbol{A}-3\boldsymbol{E})$.

二、1. C.　　2. B.　　3. B.　　4. C.　　5. B.

三、1. $\boldsymbol{X}=\begin{pmatrix} 0 & 1 & 0 \\ -1 & 2 & -1 \end{pmatrix}$.

2. $\boldsymbol{B}^2-\boldsymbol{A}^2(\boldsymbol{B}^{-1}\boldsymbol{A})^{-1}=\begin{pmatrix} 5 & 2 \\ 9 & 19 \end{pmatrix}$.

3. $\boldsymbol{A}=\begin{pmatrix} 1 & 0 & 0 & 0 \\ -2 & 1 & 0 & 0 \\ 1 & -2 & 1 & 0 \\ 0 & 1 & -2 & 1 \end{pmatrix}$.

4. $\begin{cases} x_1=-c_1+\dfrac{7}{6}c_2 \\ x_2=c_1+\dfrac{5}{6}c_2 \\ x_3=c_1 \\ x_4=\dfrac{1}{3}c_2 \\ x_5=c_2 \end{cases}$ （其中 c_1，c_2 为任意实数）.

5. $\begin{cases} x_1=-8c_1+5c_2-1 \\ x_2=-13c_1+9c_2-3 \\ x_3=c_1 \\ x_4=c_2 \end{cases}$（其中 c_1，c_2 为任意实数）.

四、1. 略.

2. 证明略. $(\boldsymbol{E}+\boldsymbol{B})^{-1}=\dfrac{1}{2}(\boldsymbol{E}+\boldsymbol{A})$.

第 2 章

习题 2.1

1. (1) 1；(2) 0；(3) 0.
2. (1) -5；(2) -58；(3) 0；(4) $(\lambda+2)(\lambda-1)^2$.
3. (1) $a\neq1$ 且 $a\neq3$；(2) $a>2$ 或 $a<-2$.
4. (1) 6；(2) 13；(3) n；(4) $\dfrac{n(n-1)}{2}$.
5. $a_{12}a_{21}a_{34}a_{43}$ 和 $-a_{12}a_{23}a_{34}a_{41}$.
6. (1) 正号； (2) 正号.
7. (1) -1 ；(2) 12；(3) $D_n=(-1)^{\frac{(n-1)(n-2)}{2}}n!$；(4) $(-1)^{n-1}n!$.
8. -1.

习题 2.2

1. (1) -8； (2) 6.
2. 16.
3. (1) -55； (2) -250； (3) -55； (4) $a+b+d$.
4. (1) 512 ； (2) 160；
   (3) $[x+(n-1)a](x-a)^{n-1}$；(4) $4a_1a_2a_3$；
   (5) -192； (6) $(x_1x_2\cdots x_n)\left(1+\sum\limits_{i=1}^{n}\dfrac{1}{x_i}\right)$.
5. -29，77.

6. -15.

7. (1) -180； (2) 36； (3) 40.

8. $(ab+bc+ac)(c-b)(c-a)(b-a)$.

9. 略.

习题 2.3

1. 可逆，$\boldsymbol{A}^{-1}=\begin{pmatrix}\cos\theta & -\sin\theta \\ \sin\theta & \cos\theta\end{pmatrix}$.

2. $\dfrac{1}{6^{n+1}}$.

3. $-\dfrac{1}{648}$.

4. $\boldsymbol{X}=\begin{pmatrix}-17 & -28 \\ -4 & -6\end{pmatrix}$.

5. (1) $x_1=-1$，$x_2=3$，$x_3=-1$；

   (2) $x_1=1$，$x_2=2$，$x_3=3$，$x_4=-1$.

6. (1) $k\neq 5$； (2) $k\neq -1$ 且 $k\neq 4$.

7. $k=1$ 或 $k=-3$.

习题 2.4

1. $\begin{vmatrix}1 & -5 & 6 \\ 2 & -1 & 3 \\ -1 & -4 & 3\end{vmatrix}=0$，$\begin{vmatrix}1 & -5 & -2 \\ 2 & -1 & -2 \\ -1 & -4 & 0\end{vmatrix}=0$，$\begin{vmatrix}1 & 6 & -2 \\ 2 & 3 & -2 \\ -1 & 3 & 0\end{vmatrix}=0$，

   $\begin{vmatrix}-5 & 6 & -2 \\ -1 & 3 & -2 \\ -4 & 3 & 0\end{vmatrix}=0$，$\begin{vmatrix}1 & -5 \\ 2 & -1\end{vmatrix}\neq 0$，$R(\boldsymbol{A})=2$.

2. (1) 秩为 2，$\begin{vmatrix}3 & 1 \\ 1 & -1\end{vmatrix}=-4$ 是一个最高阶非零子式；

   (2) 秩为 2，$\begin{vmatrix}3 & 2 \\ 2 & -1\end{vmatrix}=-7$ 是一个最高阶非零子式；

   (3) 秩为 3，$\begin{vmatrix}1 & -1 & 1 \\ 3 & 0 & -1 \\ 0 & 3 & 0\end{vmatrix}=4$ 是一个最高阶非零子式；

   (4) 秩为 3，$\begin{vmatrix}0 & 7 & -5 \\ 5 & 8 & 0 \\ 3 & 2 & 0\end{vmatrix}=70\neq 0$ 是一个最高阶非零子式.

3. 当 $\lambda=3$ 时，$R(\boldsymbol{A})=2$；当 $\lambda\neq 3$ 时，$R(\boldsymbol{A})=3$.

4. (1) 当 $k=1$ 时，$R(\boldsymbol{A})=1$；

   (2) 当 $k=-2$ 且 $k\neq 1$ 时，$R(\boldsymbol{A})=2$；

   (3) 当 $k\neq 1$ 且 $k\neq -2$ 时，$R(\boldsymbol{A})=3$.

自测题二

（A）

一、1. 1，2.

2. $(-1)^n D$.

3. 12.

4. $3x \neq 2y$.

5. $\left(\frac{1}{2}\right)^n$.

二、1. A.　2. C.　3. B.　4. B.　5. D.

三、1. 189.

2. $(a_1a_4-b_1b_4)(a_2a_3-b_2b_3)$.

3. $abcd+ab+ad+cd+1$.

4. $\begin{pmatrix} 6 & 0 & 0 \\ 0 & 2 & 0 \\ 0 & 0 & 1 \end{pmatrix}$.

5. $a_0=3$，$a_1=-\frac{3}{2}$，$a_2=2$，$a_3=-\frac{1}{2}$.

6. $R(\boldsymbol{A})=3$，最高阶非零子式是$\begin{vmatrix} 3 & 2 & -1 \\ 2 & -1 & -3 \\ 7 & 0 & -8 \end{vmatrix}$.

（B）

一、1. $\begin{vmatrix} 1 & 2 & 3 \\ a & b & c \\ 7 & 8 & 9 \end{vmatrix}$.　2. -2.　3. -4.　4. 0.　5. 3.

二、1. D.　2. C.　3. B.　4. C.　5. C.

三、1. a^4.

2. $(a-d)(b-d)(c-d)[(c-a)(b-a)(b-c)(a+b+c+d)]$.

3. $x_1=a_1$，$x_2=a_2$，…，$x_{n-2}=a_{n-2}$，$x_{n-1}=a_{n-1}$.

4. $\boldsymbol{B}=\begin{pmatrix} 2 & 0 & 0 \\ 0 & -4 & 0 \\ 0 & 0 & 2 \end{pmatrix}$.

5. $x=a$，$y=b$，$z=c$.

6. 秩为3，最高阶非零子式是$\begin{vmatrix} 6 & 1 & 7 \\ 4 & 0 & 1 \\ 1 & 2 & 0 \end{vmatrix}$.

第 3 章

习题 3.1

1. $\boldsymbol{\alpha}=\begin{pmatrix}4\\-1\\-2\end{pmatrix}$, $\boldsymbol{\beta}=\begin{pmatrix}1\\0\\\frac{3}{2}\end{pmatrix}$.

2. $2\boldsymbol{\alpha}-\boldsymbol{\beta}=\begin{pmatrix}1\\-3\\-1\end{pmatrix}$, $\boldsymbol{\alpha}-\boldsymbol{\beta}+2\boldsymbol{\gamma}=\begin{pmatrix}-5\\4\\-2\end{pmatrix}$.

3. $\boldsymbol{\alpha}=\left(\frac{5}{3},\ -\frac{1}{3},\ 0,\ \frac{4}{3}\right)^{\mathrm{T}}$.

4. $\boldsymbol{\gamma}=(-3,\ 9,\ -2)^{\mathrm{T}}$.

5. $\boldsymbol{\eta}=\left(1,\ -3,\ -\frac{4}{3},\ \frac{5}{6}\right)^{\mathrm{T}}$.

习题 3.2

1. $\boldsymbol{\beta}$ 不能由 $\boldsymbol{\alpha}_1$，$\boldsymbol{\alpha}_2$ 线性表示.
2. $\boldsymbol{\beta}=(2-3t)\boldsymbol{\alpha}_1+(2t-1)\boldsymbol{\alpha}_2+t\boldsymbol{\alpha}_3$　(t 为任意数).
3. 略.
4. (1) 线性相关；(2) 线性相关；(3) 线性相关.
5. 略.
6. (1) $a=-10$；(2) $a\neq-10$.

习题 3.3

1. $k=5$.
2. 秩为 3，$\boldsymbol{\alpha}_1$，$\boldsymbol{\alpha}_2$，$\boldsymbol{\alpha}_4$ 是一个极大线性无关组，$\boldsymbol{\alpha}_3=3\boldsymbol{\alpha}_1+\boldsymbol{\alpha}_2$，$\boldsymbol{\alpha}_5=2\boldsymbol{\alpha}_1+\boldsymbol{\alpha}_2-3\boldsymbol{\alpha}_4$.
3. (1) 2；(2) 2.
4. (1) $r=3$，极大无关组取：$\boldsymbol{\alpha}_1$，$\boldsymbol{\alpha}_2$，$\boldsymbol{\alpha}_4$，且 $\boldsymbol{\alpha}_3=3\boldsymbol{\alpha}_1+\boldsymbol{\alpha}_2+0\boldsymbol{\alpha}_4$；

   (2) $r=3$，极大无关组取：$\boldsymbol{\alpha}_1$，$\boldsymbol{\alpha}_2$，$\boldsymbol{\alpha}_3$，且 $\boldsymbol{\alpha}_4=-3\boldsymbol{\alpha}_1+\boldsymbol{\alpha}_2+3\boldsymbol{\alpha}_3$；

   (3) $r=3$，极大无关组取：$\boldsymbol{\alpha}_1$，$\boldsymbol{\alpha}_2$，$\boldsymbol{\alpha}_4$，且 $\boldsymbol{\alpha}_3=3\boldsymbol{\alpha}_1+(-2)\boldsymbol{\alpha}_2+0\boldsymbol{\alpha}_4$.
5. $\boldsymbol{\beta}=\frac{5}{4}\boldsymbol{\alpha}_1+\frac{1}{4}\boldsymbol{\alpha}_2-\frac{1}{4}\boldsymbol{\alpha}_3-\frac{1}{4}\boldsymbol{\alpha}_4$.

习题 3.4

1. 可以.
2. 略.
3. 略.
4. $(1,\ 1,\ -1)^{\mathrm{T}}$.

5. 提示：只需证明 $\boldsymbol{\alpha}_1$，$\boldsymbol{\alpha}_2$，$\boldsymbol{\alpha}_3$ 线性无关.

6. $\boldsymbol{P}=\begin{pmatrix}2&0&0\\-1&1&-1\\-1&2&2\end{pmatrix}$.

习题 3.5

1. 当 $k=1$，3 时方程组有非零解. 当 $k=1$ 时方程组的通解为 $c\begin{pmatrix}-2\\0\\1\end{pmatrix}$，$c\in\mathbf{R}$；当 $k=3$ 时方程组的通解为 $c\begin{pmatrix}-1\\1\\-2\end{pmatrix}$，$c\in\mathbf{R}$.

2. (1) 方程组的基础解系为 $\boldsymbol{\xi}_1=\begin{pmatrix}-5\\3\\14\\0\end{pmatrix}$，$\boldsymbol{\xi}_2=\begin{pmatrix}1\\-1\\0\\2\end{pmatrix}$，通解为 $\boldsymbol{x}=c_1\boldsymbol{\xi}_1+c_2\boldsymbol{\xi}_2$，$c_1$，$c_2\in\mathbf{R}$；

(2) 方程组的基础解系为 $\boldsymbol{\xi}=\begin{pmatrix}1\\1\\0\\-1\end{pmatrix}$，通解为 $\boldsymbol{x}=c\boldsymbol{\xi}$，$c\in\mathbf{R}$.

3. $\begin{pmatrix}1&1&1\\1&-1&1\\2&1&-3\end{pmatrix}\begin{pmatrix}x_1\\x_2\\x_3\end{pmatrix}=\begin{pmatrix}1\\0\\2\end{pmatrix}$；$x_1\begin{pmatrix}1\\1\\2\end{pmatrix}+x_2\begin{pmatrix}1\\-1\\1\end{pmatrix}+x_3\begin{pmatrix}1\\1\\-3\end{pmatrix}=\begin{pmatrix}1\\0\\2\end{pmatrix}$.

4. 当 $k\neq1$ 且 $k\neq-2$ 时，方程组有唯一解；
当 $k=1$ 时，方程组有无穷多解；
当 $k=-2$ 时，方程组无解.

5. 当 $k\neq1$ 且 $k\neq10$ 时，方程组有唯一解；

当 $k=1$ 时，方程组有无穷多解，通解为 $\begin{pmatrix}x_1\\x_2\\x_3\end{pmatrix}=\begin{pmatrix}1\\0\\0\end{pmatrix}+c_1\begin{pmatrix}-2\\1\\0\end{pmatrix}+c_2\begin{pmatrix}2\\0\\1\end{pmatrix}$ (c_1，$c_2\in\mathbf{R}$)；

当 $k=10$ 时，方程组无解.

6. (1) 通解为 $\begin{pmatrix}x_1\\x_2\\x_3\\x_4\end{pmatrix}=c_1\begin{pmatrix}\frac{1}{7}\\\frac{5}{7}\\1\\0\end{pmatrix}+c_2\begin{pmatrix}\frac{1}{7}\\-\frac{9}{7}\\0\\1\end{pmatrix}+\begin{pmatrix}\frac{6}{7}\\-\frac{5}{7}\\0\\0\end{pmatrix}$ (c_1，$c_2\in\mathbf{R}$)；

（2）通解为 $\begin{pmatrix}x_1\\x_2\\x_3\\x_4\end{pmatrix}=c_1\begin{pmatrix}1\\-2\\0\\0\end{pmatrix}+c_2\begin{pmatrix}0\\1\\1\\0\end{pmatrix}+\begin{pmatrix}0\\1\\0\\0\end{pmatrix}$ $(c_1, c_2\in\mathbf{R})$；

（3）通解为 $\begin{pmatrix}x_1\\x_2\\x_3\\x_4\end{pmatrix}=c_1\begin{pmatrix}-9\\1\\7\\0\end{pmatrix}+c_2\begin{pmatrix}1\\-1\\0\\2\end{pmatrix}+\begin{pmatrix}1\\-2\\0\\0\end{pmatrix}$ $(c_1, c_2\in\mathbf{R})$.

7. $\begin{cases}2x_1-3x_2+x_4=0\\x_1-3x_3+2x_4=0\end{cases}$

自测题三

（A）

一、1. $k\neq2$.　　2. 1.　　3. 线性相关.

二、1. D.　　2. C.　　3. C.

三、1.（1）3；　（2）4.

2. 当 $b\neq1$ 时，$R(\mathbf{A})=4$；
当 $b=1$ 且 $a\neq-1$，或 $a=-1$ 且 $b\neq1$ 时，$R(\mathbf{A})=3$；
当 $a=-1$ 且 $b=1$ 时，$R(\mathbf{A})=2$.

3. $a=15$，$b=5$.

4.（1）线性无关；　（2）线性相关；　（3）线性相关.

5.（1）线性无关；　（2）线性无关.

6. $\boldsymbol{\beta}$ 是向量组 $\boldsymbol{\alpha}_1$，$\boldsymbol{\alpha}_2$，$\boldsymbol{\alpha}_3$ 的线性组合，$\boldsymbol{\beta}=2\boldsymbol{\alpha}_1-\boldsymbol{\alpha}_2+\boldsymbol{\alpha}_3$.

7.（1）V_1 是；（2）V_2 不是.

8.（1）$a=3$，$b=2$，$c=-2$；
（2）提示：证明 $|\boldsymbol{\alpha}_1, \boldsymbol{\alpha}_2, \boldsymbol{\beta}|\neq0$ 或者 $R(\boldsymbol{\alpha}_1, \boldsymbol{\alpha}_2, \boldsymbol{\beta})=3$.

9. 当 $a\neq\pm1$ 时，$\boldsymbol{\beta}_3=\boldsymbol{\alpha}_1-\boldsymbol{\alpha}_2+\boldsymbol{\alpha}_3$；
当 $a=1$ 时，$\boldsymbol{\beta}_3=(3-2k)\boldsymbol{\alpha}_1+(k-2)\boldsymbol{\alpha}_2+k\boldsymbol{\alpha}_3(k\in\mathbf{R})$.

10. $a=2$，$b=1$，$c=2$.

四、略.

（B）

一、1. 2.　2. 5.　3. 6.　4. -1.

二、1. B.　2. A.　3. A.　4. C.　5. C.　6. A.　7. A.　8. A.　9. D.　10. D.

三、1. $\lambda\neq-2$，$\lambda\neq-1$.

2. $\boldsymbol{\gamma}=k(1, 5, 8)^{\mathrm{T}}$，$k\in\mathbf{R}$.

3. $a=-2$，$b=2$.

4. (1) 略；(2) $k=0$，$\boldsymbol{\xi}=t\boldsymbol{\alpha}_1-t\boldsymbol{\alpha}_3$.

5. 当 $a=-2$ 时，方程组无解；

当 $a\neq1$ 且 $a\neq-2$ 时，有唯一解，$\boldsymbol{X}=\begin{pmatrix}1 & \dfrac{3a}{a+2}\\ 0 & \dfrac{a-4}{a+2}\\ -1 & 0\end{pmatrix}$；

当 $a=1$ 时，有无穷多解，$\boldsymbol{X}=\begin{pmatrix}1 & 1\\ -k_1-1 & -k_2-1\\ k_1 & k_2\end{pmatrix}$，$k_1$，$k_2\in\mathbf{R}$.

第 4 章

习题 4.1

1. $t=1$.
2. 12.
3. 9.
4. $\lambda=0$，1.
5. (1) 当 $\lambda_1=\lambda_2=-2$ 时，特征向量为 $\boldsymbol{p}_1=\begin{pmatrix}1\\1\\0\end{pmatrix}$，$\boldsymbol{p}_2=\begin{pmatrix}-1\\0\\1\end{pmatrix}$；当 $\lambda_3=4$ 时，特征向量为 $\boldsymbol{p}_3=\begin{pmatrix}1\\1\\2\end{pmatrix}$.

(2) 当 $\lambda_1=\lambda_2=\lambda_3=2$ 时，特征向量为 $\boldsymbol{p}_1=\begin{pmatrix}1\\1\\0\\0\end{pmatrix}$，$\boldsymbol{p}_2=\begin{pmatrix}1\\0\\1\\0\end{pmatrix}$，$\boldsymbol{p}_3=\begin{pmatrix}1\\0\\0\\1\end{pmatrix}$；当 $\lambda_4=-2$ 时，特征向量为 $\boldsymbol{p}_4=\begin{pmatrix}-1\\1\\1\\1\end{pmatrix}$.

(3) 当 $\lambda_1=\lambda_2=-1$ 时，特征向量为 $\boldsymbol{p}_1=\begin{pmatrix}0\\0\\1\end{pmatrix}$；当 $\lambda_3=3$ 时，特征向量为 $\boldsymbol{p}_2=\begin{pmatrix}1\\2\\1\end{pmatrix}$.

(4) 当 $\lambda_1=\lambda_2=2$ 时，特征向量为 $\boldsymbol{p}_1=\begin{pmatrix}2\\1\\0\\0\end{pmatrix}$；当 $\lambda_3=1$ 时，特征向量为 $\boldsymbol{p}_2=\begin{pmatrix}1\\0\\0\\0\end{pmatrix}$；

当 $\lambda_4=3$ 时，特征向量为 $\boldsymbol{p}_3=\begin{pmatrix}2\\0\\1\\0\end{pmatrix}$.

6. $\lambda_1=1$，$\lambda_2=3$.
7. $\lambda=-2$.
8. $k=1$ 或 $k=-2$.
9. -2.

习题 4.2

1. 略.
2. 略.
3. (1) 不能对角化.

(2) 能对角化. $\boldsymbol{P}=\begin{pmatrix}\frac{2}{3} & \frac{2}{3} & \frac{1}{3}\\ \frac{1}{3} & -\frac{2}{3} & \frac{2}{3}\\ -\frac{2}{3} & \frac{1}{3} & \frac{2}{3}\end{pmatrix}$，$\boldsymbol{P}^{-1}\boldsymbol{AP}=\begin{pmatrix}2 & 0 & 0\\ 0 & 5 & 0\\ 0 & 0 & -1\end{pmatrix}$.

(3) 不能对角化.

(4) 不能对角化.

4. (1) 否($\boldsymbol{A}$ 与 $\boldsymbol{\Lambda}$ 特征值不同). (2) 否($\boldsymbol{A}$ 不能化为对角矩阵).
(3) 是. (4) 否($\boldsymbol{A}$ 不能化为对角矩阵).
5. $x=4$，$y=5$.
6. $\varphi(\boldsymbol{A})=\begin{pmatrix}2 & 2 & -4\\ 2 & 2 & -4\\ -4 & -4 & 8\end{pmatrix}$.
7. $\boldsymbol{A}=\frac{1}{3}\begin{pmatrix}-1 & 0 & 2\\ 0 & 1 & 2\\ 2 & 2 & 0\end{pmatrix}$.

习题 4.3

1. 3.
2. $\left(\frac{3}{5}, 0, \frac{-4}{5}\right)^{\mathrm{T}}$.
3. $\boldsymbol{p}_1=\frac{1}{\sqrt{2}}\begin{pmatrix}-1\\0\\1\end{pmatrix}$，$\boldsymbol{p}_2=\frac{1}{\sqrt{3}}\begin{pmatrix}1\\1\\1\end{pmatrix}$，$\boldsymbol{p}_3=\frac{1}{\sqrt{6}}\begin{pmatrix}1\\-2\\1\end{pmatrix}$.
4. $x=\frac{1}{\sqrt{2}}$，$y=\pm\frac{1}{\sqrt{2}}$.
5. $\boldsymbol{x}=(a, a, b)$，a，b 为任意实数.

6. $\tilde{\boldsymbol{\beta}}=\pm\frac{1}{\sqrt{26}}(4,0,1,-3)$(提示：利用正交性建立齐次线性方程组，求出单位解向量).

7. $\lambda=5$(提示：利用正交性建立齐次线性方程组，它有非零解当且仅当$\lambda=5$).

8. (1) 不是； (2) 不是； (3) 不是.

9. 提示：验证$(\boldsymbol{A}+\boldsymbol{B})(\boldsymbol{A}^{-1}+\boldsymbol{B}^{-1})=\boldsymbol{E}$，或者求出$(\boldsymbol{A}+\boldsymbol{B})^{-1}=(\boldsymbol{A}+\boldsymbol{B})^{\mathrm{T}}=\boldsymbol{A}^{-1}+\boldsymbol{B}^{-1}$.

习题 4.4

1. $\boldsymbol{P}=\frac{\sqrt{2}}{2}\begin{pmatrix}1&0&1\\0&\sqrt{2}&0\\-1&0&1\end{pmatrix}$，$\boldsymbol{P}^{-1}\boldsymbol{AP}=\begin{pmatrix}0&0&0\\0&2&0\\0&0&2\end{pmatrix}$.

2. $x=4$，$y=5$，$\boldsymbol{P}=\begin{pmatrix}1&0&2\\-2&-2&1\\0&1&2\end{pmatrix}$.

3. $\boldsymbol{A}^{10}=\frac{1}{3}\begin{pmatrix}4^{10}+2&4^{10}-1&4^{10}-1\\4^{10}-1&4^{10}+2&4^{10}-1\\4^{10}-1&4^{10}-1&4^{10}+2\end{pmatrix}$.

4. (1) $\tilde{\boldsymbol{\beta}}_1=\begin{pmatrix}1\\0\end{pmatrix}$，$\tilde{\boldsymbol{\beta}}_2=\begin{pmatrix}0\\1\end{pmatrix}$；

(2) $\tilde{\boldsymbol{\beta}}_1=\begin{pmatrix}1\\0\\0\end{pmatrix}$，$\tilde{\boldsymbol{\beta}}_2=\frac{1}{\sqrt{2}}\begin{pmatrix}0\\1\\-1\end{pmatrix}$，$\tilde{\boldsymbol{\beta}}_3=\frac{1}{\sqrt{2}}\begin{pmatrix}0\\1\\1\end{pmatrix}$；

(3) $\tilde{\boldsymbol{\beta}}_1=\frac{1}{\sqrt{3}}\begin{pmatrix}1\\1\\1\end{pmatrix}$，$\tilde{\boldsymbol{\beta}}_2=\frac{1}{\sqrt{6}}\begin{pmatrix}-2\\1\\1\end{pmatrix}$，$\tilde{\boldsymbol{\beta}}_3=\frac{1}{\sqrt{2}}\begin{pmatrix}0\\-1\\1\end{pmatrix}$.

5. $\boldsymbol{A}=\begin{pmatrix}-1&0&2\\0&1&2\\2&2&0\end{pmatrix}$.

6. $k\boldsymbol{p}_3=k\begin{pmatrix}1\\0\\1\end{pmatrix}$ (k 为任意实数且$k\neq0$).

习题 4.5

1. (1) $\boldsymbol{A}=\begin{pmatrix}1&0&0\\0&-1&0\\0&0&4\end{pmatrix}$； (2) $\boldsymbol{A}=\begin{pmatrix}1&2&\frac{1}{2}\\2&0&0\\\frac{1}{2}&0&4\end{pmatrix}$；

(3) $\boldsymbol{A}=\begin{pmatrix}0 & 2 & 3\\2 & 0 & -4\\3 & -4 & 0\end{pmatrix}$；(4) $\boldsymbol{A}=\begin{pmatrix}2 & 2 & 1 & 0\\2 & 0 & 0 & 2\\1 & 0 & 1 & 0\\0 & 2 & 0 & 6\end{pmatrix}$.

2. $\begin{pmatrix}2 & 2\\2 & 1\end{pmatrix}$.

3. (1) $f(x_1, x_2)=m_1x_1^2+m_2x_2^2+2nx_1x_2$；

(2) $f(x_1, x_2, x_3)=2x_1^2-6x_2^2+7x_3^2+4x_1x_2+2x_1x_3$；

(3) $f(x_1, x_2, x_3, x_4)=x_1^2+x_2^2+x_3^2+x_4^2-2x_1x_2+4x_1x_3-2x_1x_4+6x_2x_3-4x_2x_4$.

4. (1) $f=3y_1^2+6y_2^2+9y_3^2$，$P=\begin{pmatrix}\frac{2}{3} & -\frac{1}{3} & \frac{2}{3}\\\frac{2}{3} & \frac{2}{3} & -\frac{1}{3}\\-\frac{1}{3} & \frac{2}{3} & \frac{2}{3}\end{pmatrix}$；

(2) $f=4y_1^2+y_2^2+y_3^2$，$P=\begin{pmatrix}\frac{\sqrt{3}}{3} & -\frac{\sqrt{2}}{2} & -\frac{\sqrt{6}}{6}\\\frac{\sqrt{3}}{3} & \frac{\sqrt{2}}{2} & -\frac{\sqrt{6}}{6}\\\frac{\sqrt{3}}{3} & 0 & \frac{\sqrt{6}}{3}\end{pmatrix}$.

习题 4.6

1. (1) $f=y_1^2-y_2^2+y_3^2$，正交变换为 $\boldsymbol{x}=\boldsymbol{P}\boldsymbol{y}$，其中 $\boldsymbol{P}=\begin{pmatrix}1 & -1 & 1\\0 & 1 & -1\\0 & 0 & 1\end{pmatrix}$；

(2) $f=y_1^2+y_2^2-2y_3^2$，正交变换为 $\boldsymbol{x}=\boldsymbol{P}\boldsymbol{y}$，其中 $\boldsymbol{P}=\begin{pmatrix}1 & -1 & 2\\0 & 1 & -1\\0 & 0 & 1\end{pmatrix}$；

(3) $f=2y_1^2-2y_2^2+6y_3^2$，正交变换为 $\boldsymbol{x}=\boldsymbol{P}\boldsymbol{y}$，其中 $\boldsymbol{P}=\begin{pmatrix}1 & 1 & 3\\1 & -1 & -1\\0 & 0 & 1\end{pmatrix}$；

(4) $f=y_1^2-y_2^2+3y_3^2$，正交变换为 $\boldsymbol{x}=\boldsymbol{P}\boldsymbol{y}$，其中 $\boldsymbol{P}=\begin{pmatrix}1 & 1 & 3\\1 & -1 & -1\\0 & 0 & 1\end{pmatrix}$.

2. (1) $\begin{pmatrix}x_1\\x_2\\x_3\end{pmatrix}=\begin{pmatrix}1 & -1 & -1\\0 & 1 & 1\\0 & 0 & 1\end{pmatrix}\begin{pmatrix}y_1\\y_2\\y_3\end{pmatrix}$，$f=y_1^2-y_2^2$，$p=1$；

(2) $\begin{pmatrix} x_1 \\ x_2 \\ x_3 \end{pmatrix}=\begin{pmatrix} \frac{1}{\sqrt{2}} & \frac{1}{\sqrt{2}} & \frac{1}{\sqrt{2}} \\ \frac{1}{\sqrt{2}} & -\frac{1}{\sqrt{2}} & -\frac{1}{\sqrt{2}} \\ 0 & 0 & \frac{1}{2\sqrt{2}} \end{pmatrix}\begin{pmatrix} y_1 \\ y_2 \\ y_3 \end{pmatrix}$，$f=y_1^2-y_2^2+y_3^2$，$p=2$.

习题 4.7

1. (1) f 是正定二次型；　　(2) 不是. f 是负定二次型；
   (3) f 是正定二次型；　　(4) 不是. f 是负定二次型.
2. $k>5$，f 为正定二次型.
3. 当 $a^2<1$ 且 $a^2+b^2<1$ 时，f 为正定二次型；当 $a^2\geqslant 1$ 或 $a^2+b^2\geqslant 1$ 时，f 为不定二次型.

自测题四

(A)

一、1. $|\boldsymbol{A}|=4$，$\mathrm{tr}\boldsymbol{A}=2$.　2. 0.　3. 21.　4. 不是；不是.

5. $f(x_1, x_2, x_3)=(x_1, x_2, x_3)\begin{pmatrix} -1 & 1 & 0 \\ 1 & 0 & -2 \\ 0 & -2 & 2 \end{pmatrix}\begin{pmatrix} x_1 \\ x_2 \\ x_3 \end{pmatrix}$.

二、1. C.　2. D.　3. B.　4. C.　5. B.

三、1. $\boldsymbol{A}$ 的特征值等于 1，2，2.

对 $\lambda_1=1$，特征向量为 $c_1(-1, 1, 1)^{\mathrm{T}}$，$(c_1\neq 0)$；

对 $\lambda_2=\lambda_3=2$，特征向量为 $c_2(1, 0, 1)^{\mathrm{T}}+c_3(0, 1, 1)^{\mathrm{T}}$，($c_2$，$c_3$ 不全为零).

2. $e_1=\left(\frac{1}{2}, \frac{1}{2}, \frac{1}{2}, \frac{1}{2}\right)$，$\boldsymbol{e}_2=\left(0, \frac{-2}{\sqrt{14}}, \frac{-1}{\sqrt{14}}, \frac{3}{\sqrt{14}}\right)$，$\boldsymbol{e}_3=\left(\frac{1}{\sqrt{6}}, \frac{1}{\sqrt{6}}, \frac{-2}{\sqrt{6}}, 0\right)$.

3. $\boldsymbol{A}$ 可对角化，$\boldsymbol{P}=\begin{pmatrix} 1 & 1 & 1 \\ -1 & 0 & -2 \\ 0 & 1 & 3 \end{pmatrix}$ 则 $\boldsymbol{P}^{-1}\boldsymbol{AP}=\begin{pmatrix} 2 & 0 & 0 \\ 0 & 2 & 0 \\ 0 & 0 & 6 \end{pmatrix}$.

4. $\boldsymbol{A}^n=\begin{pmatrix} 2^n & 2^{n+1}+1 & 2^n+1 \\ 0 & 2^n & 0 \\ 0 & -1 & -1 \end{pmatrix}$.

5. $\boldsymbol{B}$ 的特征值为 -4，-2，-10，$|\boldsymbol{B}|=-80$.

6. $a=5$，$b=6$，$\boldsymbol{P}=\begin{pmatrix} 1 & 1 & 1 \\ -1 & 0 & -2 \\ 0 & 1 & 3 \end{pmatrix}$.

7. $f(x_1, x_2, x_3)=\boldsymbol{x}^{\mathrm{T}}\boldsymbol{Ax}=x_1^2+2x_3^2-x_1x_2+x_1x_3-4x_2x_3$.

8. $f=x_1^2+x_2^2+x_3^2+2x_1x_2+2x_1x_3+2x_2x_3=y_1^2$.

所用变换矩阵为$\boldsymbol{C}=\begin{pmatrix}1 & -1 & -1\\0 & 1 & 0\\0 & 0 & 1\end{pmatrix}(|\boldsymbol{C}|=1\neq0)$.

9. 正交变换为

$$\begin{pmatrix}x_1\\x_2\\x_3\\x_4\end{pmatrix}=\begin{pmatrix}1/2 & 1/\sqrt{2} & 0 & 1/2\\-1/2 & 1/\sqrt{2} & 0 & -1/2\\-1/2 & 0 & 1/\sqrt{2} & 1/2\\1/2 & 0 & 1/\sqrt{2} & -1/2\end{pmatrix}\begin{pmatrix}y_1\\y_2\\y_3\\y_4\end{pmatrix}$$

在此变换下原二次型化为标准形　$f=-3y_1^2+y_2^2+y_3^2+y_4^2$.

10. (1) 正定；(2) 不是正定.

11. 略.

12. 略.

13. 略.

(B)

一、1. $0(n-1$ 重$)$，n.　2. ±1.　3. $-\sqrt{2}<t<\sqrt{2}$.　4. $x>9$.　5. $\boldsymbol{A}=\begin{pmatrix}20 & 7\\7 & -10\end{pmatrix}$.

二、1. D　2. C　3. C　4. C　5. C

三、1. $\boldsymbol{A}$ 的特征值为$\lambda_1=\lambda_2=\cdots=\lambda_n=a$.

基础解系 $\boldsymbol{\varepsilon}_1=\begin{pmatrix}1\\0\\\vdots\\0\end{pmatrix}$，$\boldsymbol{\varepsilon}_2=\begin{pmatrix}0\\1\\\vdots\\0\end{pmatrix}$，$\cdots$，$\boldsymbol{\varepsilon}_n=\begin{pmatrix}0\\0\\\vdots\\1\end{pmatrix}$；

$\boldsymbol{A}$ 的全部特征向量为$c_1\boldsymbol{\varepsilon}_1+c_2\boldsymbol{\varepsilon}_2+\cdots+c_n\boldsymbol{\varepsilon}_n(c_1, c_2, \cdots, c_n$ 不全为零$)$.

2. 正交矩阵 $\boldsymbol{P}=\begin{pmatrix}0 & 1 & 0\\1/\sqrt{2} & 0 & 1/\sqrt{2}\\-1/\sqrt{2} & 0 & 1/\sqrt{2}\end{pmatrix}$.

3. 略.

4. 39.

5. $\begin{pmatrix}3 & 1 & \sqrt{2}/2\\1 & -1 & -2\\\sqrt{2}/2 & -2 & 5\end{pmatrix}$.

6. 标准形$-2y_1^2+y_2^2+4y_3^2$，线性变换为$\begin{cases}x_1=\dfrac{1}{3}y_1+\dfrac{2}{3}y_2+\dfrac{2}{3}y_3\\x_2=\dfrac{2}{3}y_1+\dfrac{1}{3}y_2-\dfrac{2}{3}y_3\\x_3=\dfrac{2}{3}y_1-\dfrac{2}{3}y_2+\dfrac{1}{3}y_3\end{cases}$

7. $\begin{pmatrix} 1 & -3 & -2 \\ 0 & 1 & 2 \\ 0 & 0 & 1 \end{pmatrix}$.

8. $-\frac{4}{5}<t<0$.

9. 略.

10. $\begin{cases} x=3 \\ y=-2 \end{cases}$, $\boldsymbol{P}=\begin{pmatrix} 1 & -1/3 & -1 \\ -2 & -1/3 & 2 \\ 0 & 0 & 4 \end{pmatrix}$.

11. 略.

12. 略.

参 考 文 献

[1] 同济大学数学系. 工程数学：线性代数[M]. 6 版. 北京：高等教育出版社，2014.

[2] 同济大学数学系. 线性代数[M]. 北京：人民邮电出版社，2017.

[3] 王建军，许建强，朱军，等. 线性代数及其应用[M]. 4 版. 上海：上海交通大学出版社，2019.

[4] 郭文艳，王小侠，李灿，等. 线性代数应用案例分析[M]. 北京：科学出版社，2019.

[5] 肖占魁，黄华林，林增强. 应用线性代数[M]. 北京：机械工业出版社，2021.

[6] 陈芸. 线性代数[M]. 西安：西安交通大学出版社，2015.

[7] 高淑萍，杨威，张剑湖，等. 线性代数及应用[M]. 西安：西安电子科技大学出版社，2020.

[8] 蒋磊，吴小霞，肖艳. 线性代数[M]. 2 版. 武汉：华中科技大学出版社，2017.

[9] 王远清，云逢明，林亮，等. 线性代数[M]. 武汉：华中师范大学出版社，2005.